大学物理

主　编　向　鹏
副主编　韦　韧　孙正昊

科学出版社
北　京

内 容 简 介

本书是根据国家教育部《高等学校非物理专业物理课程教学基本要求》,为了适应科学技术的发展,在结合笔者多年的教学实践的基础上编写的本科物理教材.内容叙述简明,注重系统性和现代性.全书共一册,包括力学、热学、电磁学、波动光学、近代物理的内容.本书可作为非物理类理工科专业的大学物理教材和教学参考书.

图书在版编目(CIP)数据

大学物理/向鹏主编.—北京:科学出版社,2014.1

ISBN 978-7-03-039584-9

Ⅰ.①大… Ⅱ.①向… Ⅲ.①物理学-高等学校-教材 Ⅳ.①O4

中国版本图书馆 CIP 数据核字(2014)第 011752 号

责任编辑:王胡权 / 责任校对:朱光兰

责任印制:徐晓晨 / 封面设计:迷底书装

科学出版社出版

北京东黄城根北街 16 号

邮政编码:100717

http://www.sciencep.com

北京京华虎彩印刷有限公司 印刷

科学出版社发行 各地新华书店经销

*

2014 年 1 月第 一 版 开本:787×1092 1/16

2017 年 2 月第五次印刷 印张:19

字数:486 000

定价:41.00 元

前　　言

本教材是依据国家教育部《高等学校非物理专业物理课程教学基本要求》，为了适应科学技术的发展，并结合编者在长春工业大学多年教学实践的基础上编写的本科物理教材.

本教材注重大学物理和高中物理的衔接，对高中出现的知识作了更深层次的探讨.教材安排的知识结构遵循了物理规律自身的相互联系所确定的顺序，从最基本的规律逐渐展开，以适应目前物理学时较少的需求.

本教材着重介绍了近代物理的观点，涉及许多现代物理学知识，包括物理学前沿的理论和实验，引入了物理学在实际工程技术中的应用实例.可以开阔学生的视野，对激发学生的学习兴趣，启迪学生的创新能力有一定的作用.

本教材在编写上力求使读者掌握物理学的基本概念、基本规律，建立完整的物理思想，本教材共 14 章，涉及力学、热学、电磁学、波动光学、近代物理的内容.内容深度和广度适中，适合教师讲授和学生自学使用.

本教材采用国际单位制.教材中物理量采用国际上通用标准.

本教材由向鹏主编.韦韧、孙正昊副主编，参加编写工作的有:冷静(第 1 章)，任广剑(第 2 章)，孙源(第 3 章)，向鹏(第 4、5、9 章)，叶森(第 6 章)，王丽丽(第 7 章)，黄宇欣(第 8 章)，韦韧(第 13 章)，刘玮洁(第 10 章)，兰民(第 11 章)，孙丽晶(12.1～12.9)，程道文(12.10)，孙正昊(第 14 章).向鹏编写了各章的习题.

由于编者水平有限，书中难免有错误和不恰当之处，敬请各位同行和同学提出宝贵意见.

编　者

2013 年 8 月

目　录

第 1 章　质点运动学

运动是绝对的，描述运动是相对的.要想描述一个物体的运动，必须选择另外的物体或物体组作参照.这种被选作参照的物体或物体组称为参考系.参考系的选择是任意的，但通常应根据问题的性质和需要，以方便实用为原则.物体的运动是在时间的流逝中在空间发生的.为了定量地描述物体的运动，必须选择与参考系相固连的坐标系，以确定物体在空间的确切位置.坐标系的选择也是任意的，也以方便实用为原则.

任何物体都有质量、形状和体积，当物体运动时，物体上各点或部位运动的情况是可以不同的.但是，当物体的形状和体积在所研究的问题中不起作用或虽起作用但可忽略不计时，这个物体就可以看成是具有质量的几何点，简称质点.这是对客观物体的科学抽象，理想化了的模型.大的物体不一定不是质点，例如，地球是人类接触到的最大物体，当我们研究地球绕太阳公转时，就把地球看成质点；小的物体不一定是质点，例如，子弹是比较小的物体，当我们研究空气对飞行子弹的阻力时，就不能把子弹视为质点.可见，质点是一个有条件的相对的概念.

1.1　质点运动的一般描述

1.1.1　描述质点运动的几个基本物理量

1. 位置矢量

描述质点在空间位置的有方向线段称质点的位置矢量，也称矢径，常用 $\boldsymbol{r}$ 表示，在直角坐标系中它是由坐标原点 O 引向质点所在位置 $P(x,y,z)$ 的矢量，如图 1-1 所示，它一般可写成

$$\boldsymbol{r}=x\boldsymbol{i}+y\boldsymbol{j}+z\boldsymbol{k} \tag{1-1}$$

式中，$\boldsymbol{i}$、$\boldsymbol{j}$、$\boldsymbol{k}$ 分别是 x、y、z 轴的单位矢量.x、y、z 即是质点的空间坐标，也是位置矢量 $\boldsymbol{r}$ 沿坐标轴的三个分量.$\boldsymbol{r}$ 的量值为

$$r=\sqrt{x^2+y^2+z^2} \tag{1-2}$$

其方向由方向余弦表示

$$\left.\begin{aligned}\cos\alpha&=\frac{x}{r}\\ \cos\beta&=\frac{y}{r}\\ \cos\gamma&=\frac{z}{r}\end{aligned}\right\} \tag{1-3}$$

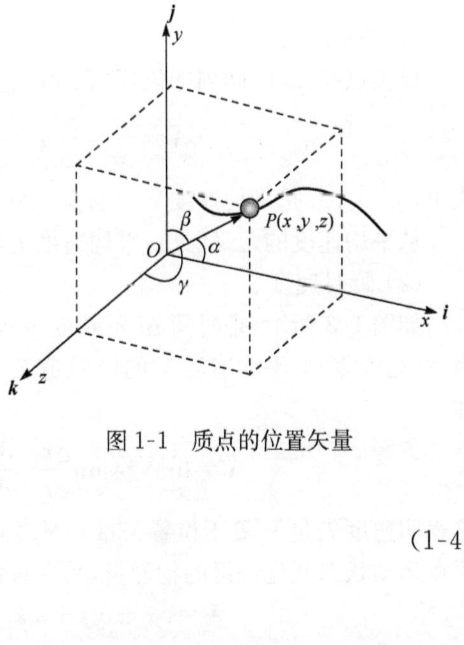

图 1-1　质点的位置矢量

式中，α、β、γ 是 $\boldsymbol{r}$ 分别与 x、y、z 轴的夹角.

若质点做平面曲线运动，则有

$$\boldsymbol{r}=x\boldsymbol{i}+y\boldsymbol{j} \tag{1-4}$$

$\boldsymbol{r}$ 的量值为

$$r=\sqrt{x^2+y^2} \tag{1-5}$$

其方向表示为

$$\theta=\tan^{-1}\frac{y}{x} \tag{1-6}$$

质点做直线运动时，则有

$$\boldsymbol{r}=x\boldsymbol{i} \tag{1-7}$$

2. 位移、路程

(1) 位移

设 t 时刻质点在轨道上的 A 点，位置矢量为 $\boldsymbol{r}_A$；$t+\Delta t$ 时刻质点在轨道上的 B 点，位置矢量为 $\boldsymbol{r}_B$. 则由 A 到 B 的有方向线段 $\boldsymbol{AB}$ 称为质点在 Δt 时间间隔内的位移，如图 1-2 所示. 若位移 $\boldsymbol{AB}$ 用 $\Delta\boldsymbol{r}$ 表示，则有

$$\Delta\boldsymbol{r}=\boldsymbol{r}_B-\boldsymbol{r}_A=\Delta x\boldsymbol{i}+\Delta y\boldsymbol{j}+\Delta z\boldsymbol{k} \tag{1-8}$$

式中，Δx、Δy、Δz 是 $\Delta\boldsymbol{r}$ 沿直角坐标轴的三个分量.

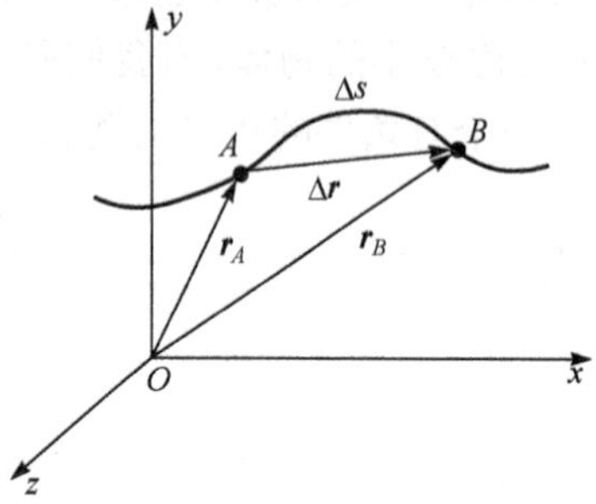

图 1-2　位移

(2) 路程

位移表示质点位置的改变，路程则是质点经过空间的几何路径. 图 1-2 中的 Δs 就是质点在 Δt 时间内的路程. 位移是矢量，路程是标量，它们是两个完全不同物理概念. 当质点做直线运动且在运动方向不变的时间内，位移的大小和路程的量值相等. 容易看出，当 Δt 趋近零时，有 $\mathrm{d}s=|\mathrm{d}\boldsymbol{r}|$.

在国际单位制中，位置矢量，位移矢量和路程的单位均为米(m)，量纲是 L.

3. 速度、速率

(1) 平均速度

设质点在 Δt 时间内的位移为 $\Delta\boldsymbol{r}$，则质点在 Δt 时间内的平均速度定义为

$$\overline{\boldsymbol{V}}=\frac{\Delta\boldsymbol{r}}{\Delta t}=\frac{\Delta x}{\Delta t}\boldsymbol{i}+\frac{\Delta y}{\Delta t}\boldsymbol{j}+\frac{\Delta z}{\Delta t}\boldsymbol{k}=\bar{v}_x\boldsymbol{i}+\bar{v}_y\boldsymbol{j}+\bar{v}_z\boldsymbol{k} \tag{1-9}$$

式中，$\bar{v}_x$、$\bar{v}_y$、$\bar{v}_z$ 是平均速度 $\overline{\boldsymbol{V}}$ 沿直角坐标轴的三个分量.

从平均速度的定义看出，平均速度矢量的方向就是与其对应的位移方向.

(2) 瞬时速度

如图 1-3 所示，是时间 Δt 不断变小而导致 $\Delta\boldsymbol{r}$ 变化的情形. 当 Δt 趋近零时，平均速度 $\overline{\boldsymbol{V}}$ 的极限定义为 t 时刻的瞬时速度，即

$$\boldsymbol{V}=\lim_{\Delta t\to 0}\overline{\boldsymbol{V}}=\lim_{\Delta t\to 0}\frac{\Delta\boldsymbol{r}}{\Delta t}=\frac{\mathrm{d}\boldsymbol{r}}{\mathrm{d}t} \tag{1-10}$$

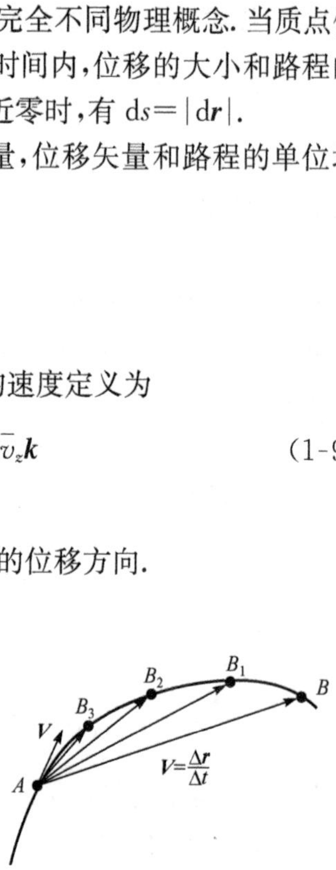

图 1-3　瞬时速度

这表明速度矢量 $\boldsymbol{V}$ 等于位置矢量 $\boldsymbol{r}$ 对时间的一阶导数，是反映质点运动状态变化快慢的物理量，其在直角坐标中可表示为

$$\boldsymbol{V}=v_x\boldsymbol{i}+v_y\boldsymbol{j}+v_z\boldsymbol{k} \tag{1-11}$$

式中，$v_x=\dfrac{dx}{dt}$，$v_y=\dfrac{dy}{dt}$，$v_z=\dfrac{dz}{dt}$分别代表三个坐标轴的速度分量；速度 $\boldsymbol{V}$ 的方向就是该时刻质点所在处轨道的切线方向.

(3) 速率

设 Δt 时间内质点的路程为 Δs，则 Δt 时间内质点的平均速率定义为

$$\bar{v}=\frac{\Delta s}{\Delta t} \tag{1-12}$$

由于一般情况下 $\Delta s\neq|\Delta \boldsymbol{r}|$，所以平均速率与平均速度的大小并不相等.

当时间 Δt 趋近零时，平均速率的极限就是瞬时速率即

$$v=\lim_{\Delta t\to 0}\bar{v}=\lim_{\Delta t\to 0}\frac{\Delta s}{\Delta t}=\frac{ds}{dt} \tag{1-13}$$

由于 $ds=|d\boldsymbol{r}|$，瞬时速度的大小与瞬时速率的量值相等，不言而喻，瞬时速度与瞬时速率是两个不同的物理量. 前者是矢量，后者是标量.

在国际单位制中，速度和速率的单位均为 m/s，量纲是 LT^{-1}.

4. 加速度

(1) 平均加速度

设 t 时刻质点在轨道的 A 点，速度为 $\boldsymbol{V}_A$，$t+\Delta t$ 时刻质点轨道的 B 点，速度为 $\boldsymbol{V}_B$，在 Δt 时间内速度增量为 $\Delta\boldsymbol{V}$，如图 1-4 所示，则 Δt 时间内平均加速度定义为

$$\bar{\boldsymbol{a}}=\frac{\Delta\boldsymbol{V}}{\Delta t} \tag{1-14}$$

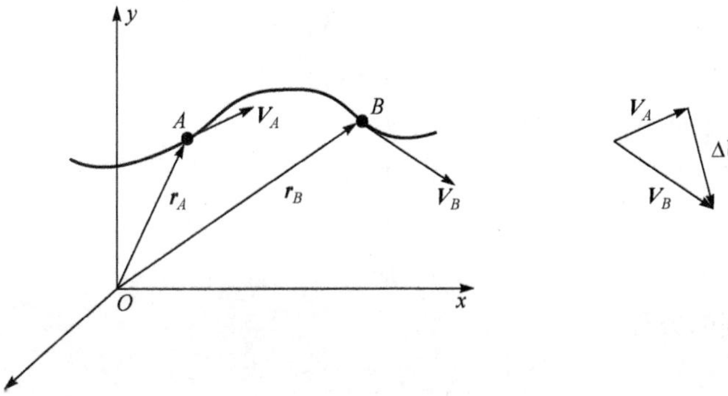

图 1-4 平均加速度

平均加速度 $\bar{\boldsymbol{a}}$ 只反映在 Δt 时间内速度的平均变化率. 平均加速度的方向就是 Δt 时间内速度增量 $\Delta\boldsymbol{V}$ 的方向. 在直角坐标系可表示为

$$\bar{\boldsymbol{a}}=\frac{\Delta\boldsymbol{V}}{\Delta t}=\frac{\Delta v_x}{\Delta t}\boldsymbol{i}+\frac{\Delta v_y}{\Delta t}\boldsymbol{j}+\frac{\Delta v_z}{\Delta t}\boldsymbol{k}$$

$$\bar{\boldsymbol{a}}=\bar{a}_x\boldsymbol{i}+\bar{a}_y\boldsymbol{j}+\bar{a}_z\boldsymbol{k} \tag{1-15}$$

(2) 瞬时加速度

当时间 Δt 变化时，$\Delta\boldsymbol{V}$ 的量值和方向都发生变化. 当时间 Δt 趋近零时，平均加速度的极限就定义为 t 时刻的瞬时加速度，即

$$\boldsymbol{a}=\lim_{\Delta t\to 0}\bar{\boldsymbol{a}}=\lim_{\Delta t\to 0}\frac{\Delta \boldsymbol{V}}{\Delta t}=\frac{\mathrm{d}\boldsymbol{V}}{\mathrm{d}t}=\frac{\mathrm{d}^2\boldsymbol{r}}{\mathrm{d}t^2} \tag{1-16}$$

这表明，质点的瞬时加速度等于速度矢量对时间的一阶导数或位置矢量对时间的二阶导数. 其在直角坐标系可表示为

$$\boldsymbol{a}=a_x\boldsymbol{i}+a_y\boldsymbol{j}+a_z\boldsymbol{k} \tag{1-17}$$

式中，$a_x=\frac{\mathrm{d}v_x}{\mathrm{d}t}=\frac{\mathrm{d}^2x}{\mathrm{d}t^2}$，$a_y=\frac{\mathrm{d}v_y}{\mathrm{d}t}=\frac{\mathrm{d}^2y}{\mathrm{d}t^2}$，$a_z=\frac{\mathrm{d}v_z}{\mathrm{d}t}=\frac{\mathrm{d}^2z}{\mathrm{d}t^2}$是加速度沿坐标轴的三个分量.

5. 运动方程、轨道方程

(1) 运动方程

当质点运动时，质点的位置矢量 $\boldsymbol{r}$ 的量值和方向都随时间改变，即位置矢量 $\boldsymbol{r}$ 是时间的函数. 这个函数 $\boldsymbol{r}(t)$ 可以提供质点运动的全部信息，或能反映质点运动的规律. 这种反映质点运动规律的函数称运动方程. 在直角坐标系中可表示为

$$\boldsymbol{r}(t)=x(t)\boldsymbol{i}+y(t)\boldsymbol{j}+z(t)\boldsymbol{k} \tag{1-18}$$

其分量为

$$\left.\begin{aligned}x&=x(t)\\y&=y(t)\\z&=z(t)\end{aligned}\right\} \tag{1-19}$$

(2) 轨道方程

质点走过的运动轨道可用一个函数式表达，或从运动方程(1-19)中消去变量 t 得到的方程称为轨道方程. 一般可表示为

$$\left.\begin{aligned}x&=f_1(z)\\y&=f_2(z)\end{aligned}\right\} \tag{1-20}$$

例如：质点做螺旋线运动时，其运动方程为

$$x=R\cos\omega t$$
$$y=R\sin\omega t$$
$$z=ht$$

消去参变量 t 后得到的方程

$$x=R\cos\omega\frac{z}{h}$$

$$y=R\sin\omega\frac{z}{h}$$

就是轨道方程.

例 1.1　已知质点的运动方程为 $\boldsymbol{r}=2t\boldsymbol{i}+(2-t^2)\boldsymbol{j}$[SI]，求(1)质点在 2s 时的位置矢量、速度和加速度；(2)质点在 2s 内的位移.

解　(1) 根据质点的运动方程

$$\boldsymbol{r}\big|_{t=2}=2\cdot 2\boldsymbol{i}+(2-2^2)\boldsymbol{j}=4\boldsymbol{i}-2\boldsymbol{j}$$

由速度的定义

$$\boldsymbol{v}=\frac{\mathrm{d}\boldsymbol{r}}{\mathrm{d}t}=2\boldsymbol{i}-2t\boldsymbol{j}$$

$$\boldsymbol{v}\big|_{t=2}=2\boldsymbol{i}-4\boldsymbol{j}$$

根据加速度的定义

$$\boldsymbol{a}=\frac{\mathrm{d}\boldsymbol{v}}{\mathrm{d}t}=-2\boldsymbol{j}$$

(2) 将 $t=0$ 代入质点的运动方程，可得到质点在初始时刻的位置矢量，即 $\boldsymbol{r}_0=2\boldsymbol{j}$，同理得 $\boldsymbol{r}_2=4\boldsymbol{i}-2\boldsymbol{j}$，则有

$$\Delta\boldsymbol{r}=\boldsymbol{r}_2-\boldsymbol{r}_0=4\boldsymbol{i}-4\boldsymbol{j}$$

例 1.2 某物体运动规律为 $\frac{\mathrm{d}v}{\mathrm{d}t}=-kv^2t$，$k$ 为正常数，$t=0$ 时初速度为 v_0，求质点速度的表达式.

解 根据已知

$$a=\frac{\mathrm{d}v}{\mathrm{d}t}=-kv^2t$$

分离变量后得

$$\frac{\mathrm{d}v}{v^2}=-kt\mathrm{d}t$$

两边积分

$$\int_{v_0}^{v}\frac{\mathrm{d}v}{v^2}=\int_0^t-kt\,\mathrm{d}t$$

得

$$\frac{1}{v_0}-\frac{1}{v}=-\frac{1}{2}kt^2\Rightarrow\frac{1}{v}=\frac{1}{v_0}+\frac{1}{2}kt^2$$

1.1.2 质点运动的相对性

描述一个质点的运动，选择不同的参考系，所得结论是不同的. 例如，描述船的运动，既可以选择河床(地球)为参照系，也可以选择相对河床运动的河水为参考系.

为一般性地讨论，设 S 系是静止的参考系，如河床，S' 系是相对于 S 系运动的参考系，如河水，且 S' 系相对 S 系运动过程中对应的坐标轴始终保持平行. 质点 P 相对于 S 系的运动称为绝对运动，质点 P 相对于 S' 系的运动称相对运动，S' 系相对于 S 系的运动称牵连运动，如图 1-5 所示，在任何时刻 t 都有

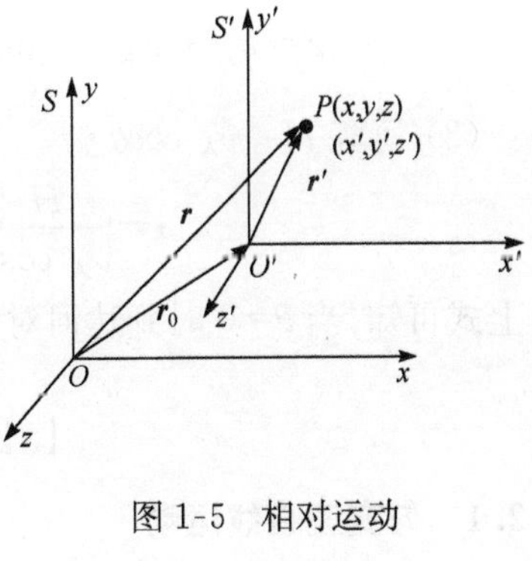

图 1-5 相对运动

$$\boldsymbol{r}=\boldsymbol{r}'+\boldsymbol{r}_0 \tag{1-21}$$

即绝对位置矢量 $\boldsymbol{r}$ 是相对位置矢量 $\boldsymbol{r}'$ 和牵连位置矢量 $\boldsymbol{r}_0$ 的矢量和. 若式(1-21)两端取增量、对时间一阶和二阶导数得

$$\Delta\boldsymbol{r}=\Delta\boldsymbol{r}'+\Delta\boldsymbol{r}_0 \tag{1-22}$$

$$\boldsymbol{V}=\boldsymbol{V}'+\boldsymbol{V}_0 \tag{1-23}$$

$$\boldsymbol{a}=\boldsymbol{a}'+\boldsymbol{a}_0 \tag{1-24}$$

它们依次称为位移、速度、加速度合成定理或变换法则. 前述船在河水中的运动，可写成更形象更好记的形式，即

$$\Delta \boldsymbol{r}_{船对地}=\Delta \boldsymbol{r}_{船对水}+\Delta \boldsymbol{r}_{水对地}$$
$$\boldsymbol{V}_{船对地}=\boldsymbol{V}_{船对水}+\boldsymbol{V}_{水对地}$$
$$\boldsymbol{a}_{船对地}=\boldsymbol{a}_{船对水}+\boldsymbol{a}_{水对地}$$

必须指出，当 S' 与 S 之间没有加速度时，式(1-24)为

$$\boldsymbol{a}=\boldsymbol{a}'$$

即绝对加速度等于相对加速度. 说明这两个参考系 S 和 S' 具有相同的物理属性.

例 1.3　一带蓬卡车，蓬高 2m，当它停在路上时，倾斜雨滴落入车内，离车厢后沿 $d=1\text{m}$ 处都淋着雨，若卡车以 $v=15\text{km/h}$ 的速率沿平直路面行驶时，雨滴恰好不能落入车内，求雨滴下落速度及雨滴相对于车的速度

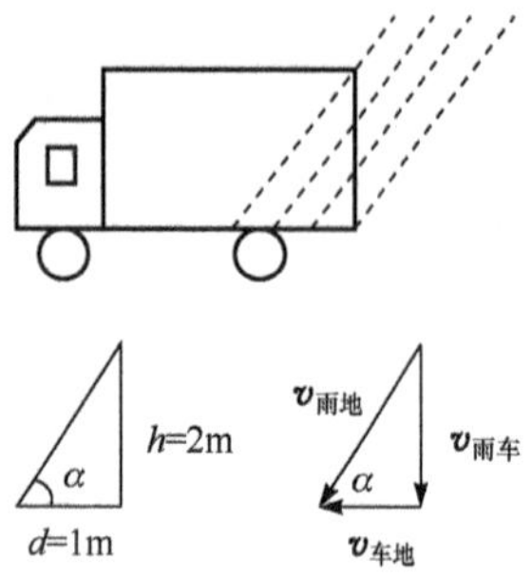

图 1-6　雨滴相对运动的矢量关系

解　根据已知蓬高 $h=2\text{m}$，$d=1\text{m}$，设雨滴相对于地面的速度为 $\boldsymbol{v}_{雨地}$，车相对于地面的速度为 $\boldsymbol{v}_{车地}$，雨滴相对于车厢的速度为 $\boldsymbol{v}_{雨车}$ 依据式(1-23)，可得图 1-6 所示的几何关系，由此可得

$$v_{雨地}=\frac{v_{车地}}{\cos\alpha}=\frac{15}{1/\sqrt{1+2^2}}=33.5(\text{km/h})$$
$$\boldsymbol{v}_{雨地}=\boldsymbol{v}_{雨车}+\boldsymbol{v}_{车地}$$
$$v_{雨车}=v_{雨地}-v_{车地}=33.5-15=18.5(\text{km/h})$$

例 1.4　某人在河水中游泳，假设他在静水中游泳的速度大小为 4.5km/h，如果河水的流速为 3km/h. 求(1) 此人向什么方向游时，才会沿着与河岸垂直的方向到达对岸？(2)若他想以最短的时间到达对岸，则应向何方向游？

解　以河岸为参考系，则人相对河水的速度大小为 $v_{相对}=v_{人}=4.5\text{km/h}$，其方向待求. 水相对于河岸的速度为牵连速度大小为 $v_{牵连}=v_{水}=3\text{km/h}$，方向沿河岸向东.

(1) 由图 1-7 给出的几何关系可得

$$\boldsymbol{v}=\boldsymbol{v}_{人}+\boldsymbol{v}_{水},\quad \sin\theta=\frac{v_{水}}{v_{人}}=\frac{2}{3}$$

(2) 河宽 $H=v_{人}\cos\theta\cdot t$

$$t=\frac{H}{v_{人}\cos\theta}$$

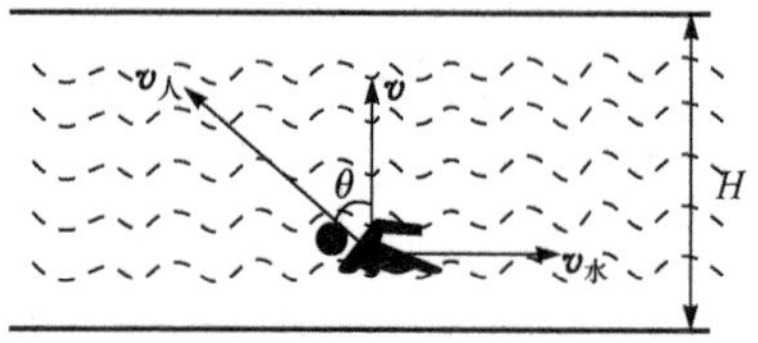

图 1-7　游泳者相对运动的矢量关系

由上式可知，当 $\theta=0$ 时到达河对岸历时最短.

1.2　几种特殊运动的描述

1.2.1　匀变速直线运动

1. 速度公式

质点做直线运动，且加速度是常量，这样的运动称为匀变速直线运动. 例如，自由落体运动就是典型的匀加速直线运动(图 1-8). 这种运动的运动学特征是

$$\boldsymbol{a}=恒矢量$$

为方便讨论，设匀变速质点沿 x 轴运动，其初始条件是 $t=0$，$v=v_0$ 时，则有

$$a=\frac{\mathrm{d}v}{\mathrm{d}t}$$

$$\mathrm{d}v=a\mathrm{d}t$$

两端分别积分$\int_{v_0}^{v}\mathrm{d}v=\int_0^t a\mathrm{d}t$

于是得

$$v=v_0+at \tag{1-25}$$

这就是匀变速直线运动的速度公式.

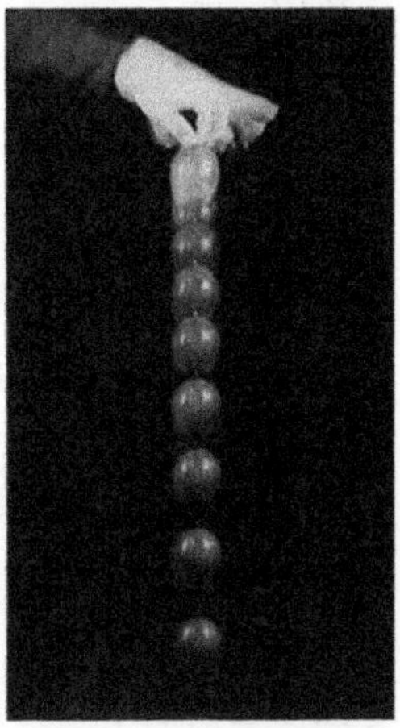

图 1-8 苹果自由下落

2. 位移公式和运动方程

根据速度的定义且已知初始位置 $\boldsymbol{x}_0$，则

$$v=\frac{\mathrm{d}x}{\mathrm{d}t}$$

$$\mathrm{d}x=v\mathrm{d}t$$

两端分别积分

$$\int_{x_0}^{x}\mathrm{d}x=\int_0^t v\mathrm{d}t=\int_0^t(v_0+at)\mathrm{d}t$$

这是在这段时间内的位移公式. 移项后得

$$x=x_0+v_0t+\frac{1}{2}at^2 \tag{1-26}$$

这是运动方程，它表示质点从 x_0 处开始以初速度 v_0 做加速度为 a 的匀加速直线运动. 若 $x_0=0$，表示质点从坐标原点开始运动，这时可表示为

$$x=v_0t+\frac{1}{2}at^2$$

3. 速度与位移关系式

根据加速度的定义

$$a=\frac{\mathrm{d}v}{\mathrm{d}t}$$

并改写成

$$a=\frac{\mathrm{d}v}{\mathrm{d}x}\cdot\frac{\mathrm{d}x}{\mathrm{d}t}$$

则有

$$a=\frac{\mathrm{d}v}{\mathrm{d}x}\cdot v$$

两端分别积分

$$\int_{x_0}^{x}a\mathrm{d}x=\int_{v_0}^{v}v\mathrm{d}v$$

得

$$2a(x-x_0)=v^2-v_0^2 \tag{1-27}$$

若位移用 s 表示，则

$$2as=v^2-v_0^2 \tag{1-28}$$

1.2.2　抛体运动

1. 运动的叠加性

叠加性是质点运动的一个特征，它基于运动的独立性，没有运动的独立性也就没有运动的叠加性，在读者熟知的一般抛体运动中(图1-9)，质点参与水平方向匀速度直线运动的同时，又参与竖直方向的匀加速直线运动，这两个正交方向独立运动叠加起来，构成质点的一般抛体运动. 因此，我们可以得出结论：一个运动可以看成几个各自独立运动的叠加，这一结论称为运动叠加原理. 它的直接意义在于可以将一个复杂的运动分解成几个简单的运动，以利于分析和计算.

抛体运动是水平方向的匀速度直线运动与竖直方向匀变速直线运动的叠加. 若质点以速度 V_0 且与水平方向成 α 角抛出，如图1-10所示，则可分别得到抛体的运动规律.

图1-9　摩托车飞行轨迹近似为抛物线

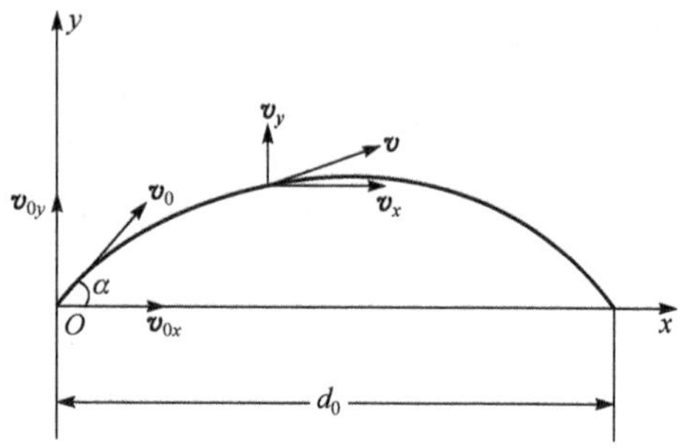

图1-10　抛体运动

2. 速度公式

$$v_x=v_{0x}$$
$$v_y=v_{0y}-gt$$

其中，$v_{0x}=v_0\cos\alpha$，$v_{0y}=v_0\sin\alpha$.

3. 运动方程

$$x=v_0t\cos\alpha$$
$$y=v_0t\sin\alpha-\frac{1}{2}gt^2$$

4. 轨道方程

$$y=x\tan\alpha-\frac{g}{2v_0^2\cos^2\alpha}x^2$$

5. 飞行时间与半飞行时间

$$t=\frac{2v_0\sin\alpha}{g}$$

$$t'=\frac{t}{2}=\frac{v_0\sin\alpha}{g}$$

6. 射程公式

$$d_0=\frac{2v_0^2}{g}\sin\alpha\cos\alpha=\frac{v_0^2}{g}\sin2\alpha$$

7. 射高公式

$$h_{\max}=\frac{v_0^2\sin^2\alpha}{2g}$$

以上各式是有实际意义的，它们是弹道学的基本公式. 根据这些公式再考虑空气的阻力、风速和风向等因素的影响，加以修正后，就可得到炮弹等抛体的真实轨道. 显然，在这种情况下，子弹或炮弹的形状和大小不能忽略，不能把它们视为质点.

例 1.5　某人站在塔顶将一小球以 $\theta=30°$ 的角度向上抛出，抛出速度 $v_0=20\text{m/s}$，设塔高 $h=15\text{m}$，求小球被抛出后何时落地，在什么位置落地，落地时的速度的大小及方向?

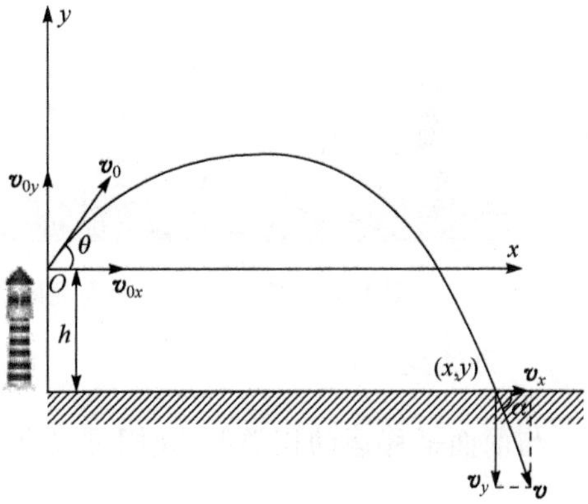

图 1-11　小球的抛体运动

解　以抛出点为原点，建立直角坐标系，如图 1-11所示，根据抛体运动的运动方程有

$$x=v_0t\cos\theta$$

$$y=v_0t\sin\theta-\frac{1}{2}gt^2$$

设落地点坐标为 (x,y)，则有 $y=-h=-15\text{m}$，将此值与 v_0，θ 带入上面第二个表达式得

$$-15=20\times\frac{1}{2}\times t-\frac{1}{2}\times9.8\times t^2$$

解得 $t=2.78\text{s}$，即小球在抛出 $t=2.78\text{s}$ 后落地.

$$x=v_0\cos\theta\cdot t=20\times\cos30°\times2.78=48.1(\text{m})$$

由

$$v_x=v_{0x}=v_0\cos\theta=20\times\cos30°=17.3(\text{m/s})$$

$$v_y=v_{0y}-gt=20\times\sin30°-9.8\times2.78=-17.2(\text{m/s})$$

得到着地时速度为

$$v=\sqrt{v_x{}^2+v_y{}^2}=\sqrt{17.3^2+17.2^2}=24.4(\text{m/s})$$

此速度与水平面的夹角为

$$\alpha=\arctan\frac{v_y}{v_x}=\arctan\frac{-17.2}{17.3}=-44.8°$$

1.2.3　圆周运动

圆周运动是生产和生活中常见的一种平面曲线运动，是曲线运动中的重要特征. 特别是当物体绕定轴转动时，物体上的各点都在做圆周运动(图 1-12)，所以研究圆周运动也是研究物体做定轴转动的基础. 在描述圆周运动时，引入角量（如角位移、角速度和角加速度等）就更为简洁明了.

1. 角位移

当质点在 Oxy 平面内做半径为 r 的圆周运动时，如图 1-13 所示. t 时刻，质点位于圆周上任一点 A，OA 与 Ox 的夹角 θ 就称作质点的角位置. 若 θ 对应的弧长为 s，则线量 s 与角位置 θ 关系为

$$s=r\theta$$

经过 Δt 时间，质点由 A 点运动到 B 点，转过的角度 $\Delta\theta$ 就称作角位移.

图 1-12　摩天轮的转动为圆周运动

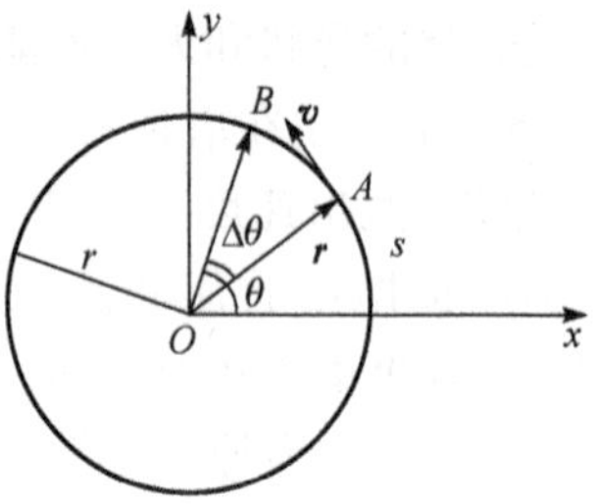

图 1-13　圆周运动

2. 角速度

与前面平移运动相类似，我们可以进一步引入角速度，即

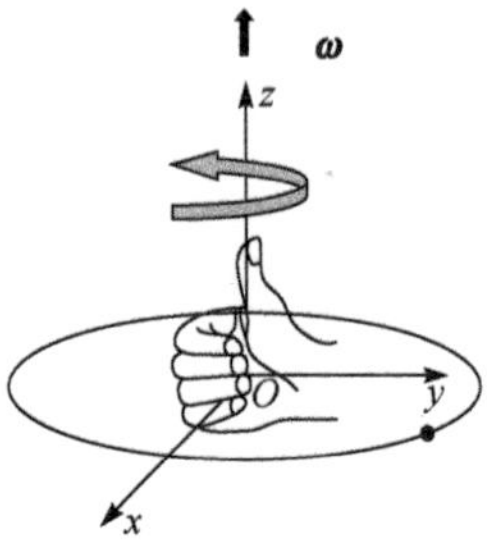

图 1-14　角速度的方向

$$\omega=\lim_{\Delta t\to 0}\frac{\Delta\theta}{\Delta t}=\frac{d\theta}{dt} \tag{1-29}$$

显然，角速度的大小就是角位置 θ 随时间 t 的变化率，其单位为 rad/s（弧度每秒）. 角速度的方向由右手螺旋关系来确定，如图 1-14 所示. 若质点沿逆时针方向旋转，则 ω 沿 z 轴正向；反之，则沿 z 轴负向. 如果质点沿着圆周切线方向运动的线速度为 v，则有

$$\omega=\frac{d\theta}{dt}=\frac{d\left(\frac{s}{r}\right)}{dt}=\frac{1}{r}\cdot\frac{ds}{dt}=\frac{v}{r}$$

此式即为圆周运动角速度与线速度的关系.

3. 角加速度

$$\beta=\lim_{\Delta t\to 0}\frac{\Delta\omega}{\Delta t}=\frac{d\omega}{dt}=\frac{d^2\theta}{dt^2} \tag{1-30}$$

角加速度的单位为 rad/s^2（弧度每二次方秒）.

4. 匀加速圆周运动

当 β 不随时间改变时，质点所做的运动就称为匀加速圆周运动.

$$\beta=\frac{d\omega}{dt}\rightarrow d\omega=\beta dt$$

两边同时积分,得到

$$\int_{\omega_0}^{\omega}d\omega=\int_0^t\beta dt=\beta\int_0^t dt\Rightarrow\omega=\omega_0+\beta t \tag{1-31}$$

根据角速度的定义

$$\omega=\frac{d\theta}{dt}\Rightarrow d\theta=\omega dt$$

两边同时积分,得到

$$\int_{\theta_0}^{\theta}d\theta=\int_0^t\omega dt=\int_0^t(\omega_0+\beta t)dt\Rightarrow\theta=\theta_0+\omega_0 t+\frac{1}{2}\beta t^2 \tag{1-32}$$

式(1-31)与式(1-32)联立,可得

$$\omega^2-\omega_0^2=2\beta(\theta-\theta_0) \tag{1-33}$$

匀加速圆周运动与匀加速直线运动规律十分相似(表 1-1),将表征直线运动的物理量,即位置矢量 $\boldsymbol{x}$,速度 v 和加速度 a 分别转换为角位置 θ、角速度 ω 和角加速度 β 即可以把匀加速直线运动特征方程转换为匀加速圆周运动的特征方程.

表 1-1 匀加速圆周运动与匀加速直线运动规律比较

匀加速直线运动		匀加速圆周运动
$v=v_0+at$ $x=x_0+v_0t+\frac{1}{2}at^2$ $v^2-v_0^2=2a(x-x_0)$	$x\Leftrightarrow\theta$ ⟺ $v\Leftrightarrow\omega$ $a\Leftrightarrow\beta$	$\omega=\omega_0+\beta t$ $\theta=\theta_0+\omega_0t+\frac{1}{2}\beta t^2$ $\omega^2-\omega_0^2=2\beta(\theta-\theta_0)$

例 1.6 一飞轮受摩擦力矩作用做减速转动过程中,其角加速度与角位置 θ 成正比,比例系数为 $k(k>0)$,且 $t=0$ 时,$\theta_0=0$,$\omega=\omega_0$. 求(1)角速度作为 θ 的函数表达式;(2)最大角位移.

解 (1) 根据题意 $\beta=-k\theta$,即

$$\beta=\frac{d\omega}{dt}=\frac{d\omega}{d\theta}\cdot\frac{d\theta}{dt}=\frac{d\omega}{d\theta}\omega$$

所以有

$$-k\theta=\frac{d\omega}{d\theta}\omega$$

分离变量后积分得到

$$\int_0^{\theta}-k\theta d\theta=\int_{\omega_0}^{\omega}\omega d\omega$$

即

$$\frac{\omega^2}{2}-\frac{\omega_0^2}{2}=-k\frac{\theta^2}{2}$$

$$\omega=\sqrt{\omega_0^2-k\theta^2}$$

(2) 最大角位移发生在 $\omega=0$ 时，所以

$$\theta=\frac{1}{\sqrt{k}}\omega_0$$

5. 向心加速度(法向加速度)

当 $\beta=0$ 时，质点角速度不随时间变化，即在任何时刻任何位置线速度的大小都相等，此时质点做匀速率圆周运动. 对于匀速率圆周运动，虽然线速度的大小不随时间改变，但其方向却在时刻改变着，因而必然存在一个与速度方向垂直的加速度，这一加速度就称为向心加速度，记作 a_n. 如图 1-15 所示，t_1时刻质点在 A 点，速度为 $\boldsymbol{v}_1$，t_2时刻，质点在 B 点，速度为 $\boldsymbol{v}_2$，则时间 $\Delta t=t_2-t_1$ 内质点的速度增量为 Δv，若 $|\boldsymbol{v}_1|=|\boldsymbol{v}_2|=v$，则有

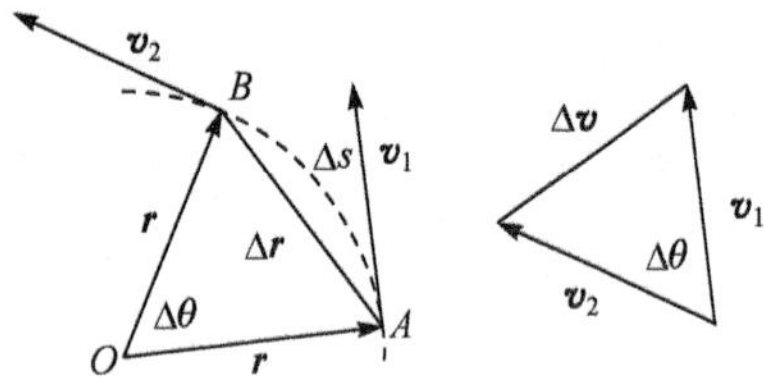

图 1-15　向心加速度

$$\frac{|\Delta \boldsymbol{r}|}{r}=\frac{|\Delta \boldsymbol{v}|}{v}\Rightarrow \Delta v=\frac{v}{r}\cdot \Delta r$$

根据加速度的定义

$$a_n=\lim_{\Delta t\to 0}\frac{\Delta v}{\Delta t}$$

$$a_n=\lim_{\Delta t\to 0}\frac{v}{r}\frac{\Delta r}{\Delta t}=\frac{v}{r}\lim_{\Delta t\to 0}\frac{\Delta r}{\Delta t}$$

当 $\Delta t\to 0$ 时，$\Delta r\approx \Delta s$，因此

$$a_n=\frac{v}{r}\lim_{\Delta t\to 0}\frac{\Delta r}{\Delta t}\approx \frac{v}{r}\lim_{\Delta t\to 0}\frac{\Delta s}{\Delta t}\Rightarrow a_n=\frac{v}{r}\frac{\mathrm{d}s}{\mathrm{d}t}=\frac{v^2}{r} \tag{1-34}$$

这就是向心加速度的大小，由于 $\Delta t\to 0$ 时，$\Delta \boldsymbol{v}$ 的方向指向圆心，所以向心加速度的方向是指向圆心的. 另外，根据线速度和角速度的关系 $v=r\omega$，还可以得出向心加速度的角量表示，即

$$a_n=r\omega^2$$

6. 切向加速度

当 $\beta\neq 0$，质点做变速率圆周运动，质点运动速度的大小和方向都在改变. 此时，除了改变方向的向心加速度 a_n 外，还存在改变速率大小的切向加速度，通常记作 a_τ(图 1-16). 如图 1-17(a)所示，当质点做匀速率圆周运动时，只有向心加速度，其切向加速度为零；质点做变速率圆周运动时，由于切向加速度的存在，改变了速度大小(图 1-17(b))，此时

$$\boldsymbol{a}=\boldsymbol{a}_n+\boldsymbol{a}_\tau$$

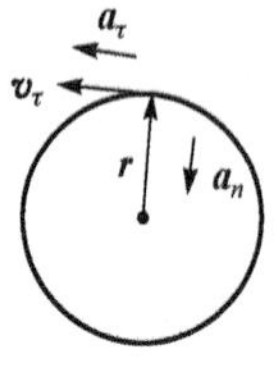

图1-16　切向加速度和法向加速度

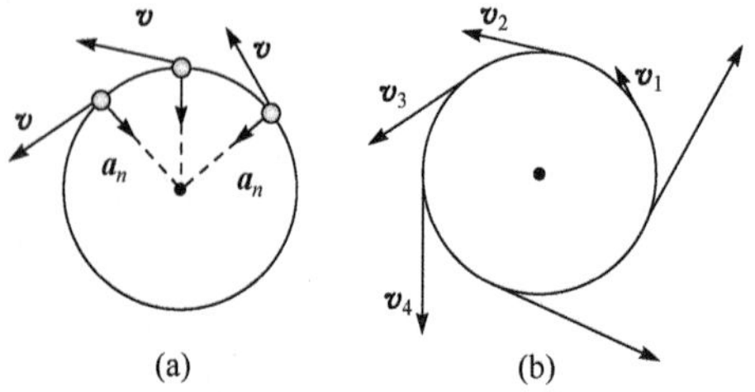

图 1-17　(a)匀速率圆周运动；(b)变速率圆周运动

其中

$$\begin{cases} a_n = \dfrac{v^2}{r} = r\omega^2 \\ a_\tau = \dfrac{\mathrm{d}v}{\mathrm{d}t} = r\beta \end{cases}$$

例 1.7 质点在半径为 $R=0.1\mathrm{m}$ 的圆周上运动，其角位置为 $\theta=2+4t^3\,\mathrm{rad}$，求(1) $t=2.0\mathrm{s}$ 时质点的法向加速度和切向加速度；(2)当切向加速度的大小恰好等于总加速度的一半时 θ 值为多少？

解 (1) $\omega=\dfrac{\mathrm{d}\theta}{\mathrm{d}t}=12t^2$，$\beta=\dfrac{\mathrm{d}\omega}{\mathrm{d}t}=24t$，$a_n=R\omega^2=14.4t^4$，$a_\tau=R\beta=2.4t$

$t=2.0\mathrm{s}$ 时

$$a_n=14.4\times2^4=230(\mathrm{m/s^2})$$
$$a_\tau=2.4\times2=4.8(\mathrm{m/s^2})$$

(2) 由 $a_\tau=\dfrac{1}{2}\sqrt{a_n^2+a_\tau^2}$，得到 $3a_\tau^2=a_n^2$

即

$$3\times(2.4)^2t^2=(14.4t^4)^2$$

得到

$$t=\frac{1}{\sqrt[6]{12}}\mathrm{s},\quad \theta=2+4\cdot\frac{1}{\sqrt{12}}=3.15\mathrm{rad}$$

例 1.8 一质点沿半径为 R 的圆周按规律，$s=v_0t-\dfrac{1}{2}bt^2$ 运动，v_0 和 b 为常量，求(1)质点的总加速度；(2) t 为何值时总加速度在数值上等于 b；(3)加速度为 b 时，质点圆周运动了多少圈？

解 (1) 根据已知条件

$$v=\frac{\mathrm{d}s}{\mathrm{d}t}=v_0-bt$$

$$a_\tau=\frac{\mathrm{d}v}{\mathrm{d}t}=-b,\quad a_n=\frac{v^2}{R}=\frac{(v_0-bt)^2}{R}$$

$$\boldsymbol{a}=\boldsymbol{a}_n+\boldsymbol{a}_\tau=\frac{(v_0-bt)^2}{R}\boldsymbol{e}_n+(-b)\boldsymbol{e}_\tau$$

(2) 加速度的数值为 b 时

$$a=\sqrt{\frac{(v_0-bt)^4}{R^2}+b^2}=b \Rightarrow (v_0-bt)=0$$

所以

$$t=\frac{v_0}{b}$$

(3) 加速度为 b 时，质点运动路程为

$$s=v_0t-\frac{1}{2}bt^2=v_0\cdot\frac{v_0}{b}-\frac{1}{2}b\cdot\left(\frac{v_0}{b}\right)^2=\frac{1}{2}\frac{v_0{}^2}{b}$$

$$N=\frac{s}{2\pi R}=\frac{v_0^2}{4\pi Rb}$$

习　题　1

1-1　有人说:“微观粒子线度很小,可将其视为质点,月球很大,不能视为质点.”你认为他说的有道理吗?

1-2　一人站在地面上瞄准树上的猴子,当开枪时,猴子刚好从树上跳下.请问子弹能射中猴子吗?

1-3　$|\Delta \boldsymbol{r}|$与Δr表示的物理意义相同吗? $\left|\frac{\mathrm{d}\boldsymbol{r}}{\mathrm{d}t}\right|$和$\frac{\mathrm{d}r}{\mathrm{d}t}$物理意义相同吗? 试举例说明.

1-4　在离水面高度为h的岸边,有人用绳子拉船靠岸,船在离岸边s距离处,如图所示.当人以v_0的速率收绳时,试求船的速度与加速度的大小各有多大?

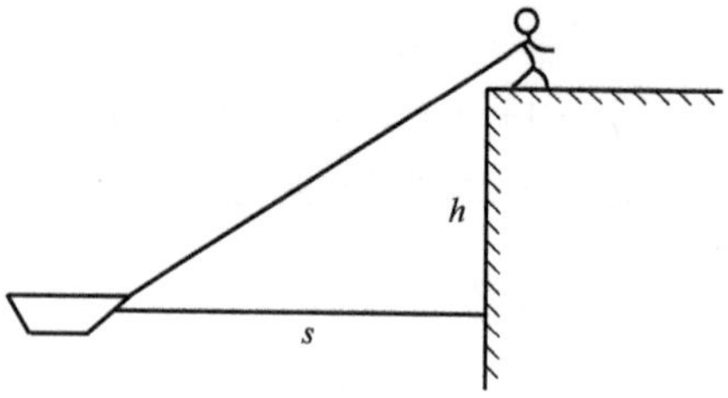

题1-4图

1-5　一质点的初速度v_0做直线运动,所受阻力与其速度成正比,试求当质点速度减为$\frac{1}{n}v_0$时,n为任一常数,质点经过的距离.

1-6　甲乙两船同时航行,甲以10km/h的速度向东,乙以5km/h的速度向南,问从乙船的人看来,甲的速度是多大? 方向如何? 反之,从甲船的人看来,乙的速度又是多大? 方向如何?

1-7　已知质点位矢随时间变化的函数形式为$\boldsymbol{r}=t^2\boldsymbol{i}+2t\boldsymbol{j}$,式中$\boldsymbol{r}$的单位为m,$t$的单位为s.求:(1)任一时刻的速度和加速度;(2)任一时刻的切向加速度和法向加速度.

1-8　质点P在水平面内沿一半径为$R=1\mathrm{m}$的圆轨道转动,转动的角速度ω与时间t的函数关系为$\omega=kt^2$,已知$t=2\mathrm{s}$时,质点P的速率为16m/s,试求$t=1\mathrm{s}$时,质点P的速率与加速度的大小.

1-9　一小球从离地面高为H的A点处自由下落,当它下落了距离h时,与一个斜面发生碰撞,并以原速率水平弹出,问h为多大时,小球弹得最远?

第 2 章　质点动力学

在质点运动学中，我们把物体孤立起来，从运动的角度研究了物体的运动，即用位置矢量、位移、速度和加速度描述质点的运动情况. 但是，当我们研究物体为什么会有这样或那样的运动以及为什么会有千变万化的运动状态变化等更深刻的问题时，再把物体孤立起来已经没有任何意义了，必须探讨物体与其他物体间的相互作用. 把研究物体的运动与物体间的相互作用联系起来，以探讨物体运动状态变化的规律，这就是质点动力学的基本问题.

牛顿在分析、研究、概括了伽利略等大量实验材料的基础上，结合自己长期观察和实验，总结出三条实验定律，即牛顿运动定律. 它不仅是质点动力学的理论基础，也是整个经典力学的理论基础. 对于宏观低速运动的力学问题，牛顿运动定律是完全正确的.

2.1　牛顿三定律　惯性系和非惯性系

2.1.1　牛顿三定律

1. 牛顿第一定律

任何物体都保持相对静止或匀速直线运动状态，直到其他物体的作用力迫使它改变这种状态为止. 第一定律给出了力的科学定义，力是一个物体对另一个物体的作用，力是使物体运动状态变化的原因. 前者揭示了力的本质，后者阐明了力的效果. 第一定律说明任何物体都具有保持其原来运动状态不变的特性，这是物体的固有属性，称为物体的惯性. 因此，第一定律也称惯性定律.

2. 牛顿第二定律

物体受到外力作用时，物体就获得加速度. 加速度的量值与合外力量值成正比，与本身的质量成反比；加速度的方向与合外力的方向相同. 其数学表达式为

$$\left.\begin{aligned}\boldsymbol{F}&=m\boldsymbol{a}\\ \text{或}\quad \boldsymbol{F}&=\frac{\mathrm{d}\boldsymbol{p}}{\mathrm{d}t}\end{aligned}\right\}\tag{2-1}$$

牛顿第二定律定量地揭示了力的效果，力是产生加速度或变形的原因，同时定量地给出了物体惯性的量度，即惯性质量. 这里的物体仍然指的是质点. 第二定律是瞬时性的定律，此时受力此时产生加速度或变形，彼时不受力彼时不产生加速度. 绝非物体一旦受力就永远产生加速度. 第二定律包括了力的独立性原理和力的叠加原理. 当几个力同时作用在一个物体上时，物体所获得加速度，是每个力单独作用时产生加速度的矢量和. 在具体计算时，要建立或选择相适应的坐标系. 在直角坐标系中，第二定律可写成分量式

$$
\left.\begin{aligned}
F_x &= ma_x = m\frac{d^2x}{dt^2} \\
F_y &= ma_y = m\frac{d^2y}{dt^2} \\
F_z &= ma_z = m\frac{d^2z}{dt^2}
\end{aligned}\right\} \tag{2-2}
$$

在自然坐标系中,第二定律可写成分量式

$$
\left.\begin{aligned}
F_n &= ma_n = m\frac{v^2}{\rho} \\
F_t &= ma_t = m\frac{dv}{dt}
\end{aligned}\right\} \tag{2-3}
$$

3. *牛顿第三定律*

当物体 A 以力 $\boldsymbol{F}_1$ 作用于物体 B 时,物体 B 也必定同时以力 $\boldsymbol{F}_2$ 作用于物体 A. $\boldsymbol{F}_1$ 和 $\boldsymbol{F}_2$ 在一条直线上,且量值相等方向相反,即

$$
\boldsymbol{F}_1 = -\boldsymbol{F}_2 \tag{2-4}
$$

必须强调,第一定律、第二定律是描述物体受外力作用时,运动状态变化规律的,与参考系的选择有关,而牛顿第三定律与参考系的选择无关,即两个物体无论在什么参考系里,一旦发生作用总是相互的,且同时发生同时消失.

牛顿的三条定律既相互独立又相互联系,是说明质点运动规律的统一体.第一定律定性地说明物体运动状态的保持以及其他物体作用下运动状态发生变化的关系;第二定律定量地说明物体运动状态变化和受合外力的关系;第三定律说明了力的起源,力是物体间的相互作用,力起源于物体(物质).在处理具体力学问题时,这三条定律经常是结合起来使用的,其中第二定律是核心.

2.1.2　关于力的三条规律

在力学中有三种常见的力,即万有引力、弹性力和摩擦力.

1. *万有引力定律*

1668年牛顿发表了万有引力定律:任何两个质点都要相互吸引,引力的量值和两个质点质量 m_1、m_2 的乘积成正比,和两质点间距离 r 的平方成反比,引力的方向沿两个质点的连线方向.即

$$
F = G\frac{m_1 m_2}{r^2} \tag{2-5}
$$

式中,$G=6.672\times10^{-11}(\mathrm{N\cdot m^2})/\mathrm{kg^2}$,称万有引力常量.

在忽略地球自转和离地球表面不太高的情况下,地球对其表附近物体的吸引力就是物体所受的重力,其量值为

$$
\left.\begin{aligned}
F &= G\frac{Mm}{R^2} = mg \\
\text{或}\quad g &= G\frac{M}{R^2}
\end{aligned}\right\} \tag{2-6}
$$

式中，M 是地球的质量；R 是地球的半径；重力加速度 g 与地球的经纬度有关，通常取 $g=9.8\text{m/s}^2$. $\boldsymbol{F}$ 与 $\boldsymbol{g}$ 的方向相同，都指向地心.

万有引力定律(2-5)只适用于质点. 当物体不能看成质点时，要计算两物体的吸引力，必须先把每个物体分割成许多小块，以致小到足以看成是质点，然后计算两物体所有这些小块间的相互作用力，最后求矢量和即可. 但是，对于密度均匀的球体或球壳，无论它们之间的距离远近，都可看成是质量集中于球心的质点.

2. 弹性力

两物体相互接触并由于挤压有形变时相互间产生的作用力称弹性力. 弹性力包括弹簧的恢复力、接触面或点间的正压力、支持力以及绳索的张力等.

一般说来，当两物体相互挤压有形变时，由于物体都有恢复原来形状的性质，相互间必然产生弹性力. 如图 2-1 所示. 挤压形变是产生弹性力的关键. 弹性力的方向通常垂直接触面或接触点的切面.

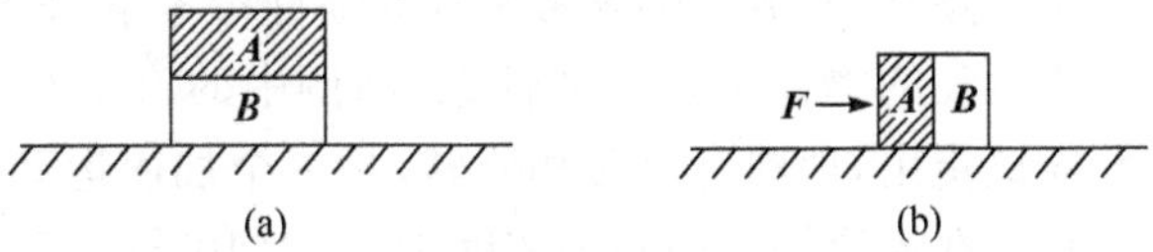

图 2-1

弹簧的恢复力，在弹性限度内由胡克定律决定，即

$$\boldsymbol{F}=-k\boldsymbol{x} \tag{2-7}$$

式中，k 称弹簧的劲度系数；负号表示力与形变的方向相反；F 单位为 N/m(牛顿/米).

3. 摩擦力

两个相互接触的物体沿接触面有相对运动或相对运动趋势时，在接触面间产生的一种阻止相对运动或相对运动趋势的力称摩擦力. 前者称滑动摩擦力，后者称静摩擦力. 它们都和正压力 N 成正比，滑动摩擦力和最大静摩擦力分别表示为

$$\left.\begin{aligned} f&=\mu\boldsymbol{N} \\ f_0&=\mu_0\boldsymbol{N} \end{aligned}\right\} \tag{2-8}$$

式中，μ 和 μ_0 分别称为滑动摩擦系数和静摩擦系数，其数值取决于两物体材料的性质和接触面的粗糙、干湿程度等. μ 还与物体间的相对速度有关，在大多数情况下，μ 随速度的增加而减小，最后达到稳定值. 对于给定的一对接触面来说，总有 $\mu<\mu_0$.

实验证明，静摩擦力介于 0 和最大静摩擦力之间. 摩擦力的方向永远沿接触面且与相对运动或相对运动趋势方向相反.

2.1.3 惯性系和非惯性系 惯性力

1. 惯性力和非惯性系

如图 2-2 所示，在水平地面上放置有物体 A，汽车 B 以速度 $\boldsymbol{v}$ 向右做匀速直线运动，汽车 C 以加速度 $\boldsymbol{a}_0$ 向右做匀加速度直线运动. 现在有三个观察者观察物体 A 的运动状态：以地面为参考系的观察者看到物体 A 保持相对静止；以汽车 B 为参考系的观察者看到物体 A 以不

变的速度 $-\boldsymbol{v}$ 向左运动；以汽车 C 为参考系的观察者看到 A 以加速度 $-\boldsymbol{a}_0$ 向左做匀加速直线运动. 这表明，处在不同参考系上的观察者观察同一物体的运动时，所得的结论是不同的. 因为物体 A 在水平方向上不受外力作用，根据牛顿定律，其运动状态应保持不变，所以，以地面为参考系和以相对地面做匀速直线运动的汽车 B 为参考系的观察者，所观察到的现象符合牛顿定律. 但是，以汽车 C 为参考系观察的结果却不符合牛顿定律. 可见，牛顿定律并不是对任何参照系都成立. 为此，人们把参考系分为两种.

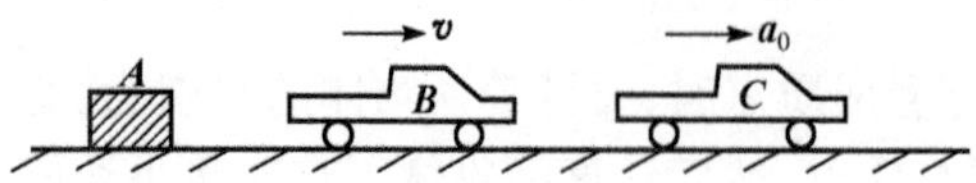

图 2-2

(1) 惯性系

凡是牛顿定律成立的参考系称惯性参考系，简称惯性系. 大量实验证明，太阳是很好的惯性系，地球也是较好的惯性系. 凡是相对太阳或地球保持相对静止或作匀速直线运动的物体都是惯性系. 前例中的汽车 B 就是惯性系. 显然，惯性系有无限多个.

(2) 非惯性系

凡是牛顿定律(第三定律除外)不成立的参考系称非惯性参考系，简称非惯性系. 一切相对太阳、地球等惯性系做变速运动的物体都是非惯性系. 前例中的汽车 C 就是非惯性系. 显然，非惯性系也有无限多个. 应该指出，地球有自转和公转，是一个加速运动的物体，并不是“真正的”惯性系. 但是，地球自转时在赤道处的向心加速度为 $3.4\times10^{-2}\,\text{m/s}^2$，公转产生的向心加速度为 $0.6\times10^{-2}\,\text{m/s}^2$，太阳绕银河系中心公转的加速度仅为 $3\times10^{-10}\,\text{m/s}^2$. 实际上，在处理具体力学问题时，这些加速度均可忽略不计. 也就是说，把太阳和地球看成惯性系所得出的一切结论都与事实相符.

2. 惯性力　非惯性系中的力学定律

(1) 惯性力

非惯性系是客观存在的，我们往往需要在非惯性系中观察和研究一些力学问题. 在非惯性系中，除有施力者的真实力以外，人们设想物体还受到一种由于非惯性系相对惯性系做变速运动引起的力，这种人为引入的力称惯性力. 在前述的例子中，汽车 C 上的观察者看到物体 A 有一个 $-\boldsymbol{a}_0$ 的加速度，就好像物体 A 受到一个假想的力 $-m\boldsymbol{a}_0$(m 是物体 A 的质量)一样. $-m\boldsymbol{a}_0$ 就是惯性力. 需特别指出：惯性力是虚拟的力，并不是物体之间相互作用的真实力，它没有施力者，因此没有反作用力. 只有在非惯性系中的物体才引入“惯性力”，惯性系中不引入“惯性力”. 惯性力 $\boldsymbol{F}_{惯}=-m\boldsymbol{a}_0$，$m$ 是研究对象的质量，$\boldsymbol{a}_0$ 是非惯性系相对惯性系的加速度.

(2) 非惯性系中的力学定律

在非惯性系中引入惯性力的概念后，就可以在非惯性系中用牛顿定律解决具体问题. 为了不致发生误解，人们必须把 $\boldsymbol{F}_{惯}$ 和物体受到的真实合外力 $\boldsymbol{F}$ 分开写，即

$$\left.\begin{aligned}\boldsymbol{F}+\boldsymbol{F}_{惯}&=m\boldsymbol{a}\\ \text{或}\quad \boldsymbol{F}+(-m\boldsymbol{a}_0)&=m\boldsymbol{a}\end{aligned}\right\}\tag{2-9}$$

这就是非惯性系中的力学定律. 其中，$\boldsymbol{a}_0$ 是非惯性系相对惯性系的加速度，m 是研究对象的质量，$\boldsymbol{a}$ 是研究对象相对非惯性系的加速度.

在国际单位制中. 力的单位是 N(牛顿)，量纲是 MLT^{-2}；惯性质量的单位和引力质量的单位都是 kg，量纲是 M.

例 2.1　一质量为 m 的人，站在电梯的底板上. 当电梯以加速度 $\boldsymbol{a}_0$ 上升时，求人对底板的

压力.

解 方法一:以地面为参考系求解(在惯性系中求解)

对人进行受力分析.人受到两个力,一是竖直向下的重力 $\boldsymbol{P}$,一个是底板给人竖直向上的支持力 $\boldsymbol{N}$,在地面上观察,人以加速度 $\boldsymbol{a}_0$ 上升,以地面为坐标原点,向上为 y 轴正方向,根据牛顿运动定律有

$$\boldsymbol{N}-\boldsymbol{P}=m\boldsymbol{a}_0$$

解得 $\boldsymbol{N}=\boldsymbol{m}(\boldsymbol{g}+\boldsymbol{a}_0)$.根据牛顿第三定律得人给予底板的作用力为

$$\boldsymbol{N}'=-\boldsymbol{N}=-\boldsymbol{m}(\boldsymbol{g}+\boldsymbol{a}_0)$$

负号表示方向竖直向下.

方法二:以电梯为参考系求解(在非惯性系中求解)

电梯相对地面做加速运动,电梯是非惯性系,必须用非惯性系的力学定律求解.这时,如取人为研究对象,人还受惯性力 $\boldsymbol{F}_{惯}=-m\boldsymbol{a}_0$ 的作用,负号表示方向竖直向下.

在电梯上观察,人是静止不动的,加速度为零,则有

$$\boldsymbol{N}-\boldsymbol{mg}-\boldsymbol{ma}_0=0$$

解得 $\boldsymbol{N}=\boldsymbol{m}(\boldsymbol{g}+\boldsymbol{a}_0)$根据牛顿第三定律得人给予底板的作用力为

$$\boldsymbol{N}'=-\boldsymbol{N}=-\boldsymbol{m}(\boldsymbol{g}+\boldsymbol{a}_0)$$

负号表示方向竖直向下.

2.2 力的功(力的空间累积效应)

牛顿第二定律是瞬时性的定律,它仅给出某一时刻作用力与物体速度变化的关系.实际问题都是和物理过程相联系的,而物理过程无论简单还是复杂都是在时间的进程中在空间发生的.因此,必须研究力的持续作用问题,一是和物体运动时间有关的力的时间持续作用,二是和物体位移有关的力的空间持续作用.通常把前者称力的时间累积效应,后者称力的空间累积效应.以后我们将看到,力的累积方式不同,改变物体运动状态的外在效果也不同,但物理实质是一致的.本节讨论力的空间累积效应,它涉及功和能量以及两者的关系.能量贯穿在物质运动的一切形式之中,能量的变化又总是和功相联系.能量是功的来源,功是能量变化的量度,两者的关系是十分密切的.

2.2.1 功 功率 能量

1. 功的一般表示

功是描述力的空间累积效应的物理量,和物体的宏观运动相联系,是一个过程量,是机械功的简称.

(1) 恒力的功

若力的大小和方向不改变,且力的作用点的位移为直线,如图 2-3 所示,则该力的功为

$$A=\boldsymbol{F}\cdot\boldsymbol{l}=Fl\cos\theta$$

(2) 变力的功

设 t_1 时刻物体在 a 点具有速度 $\boldsymbol{v}_1$,在外力 $\boldsymbol{F}$ 作用下,t_2 时刻物体运动到 b 点,具有速度 $\boldsymbol{v}_2$,如图 2-4(a)所示.

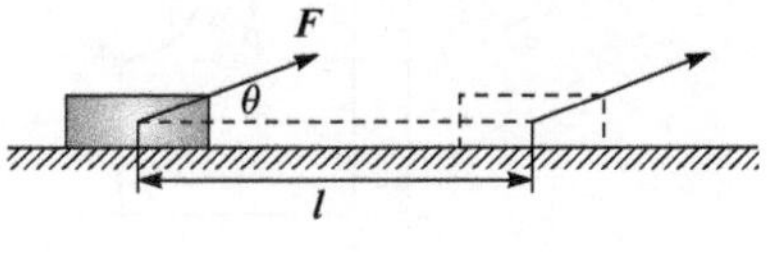

图 2-3

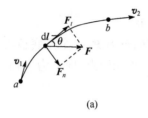

(a)　　　　(b)

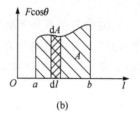

图 2-4

运动过程中物体有微小的位移 d$\boldsymbol{l}$,则力元功为

$$dA=\boldsymbol{F}\cdot d\boldsymbol{l} \tag{2-10}$$

物体由 a 运动到 b,外力 $\boldsymbol{F}$ 的总功为

$$A=\int_a^b dA=\int_a^b \boldsymbol{F}\cdot d\boldsymbol{l} \tag{2-11}$$

因为 $\boldsymbol{F}\cdot d\boldsymbol{l}=F\cos\theta\cdot dl=F_t\cdot dl$,则

$$A=\int_a^b dA=\int_a^b F_t\cdot dl \tag{2-12}$$

若纵轴为 $F\cos\theta$,横轴为 l,则合外力的功等于 $F_t(l)$ 曲线以下,l 轴之上,ab 之间的面积.如图 2-4(b)所示.$\theta<\dfrac{\pi}{2}$时,$A>0$,外力 $\boldsymbol{F}$ 对物体做正功;$\theta>\dfrac{\pi}{2}$时,$A<0$,外力 $\boldsymbol{F}$ 对物体做负功,这时外力 $\boldsymbol{F}$ 成为阻力,是物体克服阻力做功;$\theta=\dfrac{\pi}{2}$时,$A=0$,外力对物体不做功.

(3) 保守力的功

当研究对象是两个或两个以上的物体时,则称为系统.内部各物体间的相互作用力称内力,内力通常分为保守力和非保守力.若作用力的功,只取决于受力物体的始末位置,与物体的运动路径无关,具有这种性质的力称为保守力.保守力的这种性质还可以表述如下:在保守力场中,物体从某一点出发,沿任何路径又回到原来的位置,保守力的功为零;或保守力沿任何闭合路径的线积分恒为零.

$$\oint \boldsymbol{F}_{保}\cdot d\boldsymbol{l}=0 \tag{2-13}$$

① 重力的功.如图 2-5 所示,质量为 m 的物体由位置 $a(h_a)$ 沿任何路径运动到位置 $b(h_b)$,重力的功为

$$A=\int_a^b dA=\int_a^b \boldsymbol{P}\cdot d\boldsymbol{l}=\int_a^b mg\cos\theta\cdot dl=-\int_a^b mg\,dy=-(mgh_b-mgh_a) \tag{2-14}$$

② 弹性力的功.如图 2-6 所示,小球由位置 $a(x_a)$ 运动到位置 $b(x_b)$ 的过程中,弹性力的功为

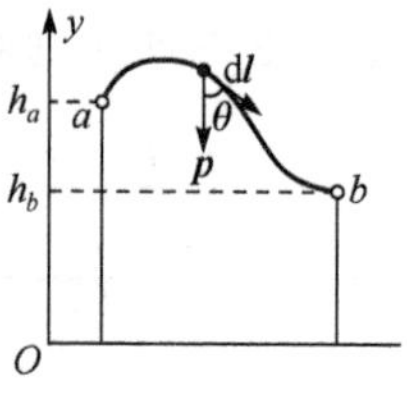

图 2-5

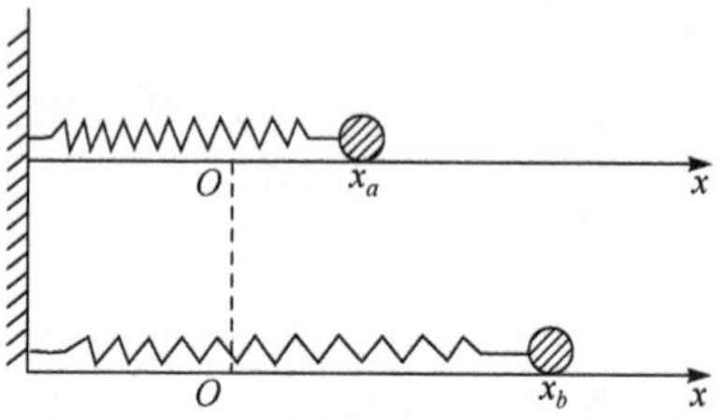

图 2-6

$$A=\int_a^b \mathrm{d}A=\int_a^b \boldsymbol{F}\cdot \mathrm{d}\boldsymbol{l}=\int_a^b -kx\cdot \mathrm{d}x=-\left(\frac{1}{2}kx_b^2-\frac{1}{2}kx_a^2\right) \tag{2-15}$$

③ 万有引力的功.如图 2-7 所示,质量为 m 的物体由位置 $a(r_a)$,沿任何一路径运动到位置 $b(r_b)$的过程中,万有引力的功为

$$A=\int_a^b \mathrm{d}A=\int_a^b \boldsymbol{F}\cdot \mathrm{d}\boldsymbol{l}$$
$$=-\int_a^b G\frac{Mm}{r^2}\mathrm{d}r=-\left[\left(-G\frac{Mm}{r_b}\right)-\left(-G\frac{Mm}{r_a}\right)\right] \tag{2-16}$$

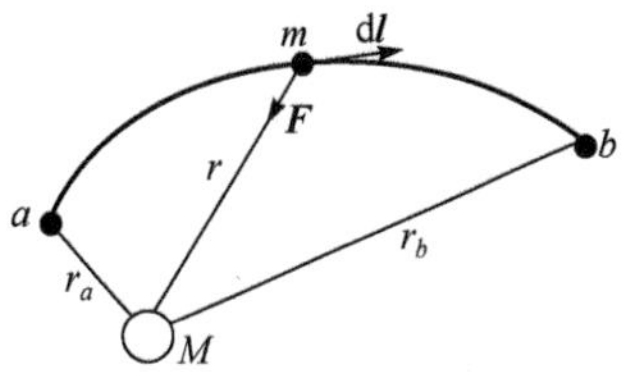

图 2-7

由式(2-14)~式(2-16)可知,重力、弹性力、万有引力的功只取决于物体的始末位置,与路径无关.所以重力、弹性力、万有引力都是保守力.

(4) 非保守力(耗散力)的功

若作用力所做的功不仅与物体的始末位置有关,也与路径有关,具有这种性质的力称非保守力,也称耗散力.例如,摩擦力、空气的阻力、爆炸力等都属非保守力.非保守力的这种性质可表示为

$$\oint \boldsymbol{F}_{非保}\cdot \mathrm{d}\boldsymbol{l}\neq 0 \tag{2-17}$$

综上所述,功是力的空间累积效应或力的空间持续作用.为了更深刻地理解功,必须强调以下几点:

① 功是与位移有关的过程量.这里的位移是指受力点的位移,我们又一直把物体看成是质点,也就是受力物体的位移.

② 功是一个相对的量.因为位移的大小和方向与参考系的选择有关,功也必然与参考系的选择有关.例如,用传送带传送物体时,在地面上看,物体有位移,静摩擦力做了正功;在传送带上看,物体没有位移,静摩擦力不做功.

③ 作用力与反作用力功的总和不一定为零.如图 2-8 所示,当子弹从左方穿过放置在光滑水平面上的木块时,虽然子弹与木块之间的作用力和反作用力始终量值相等方向相反,但由于子弹和木块在它们相互作用的过程中位移不同,所以总功之和不为零.

④ 若几个力同时作用在一个物体并使它产生位移,合外力的功等于每个力单独作用时功的代数和.因此,在计算功的时候,必须明确哪些力对物体做了功.

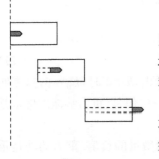

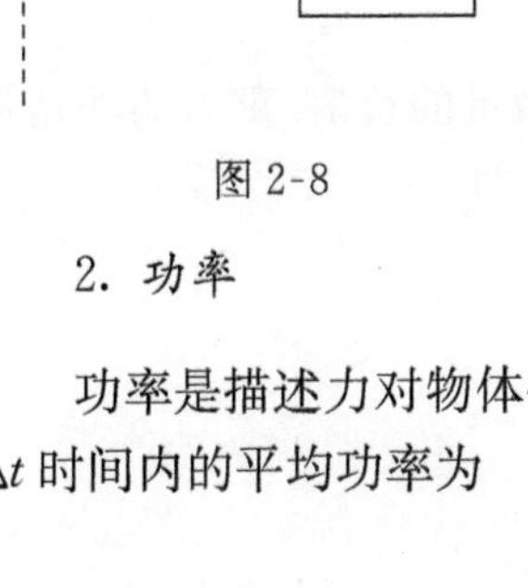
图 2-8

2. *功率*

功率是描述力对物体做功快慢程度的物理量.若力 $\boldsymbol{F}$ 在 Δt 时间内对物体做功为 ΔA,则 Δt 时间内的平均功率为

$$\overline{N}=\frac{\Delta A}{\Delta t} \tag{2-18}$$

当 Δt 趋近零时,平均功率的极限值定义为瞬时功率

或

$$\left.\begin{aligned} N&=\lim_{\Delta t\to 0}\overline{N}=\lim_{\Delta t\to 0}\frac{\Delta A}{\Delta t}=\lim_{\Delta t\to 0}\frac{\boldsymbol{F}\cdot\Delta \boldsymbol{l}}{\Delta t}=\boldsymbol{F}\cdot\boldsymbol{v} \\ N&=F\cos\theta v \end{aligned}\right\} \tag{2-19}$$

式中，θ 是力 $\boldsymbol{F}$ 与受力物体速度 $\boldsymbol{v}$ 的夹角. 式(2-19)表明，瞬时功率 N 等于力在速度方向上的投影 $F\cos\theta$ 与速度量值 v 的乘积. 当功率一定时，速度大，力就小，反之亦然. 例如，一辆汽车发挥最大功率行驶时，在平地上行驶所需牵引力小，速度就大；上坡时，所需牵引力大，速度就小，汽车只能低速行驶. 从能量观点考虑，功率反映了做功物体通过做功的形式输出能量的快慢程度.

3. 能量

(1) 动能

动能是物体由于机械运动而具有的能量，与物体的质量和相对速度的平方的乘积成正比. 设物体的质量为 m，某时刻 t 的速度为 v，则该时刻物体所具有的动能为

$$E_k=\frac{1}{2}mv^2 \tag{2-20}$$

动能是描述物体机械运动状态的物理量. 对于物体的一个运动状态，物体的动能就有一确定值，即动能是物体运动状态的单值函数. 但是，物体的动能一定，物体的运动状态就不能唯一地确定. 动能是从能量这一侧面反映物体的机械运动状态. 动能的量值是一个相对的量，是和参照系的选择有关的. 例如，奔驰的火车上的物体，在地面上看，它跟火车一起运动，有动能；但在火车上看，物体相对静止，没有动能. 这是速度相对性的必然结果.

(2) 势能

高高举起来的重物可以做功，这是重物与地球间相互作用的结果；一根用手拉长或压缩的弹簧，放手后也可以做功，这是弹簧内部各相邻部分相互作用的结果. 所有这种由于物体间或物体各部分间相互作用而具有做功的能力称为势能. 势能总是和保守力相联系.

① 重力势能.

质量为 m 的物体，离开地面为 h 时，物体的势能(实为物体与地球的相互作用能)为

$$E_p=mgh \tag{2-21}$$

重力势能是一个相对的量，与势能零点的选择有关. 由式(2-21)看出，$h=0$ 时，$E_p=0$，这表明重力势能的零点选在地面. 实际运算时，重力势能的零点可任意选择. 但是，重力势能的增量是绝对的，与零点选择无关.

定义重力势能之后，由式(2-14)看出，重力的功等于重力势能增量的负值. 重力的功是重力势能变化的量度. 重力和重力势能的关系可由式(2-21)直接得出，即

$$P=\frac{dE_p}{dh}=-mg$$

负号表示方向向下.

② 弹性势能.

劲度系数为 K 的弹簧拉长或压缩 x 时，弹簧具有的弹性势能为

$$E_p=\frac{1}{2}kx^2 \tag{2-22}$$

弹性势能是一个相对的量，与势能零点选择有关. 通常选择弹簧的原长为零点. 弹性势能

的增量是绝对的量，与零点选择无关. 定义弹性势能后，由式(2-15)看出，弹性力的功等于弹性势能增量的负值，弹性力的功是弹性势能变化的量度.

由式(2-22)看出

$$F=-\frac{\mathrm{d}E_{\mathrm{p}}}{\mathrm{d}x}=-kx \tag{2-23}$$

负号表示弹性力的方向与弹簧伸长或压缩方向相反.

③ 万有引力势能.

质量为 M 和 m 的两个物体，相距为 r 时，其引力势能为

$$E_{\mathrm{p}}=-G\frac{Mm}{r} \tag{2-24}$$

定义万有引力势能后，由式(2-16)看出，万有引力的功等于万有引力势能增量的负值. 由式(2-24)看出

$$F=-\frac{\mathrm{d}E_{\mathrm{p}}}{\mathrm{d}r}=G\frac{Mm}{r^2} \tag{2-25}$$

这正是万有引定律.

(3) 机械能

人们通常把动能 E_{k} 和势能 E_{p} 的和称为机械能. 例如，质量为 m 的物体 t 时刻具有速度为 v，且离地面的高度为 h，若选择地面为重力势能的零点，则该时刻物体的机械能为

$$E=E_{\mathrm{k}}+E_{\mathrm{p}}=\frac{1}{2}mv^2+mgh \tag{2-26}$$

在国际单位制中，功和能的单位都是 J(焦耳)，量纲是 $\mathrm{ML^2T^{-2}}$；功率的单位是 W(瓦特). 辅助单位有千瓦(10^3W)和马力(735W)，功率的量纲是 $\mathrm{ML^2T^{-3}}$.

2.2.2 功和能的关系

1. 质点的动能定理

设质量为 m 的物体，t_1 时刻在 a 点，速度为 v_1，在外力 $\boldsymbol{F}$ 的作用下，t_2 时刻运动到 b 点，速度为 v_2，如图 2-4(a)所示，过程中外力 $\boldsymbol{F}$ 的功为

$$A=\int_a^b F_t \mathrm{d}l$$

因为 $F_t=ma_t$，$a_t=\frac{\mathrm{d}v}{\mathrm{d}t}$代入上式，则有

$$A=\int_a^b F_t \mathrm{d}l=\int_a^b m\frac{\mathrm{d}v}{\mathrm{d}t}\mathrm{d}l=\int_{v_1}^{v_2} mv\mathrm{d}v$$

即

$$\left.\begin{aligned}A&=\frac{1}{2}mv_2^2-\frac{1}{2}mv_1^2\\ \text{或 } A&=E_{\mathrm{k2}}-E_{\mathrm{k1}}\end{aligned}\right\} \tag{2-27}$$

这表明，作用在物体上合外力的功等于物体的动能增量，这一规律称为质点的动能定理.

2. 质点系的动能定理

设研究对象是由 n 个物体组成，它们的质量分别为 m_1、m_2、…、m_n，某时刻 t_1 的速度分别

为 $\boldsymbol{v}_{11}$、$\boldsymbol{v}_{21}$、…、$\boldsymbol{v}_{n1}$. 它们在外力 $\boldsymbol{F}_1$、$\boldsymbol{F}_2$、…、$\boldsymbol{F}_n$和内力 $\boldsymbol{f}_1$、$\boldsymbol{f}_2$、…、$\boldsymbol{f}_n$的作用下，t_2时刻速度分别为 $\boldsymbol{v}_{12}$、$\boldsymbol{v}_{22}$、…、$\boldsymbol{v}_{n2}$，根据质点的动能定理分别有

$$A_{1外}+A_{1内}=\frac{1}{2}m_1v_{12}^2-\frac{1}{2}m_1v_{11}^2$$

$$A_{2外}+A_{2内}=\frac{1}{2}m_2v_{22}^2-\frac{1}{2}m_2v_{21}^2$$

……

$$A_{n外}+A_{n内}=\frac{1}{2}m_nv_{n2}^2-\frac{1}{2}m_nv_{n1}^2$$

左右两端分别相加，则

$$\sum A_{i外}+\sum A_{i内}=\sum\frac{1}{2}m_iv_{i2}^2-\sum\frac{1}{2}m_iv_{i1}^2$$

即

$$A_{外}+A_{内}=E_{k2}-E_{k1} \tag{2-28}$$

这表明，作用于质点系合外力和合内力的功等于质点系总动能的增量. 这一规律称为质点系的动能定理.

3. 功能原理

由质点系的动能定理可知，作用在质点系的力既有外力又有内力，内力分为保守内力和非保守内力. 这样内力的功 $A_{内}$ 就可写成 $A_{保}$ 和 $A_{非保}$之和，式(2-28)则写成

$$A_{外}+A_{保}+A_{非保}=E_{k2}-E_{k1}$$

但是，保守力的功等于相应势能增量的负值，即

$$A_{保}=-(E_{p2}-E_{p1})$$

代入前式，则有

$$A_{外}-(E_{p2}-E_{p1})+A_{非保}=E_{k2}-E_{k1}$$

$$A_{外}+A_{非保}=(E_{k2}-E_{k1})+(E_{p2}-E_{p1})=(E_{k2}+E_{p2})-(E_{k1}+E_{p1})$$

即

$$A_{外}+A_{非保}=E_2-E_1 \tag{2-29}$$

这表明，所有外力的功与非保守内力功的总和等于质点(物体)系统机械能的增量. 这个规律称质点系统的功能原理.

4. 机械能守恒定律

若 $A_{外}+A_{非保}=0$，则

$$E_2=E_1$$

或

$$E_k+E_p=常量 \tag{2-30}$$

这就是系统的机械能守恒定律. 当合外力的功与非保守内力的功总和为零时，或物体系统内只有保守力做功时，系统的机械能恒保持不变.

机械能守恒定律表明，由于系统内物体间的相互作用，动能可以转换成势能，势能也可以转换成动能，但动能和势能的总和恒保持不变. 机械能守恒定律对任何惯性系都成立. 所谓"守恒"是指所考察过程中的每一时刻都有是同一恒量. 机械能守恒定律是普遍的能量守恒和转换

定律在机械运动中的体现.尽管它可以从牛顿定律出发导出,但从根本上说它是一个实验定律,其适用范围比牛顿定律更广,在微观领域也是适用的.

5. 能量守恒和转换定律

从功能原理中可以看出,在外力做功完全为零的情况下,如果质点系除了有保守内力外,还有非保守内力,如摩擦力、空气阻力等,这时系统的机械能将发生变化.事实上,像摩擦力这样的耗散力做功总是等于系统机械能的减少,即

$$A_{耗}=E_1-E_2 \tag{2-31}$$

这表明,机械能的一部分通过耗散力转变成热能.大量实验事实证明,一个与外界没有能量交换的封闭系统,在它的机械能增加或减少时,必然伴随着等值的其他形式的能量,如电能、磁能、化学能等的减少或增加.也就是说,一个封闭的系统,不论发生怎样的变化过程,各种形式的能量可以相互转换,但能量的总和保持不变,这就是能量守恒和转换定律,简称能量守恒定律.这个定律还可表述如下:在封闭系统中,不论发生何种变化过程,能量不会消失,也不能创造,只能从一种形式转换成另一种形式.

能量守恒和转换定律是自然界最基本最普遍的定律之一,它适用于一切变化过程,包括机械的、热运动的、电磁的、化学的、生物的等.在原子和原子核等微观领域的过程,也完全适用.

通过能量守恒和转换定律使人们更深刻认识和理解功的意义.当人们用做功的方法使系统能量发生变化时,实质上是这个系统和另一个对它做功的系统间发生了能量转换.可见,功既是能量变化的量度也是能量转换的量度.

2.3 力的冲量(力的时间累积效应)

前面我们讨论了力的空间累积效应——功和能量变化的关系.下面我们讨论力的时间累积效应——冲量和动量变化的关系,从另一个侧面揭示力持续作用所产生的效果.我们将从基本概念出发直接导出动量定理,然后讨论在合外力为零或内力远大于外力时,系统内部动量变化所遵循的规律——动量守恒定律.这些规律虽然都可以从牛顿定律中推导出,但它们比牛顿定律更具有普遍性,不仅适用于宏观领域,也适用于微观领域.特别是物体受力情况比较复杂,运用牛顿定律难以解决的问题中,如打击、碰撞、爆炸等瞬间过程,运用动量定理和相应的守恒定律更为简便.

2.3.1 动量　冲量　冲力

1. 动量

在讨论碰撞和冲击一类问题中,人们注意到一个普遍的事实,当一个物体对其他物体碰撞或冲击时,其效果不仅与物体的速度有关,也与物体的质量有关.一个足球运动员可用头去顶高速飞来的足球,但不敢去顶速度缓慢的铅球,更不敢去顶质量很小速度极高的子弹.可见,碰撞和冲击的效果是由物体的质量和速度共同决定的.因此,人们引入动量的概念.

质量为 m 的物体,某时刻 t 的速度为 v,则该时刻物体的动量定义为

$$\boldsymbol{p}=m\boldsymbol{v} \tag{2-32}$$

当物体做机械运动时,其"运动的量"就是用动量来描述的,它不仅反映了物体的运动状态,也反映了做机械运动的物体对其他物体的冲击能力.物体间机械运动的转换和传递是通过动量

实现的,动量是一个十分重要的物理量.

动量是矢量,其量值为 mv,方向与物体运动速度方向相同. 在直角坐标系中动量可写成

$$\boldsymbol{p}=p_x\boldsymbol{i}+p_y\boldsymbol{j}+p_z\boldsymbol{k} \tag{2-33}$$

式中,$p_x=mv_x$,$p_y=mv_y$,$p_z=mv_z$ 是动量 $\boldsymbol{P}$ 在坐标轴上的分量.

动量和速度一样具有瞬时性、相对性和叠加性,动量变化与力的关系可以直接从牛顿定律得出,即

$$\boldsymbol{F}=m\boldsymbol{a}=m\frac{\mathrm{d}\boldsymbol{V}}{\mathrm{d}t}=\frac{\mathrm{d}\boldsymbol{p}}{\mathrm{d}t} \tag{2-34}$$

这表明,某一时刻 t 物体的动量随时间变化率等于该时刻作用在物体上的合外力.

在国际单位制中,动量的单位是 $\mathrm{kg\cdot m\cdot s^{-1}}$(千克·米·秒$^{-1}$),动量的量纲是 $\mathrm{MLT^{-1}}$.

2. 冲量

先考察一个实际例子. 一列火车从静止出发,要达到的速度 $20\mathrm{m\cdot s^{-1}}$,必须用机车牵引一段时间. 如果机车的牵引力大,需用的时间就短,如果机车牵引力小,就需用较长的时间. 要火车有相同的运动状态改变,不仅与力的大小和方向有关,也与力的作用时间有关. 人们把力的这种时间累积效应称为力的冲量.

设力 $\boldsymbol{F}$ 的作用时间为 $\mathrm{d}t$,则 $\mathrm{d}t$ 时间内力 $\boldsymbol{F}$ 的冲量为

$$\mathrm{d}\boldsymbol{I}=\boldsymbol{F}\mathrm{d}t \tag{2-35}$$

若力 $\boldsymbol{F}$ 的作用时间为 t_1-t_2,则 t_1-t_2 时间内力 $\boldsymbol{F}$ 的冲量为

$$I=\int_{t_1}^{t_2}\boldsymbol{F}\mathrm{d}t \tag{2-36}$$

若力 $\boldsymbol{F}$ 在 t_1-t_2 这段时间内的平均值为 $\bar{F}$,则力 $\boldsymbol{F}$ 的冲量还可写成

$$I=\int_{t_1}^{t_2}\boldsymbol{F}\mathrm{d}t=\bar{\boldsymbol{F}}(t_2-t_1) \tag{2-37}$$

其在直角坐标系中的分量式为

$$\left.\begin{aligned}I_x&=\int_{t_1}^{t_2}F_x\mathrm{d}t=\bar{F}_x(t_2-t_1)\\I_y&=\int_{t_1}^{t_2}F_y\mathrm{d}t=\bar{F}_y(t_2-t_1)\\I_z&=\int_{t_1}^{t_2}F_z\mathrm{d}t=\bar{F}_z(t_2-t_1)\end{aligned}\right\} \tag{2-38}$$

冲量不是物体本身的性质,是外力引起的物体动量变化的量度. 冲量是一个过程量,就像没有过程就没有功一样,没有过程也就没有冲量. 力是与参考系选择无关的,低速情况下时间也与参考系无关,所以冲量与参考系的选择无关.

在国际单位制中,冲量的单位是 $\mathrm{N\cdot S}$(牛顿·秒),其量纲与动量量纲相同,是 $\mathrm{MLT^{-1}}$.

3. 平均冲力

在物体间相互碰撞和冲击的过程中,相互作用时间很短,而力却很大,随时间变化迅速. 这种量值很大、变化很快、时间很短的作用力称冲力.

由于冲力随时间变化相当复杂，了解其细节不仅很困难，甚至是不可能的，同时也没必要，所以常用平均冲力来表示．如图 2-9 所示，t_1 与 t_2 之间的曲线就是相互作用力随时间的变化曲线，曲线与时间坐标轴所围成的面积就是力 $\boldsymbol{F}$ 在 $t_1 \sim t_2$ 时间内的冲量的量值．平均冲力定义为

$$\overline{\boldsymbol{F}} = \frac{1}{t_2 - t_1}\int_{t_1}^{t_2} \boldsymbol{F}\mathrm{d}t \tag{2-39}$$

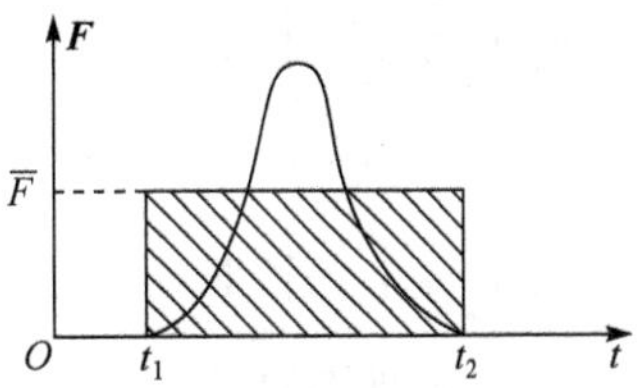

图 2-9

2.3.2 冲量和动量的关系

1. 质点的动量定理

牛顿第二定律是瞬时性的定律，不管冲击或碰撞过程多么复杂，任何瞬时牛顿第二定律总是成立的，由式(2-34)及冲量的定义直接得

$$\left.\begin{aligned}\boldsymbol{F}\mathrm{d}t &= \mathrm{d}\boldsymbol{p}\\ \mathrm{d}\boldsymbol{I} &= \mathrm{d}\boldsymbol{p}\end{aligned}\right\} \tag{2-40}$$

或

两端积分

$$\int_{t_1}^{t_2} \mathrm{d}\boldsymbol{I} = \int_{t_1}^{t_2} \mathrm{d}\boldsymbol{p}$$

得

$$\boldsymbol{I} = \int_{t_1}^{t_2} \boldsymbol{F}\mathrm{d}t = \boldsymbol{p}_2 - \boldsymbol{p}_1 \tag{2-41}$$

式(2-40)和式(2-41)表明，物体在运动过程中，所受合外力的冲量等于物体的动量增量．这一规律称质点的动量定理．对于碰撞或冲击过程，可用平均冲力表示

$$\left.\begin{aligned}\boldsymbol{I} &= \overline{\boldsymbol{F}}(t_2 - t_1) = \boldsymbol{p}_2 - \boldsymbol{p}_1\\ \overline{\boldsymbol{F}} &= \frac{\boldsymbol{p}_2 - \boldsymbol{p}_1}{t_2 - t_1}\end{aligned}\right\} \tag{2-42}$$

或

通常可用式(2-42)计算平均冲力．

实际应用中常用动量定理的分量式，即

$$\left.\begin{aligned}I_x &= \int_{t_1}^{t_2} F_x \mathrm{d}t = mv_{2x} - mv_{1x}\\ I_y &= \int_{t_1}^{t_2} F_y \mathrm{d}t = mv_{2y} - mv_{1y}\\ I_z &= \int_{t_1}^{t_2} F_z \mathrm{d}t = mv_{2z} - mv_{1z}\end{aligned}\right\} \tag{2-43}$$

这表明，合外力 $\boldsymbol{F}$ 在某一方向上分量的冲量等于该方向上质点的动量增量．在应用分量式时应注意各分量的正负号．

2. 质点系的动量定理

设质点系是由 n 个物体构成，其质量分别为 m_1、m_2、…、m_n，作用在每个物体上的外力相应地表示为 $\boldsymbol{F}_1$、$\boldsymbol{F}_2$、…、$\boldsymbol{F}_n$．内力相应地表示为 $\boldsymbol{f}_1$、$\boldsymbol{f}_2$、…、$\boldsymbol{f}_n$．根据质点的动量定理

对于 m_1： $\int_{t_1}^{t_2} \boldsymbol{F}_1 \cdot \mathrm{d}t + \int_{t_1}^{t_2} \boldsymbol{f}_1 \cdot \mathrm{d}t = m_1\boldsymbol{v}_{12} - m_1\boldsymbol{v}_{11} = \Delta\boldsymbol{p}_1$

对于 m_2： $\int_{t_1}^{t_2} \boldsymbol{F}_2 \mathrm{d}t + \int_{t_1}^{t_2} \boldsymbol{f}_2 \mathrm{d}t = m_2 \boldsymbol{v}_{22} - m_2 \boldsymbol{v}_{21} = \Delta \boldsymbol{p}_2$

……

对于 m_n： $\int_{t_1}^{t_2} \boldsymbol{F}_n \mathrm{d}t + \int_{t_1}^{t_2} \boldsymbol{f}_n \mathrm{d}t = m_n \boldsymbol{v}_{n2} - m_n \boldsymbol{v}_{n1} = \Delta \boldsymbol{p}_n$

左右两端分别相加得

$$\int_{t_1}^{t_2} \sum \boldsymbol{F}_i \mathrm{d}t + \int_{t_1}^{t_2} \sum \boldsymbol{f}_i \mathrm{d}t = \Delta \sum \boldsymbol{p}_i$$

因为系统内部所有物体间的相互作用内力总是成对出现，且量值相等方向相反，对整个系统来说其矢量和 $\sum \boldsymbol{f}_i = 0$，所以

$$\int_{t_1}^{t_2} \sum \boldsymbol{F}_i \cdot \mathrm{d}t = \Delta \sum \boldsymbol{p}_i = \Delta \boldsymbol{p} \tag{2-44}$$

即作用在质点系上合外力的冲量等于质点系总动量的增量. 这就是质点系的动量定理. 其分量式为

$$\left.\begin{aligned} \int_{t_1}^{t_2} \sum F_{ix} \mathrm{d}t = \Delta \sum p_{ix} = \Delta p_x \\ \int_{t_1}^{t_2} \sum F_{iy} \mathrm{d}t = \Delta \sum p_{iy} = \Delta p_y \\ \int_{t_1}^{t_2} \sum F_{iz} \mathrm{d}t = \Delta \sum p_{iz} = \Delta p_z \end{aligned}\right\} \tag{2-45}$$

3. 动量守恒定律

若作用在质点系上的合外力为零，即 $\sum \boldsymbol{F}_i = 0$，则

或

$$\left.\begin{aligned} \Delta \boldsymbol{p} = 0 \\ \boldsymbol{p} = \text{常矢量} \end{aligned}\right\} \tag{2-46}$$

也就是说，作用在质点系上的合外力为零时，系统的总动量恒保持不变. 这一规律称动量守恒定律. 应注意的是：动量守恒定律的条件是作用在系统上的合外力为零，这个条件实际上是很难满足的. 但是，对于某些极短暂的过程来说，如冲击、碰撞、爆炸等，由于内力远大于外力，这时外力的作用可以忽略不计，仍可应用动量守恒定律. 由式(2-44)很容易把动量守恒定律写成分量式

$$\left.\begin{aligned} \text{当} \sum F_{ix} = 0 \text{ 时}, \sum m_i v_{ix} = \text{常量} \\ \text{当} \sum F_{iy} = 0 \text{ 时}, \sum m_i v_{iy} = \text{常量} \\ \text{当} \sum F_{iz} = 0 \text{ 时}, \sum m_i v_{iz} = \text{常量} \end{aligned}\right\} \tag{2-47}$$

这种分量式不仅使用比较方便，同时它表明，作用在系统的合外力不为零时，系统的总动量是不守恒的，但合外力在某一方向上的分量为零，这个方向的动量是守恒的. 动量守恒定律反映了动量这个物理量的深刻意义. 一个物体失去动量，必有另一物体获得这一动量. 所以，动量是物体机械运动的量度. 物体动量的转移就是物体机械运动的转移. 动量守恒定律不仅在宏观领域里成立，也适用于微观领域，所以它是物理学最重要最普遍的定律之一. 应用动量守恒定律时不必考虑过程的细节，只要合外力为零或内力远大于外力就可大胆使用. 单个物体也存在动量守恒的问题，只要合外力为零，物体或介质相对静止，或保持匀速直线运动，即物体的动量不变. 这恰是牛顿第一定律.

2.4 角动量和角动量定理

由前可知，利用质点的动能定理和功能原理以及动量定理和动量守恒定律可以使很多复杂的运动问题变的简单. 但是在涉及到和转动有关的问题时，引入角动量的概念则更加方便. 在自然界中质点绕某中心转动的情形很多，比如宏观中行星绕太阳公转，人造卫星绕地球转动，微观上电子绕原子核转动(以经典物理的观点)等等，这些问题中动能和动量的概念已经不能完全反应质点运动的全部，而且在有些过程中系统的动量和动能都不守恒，但角动量是守恒的，因此引入角动量守恒定律也为解决这类运动开辟了新的路径.

实际上，角动量守恒定律与动量守恒定律以及能量转换与守恒定律不仅在低速宏观领域中成立，在高速和微观领域中依然成立，在量子力学中，轨道角动量和自旋角动量也是非常重要的概念.

2.4.1 质点的角动量

动量是物体的“运动之量”，角动量则是物体的“转动之量”，是描述物体一定转动状态的物理量. 这里首先引入质点在平面内做圆周运动时相对于转动轴的角动量.

如图 2-10 所示，一个质量为 m 的质点，被长度为 r 的轻棒束缚在一根轴线上(设为 z 轴)，在外力作用下质点将在垂直于 z 轴的平面(称为转动平面)内绕 z 轴做圆周运动.

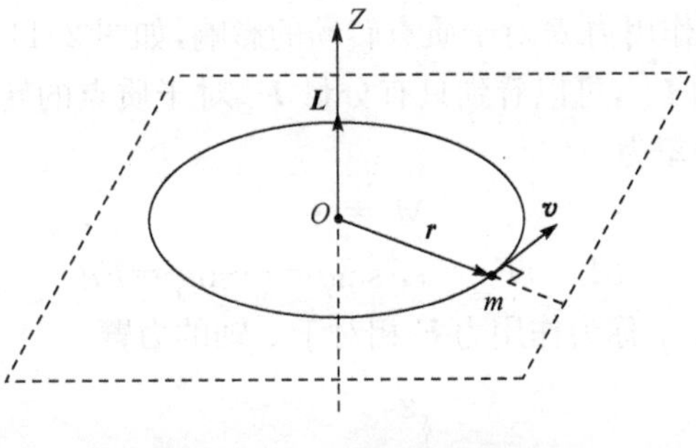

图 2-10 质点 m 绕 z 轴做圆周运动

把质点相对于 z 轴的矢径 $\boldsymbol{r}$ 与质点的动量 $m\boldsymbol{v}$ 的矢积定义为该时刻质点相对于 z 轴的角动量，用 $\boldsymbol{L}_z$ 表示，即

$$\boldsymbol{L}_z=\boldsymbol{r}\times m\boldsymbol{v} \tag{2-48}$$

角动量是矢量，由矢积的定义知，$\boldsymbol{L}_z$ 的方向垂直于 $\boldsymbol{r}$ 和 $m\boldsymbol{v}$ 所组成的转动平面，且由右手螺旋定则确定，即 $\boldsymbol{L}_z$ 沿 z 轴方向(平行或反平行)，在质点做圆周运动的情况下角动量大小

$$L_z=mvr=mr^2\omega \tag{2-49}$$

ω 是质点圆周运动的角速度 $\boldsymbol{\omega}$ 的大小，$\boldsymbol{\omega}$ 也为矢量，其方向与 $\boldsymbol{r}$ 和 $\boldsymbol{v}$ 成右手螺旋关系，即与 $\boldsymbol{L}_z$ 的方向一致. 定义 $J_z=mr^2$，J_z 为质点相对于 z 轴的转动惯量，则质点相对于 z 轴的角动量

$$\boldsymbol{L}_z=mr^2\boldsymbol{\omega}=J_z\boldsymbol{\omega} \tag{2-50}$$

由式 2-48 可知，质点的角动量与质点相对于 z 轴的矢径 $\boldsymbol{r}$ 有关，因此提到质点圆周运动的角动量时一定要指明具体的转轴.

把角动量的定义推广到质点的一般运动情况下，可以给出质点相对于空间某一固定参考点的角动量. 质量为 m 的质点，速度为 $\boldsymbol{v}$，相对于空间固定参考点 O 的矢径为 $\boldsymbol{r}$，则定义质点相对于 O 点的角动量为

$$\boldsymbol{L}=\boldsymbol{r}\times m\boldsymbol{v} \tag{2-51}$$

$\boldsymbol{L}$ 的方向垂直于 $\boldsymbol{r}$ 和 $m\boldsymbol{v}$ 所组成的转动平面，由右手螺旋定则确定，$\boldsymbol{L}$ 的大小为：

$$L=mvr\sin\varphi \tag{2-52}$$

φ 为 $\boldsymbol{r}$ 和 $m\boldsymbol{v}$ 之间的夹角. 同样 $\boldsymbol{L}$ 与质点相对于参考点的的矢径 $\boldsymbol{r}$ 有关，同一质点的运动对于不同参考点的角动量不同. 因此提到质点的角动量必须标明是相对于哪一参考点而言的.

由式 2-51，可知直角坐标系中质点相对于 O 点角动量 $\boldsymbol{L}$ 沿各坐标轴的分量为：

$$\begin{cases}L_x=yp_z-zp_y\\L_y=zp_x-xp_z\\L_z=xp_y-yp_x\end{cases} \tag{2-53}$$

在国际单位制中，角动量的单位为：kg · m^2/s.

2.4.2　质点的角动量定理

1. 力矩

通过力矩概念的引入，我们可以定量地描述引起质点角动量变化的原因. 首先考虑被长度为 r 的硬质轻棒束缚的质点 m 绕 z 轴做平面圆周运动时受力和力矩的情况. 由于质点被束缚在转动平面内，平行于 z 轴方向的作用力不影响质点的平面圆周运动，因此这里只考虑处在垂直于轴线的转动平面内的作用力 $\boldsymbol{F}$ 对于质点转动的影响，如图 2-11 所示，把 $\boldsymbol{F}$ 分解为平行于 $\boldsymbol{r}$ 和垂直于 $\boldsymbol{r}$ 的分量 $\boldsymbol{F}_{\parallel}$ 和 $\boldsymbol{F}_{\perp}$，可以看到只有分量 $\boldsymbol{F}_{\perp}$ 对于质点的转动有影响. 定义作用在 m 上的力 $\boldsymbol{F}$ 相对于 z 轴的力矩为

$$M_z=rF_{\perp} \tag{2-54}$$

则

$$M_z=rF_{\perp}=rF\sin\varphi=Fr\sin\varphi=Fd \tag{2-55}$$

φ 为 $\boldsymbol{F}$ 与 $\boldsymbol{r}$ 的夹角，$d=r\sin\varphi$ 称为作用力 $\boldsymbol{F}$ 相对于 z 轴的力臂.

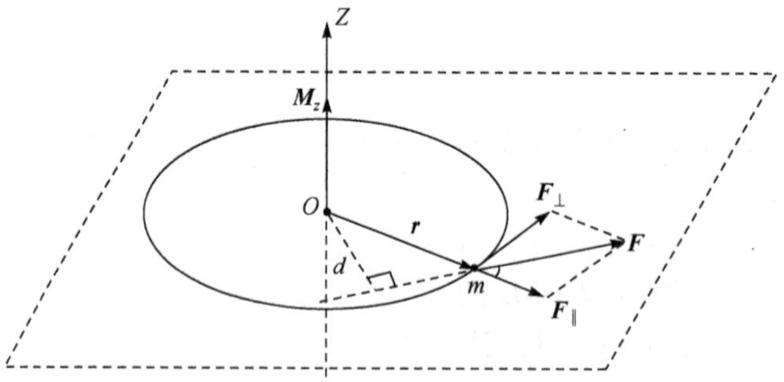

图 2-11　质点 m 绕 z 轴做圆周运动时受力和力矩的作用

力矩为矢量，$\boldsymbol{M}_z$ 的方向垂直于 $\boldsymbol{r}$ 和 $\boldsymbol{F}$ 组成的平面且与两者成右手螺旋关系，即 $\boldsymbol{M}_z$ 平行(或反平行)于 z 轴. 因此力矩可由矢量式(2-56)表示：

$$\boldsymbol{M}_z=\boldsymbol{r}\times\boldsymbol{F} \tag{2-56}$$

同样，力矩的概念可以推广到质点做任意运动时受任意作用力 $\boldsymbol{F}$ 的情况，选择一固定参考点 O，质点相对于 O 点的矢径为 $\boldsymbol{r}$，则质点受的所用力 $\boldsymbol{F}$ 相对于参考点 O 的力矩为 $\boldsymbol{M}$：

$$\boldsymbol{M}=\boldsymbol{r}\times\boldsymbol{F} \tag{2-57}$$

同理 $\boldsymbol{M}$ 的方向垂直于 $\boldsymbol{r}$ 和 $\boldsymbol{F}$ 组成的平面且与两者成右手螺旋关系，$\boldsymbol{M}$ 的大小为 $M=rF\sin\varphi$，φ 为 $\boldsymbol{F}$ 与 $\boldsymbol{r}$ 的夹角.

由式 2-56 可知直角坐标系中力矩 $\boldsymbol{M}$ 沿各坐标轴的分量为：

$$\begin{cases}M_x=yF_z-zF_y\\M_y=zF_x-xF_z\\M_z=xF_y-yF_x\end{cases} \tag{2-58}$$

M_x,M_y,M_z 也称为 $\boldsymbol{F}$ 对于各坐标轴的力矩.

力矩与矢径有关，因此提到力矩，一定要明确是相对于具体哪个轴或哪个固定参考点的力矩.

力矩为零时有两种情况，一是受力 $\boldsymbol{F}$ 为零；二是力 $\boldsymbol{F}$ 与矢径 $\boldsymbol{r}$ 平行或反平行，即力 $\boldsymbol{F}$ 的作用线要穿过参考点 O 点，从而 $\sin\varphi=0$. 如果一物体受力的方向始终指向或背离某一固定点，称这种力为有心力，该固定点为力心. 由于有心力 $\boldsymbol{F}$ 与物体相对于力心的矢径 $\boldsymbol{r}$ 是共线的，因此有心力相对于力心的力矩恒为零.

国际单位制中，力矩的单位为 N · m.

2. 质点的角动量定理

如图 2-11 所示质点 m 相对于 z 轴做圆周运动时，在垂直于 z 轴的转动平面内受合力 $\boldsymbol{F}$，则分量 $\boldsymbol{F}_{\parallel}$ 和 $\boldsymbol{F}_{\perp}$ 分别为法向合力 $\boldsymbol{F}_{\mathrm{n}}$ 和切向合力 $\boldsymbol{F}_{\mathrm{t}}$，法向加速度和切向加速度分别为 $\boldsymbol{a}_{\mathrm{n}}$ 和 $\boldsymbol{a}_{\mathrm{t}}$，则有 $\boldsymbol{F}_t=\boldsymbol{F}_{\perp}=m\boldsymbol{a}_t=m\dfrac{\mathrm{d}\boldsymbol{v}}{\mathrm{d}t}$，由式(2-54)，得相对于 z 轴的合力矩

$$\boldsymbol{M}_z=r\boldsymbol{F}_{\perp}=rm\boldsymbol{a}_t=mr\frac{\mathrm{d}\boldsymbol{v}}{\mathrm{d}t}=\frac{\mathrm{d}(mvr)}{\mathrm{d}t} \tag{2-59}$$

将式 2-49 带入，则

$$\boldsymbol{M}_z=\frac{\mathrm{d}\boldsymbol{L}_z}{\mathrm{d}t} \tag{2-60}$$

考虑 $\boldsymbol{M}_z$ 和 $\boldsymbol{L}_z$ 均为矢量，方向均平行或反平行于 z 轴，很容易判断其矢量也满足上式关系：

$$\boldsymbol{M}_z=\frac{\mathrm{d}\boldsymbol{L}_z}{\mathrm{d}t} \tag{2-61}$$

式(2-61)表明，作用在质点上的相对于 z 轴的合力矩等于质点相对于同一轴的角动量对时间的变化率，这就是质点做圆周运动时角动量定理的微分形式. 积分后得到角动量定理：

$$\int_{t_0}^{t}M_z\mathrm{d}t=\int_{t_0}^{t}\mathrm{d}L_z=L_z-L_{z0} \tag{2-62}$$

仿照冲量的定义式，定义 $\int_{t_0}^{t}M_z\mathrm{d}t$ 为一段时间内(从 t_0 时刻到 t 时刻)力矩 $\boldsymbol{M}_z$ 的冲量矩——即为 $\boldsymbol{M}_z$ 对于时间的积累效应，则质点圆周运动的角动量定理的积分形式可以表述为，合力作用到质点上一段时间后，质点相对于 z 轴的角动量的增量等于所受合力相对于 z 轴的力矩的冲量矩.

由 $\boldsymbol{v}=r\boldsymbol{\omega}$ 和 $\boldsymbol{\beta}=\dfrac{\mathrm{d}\boldsymbol{\omega}}{\mathrm{d}t}=r\boldsymbol{a}_t$，带入式(2-60)，得

$$M_z=\frac{\mathrm{d}(mr^2\boldsymbol{\omega})}{\mathrm{d}t}=mr^2\boldsymbol{\beta}=J_z\boldsymbol{\beta} \tag{2-63}$$

$\boldsymbol{\beta}$为矢量，其方向与r和$\boldsymbol{a}_t$成右手螺旋关系，因此上式可以进一步表达为矢量式：

$$\boldsymbol{M}_z=J_z\boldsymbol{\beta} \tag{2-64}$$

称为质点做圆周运动时的转动定律，该式与牛顿第二定律$\boldsymbol{F}=m\boldsymbol{a}$非常相似，比较可知，质点相对于$z$轴的转动惯量体现了质点绕$z$轴转动时的惯性. 详细讨论见下章.

质点在做任意曲线运动时，相对于固定参考点O的角动量为$\boldsymbol{L}=\boldsymbol{r}\times m\boldsymbol{v}$，则

$$\frac{\mathrm{d}\boldsymbol{L}}{\mathrm{d}t}=\frac{\mathrm{d}(\boldsymbol{r}\times m\boldsymbol{v})}{\mathrm{d}t}=\frac{\mathrm{d}\boldsymbol{r}}{\mathrm{d}t}\times m\boldsymbol{v}+\boldsymbol{r}\times\frac{\mathrm{d}(m\boldsymbol{v})}{\mathrm{d}t}$$

由于$\boldsymbol{F}=\dfrac{\mathrm{d}(m\boldsymbol{v})}{\mathrm{d}t}$，$\dfrac{\mathrm{d}\boldsymbol{r}}{\mathrm{d}t}\times m\boldsymbol{v}=\boldsymbol{v}\times m\boldsymbol{v}=0$，则有

$$\boldsymbol{M}=\boldsymbol{r}\times\boldsymbol{F}=\boldsymbol{r}\times\frac{\mathrm{d}(m\boldsymbol{v})}{\mathrm{d}t}=\frac{\mathrm{d}\boldsymbol{L}}{\mathrm{d}t} \tag{2-65}$$

这是质点做一般运动时角动量定理的微分形式，表明作用在质点上的合力力矩等于质点角动量对时间的变化率. 同样定义合力$\boldsymbol{F}$对参考点的力矩的冲量矩$\int_{t_0}^{t}\boldsymbol{M}\mathrm{d}t$，将式(2-65)积分得

$$\int_{t_0}^{t}\boldsymbol{M}\mathrm{d}t=\int_{t_0}^{t}\mathrm{d}\boldsymbol{L}=\boldsymbol{L}-\boldsymbol{L}_0 \tag{2-66}$$

质点做一般运动的角动量定理可以表述为，合力$\boldsymbol{F}$作用在质点上一段时间后，质点相对于某参考点的角动量的增量等于合力$\boldsymbol{F}$相对于该点的力矩的冲量矩.

国际单位制中，冲量矩的单位是N·m·s，显然与角动量的单位$\mathrm{kg\cdot m^2/s}$是一致的.

需要注意的是同一质点的运动对于不同参考点的角动量是不同的，同样同一作用力对于不同参考点的力矩也是不同的，因此在运用角动量定理时一定要明确等式两边都是相对于同一参考点的.

2.4.3　质点的角动量守恒定律

由式(2-62)和(2—66)，若$\boldsymbol{M}=0$，则有

$$\boldsymbol{L}=\boldsymbol{L}_0=\text{常矢量} \tag{2-67}$$

即若质点所受的外力相对于某固定点(或者某转轴)的力矩为零，则质点相对于该固定点(或该转轴)的角动量守恒，这就是质点的角动量守恒定律.

由于$\boldsymbol{M}$,$\boldsymbol{L}$是矢量，其分量形式如2-53式和2-58式所示，因此若$\boldsymbol{M}\neq0$，但$\boldsymbol{M}$在某个方向的分量为零时，则该方向上的角动量分量守恒.

之前讨论力矩时引入了有心力的概念，有心力相对于力心的力矩为零，因此只受有心力的质点运动过程中角动量守恒. 例如天体运动中行星绕太阳转动，太阳可看做固定不动的力心，行星受到的太阳的万有引力为有心力，其相对于太阳的力矩为零，因此行星相对于太阳的角动量守恒；又如微观中电子在原子核外运动时受到电场力作用，以原子核为力心，电场力为有心力，因此电子相对于原子核的角动量守恒.

习 题 2

2-1 有人说:“人推动了车是因为推车的力大于车推人的力.”这句话对么?

2-2 门窗都关好的行驶汽车内,漂浮着一个氢气球,当汽车右转弯时,氢气球在车内将向左还是向右运动? 为什么?

2-3 试说明“胸口碎大石”的物理学原理.

2-4 在核反应堆中利用中子和“减速剂”的原子核发生完全弹性碰撞而使中子减速,减速剂总是使用原子质量比较小的元素.请阐述其中的物理学原理.

2-5 一颗子弹从枪口飞出的速度是300m/s,在枪管内子弹所受合力的大小由下式给出:

$F=400-\dfrac{400\times10^5}{3}t$,其中 F 以 N 为单位,t 以 s 为单位.

(1) 画出 F-t 图.

(2) 计算子弹行经枪管长度所花费的时间,假定子弹到枪口时所受的力变为零.

(3) 求该力的冲量大小.

(4) 求子弹的质量.

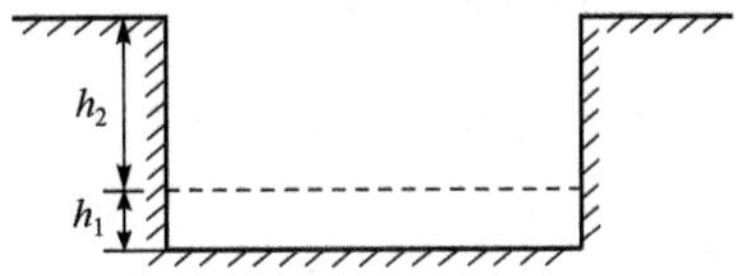

题 2-7 图

2-6 水力采煤,是用高压水枪喷出的强力水柱冲击煤层,设水柱直径 $D=300$mm,水速 $v=56$m/s,水柱垂直射在煤层表面上,冲击煤层后速度为零.求水柱对煤的平均冲击力.

2-7 一地下蓄水池如图所示,面积为 50m^2,储水深度为 1.5m.假定水平面低于地面高度是 5.0m.问要将这池水全部吸到地面,需做多少功?

2-8 线密度为 λ 的柔软长链盘成一团置于地面,链条的一端系着一质量为 m 的小球,若将小球以初速 v_0 从地面竖直上抛,如图所示,忽略空气阻力,试问小球能上升多高.

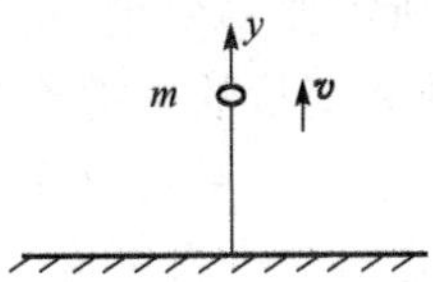

题 2-8 图

2-9 一条均匀的金属链条,质量为 m,挂在一个光滑的钉子上,一边长度为 a,另一边长度为 b,且 $a>b$,试证链条从静止开始到滑离钉子所花的时间为

$$t=\sqrt{\frac{a+b}{2g}}\ln\frac{\sqrt{a}+\sqrt{b}}{\sqrt{a}-\sqrt{b}}$$

2-10 如图所示,质量为 m 的物体置于桌面上并与轻弹簧相连,最初 m 处于使弹簧既未压缩也未伸长的位置,并以速度 v_0 向右运动,弹簧的劲度系数为 k,物体与支承面间的滑动摩擦系数为 μ,求物体能达到的最远距离.

2-11 一小球在弹簧的作用下振动(如图所示),弹力 $F=-kx$,而位移 $x=A\cos\omega t$,其中 k、A、ω 都是常量.求在 $t=0$ 到 $t=\pi/(2\omega)$ 的时间间隔内弹力施于小球的冲量.

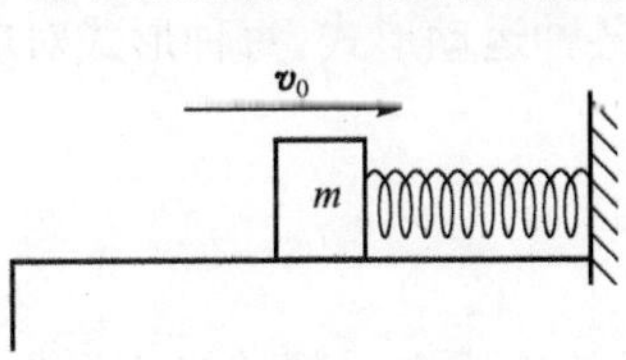

题 2-10 图

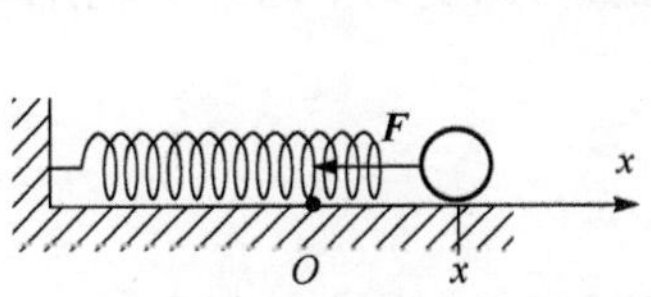

题 2-11 图

2-12 我国 1988 年 12 月发射的通信卫星到达同步轨道之前,需要在椭圆形转移轨道上运行若干圈.此转移轨道的近地点高度为 205.5km,远地点高度为 35835.7km.卫星在近地点的速率为 10.2km/s.(1)求卫星在远地点时的速率;(2)卫星在此轨道上运行的周期.

第 3 章　刚体力学基础

前面讨论了质点运动学和动力学规律，在不涉及转动，或物体的大小和形状对于研究问题并不重要的情况下，可以将实际物体抽象为质点. 然而，当物体运动包含转动时，物体上各个部分的运动情况往往不同，因此质点模型已经不再适用. 如果物体的形状和转动不能忽略，而物体的形变可以忽略不计，则可以引入一个新的物理模型——刚体.

3.1　刚 体 运 动

3.1.1　刚体的定义

所谓刚体就是在任何情况下都不发生形变的物体. 研究刚体的运动时，可将其视为特殊的质点系来处理，即把刚体分割成无穷多个连续分布的质量元(简称质元)，每个质元可以看成一个质点，整个刚体可以看成由无穷多个相对位置保持不变的质点所组成的特殊质点系. 如图 3-1所示，刚体分割为质点系 $\{\Delta m_i\}$，Δm_i 为第 i 个质元. 然后将质点系的力学规律应用于刚体，即可总结出刚体所服从的力学规律.

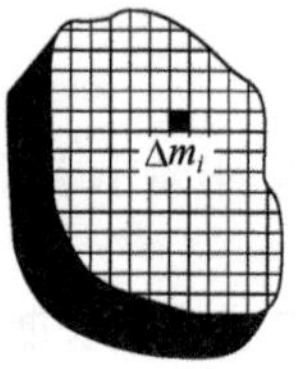

图 3-1　被分割为无数连续质元的刚体

3.1.2　刚体的运动

讨论刚体的运动，首先要明确描述刚体运动时所需要的变量. 我们把确定一个力学体系在空间的几何位形所需要的独立变量的个数称为自由度. 例如，质点的一维直线运动，只需要一个坐标变量 x 就可以完全确定质点的位置，因此其自由度为 1. 一个自由的质点有 3 个自由度(x, y, z)，则 N 个自由的质点所组成质点系有 3N 个自由度. 刚体是由无数个质点组成的，但由于各质点间的相对位置保持不变，只要刚体上任意 3 个不共线的点的位置确定，则整个刚体的位形也就确定了. 这样看 3 个质点共有 3×3＝9 个自由度，但在刚体上的这三个点的位置是相对固定的，9 个变量间有 3 个固定距离的约束条件，因此自由刚体的自由度为 9－3＝6.

由于不同位置可以受到不同约束，刚体可以有各种运动形式，每种形式对应的自由度也不相同.

1. 平动

如果在运动过程中刚体内部任意两个质点之间的连线方向都始终不发生改变，则称刚体的运动为平动(图 3-2). 显然做平动时，刚体上各点的运动情况完全相同，即各点位移、速度和加速度等均相等，因此刚体的平动可以用刚体的质心或刚体上任一质元的运动来代表，这种运动的描述与动力学规律可以用质点模型来解决. 因此其自由度为 3，我们说刚体有 3 个平动自由度.

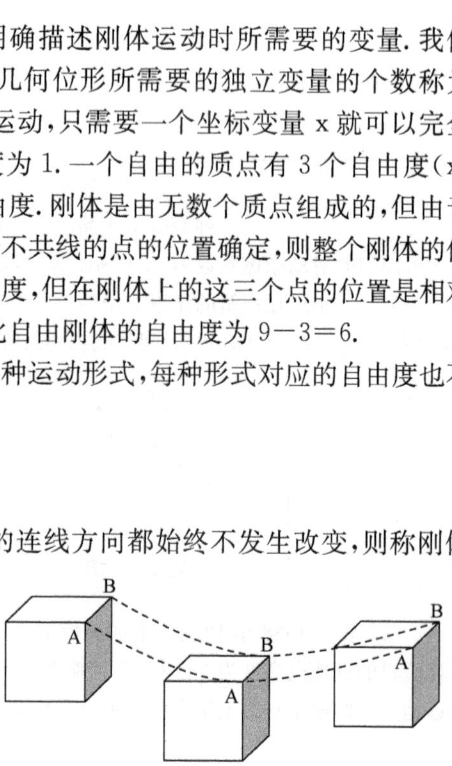

图 3-2　刚体的平动

2. 定轴转动

如图 3-3 所示，刚体运动过程中，如果刚体上所有质元都绕同一直线做圆周运动，这种运动就称为转动，这条直线称为转轴. 转轴可以在物体之内，也可以在物体之外. 若转动时转轴固定不动，即既不改变方向又不平移，则这种转动称为刚体的定轴转动，这一转轴称为固定轴. 为研究刚体的定轴转动，可以定义垂直于固定轴的平面为转动平面. 显然定轴转动时，有无数个相互平行的转动平面，刚体上任一质元都在各自相应的转动平面内以转轴与转动平面的交点为圆心做圆周运动. 而且凡是与转轴平行的直线上的质点的运动情况完全相同，因此讨论刚体的定轴转动时，只需要取任一转动平面来讨论即可. 转动平面的位形可以用不在转轴上的任一质元的位置（通常用角位置）来表示，显然刚体定轴转动只有 1 个自由度.

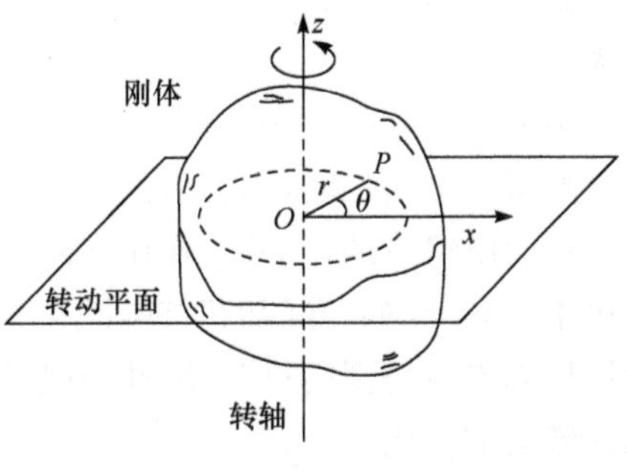

图 3-3 刚体的定轴转动

3. 定点转动

刚体运动时始终绕一固定点转动，称为刚体的定点转动. 可以证明，刚体做定点转动时，在任一时刻都可以看成绕通过该固定点的某一瞬时轴进行转动，一般以固定点为基点，如图 3-4 所示. 雷达天线、陀螺、回转罗盘（用于航海航空）都是刚体绕定点转动的实例.

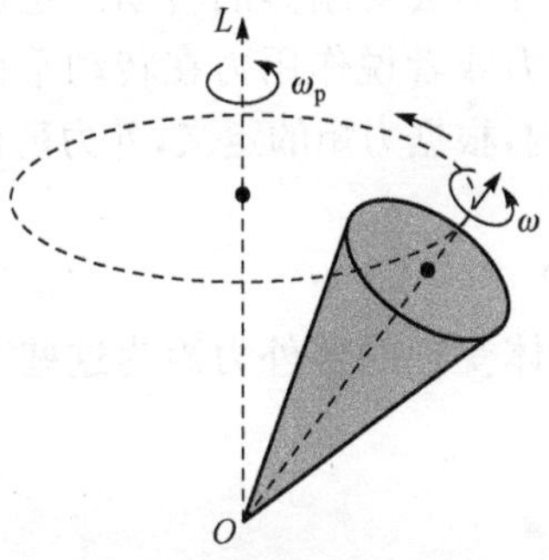

图 3-4 圆锥状刚体的定点转动

本章将着重介绍刚体的定轴转动的相关规律.

3.1.3 刚体的定轴转动

刚体在定轴转动时，任一质元都绕固定转轴在各自转动平面上做圆周运动，而且在相同时间内转过的角度（即角位移）相同，因此用角量描述此运动是非常方便的，如角位置坐标 θ、角位移 Δθ、角速度 ω、角加速度 β 等.

角速度的定义为

$$\omega=\frac{d\theta}{d\mathrm{t}} \tag{3-1}$$

尽管这一表达式是标量形式，但实际上角速度是矢量，其方向是按照右手螺旋定则指向平行于转轴的方向. 做圆周运动的质元的线速度与角速度的矢量关系为 $\boldsymbol{v}=\boldsymbol{r}\times\boldsymbol{\omega}$，其中 $\boldsymbol{r}$ 是质元相对于转轴的位矢.

同理，角加速度也是矢量，其矢量定义为

$$\boldsymbol{\beta}=\frac{\mathrm{d}\boldsymbol{\omega}}{\mathrm{d}t} \tag{3-2}$$

显然其方向沿转轴方向. 刚体做定轴转动时，刚体上所有质元转动的角速度和角加速度都相同.

3.2　力矩　转动定律　转动惯量

我们知道力是改变物体运动状态的原因,那么刚体定轴转动时的转动状态是如何被改变的呢.

力的三要素是大小、方向和作用点.但是以往我们研究的主要是质点的运动,力的作用点这一要素经常被忽略,因为力的作用点就是质点本身所在的位置.而刚体是由无数个相当于质点的质元所组成的,当外力作用在刚体上时,由于作用点所在的质元不同,对于刚体运动的影响也不相同.比如,开门的时候,同样大小和方向的力分别作用在门把手和门轴附近时,显然前者比后者更容易把门打开.因此,在研究刚体的定轴转动时,我们需要用力矩来描述外力对于刚体转动的作用.

3.2.1　力矩

在学习角动量时,我们引入了力矩的概念,质点做圆周运动时受转动平面内作用力 $\boldsymbol{F}$,$\boldsymbol{F}$ 相对于转轴 Oz 轴的力矩为:$\boldsymbol{M}_z=\boldsymbol{r}\times\boldsymbol{F}$,显然 $\boldsymbol{M}$ 的方向平行于转轴.

刚体是由无数质元所组成的特殊质点系$\{\Delta m_i\}$,因此刚体所受到的力矩应该是所有质元所受到的力矩的矢量之和.因为质点系内部的作用力对刚体的运动没有影响,所有内力相对于任一参考点或转轴的合力矩均为零,所以只需要考虑外力的力矩.

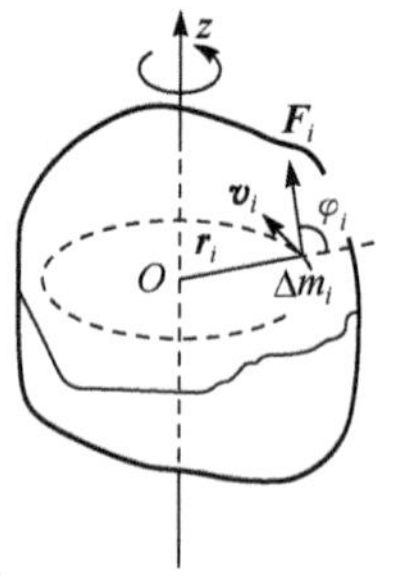

图 3-5　刚体定轴转动时,Δm_i 受外力及运动情况

设第 i 个质元 Δm_i 受外力$\boldsymbol{F}_i$的作用,如图 3-5 所示.对于定轴转动,任何平行于转轴方向的外力的作用都不会对刚体的转动产生影响,因此只需考虑沿转动平面内的作用力或者说作用力在转动平面内的分量即可.可以假设$\boldsymbol{F}_i$在转动平面内,根据力矩的定义,外力$\boldsymbol{F}_i$相对于转轴 Oz 的力矩$\boldsymbol{M}_{zi}$为

$$\boldsymbol{M}_{zi}=\boldsymbol{r}_i\times\boldsymbol{F}_i \tag{3-3}$$

当多个力同时作用在刚体上时,刚体受到的合外力矩为这些力相对于 Oz 转轴的力矩之和,即

$$\boldsymbol{M}_z=\sum_i \boldsymbol{M}_{zi}$$

由于$\boldsymbol{M}_{zi}$的方向平行于转轴,沿着 Oz 轴正方向或者反方向,所以以沿 Oz 轴正方向为正,反方向为负,则合外力矩可以表达为标量的代数和形式,即

$$M_z=\sum_i M_{zi}$$

计算结果的正负反映了合外力矩的方向.

3.2.2　转动定律

质点的动力学规律告诉我们如果质点做半径为 r 的圆周运动,在转动平面内受合力为 $\boldsymbol{F}$,$\boldsymbol{F}$ 相对于转轴的力矩大小为 M_z,则 $M_z=mr^2\beta$,mr^2 是质点相对于转轴的转动惯量,β 为质点的角加速度.

刚体是由无数个相当于质点的质元组成的质点系$\{\Delta m_i\}$,设第 i 个质元 Δm_i 受外力$\boldsymbol{F}_i$,内力$\boldsymbol{f}_i$,如同之前的讨论,这里我们只需考虑方向沿转动平面的作用力.$\boldsymbol{F}_i$和$\boldsymbol{f}_i$相对于转轴的力矩分别为M_{zi}和M_{zif},则 Δm_i 受相对于 Oz 轴的合力矩与角加速度之间的关系为

$$M_{zi}+M_{zif}=\Delta m_i r_i^2 \beta \tag{3-4}$$

对于刚体所有质元，都可以写出与式(3-4)类似的表达式，把这些式子的等号左右两边分别相加，则有

$$\sum_i M_{zi} + \sum_i M_{zif} = \sum_i \Delta m_i r_i^2 \beta$$

因为内力中的每对作用力与反作用力的力矩相加为零，所以等式左边所有内力矩之和 $\sum_i M_{zif}$ 为零，则表达式变为

$$\sum_i M_{zi} = \sum_i \Delta m_i r_i^2 \beta \tag{3-5}$$

左边只剩下 $\sum_i M_{zi}$，为刚体所受到的所有外力相对于转轴的力矩之和，即合外力矩 M_z；$\sum_i \Delta m_i r_i^2$ 为刚体上所有质元相对于转轴的转动惯量之和，称为刚体相对于转轴 Oz 轴的转动惯量，常用 J 表示. J 由刚体本身性质和转轴位置所决定的，于是

$$J = \sum_i \Delta m_i r_i^2 \tag{3-6}$$

$$M_z = J\beta \tag{3-7}$$

刚体在合外力矩 M_z的作用下做定轴转动时，角加速度与合外力矩成正比，与刚体相对于该转轴的转动惯量成反比. 这被称为刚体定轴转动的转动定律.

例 3.1 如图 3-6(a)所示，质量分别为 m_A和 m_B的两物体($m_B>m_A$)通过定滑轮由不可伸长的轻绳相连接，定滑轮的半径为 r，转动惯量为 J，轮轴光滑且绳与滑轮之间无相对滑动. 求绳中张力 T_A和 T_B及两物体的加速度 a.

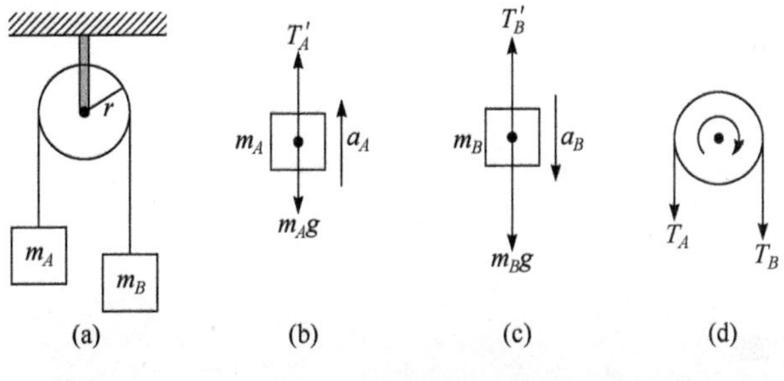

图 3-6 (a) m_A和 m_B两物体通过定滑轮组成的系统；
(b) m_A物体受力分析；(c) m_B物体受力分析；(d)滑轮受力分析

解 物体 A,B 与滑轮受力分析如图 3-6(b)～(d)所示

对于物体 A 和 B，根据牛顿第二定律，得

$$T'_A - m_A g = m_A a_A$$

$$m_B g - T'_B = m_B a_B$$

对于定滑轮，由于过程中做定轴转动，由转动定律得

$$T_B r - T_A r = J\beta$$

又由

$$a_A = a_B = r\beta$$

$$T'_A = T_A$$
$$T'_B = T_B$$

解得

$$a = \frac{(m_B - m_A)gr^2}{(m_A + m_B)r^2 + J}$$

$$T_A = \frac{2m_A m_B g r^2 + m_A g J}{(m_A + m_B)r^2 + J}$$

$$T_B = \frac{2m_A m_B g r^2 + m_B g J}{(m_A + m_B)r^2 + J}$$

例 3.2　电动机的转子初始角速度为 ω_0，当仅受到一恒定的未知摩擦阻力矩 M_f 的作用时，经 t_1 秒后停止；如果这个过程中再加上另一恒定阻力矩 M，则经过 t_2 秒停止. 求电动机转子的转动惯量 J 和摩擦阻力矩 M_f.

解　以转子为研究对象，两个过程受到合力矩分别为 M_f 和 $M_f + M$，根据刚体的转动定律，分别有

$$M_f = J\beta_1$$
$$M_f + M = J\beta_2$$

β_1 和 β_2 分别是两个过程转子的角加速度，由于 M_f 和 M 均为恒定力矩，因此 β_1 和 β_2 为不变量，即转子做匀变角速度转动，则有

$$\begin{cases} 0 = \omega_0 + \beta_1 t_1, \\ 0 = \omega_0 + \beta_2 t_2, \end{cases} \quad 即 \quad \begin{cases} \beta_1 = -\dfrac{\omega_0}{t_1} \\ \beta_2 = -\dfrac{\omega_0}{t_2} \end{cases}$$

带入转动定律表达式，解得

$$J = \frac{M t_1 t_2}{\omega_0 (t_2 - t_1)}$$

$$M_f = \frac{t_2}{t_1 - t_2} M$$

3.2.3　转动惯量的计算

把刚体定轴转动的转动定律 $M_z = J\beta$ 与质点的牛顿定律相比较，可以发现转动惯量的物理意义与质量相当，描述了物体在转动过程中惯性的大小. 对于质量连续分布的刚体，Δm_i 即为质量无限小量 dm，因此 $J = \sum_i \Delta m_i r_i^2$ 变形为

$$J = \int r^2 \mathrm{d}m \tag{3-8}$$

可以通过式(3-8)来计算刚体相对于转轴的转动惯量，r 为质量元 $\mathrm{d}m$ 到转轴的距离，即为刚体定轴转动时质元 $\mathrm{d}m$ 的转动半径.

刚体的转动惯量大小取决于刚体的密度、几何形状及转轴的位置. 根据刚体的形状及质量分布，可以分为体分布(如球体)、面分布(如平面圆盘)、线分布(如细直棒). 相应的质量密度分别为体密度 ρ(单位体积的质量)，面密度 σ(单位面积的质量)，线密度 λ(单位长度的质量)，因此相应的质量元 $\mathrm{d}m$ 可以分别表达成：$\mathrm{d}m = \lambda \mathrm{d}l$，$\mathrm{d}m = \sigma \mathrm{d}S$，$\mathrm{d}m = \rho \mathrm{d}V$，对应的转动惯量表达

式为

$$\left.\begin{aligned} J &= \int r^2 \lambda \mathrm{d}l \\ J &= \int r^2 \sigma \mathrm{d}S \\ J &= \int r^2 \rho \mathrm{d}V \end{aligned}\right\} \tag{3-9}$$

在国际单位制中,转动惯量的单位是:kg · m^2.

要特别注意,刚体的转动惯量除了决定于质量及质量的分布这些刚体自身的物理特性以外,还与转轴的相对位置有关.例如,同一均匀细棒,分别相对于通过棒中心并与棒垂直的转轴和通过棒的一端并与棒垂直的另一转轴转动时的惯性,即转动惯量并不相同,明显后者要大.所以只有指出刚体相对于某一具体转轴的转动惯量才有明确的意义.

例 3.3 求质量为 m,长为 l 的均质细棒在下述情况下的转动惯量:(1)转轴通过棒中心且与棒垂直;(2)转轴通过棒的一端且与棒垂直

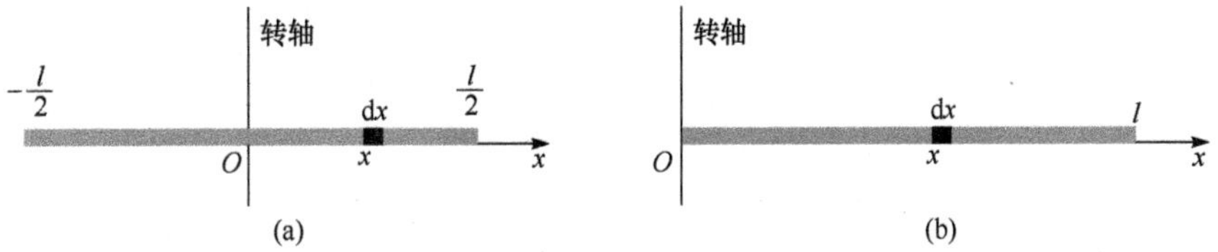

图 3-7 (a)转轴通过棒中心且与棒垂直;(b)转轴通过棒的一端且与棒垂直

解 (1) 转轴通过棒中心且与棒垂直

如图 3-7(a)所示,以转轴与棒的交点为原点,棒所在直线为 x 轴建立坐标系,在棒上取任一质元,其长度为 dx,坐标为 x.棒为均质细棒,所以其质量线密度为 $\lambda=\dfrac{m}{l}$,则该质元的质量为 $\mathrm{d}m=\lambda\mathrm{d}x=\dfrac{m}{l}\mathrm{d}x$,整个棒相对于转轴的转动惯量为

$$J = \int x^2 \mathrm{d}m = \int_{-\frac{l}{2}}^{\frac{l}{2}} x^2 \frac{m}{l} \mathrm{d}x = \frac{1}{12} m l^2$$

(2) 转轴通过棒的一端且与棒垂直时,如图 3-7(b)所示,整个棒相对于转轴的转动惯量为

$$J = \int_0^l x^2 \frac{m}{l} \mathrm{d}x = \frac{1}{3} m l^2$$

以上计算表明,即使同一刚体,由于转轴位置不同,转动惯量也不相同,因此提到刚体的转动惯量时必须表明是具体相对于哪个轴的转动惯量.

例 3.4 求质量为 m,半径为 R 的均质细圆环和均质薄圆盘分别对通过各自中心且与圆面垂直的转轴的转动惯量.

解 (1) 如图 3-8(a)所示,对于均质圆环,在环上取一质量元 dm,dm 到转轴的距离即为圆环半径 R,圆环上所有质量元到转轴的距离均为 R,因此整个圆环相对于转轴的转动惯量为

$$J = \int_m R^2 \mathrm{d}m = R^2 \int_m \mathrm{d}m = mR^2$$

(2) 均质薄圆盘属于质量面分布,因此取质量元时,要将刚体分割为无数面元,质量面密

度为 $\sigma=\frac{m}{S}=\frac{m}{\pi R^2}$，任取面元 dS，则相应质元为 $dm=\sigma dS$. 求解的关键是面元的取法，最简单的办法是把薄圆盘看成由无数个半径连续变化的同心细圆环嵌套而成，每个细圆环的面积即为 dS. 在圆盘上取半径为 r 的圆环，如图 3-8(b)所示，其面积为 $dS=2\pi r dr$，则该圆环质量为 $dm=\sigma dS=\frac{m}{\pi R^2}2\pi r dr=\frac{2mr}{R^2}dr$.

整个圆盘相对于中心轴的转动惯量为

$$J=\int r^2 dm=\int_0^R \frac{2mr^3}{R^2}dr=\frac{1}{2}mR^2$$

可以看到，同样质量、对称性相似且转轴位置相同的刚体，由于质量分布不同，转动惯量也不相同.

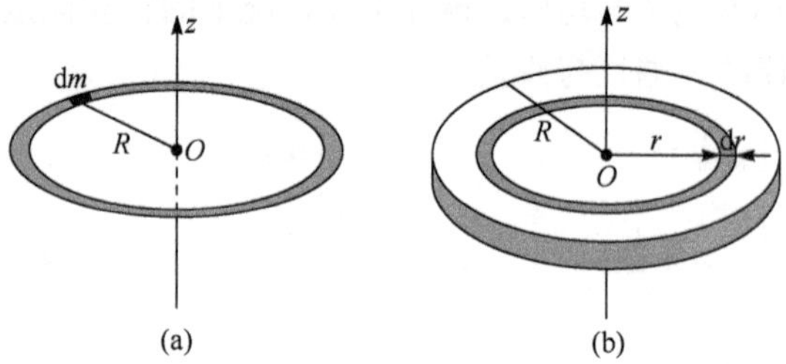

图 3-8　(a) 均质圆环；(b) 均质薄圆盘

表 3-1 给出几种典型的质量分布均匀的具有对称形状的刚体对于不同转轴的转动惯量.

表 3-1　几种典型形状刚体的转动惯量(刚体质量均为 m)

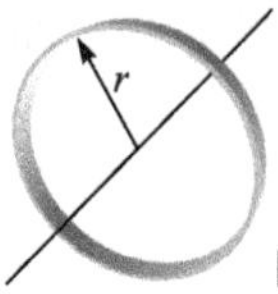 圆环　转轴通过圆心垂直于圆环面 $J=mr^2$	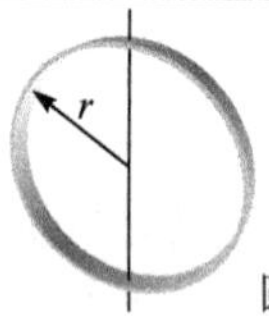 圆环　转轴沿环直径 $J=\frac{1}{2}mr^2$
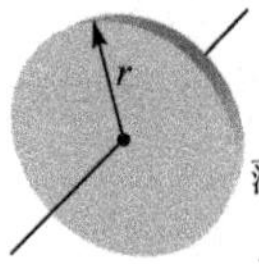 薄圆盘　转轴沿垂直于盘面的中轴线 $J=\frac{1}{2}mr^2$	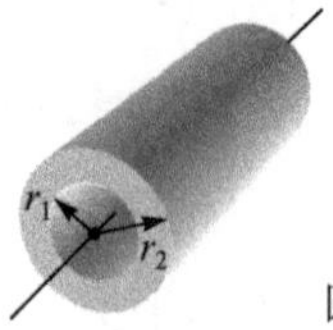 圆筒　转轴沿中轴线 $J=\frac{1}{2}m(r_1^2+r_2^2)$
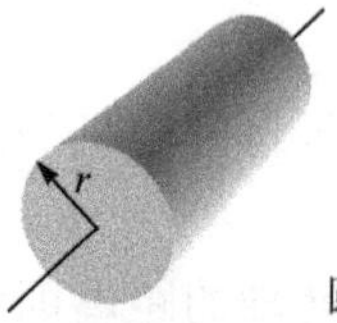 圆柱体　转轴沿中轴线 $J=\frac{1}{2}mr^2$	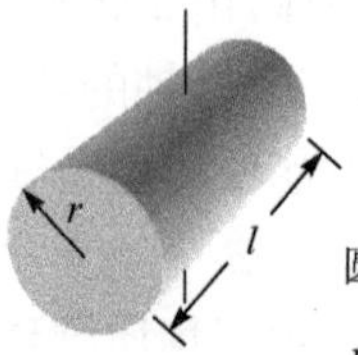 圆柱体　转轴过中心垂直于中轴线 $J=\frac{1}{4}mr^2+\frac{1}{12}ml^2$

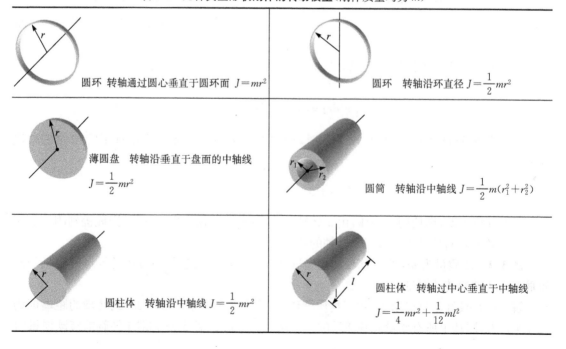

续表

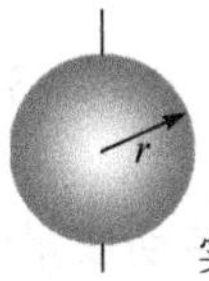 实心球体 转轴沿直径 $J=\frac{2}{5}mr^2$	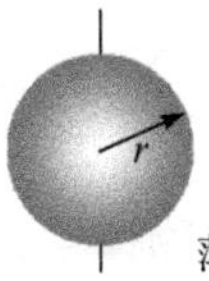 薄球壳 转轴沿直径 $J=\frac{2}{3}mr^2$
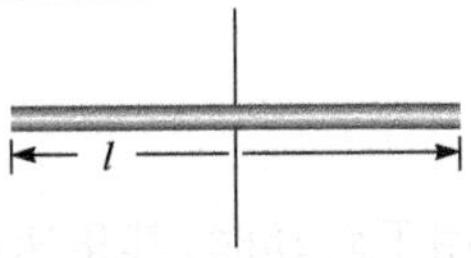 直细棒 转轴通过中心垂直于棒 $J=\frac{1}{12}ml^2$	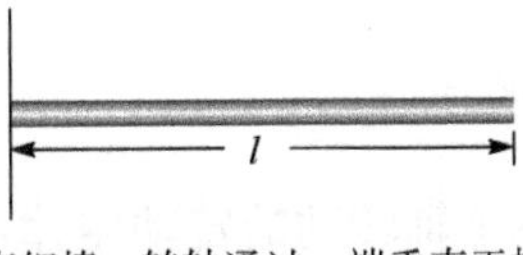 直细棒 转轴通过一端垂直于棒 $J=\frac{1}{3}ml^2$

在计算定轴转动的刚体的转动惯量时，常用到一些物理学规律，如平行轴定理. 如图 3-9 所示，C 为刚体的质心，P 为刚体上任一点. 设过 C 点和 P 点的转轴分别为 O_1、O_2，且两轴彼此平行，轴间垂直距离为 d. 取质心 C 为坐标原点，刚体上任一质点 Δm_i 对两轴的垂直距离分别为 r_{i1}、r_{i2}，则刚体对 O_1、O_2 轴的转动惯量分别为

$$J_C=\sum \Delta m_i r_{i1}^2, \quad J_P=\sum \Delta m_i r_{i2}^2$$

因为 $\boldsymbol{r}_{i2}=\boldsymbol{r}_{i1}-\boldsymbol{d}$，又因为 $\boldsymbol{r}\cdot\boldsymbol{r}=r^2$，所以

$$\begin{aligned}
J_P &= \sum \Delta m_i r_{i2}^2 = \sum \Delta m_i\, \boldsymbol{r}_{i2}\cdot\boldsymbol{r}_{i2} \\
&= \sum \Delta m_i (\boldsymbol{r}_{i1}-\boldsymbol{d})\cdot(\boldsymbol{r}_{i1}-\boldsymbol{d}) \\
&= \sum \Delta m_i (r_{i1}^2-2\boldsymbol{r}_{i1}\cdot\boldsymbol{d}+d^2) \\
&= \sum \Delta m_i r_{i1}^2 - 2\left(\sum \Delta m_i\, \boldsymbol{r}_{i1}\right)\cdot\boldsymbol{d}+\sum \Delta m_i d^2 \\
&= J_C - 2\boldsymbol{d}\cdot\sum \Delta m_i\, \boldsymbol{r}_{i1} + d^2\sum \Delta m_i
\end{aligned}$$

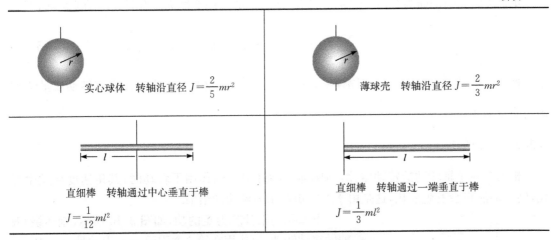

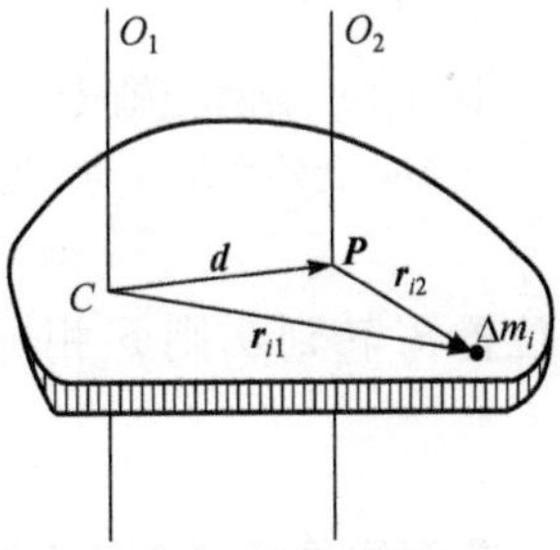

图 3-9 平行轴定理

根据质心的定义，$\sum \Delta m_i \boldsymbol{r}_{i1}=\boldsymbol{r}_C\sum \Delta m_i$，由于坐标原点与质心重合，所以 $r_C=0$，即 $\sum \Delta m_i \boldsymbol{r}_{i1}=0$. 由此得刚体相对于过 P 点的 O_2 轴的转动惯量为

$$J_P=J_C+md^2$$

因为 P 点是任意的，所以上式统一写成

$$J=J_C+md^2 \tag{3-10}$$

刚体对任一轴的转动惯量 J 等于对过质心 C 的平行轴的转动惯量与二轴间垂直距离 d 的平方和刚体质量的乘积之和，这称为平行轴定理.

3.3 转动动能 力矩的功 转动动能定理

3.3.1 转动动能

转动的物体也具有动能. 设刚体发生定轴转动时，相对于转轴的转动惯量为 $J=\sum\limits_i \Delta m_i r_i^2$，角速度为 ω，则质元 Δm_i 的线速度大小为 $v_i=r_i\omega$.

第 i 个质元的动能为 $E_{ki}=\frac{1}{2}\Delta m_i v_i^2$，则刚体整体的转动动能为所有质元的动能之和，即

$$E_k=\sum_i E_{ki}=\sum_i \frac{1}{2}\Delta m_i v_i^2=\frac{1}{2}\left(\sum_i \Delta m_i r_i^2\right)\omega^2=\frac{1}{2}J\omega^2 \tag{3-11}$$

把刚体的转动动能 $\frac{1}{2}J\omega^2$ 与物体平动时的动能 $\frac{1}{2}mv^2$ 相比较，也可以看到转动惯量 J 的确与质量 m 相对应.

3.3.2　力矩的功

根据刚体定轴转动的转动定律，当刚体受到外力矩的作用下转动时，其角速度会发生变化，转动动能也会发生变化，这是由于外力矩对刚体做功的结果.

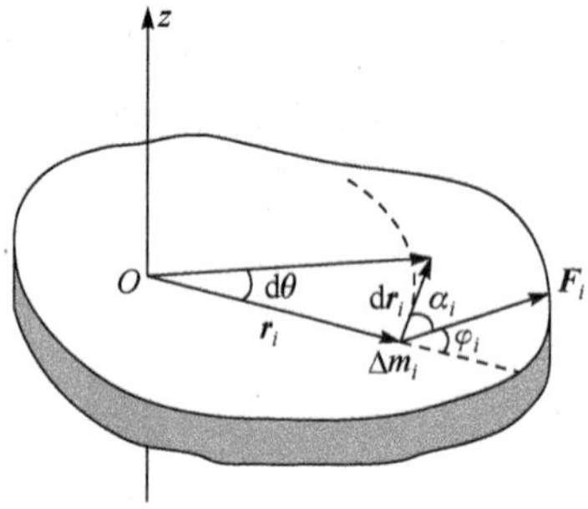

图 3-10　刚体定轴转动时，Δm_i 受外力及运动情况

下面我们来计算力矩的功，如图 3-10 所示，刚体绕 Oz 轴做定轴转动，设作用在第 i 个质元 Δm_i 上的外力为 $\boldsymbol{F}_i$（同样只考虑在转动平面内的作用力），由于刚体内各质元间相对位置不变，系统内力不做功，所以只需考虑外力矩. 若在 $\mathrm{d}t$ 时间内，Δm_i 的位移为 $\mathrm{d}\boldsymbol{r}_i$，角位移为 $\mathrm{d}\theta$（刚体上所有质元的角位移相同），则 F_i 所做的微元功为

$$\mathrm{d}A_i=\boldsymbol{F}_i\cdot\mathrm{d}\,\boldsymbol{r}_i=F_i\cdot\mathrm{d}r_i\cdot\cos\alpha_i=F_i\cdot\mathrm{d}r_i\cdot\sin\varphi_i$$

Δm_i 绕 Oz 轴做圆周运动，位移 $\mathrm{d}\boldsymbol{r}_i$ 的大小为相应弧长，因此 $\mathrm{d}r_i=\mathrm{d}s_i=r_i\mathrm{d}\theta$，则有

$$\mathrm{d}A_i=F_i r_i\cdot\sin\varphi_i\cdot\mathrm{d}\theta=M_{zi}\mathrm{d}\theta$$

即力矩所做的微元功等于力矩和角位移的乘积. 设刚体从角位置 θ_0 转到 θ，则 F_i 相对于转轴的力矩 M_{zi} 所做的功为

$$A_i=\int\mathrm{d}A_i=\int_{\theta_0}^{\theta}M_{zi}\mathrm{d}\theta \tag{3-12}$$

若刚体受到多个外力矩的作用，则所有外力矩做的总功为

$$A=\sum_i A_i=\sum_i\int_{\theta_0}^{\theta}M_{zi}\mathrm{d}\theta=\int_{\theta_0}^{\theta}\sum_i M_{zi}\mathrm{d}\theta=\int_{\theta_0}^{\theta}M_z\mathrm{d}\theta \tag{3-13}$$

式(3-13)中 M_z 为刚体所受到的合外力矩，刚体所受到的力矩做功之和即为合外力矩所做的功.

3.3.3　刚体定轴转动的动能定理

根据刚体定轴转动的转动定律，刚体所受到的相对于 Oz 轴的合外力矩 $M_z=J\beta=J\frac{\mathrm{d}\omega}{\mathrm{d}t}$，在 $\mathrm{d}t$ 时间内刚体的角位移是 $\mathrm{d}\theta=\omega\mathrm{d}t$，因此合外力矩所做的微元功为：$\mathrm{d}A=M_z\mathrm{d}\theta=J\frac{\mathrm{d}\omega}{\mathrm{d}t}\omega\mathrm{d}t=J\omega\mathrm{d}\omega$，从 t_0 时刻到 t 时刻，刚体从角位置 θ_0 处转到 θ 处，对应的角速度从 ω_0 变为 ω，则合外力矩所做的功为

$$A=\int_{\theta_0}^{\theta}M_z\mathrm{d}\theta=\int_{\omega_0}^{\omega}J\omega\mathrm{d}\omega=\frac{1}{2}J\omega^2-\frac{1}{2}J\omega_0^2 \tag{3-14}$$

式(3-14)表示合外力矩对刚体所做的功等于刚体转动动能的增量，称为刚体定轴转动的

动能定理.

例 3.5 如图 3-11 所示，一根质量为 m，长为 l 的均匀细棒 OA 可绕固定光滑轴 O 在竖直平面内转动，C 为棒的中点. 棒初始时刻处于水平位置，求棒在重力作用下自由下摆到与水平位置成 $\theta=30°$ 角时，A 端点和 C 点的线速度大小.

解 棒的下摆过程即为刚体的定轴转动过程，棒受重力和转轴的支持力，由于转轴的支持力相对于转轴的力矩为零，因此棒受合外力矩即为重力力矩. 对于棒上任一质元 $\mathrm{d}m=\frac{m}{l}\mathrm{d}x$，其中 $\mathrm{d}x$ 为质元的长度，x 为质元到转轴 O 的距离，则 $\mathrm{d}m$ 所受重力力矩为 $\mathrm{d}M_G=x\cos\theta g\,\mathrm{d}m=x\cos\theta g\frac{m}{l}\mathrm{d}x$，因此棒受到的重力力矩为 $M_G=\int_0^l x\cos\theta g\frac{m}{l}\mathrm{d}x=mg\frac{l}{2}\cos\theta$. 因此可以认为重力力矩为作用在刚体质心上的重力相对于转轴的力矩. 显然，θ 由 0 增大至 30° 的过程中重力力矩在减小.

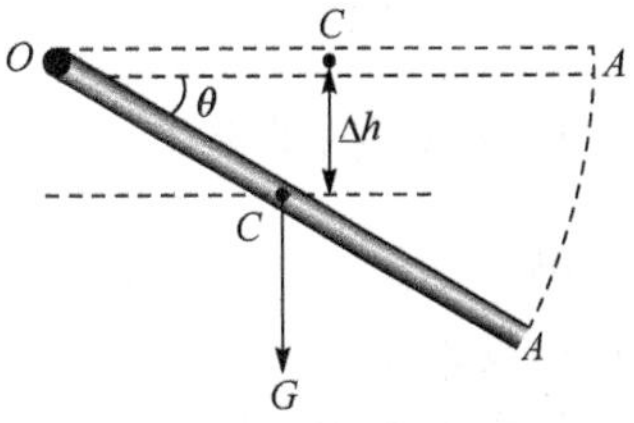

图 3-11 均匀细棒绕固定轴 O 在竖直平面内转动

根据刚体转动动能定理，过程中重力力矩做功等于棒转动动能的增量，则有

$$A_G=\int_0^{\frac{\pi}{6}} mg\frac{l}{2}\cos\theta\mathrm{d}\theta=\frac{1}{2}J\omega^2-\frac{1}{2}J\omega_0^2=\frac{1}{2}J\omega^2$$

又

$$J=\frac{1}{3}ml^2$$

解得

$$\omega=\sqrt{\frac{3g}{2l}}$$

$$v_A=r_A\omega=l\omega=\frac{\sqrt{6gl}}{2}$$

$$v_C=r_C\omega=\frac{l}{2}\omega=\frac{\sqrt{6gl}}{4}$$

说明：求解重力矩做功时，可以看到 $A_G=\frac{1}{2}mgl\sin\frac{\pi}{6}=mg\Delta h$，即该过程重力矩做功等于棒质心的重力势能的减少量(或者说是重力势能增量的负值). 通过质心和重力势能的定义可以证明刚体的重力势能等于将刚体所有质量都集中在质心上时质心所具有的重力势能，可以表达为 mgz_C，z_C 表示质心相对于零势能点的 z 坐标.

因此对于刚体的定轴转动，机械能和机械能守恒定律依然适用. 在本题中，棒转动过程只有重力矩做功，机械能 E 守恒，以初始时水平位置为零势能点，则有

$$E=0=\frac{1}{2}J\omega^2-\frac{1}{2}mgl\sin\frac{\pi}{6}$$

求解该式可得到与之前相同的结论.

3.4 角动量 角动量定理 角动量守恒定律

力矩在空间的积累为功，功改变了刚体的能. 那么力矩在时间上的积累就是冲量矩，冲量矩改变的是刚体的角动量（也称动量矩）. 下面我们讨论刚体绕固定轴 Oz 轴转动时的角动量.

3.4.1 角动量（动量矩）

刚体在做定轴转动时，只有沿 Oz 轴方向的力矩可以引起刚体转动状态的变化，所有质元的角速度大小和方向一致，且都沿着 Oz 轴方向，因此这里所考虑的角动量也均沿 Oz 轴方向.

设刚体上第 i 个质元 Δm_i 相对于其转动中心的位矢为 $\boldsymbol{r}_i$，速度为 $\boldsymbol{v}_i$，则相对于转轴的角动量为 $\boldsymbol{L}_i=\boldsymbol{r}_i\times\Delta m_i\boldsymbol{v}_i$，$\boldsymbol{r}_i$ 与 $\boldsymbol{v}_i$ 相互垂直，$v_i=\omega r_i$，因此 $L_i=\Delta m_i r_i^2\omega$，方向沿 Oz 轴.

刚体总的角动量 $\boldsymbol{L}$ 等于所有质元的角动量的矢量之和，由于各质元的角动量沿 Oz 轴的同一方向，矢量之和可以表达为标量之和，即

$$L=\sum_i L_i=\sum_i \Delta m_i r_i^2\omega=J\omega \tag{3-15}$$

3.4.2 角动量定理

根据刚体转动定律 $M_z=J\beta=J\dfrac{\mathrm{d}\omega}{\mathrm{d}t}$，得

$$M_z\mathrm{d}t=J\mathrm{d}\omega=\mathrm{d}(J\omega)$$

两边分别进行积分

$$\int_0^t M_z\mathrm{d}t=\int_{J_0\omega_0}^{J\omega}\mathrm{d}(J\omega)=J\omega-J_0\omega_0 \tag{3-16}$$

式(3-16)中左边 $\int_{t_0}^t M_z\mathrm{d}t$ 称为从 t_0 时刻到 t 时刻合外力矩作用在刚体上的冲量矩，ω_0 和 ω 分别是 t_0 时刻和 t 时刻刚体定轴转动的角速度. 该式表明，一段时间合外力矩作用在刚体上的冲量矩等于这段时间的始末时刻刚体的角动量的增量，这称为刚体定轴转动的角动量定理.

3.4.3 角动量守恒定律

根据角动量定理，如果等式左边等于零，即当刚体所受到的合外力矩 $M_z=0$ 时，则有 $J\omega=J_0\omega_0$，即如果相对于转轴的合外力矩为零，则该物体相对于同一轴的角动量守恒，这就是刚体对轴的角动量守恒定律.

角动量不发生变化，具体有两种情况：

(1) 如果转动过程中，刚体相对于转轴的转动惯量不发生变化，$J=J_0$，只要满足合外力矩等于零，则刚体转动的角速度也会不变，刚体相对于转轴保持静止或匀角速度转动.

(2) 转动惯量发生变化，$J\neq J_0$，但合外力矩为零时，要保持 $L=J\omega=J_0\omega_0$ 为恒量，因此角速度会发生变化，$\omega\neq\omega_0$：转动惯量增大，则角速度减少，反之转动惯量减小则角速度增大. 这种情况常发生于定轴转动的非刚性物体，各质元相对于转轴的距离发生了变化，因此转动惯量可变，在合外力矩为零的情况下，物体的转动角速度就会发生变化. 例如，花样滑冰运动员在冰上做原地旋转动作时，忽略鞋上冰刀与冰面的摩擦力，可近似认为合外力矩为零，运动员相对于自身中心竖直轴的角动量守恒. 若开始时运动员的状态是张开双臂，那么当双臂收拢时，双

臂相对于转轴的距离减小，质量分布更接近转轴，转动惯量变小，则其角速度增大，再张开双臂，转动惯量增大，则角速度减小，从而能让观众观赏到或高速旋转或缓慢舒展的精彩表演，如图 3-12 所示. 同样，芭蕾舞演员也是运用角动量守恒定律，通过舒展或聚拢自己的身体，改变自身的转动惯量，从而增大或减少身体绕中心竖直轴转动的角速度，以做出许多优美的舞姿.

如果研究对象是相互关联的多个刚体所组成的刚体组（或者一个刚体分解成为多个部分），都绕同一转轴做定轴转动，刚体组内的刚体之间可以有相对位移和力矩的作用，每个刚体也可以有角动量的变化，但是只要刚体组受到的合外力矩为零且共同转轴不变，那么整个刚体组相对于共同转轴的总角动量守恒，有

$$\sum J\omega = \text{恒量} \tag{3-17}$$

图 3-12 滑冰运动员原地旋转时伸展和收拢双臂

显然，刚体组内刚体之间的力矩的作用只起到了传递角动量的作用，而无法改变整个刚体组的总角动量.

我们可以把这一结论推广到绕同一转轴进行定轴转动的物体组，物体组包括刚体和质点，物体组受到相对于转轴的合外力矩为零时，角动量守恒的表达式为

$$\sum J\omega + \sum mvr\sin\varphi = \text{常量}$$

例如，两个物体所组成的系统，原来静止，总角动量为零，当通过内部作用力使一个物体转动时，另一个物体必然沿着相反方向进行转动，但物体组总的角动量仍为零. 实际生活中有很多这样的例子，如图 3-13 中所示的直升飞机，主旋翼与飞机机身可以看成绕同一转轴转动的两个刚体所组成的刚体组，当主旋翼螺旋桨叶片旋转时，如果没有尾旋翼（即尾翼侧向旋转叶片）旋转，机身就会向与螺旋桨相反的方向转动.

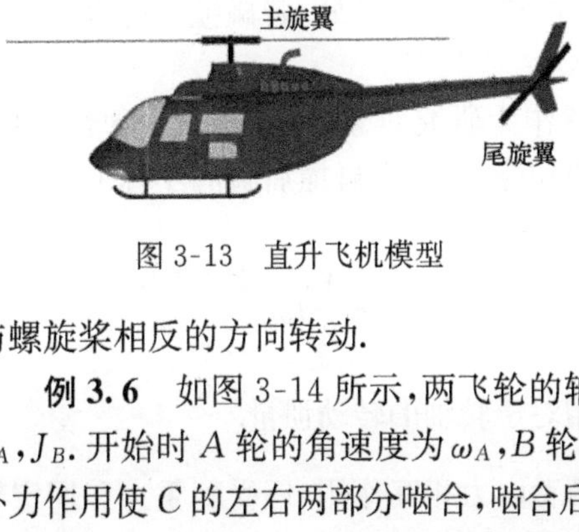

图 3-13 直升飞机模型

例 3.6 如图 3-14 所示，两飞轮的轴杆在同一轴线上，两轮相对于转轴的转动惯量分别 J_A，J_B. 开始时 A 轮的角速度为 ω_A，B 轮静止不动，C 为 A、B 轮上的摩擦啮合器. 沿轴方向的外力作用使 C 的左右两部分啮合，啮合后 A，B 轮达到相同转速，若转轴是光滑的，求(1)两轮啮合后的共同转速；(2)啮合过程两轮各自受到的冲量矩；(3)啮合过程中两者共损失了多少机械能.

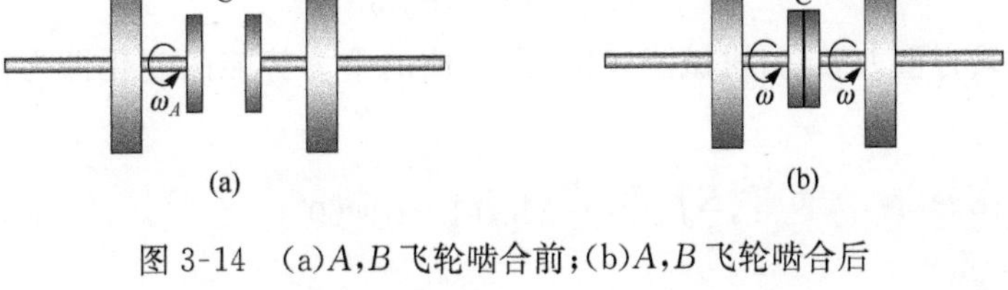

图 3-14 (a)A，B 飞轮啮合前；(b)A，B 飞轮啮合后

解 (1)以飞轮 A，B 为研究对象，在啮合的过程中，A 和 B 受到轴向外力和 C 左右部分之间的摩擦力. 轴向外力相对于转轴的力矩为零，摩擦力相对于转轴的摩擦力矩为系统的内力

矩,因此 A,B 飞轮组成的系统受合外力矩为零,遵循角动量守恒定律.设啮合后共同角速度为 ω,则有

$$J_A\omega_A=(J_A+J_B)\omega$$

解得

$$\omega=\frac{J_A\omega_A}{J_A+J_B}$$

(2) 根据角动量定理,A 飞轮受到的动量矩为

$$\int M_A\mathrm{d}t = J_A(\omega-\omega_A)=-\frac{J_BJ_A}{J_A+J_B}\omega_A$$

B 飞轮受到的动量矩为 $\int M_B\mathrm{d}t = J_B\omega = \frac{J_BJ_A}{J_A+J_B}\omega_A$.

可以看到作为内力矩,A,B 轮受到的摩擦力矩实际上为一对作用与反作用力矩,大小相等,方向相反.

(3) 机械能损失为

$$\Delta E_k=\frac{1}{2}J_A\omega_A^2-\frac{1}{2}(J_A+J_B)\omega^2=\frac{1}{2}\frac{J_BJ_A}{J_A+J_B}\omega_A^2$$

例 3.7　如图 3-15 所示,设质量为 M、长为 l 的均匀直棒,可绕垂直于杆的上端的水平轴 O 无摩擦地转动.它原来静止在平衡位置上,现有一质量 $m=M/3$ 的弹性小球水平飞来,正好碰在杆的下端.相碰后,使杆从平衡位置摆动到最大位置 $\theta_{\max}=60°$ 处.若碰撞为完全弹性碰撞,求小球的初始速度 v_0.

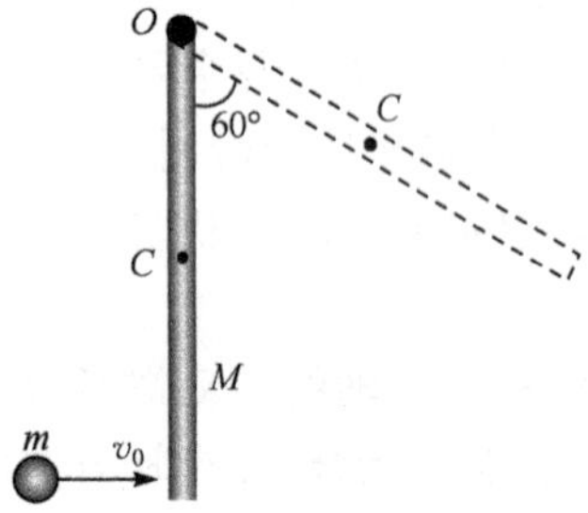

图 3-15　小球与可绕 O 轴转动的细棒的碰撞示意图

解　把细棒和小球作为研究对象,由于是完全弹性碰撞,在小球与棒碰撞过程中动能守恒,设碰撞后瞬间小球的线速度为 v,棒的角速度为 w,则有

$$\frac{1}{2}mv_0{}^2=\frac{1}{2}mv^2+\frac{1}{2}J\omega^2$$

$J=\frac{1}{3}Ml^2=ml^2$ 为棒相对于转轴的转动惯量.

碰撞过程中除了两者内力相互作用,还受到重力和固定轴对棒的约束力,因此动量不守恒,实际上正是由于轴的约束力才使得棒只能做定轴转动.但是约束力和重力相对于转轴的力矩为零,所以系统相对轴的角动量守恒,则有

$$mv_0l=mvl+J\omega$$

棒上摆过程只有重力做功,机械能守恒,由于棒的重力势能的变化即为棒质心 C 重力势能的增量,则有

$$\frac{1}{2}J\omega^2=\frac{1}{2}Mgl(1-\cos 60°)$$

解得

$$\omega=\sqrt{\frac{3g}{2l}},\quad v=0,\quad v_0=\frac{3gl}{2}$$

习　题　3

3-1　影响刚体的转动惯量的因素有哪些？为什么飞轮的边缘做的很厚重？

3-2　为什么直升飞机必须有两个螺旋桨？只有一个可以吗？

3-3　一个有固定轴的刚体，受到两个力的作用.当它们的合力为零时，它们对轴的合力矩也为零吗？反之，当对轴的合力矩为零时，合力也为零吗？请举例说明.

3-4　如图所示，两物体 1 和 2 的质量分别为 m_1 与 m_2，滑轮的转动惯量为 J，半径为 r.

(1) 如物体 2 与桌面间的摩擦系数为 μ，求系统的加速度 a 及绳中的张力 T_1 与 T_2（设绳子与滑轮间无相对滑动）.

(2) 如物体 2 与桌面间为光滑接触，求系统的加速度 a 及绳中的张力 T_1 与 T_2.

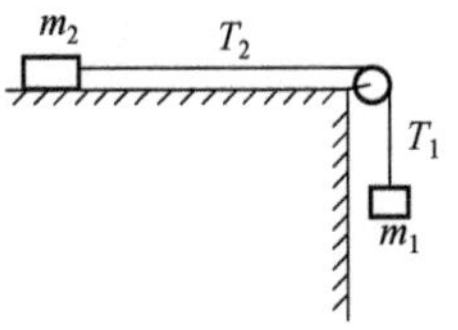

题 3-4 图

3-5　电动机带动一个转动惯量为 $J=50\text{kg}\cdot\text{m}^2$ 的系统作定轴转动.在 0.5s 内由静止开始最后达到 120r/min 的转速.假定在这一过程中转速是均匀增加的，求电动机转动系统施加的力矩.

3-6　某冲床上飞轮的转动惯量为 $4.00\times10^3\,\text{kg}\cdot\text{m}^2$.当它的转速达到 30r/min 时，它的转动动能是多少？每冲一次，其转速降为 10r/min 转.求每冲一次飞轮对外作用的功.

3-7　如图所示的打桩装置，半径为 R 的带齿轮转盘绕中心轴的转动惯量为 J，转动角速度为 ω_0，夯锤的质量为 M，开始处于静止状态，当转盘与夯锤碰撞后，问夯锤的速度能有多大？

3-8　一个长为 $l=0.40\text{m}$ 的均匀木棒，质量 $M=1.00\text{kg}$，可绕水平轴 O 在竖直平面内转动，开始时棒自然地竖直悬垂，现有质量为 $m=8\text{g}$ 的子弹以 $v=200\text{m/s}$ 的速率从 A 点射入棒中，假定 A 点与 O 点的距离为 $\frac{3}{4}l$，如图所示.求：

(1) 棒开始运动时的角速度；

(2) 棒的最大偏转角.

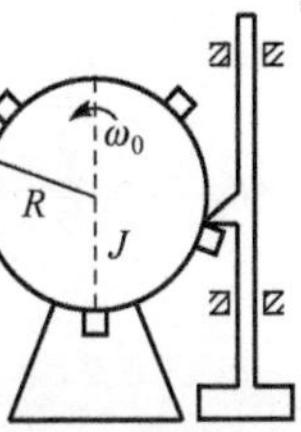

题 3-7 图

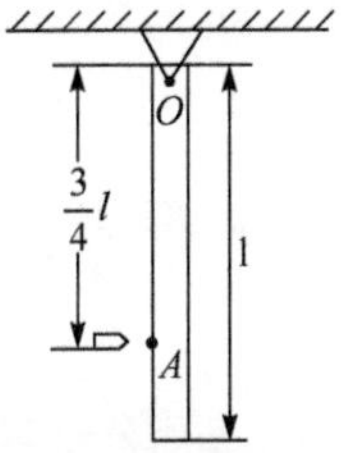

题 3-8 图

3-9　一个飞轮直径为 0.30m、质量为 5.00kg，边缘绕有绳子.现用恒力拉绳子的一端，使飞轮由静止均匀地加速，经 0.50s 转速达 10rev/s.假定飞轮可看作实心圆柱体，求：

(1) 飞轮的角加速度及在这段时间内转过的转数；

(2) 拉力大小及拉力所做的功；

(3) 从拉动后 $t=10\text{s}$ 时飞轮的角速度及轮边缘上一点的速度大小和加速度大小.

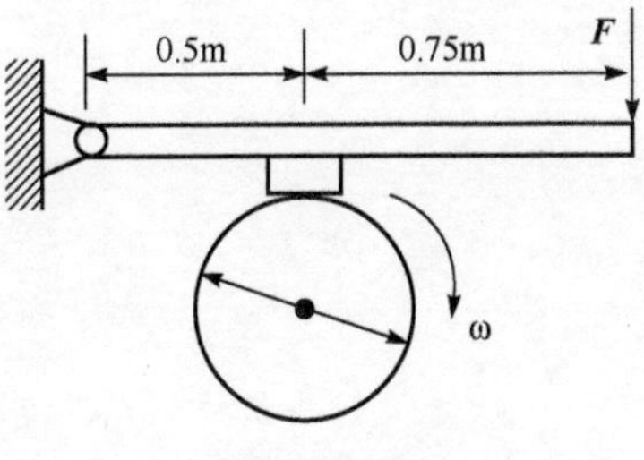

题 3-10 图

3-10　飞轮的质量为 60kg、直径为 0.50m、转速为 1000rev/min，现要求在 5s 内使其制动，求制动力 $\boldsymbol{F}$ 的大小.假定闸瓦与飞轮之间的摩擦系数 $\mu=0.4$，飞轮的质量全部分布在轮的外周上.尺寸如图所示.

3-11　一转动惯量为 J 的圆盘绕一固定轴转动，起初角速度为 ω_0.设它所受阻力矩与转动角速度成正比，即 $M=-k\omega$（k 为正的常数),求圆盘的角速度从 ω_0 变为$\frac{1}{2}\omega_0$ 时所需的时间.

3-12　如图所示一长为 L、质量为 m 的匀质细棒,如图所示,可绕水平轴 O 在竖直面内旋转,若轴光滑,今使棒从水平位置自由下摆.求:(1)在水平位置和竖直位置棒的角加速度 β;(2)棒转过 θ 角时的角速度.

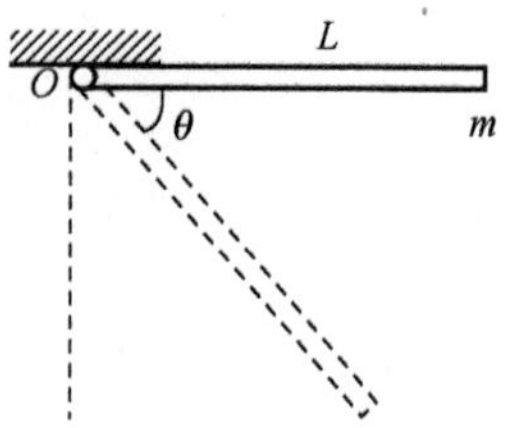

题 3-12 图

3-13　在半径为 R_1、质量为 M 的静止水平圆盘上,站一静止的质量为 m 的人.圆盘可无摩擦地绕过盘中心的竖直轴转动.当这人沿着与圆盘同心,半径为 $R_2(<R_1)$ 的圆周相对于圆盘走一周时,问圆盘和人相对于地面转动的角度各为多少?

第 4 章　机 械 振 动

振动是自然界和工程技术领域常见的一种运动，广泛存在于机械运动、电磁运动、热运动、原子运动等运动形式之中. 从狭义上说，通常把具有时间周期性的运动称为振动. 如钟摆、发声体、开动的机器、行驶中的交通工具都有机械振动. 广义地说，任何一个物理量在某一数值附近作周期性的变化，都称为振动. 变化的物理量称为振动量，它可以是力学量、电学量或其他物理量. 如交流电压、电流的变化、无线电波电磁场的变化等. 波动是自然界常见的一种物质运动形式. 振动的传播过程称为波动，简称波. 通常将波动分为两大类：一类是机械振动在弹性介质中的传播，称为机械波，如水面波、声波、地震波等；另一类是变化的电磁场在空间的传播，称为电磁波. 一般说来，机械振动和机械波是一个相当复杂的问题，早已发展成为专门的学科.

4.1　简 谐 振 动

4.1.1　简谐振动

振动的形式多种多样，情况往往比较复杂. 其中最简单最基本的振动是简谐振动. 其运动量按正弦函数或余弦函数的规律随时间变化. 任何复杂的运动都可以看成是若干简谐运动的合成. 本节以弹簧振子为例讨论简谐运动的特征及其运动规律.

如图 4-1 所示，质量不计的轻质弹簧一端固定，另一端系一质量为 m 的物体，物体所受的阻力忽略不计. 设在 O 点弹簧没有形变，此处物体所受的合力为零，称 O 点为平衡位置. 系统一经触发，就绕平衡位置作来回往复的周期性运动. 这样的运动系统叫做弹簧振子. 我们先定性地分析弹簧振子的运动情况，取平衡位置为坐标原点，水平向右为 x 轴正向. 在外力的作用下，物体从 O 点缓慢的运动到 B 点，然后撤去外力，此时物体受到指向 O 点的恢复力. 在物体从 B 点到 O 点的过程中，弹性力向左，加速度向左，物体做加速运动. 在 O 点物体不受力，加速度为零但速度不为零，由于惯性，物体将继续向左运动. 由 O 点到 C 点的过程中，弹簧被压缩，物体受到指向平衡位置的回复力，运动方向向左而弹性力向右，因此物体做减速运动，当物体运动到 C 点时，弹簧被压缩到最大程度，加速度达到最大而速度为零. 此后物体在弹性力的作用下，返回平衡位置. 在 O 点，物体恢复力为零而速度不为零，因此物体将继续运动到 B 点. 这样，在弹性力作用下，物体将在 O 点附近做往复运动.

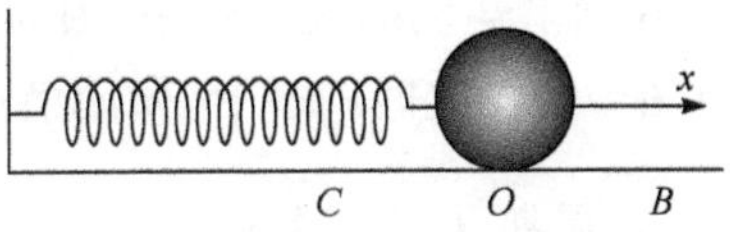

图 4-1　弹簧振子

下面我们定量地分析弹簧振子的振动情况.

根据胡克定律有

$$F_x = -kx \tag{4-1}$$

式中，比例系数 k 为弹簧的劲度系数（stiffness），它反映弹簧的固有性质；负号表示力的方向与位移的方向相反. 根据牛顿定律可得

$$a = \frac{f}{m} = -\frac{k}{m}x \tag{4-2}$$

令 $\omega^2=\frac{k}{m}$，代入式(4-2)，则上式可以改写为 $a=-\omega^2 x$，就得到简谐运动的微分方程

$$\frac{d^2 x}{dt^2}+\omega^2 x=0 \tag{4-3}$$

微分方程(4-3)的通解为

$$x=A\cos(\omega t+\varphi) \tag{4-4}$$

这就是简谐运动的运动学方程，式中 A 和 φ 是积分常数. 其物理意义将在后面进行讨论. 由式(4-4)可知物体在做简谐运动时，其位移是时间的函数关系. 将式(4-4)对时间求一阶、二阶导数，便可得到做简谐运动的物体的速度和加速度如下

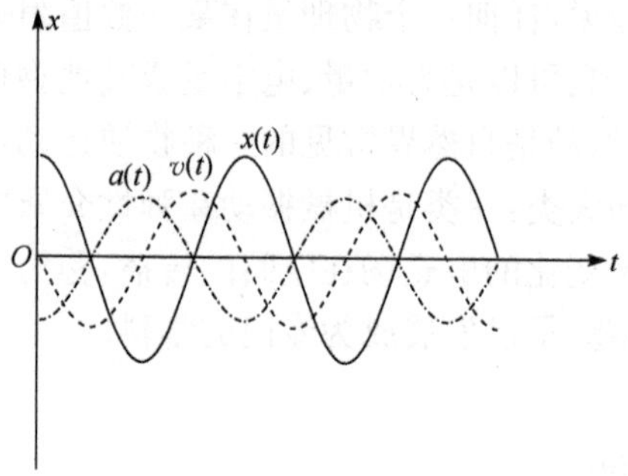

图 4-2　振动加速度、速度、位移曲线

$$v=\frac{dx}{dt}=-\omega A\sin(\omega t+\varphi) \tag{4-5}$$

$$a=\frac{d^2 x}{dt^2}=-\omega^2 A\cos(\omega t+\varphi) \tag{4-6}$$

由式(4-4)～式(4-6)作出如图 4-2 所示的曲线. 由图可以看出做简谐振动的物体的位移、速度和加速度都是按余弦规律随时间做周期性变化的函数.

4.1.2　描述简谐振动的物理量

1. 振幅 A

在简谐运动的表达式中，因为余弦或正弦函数的绝对值不能大于 1，所以物体的振动范围在 $+A\sim-A$ 之间，我们把做简谐运动的物体离开平衡位置的最大位移的绝对值 A 叫振幅.

2. 周期 T 与频率 ν

从前面的知识可以知道物体作简谐振动具有周期性，物理学上把完成一次全振动所需的时间称为周期，用 T 表示，单位为秒(s). 因此，每隔一个周期，振动状态就重复一次，有

$$x=A\cos(\omega t+\varphi)=A\cos[\omega(t+T)+\varphi] \tag{4-7}$$

从式(4-7)可以得到

$$T=\frac{2\pi}{\omega} \tag{4-8}$$

单位时间内物体所作的完全振动的次数称为频率，用 ν 表示，单位为赫兹(Hz). 显然频率和周期的关系为

$$\nu=\frac{1}{T}=\frac{\omega}{2\pi} \tag{4-9}$$

式(4-8)中，ω 称为角频率，是表征物体在 2π 秒时间内所作的完全振动的次数的物理量，单位为弧度/秒(rad/s 或 s^{-1}).

$$\omega=2\pi\nu=\frac{2\pi}{T} \tag{4-10}$$

对于弹簧振子有 $\omega=\sqrt{\frac{k}{m}}$，所以其周期和频率由系统本身所决定，因此，常称为固有周期

和固有频率.根据定义,简谐振动的运动方程可表示为

$$x=A\cos(\omega t+\varphi)=A\cos\left(\frac{2\pi}{T}t+\varphi\right)=A\cos(2\pi\nu t+\varphi) \tag{4-11}$$

3. 相位

质点在某一时刻的运动状态可以用该时刻的位置和速度来描述.对于做简谐运动的物体来说,位置和速度分别为 $x=A\cos(\omega t+\varphi)$ 和 $v=-\omega A\sin(\omega t+\varphi)$,当振幅 A 和圆频率 ω 给定时,物体在 t 时刻的位置和速度完全由 $\omega t+\varphi$ 来确定.即 $\omega t+\varphi$ 是确定简谐运动状态的物理量,称为相位.

常量 φ 是 $t=0$ 时的相位,称为初相位,简称初相,它是决定初始时刻物体运动状态的物理量.对于一个简谐运动来说,开始计时的时刻不同,初始状态就不同,与之对应的初相位就不同,即初相位与时间零点的选择有关.

4. 振幅和初相的确定

当一个质点在作简谐振动时,其频率是系统本身决定的,而振幅是由外界条件决定的,初相是由计时起点决定的.如果知道了 $t=0$ 时位移 x_0 和速度 v_0,则可以确定振幅 A 和初相 φ.由式(4-4)和式(4-5)得

$$x_0=A\cos\varphi$$
$$v_0=-\omega A\sin\varphi$$

则代入两式得

$$A=\sqrt{x_0^2+\frac{v_0^2}{\omega^2}} \tag{4-12}$$

$$\tan\varphi=\frac{-v_0}{\omega x_0} \tag{4-13}$$

对于一个简谐运动,若振幅、周期和初相位已知,就可以写出完整的运动方程,即掌握了该运动的全部信息,因此我们把振幅、周期和初相位叫做描述简谐运动的三个特征量.

例 4.1 由一根无弹性的轻绳挂一个小球构成单摆.如图 4-3 所示,设绳长为 l,小球的质量为 m.若把质点从平衡位置略为移开,那么质点就在重力的作用下,在竖直平面内来回摆动.试证明当摆动角度很小时,单摆的运动也是简谐振动.

解 以摆为研究对象,讨论摆锤所受的力,有重力 mg,绳的拉力 T,对固定端的力矩为

$$M=-mgl\sin\theta$$

当 θ 很小时($\theta<5°$),$\sin\theta\approx\theta$ 不计空气阻力,于是有

$$M=-mgl\theta$$

根据转动定律可写出单摆的运动学微分方程

$$mgl\theta+ml^2\frac{d^2\theta}{dt^2}=0$$

令

$$\omega^2=\frac{g}{l}$$

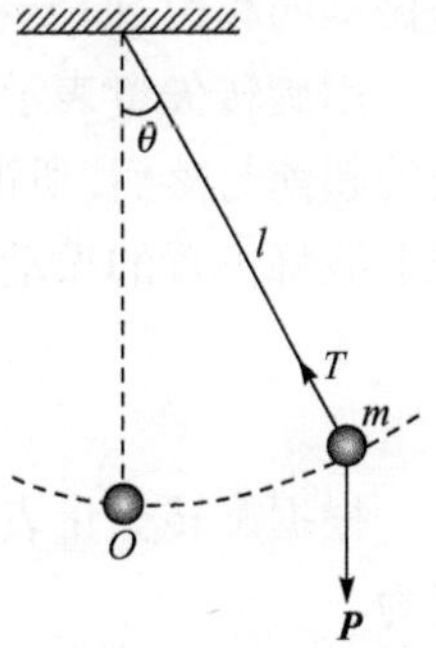

图 4-3 单摆

则有

$$\omega^2\theta+\frac{d^2\theta}{dt^2}=0$$

由此可以证明当摆动角度很小时，单摆的运动也是简谐振动. 其周期为

$$T=2\pi\sqrt{\frac{l}{g}}$$

【思考】

(1) 设地球为质量均匀分布的球体，如果沿着地球的直径开一条隧道，将一小球扔进隧道，在忽略各种阻力的情况下，你知道小球会怎样运动吗？

(2) 单摆的摆角较大时，振动会有什么规律？

4.1.3　简谐振动的矢量图示法

在研究简谐振动时，常采用旋转矢量表示法进行表示. 用旋转矢量 A 来表示简谐振动，形象直观，一目了然，在以后分析两个以上谐振动合成时十分有用和方便.

如图 4-4 所示，一长度为 A 的矢量 $\boldsymbol{A}$ 在 xOy 平面内绕 O 点沿逆时针方向旋转，其角速度为 ω，在 $t=0$ 时，矢量与 x 轴的夹角为 φ，这样的矢量称为旋转矢量. 在任意时刻，矢量 $\boldsymbol{A}$ 与 x 轴的夹角为 $\omega t+\varphi$，$\boldsymbol{A}$ 的矢端 M 在轴上的投影为 $x=A\cos(\omega t+\varphi)$. 即旋转矢量本身并不做简谐运动，而是旋转矢量的矢端在 x 轴上的投影点在做简谐运动. 在旋转矢量的转动过程中，矢端做匀速圆周运动，此圆称为参考圆. 矢量 $\boldsymbol{A}$ 旋转一周所需的时间就是简谐振动的周期. 图 4-5是用旋转矢量和振动曲线描述的同一简谐振动.

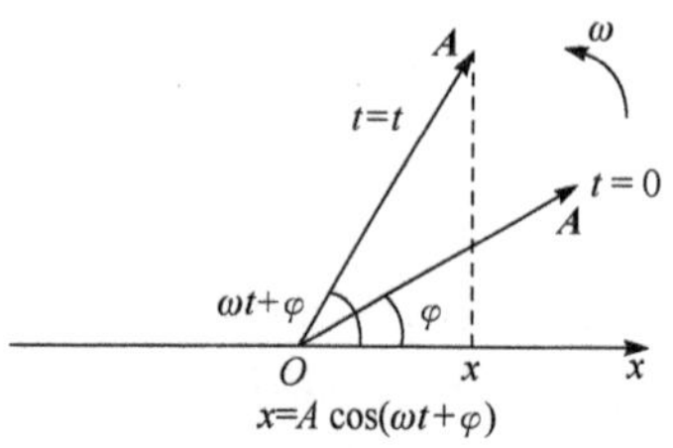

图 4-4　旋转矢量图

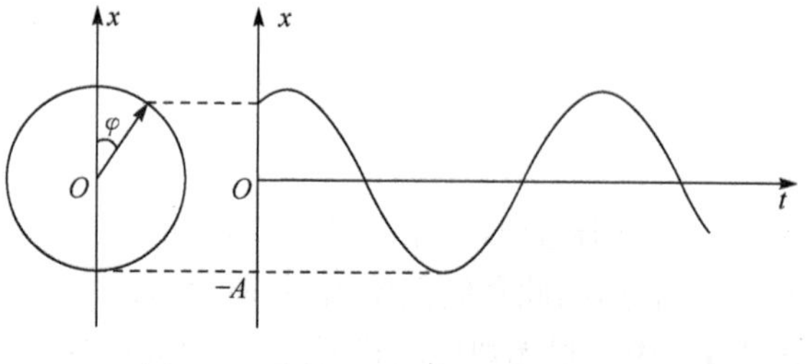

图 4-5　旋转矢量和振动曲线的关系

由此可见，简谐振动的旋转矢量表示法把描写简谐振动的三个特征量非常直观地表示出来了. 矢量的长度即振动的振幅，矢量旋转的角速度就是振动的角频率，矢量与 x 轴的夹角就是振动的相位，而 $t=0$ 时矢量与 x 轴的夹角就是初相位.

用旋转矢量表示简谐振动，能够很方便地比较两个同频率简谐振动振动步调的先后或振动的超前与落后. 所谓振动的超前与落后，是指两振动中具有相同相位的振动状态(如振动曲线上波峰位置的振动状态)在时间上哪个先到达哪个后到达. 设两个同频率的简谐振动分别为

$$x_1=A_1\cos(\omega t+\varphi_1)$$

$$x_2=A_2\cos(\omega t+\varphi_2)$$

根据旋转矢量表示法，初相较大的旋转矢量应该领先于初相较小的旋转矢量，且领先的角度为

$$\Delta\varphi=|(\omega t+\varphi_2)-(\omega t+\varphi_1)|=|\varphi_2-\varphi_1|$$

恒等于两振动的初相差. 很显然，由于旋转矢量与 x 轴的夹角代表振动的相位，对于具有相同

相位的任何一个振动状态，初相较大的振动都将领先或超前到达，超前时间Δt 与超前相位$\Delta\varphi$的关系为

$$\Delta\varphi=\omega\Delta t=2\pi\frac{\Delta t}{T} \tag{4-14}$$

例 4.2 一个质点沿 x 轴做简谐运动，振幅 $A=0.06\text{m}$，周期 $T=2\text{s}$，初始时刻质点位于 $x_0=0.03\text{m}$ 处且向 x 轴正方向运动. 求：(1)初相位；(2)在 $x=-0.03\text{m}$ 处且向 x 轴负方向运动时物体的速度和加速度以及质点从这一位置回到平衡位置所需要的最短时间.

解 (1) 采用解析法. 取平衡位置为坐标原点，质点的运动方程可写为

$$x=A\cos(\omega t+\varphi)$$

依题意，有 $A=0.06\text{m}$，$T=2\text{s}$，则

$$\omega=\frac{2\pi}{T}=\frac{2\pi}{2}=\pi\ \text{rad/s}$$

在 $t=0$ 时，

$$x_0=A\cos\varphi=0.06\cos\varphi=0.03\text{m}$$
$$v_0=-A\omega\sin\varphi>0$$

因而解得

$$\varphi=-\frac{\pi}{3}$$

故振动方程为

$$x=0.06\cos\left(\pi t-\frac{\pi}{3}\right)\quad(\text{SI})$$

(2) 用旋转矢量法. 如图 4-6，则初相位在第四象限，故 $\varphi=-\frac{\pi}{3}$. $t=t_1$ 时，$x_1=0.06\cos\left(\pi t_1-\frac{\pi}{3}\right)=-0.03$，且$\left(\pi t_1-\frac{\pi}{3}\right)$为第二象限角，故 $\pi t_1-\frac{\pi}{3}=\frac{2\pi}{3}$，得 $t_1=1\text{s}$，因而速度和加速度为

$$v=\left.\frac{\mathrm{d}x}{\mathrm{d}t}\right|_{t=1\text{s}}=-0.06\pi\sin\left(\pi t_1-\frac{\pi}{3}\right)=-0.16\text{m/s}$$

$$a=\left.\frac{\mathrm{d}^2x}{\mathrm{d}t^2}\right|_{t=1\text{s}}=-0.06\pi^2\cos\left(\pi t_1-\frac{\pi}{3}\right)=0.30\text{m/s}^2$$

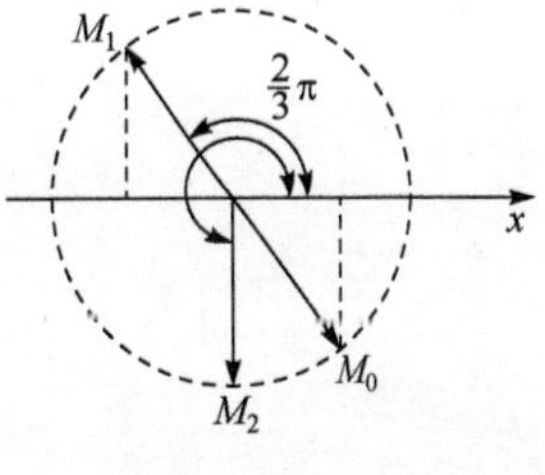

图 4-6 旋转矢量图

从 $x=-0.03\text{m}$ 处且向向 x 轴负方向运动到平衡位置，意味着旋转矢量从 M_1点转到 M_2点，因而所需要的最短时间满足

$$\omega\Delta t=\frac{3}{2}\pi-\frac{2}{3}\pi=\frac{5}{6}\pi$$

故

$$\Delta t=\frac{\frac{5}{6}\pi}{\pi}=\frac{5}{6}=0.83\text{s}$$

可见用旋转矢量方法求解是比较简便的.

4.2　简谐振动的能量

机械振动系统的能量是包括动能和势能在内的机械能.下面我们以弹簧振子为例来研究简谐振动的能量.在简谐振动过程中,作用于振动系统的力是弹性力,所以,尽管在该力的做功过程中不断发生动能和势能的相互转化,但系统的机械能却应该守恒.假设在 t 时刻质点的位移为 x,速度为 v,则有

$$x=A\cos(\omega t+\varphi)$$

$$v=-A\omega\sin(\omega t+\varphi)$$

则系统动能为

$$E_k=\frac{1}{2}mv^2=\frac{1}{2}mA^2\omega^2\sin^2(\omega t+\varphi) \tag{4-15}$$

系统势能为

$$E_p=\frac{1}{2}kx^2=\frac{1}{2}kA^2\cos^2(\omega t+\varphi) \tag{4-16}$$

因而系统的总能量为

$$E=E_k+E_p=\frac{1}{2}mA^2\omega^2\sin^2(\omega t+\varphi)+\frac{1}{2}kA^2\cos^2(\omega t+\varphi)$$

因为 $\omega^2=\frac{k}{m}$,则

$$E=\frac{1}{2}mA^2\omega^2=\frac{1}{2}kA^2 \tag{4-17}$$

即弹簧振子作简谐振动过程中的机械能守恒.图 4-7 给出了能量和时间的关系曲线,从图中我们可以看到动能和势能之间相互转化,而总能量保持不变.

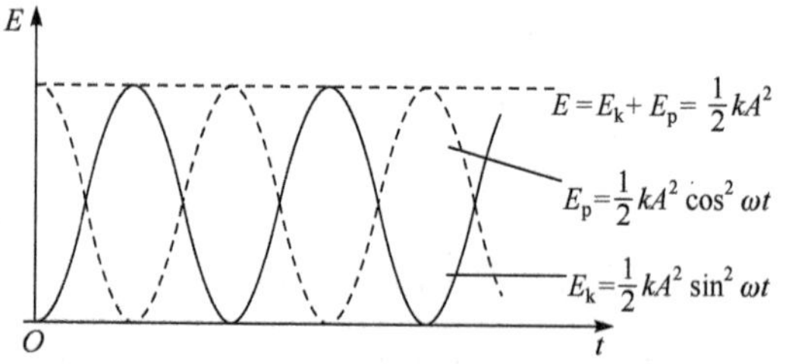

图 4-7　振动能量曲线

例 4.3　试证简谐振动中,一个周期内的动能和势能的平均值相等.

一个随时间变化的物理量 $f(t)$,在时间 T 内的平均值为

$$\overline{f}=\frac{1}{T}\int_0^T f(t)\mathrm{d}t$$

因而弹簧振子在一个周期内的平均动能为

$$\overline{E_k}=\frac{1}{T}\int_0^T\frac{1}{2}mA^2\omega^2\sin^2(\omega t+\varphi)\mathrm{d}t=\frac{1}{4}mA^2\omega^2=\frac{1}{4}kA^2$$

因而弹簧振子在一个周期内的平均势能为

$$\overline{E_{\mathrm{p}}}=\frac{1}{T}\int_{0}^{T}\frac{1}{2}kA^{2}\cos^{2}(\omega t+\varphi)\mathrm{d}t=\frac{1}{4}kA^{2}=\frac{1}{4}mA^{2}\omega^{2}$$

【思考】 物体在作简谐振动时，动能和势能的变化的规律是什么？动能和势能的变化的周期与物体振动的固有周期有什么关系？

4.3 简谐振动的合成

以上我们讨论的是单个简谐振动的情况，但在实际生活中一个系统往往会同时参与两个或更多的振动. 例如，悬挂在颠簸的船舱中的钟摆，两列声波同时传入人耳，在不平的路面行驶的汽车等，这都是系统同时参与两个或更多振动的合成结果. 一般来说，振动的合成比较复杂. 这里我们只对较简单的几种情况加以讨论.

4.3.1 两个同方向同频率简谐振动的合成

设有两个在同一直线上，同频率的简谐振动，在任意时刻 t，振动方程分别为

$$x_1=A_1\cos(\omega t+\varphi_1)$$
$$x_2=A_2\cos(\omega t+\varphi_2)$$

现在，我们利用旋转矢量法来求它们的合成结果. 如图 4-8 所示，矢量 $\boldsymbol{A}_1$、$\boldsymbol{A}_2$ 分别代表两个分振动，它们以角速度 ω 做逆时针方向的匀速转动，根据平行四边形法则，可以作出其合矢量 $\boldsymbol{A}$，由于 A_1、A_2 的长度不变，转速不变，所以，在整个转动过程中平行四边形的形状不变，即对角线 A 的长度不变，且以同样的角速度做逆时针转动. 也就是说，A 的端点在 x 轴上的投影同样也沿 x 轴作同频率的简谐振动. 根据图中的几何关系可得出合振动的振幅和初相.

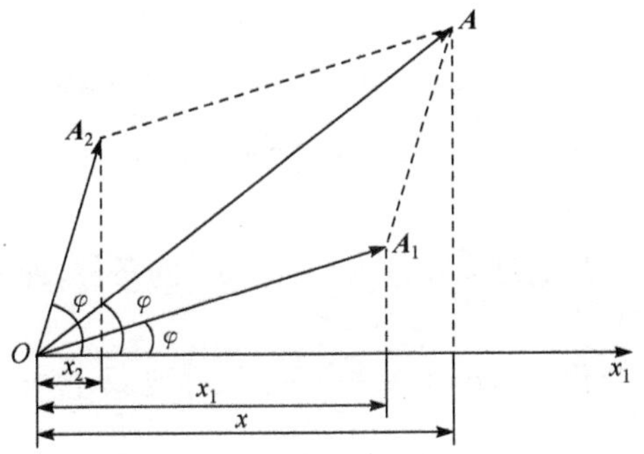

图 4-8 振动的合成矢量图

$$合振幅：A=\sqrt{A_1^2+A_2^2+2A_1A_2\cos(\varphi_2-\varphi_1)} \tag{4-18}$$

$$初相位：\varphi=\arctan\frac{A_1\sin\varphi_1+A_2\sin\varphi_2}{A_1\cos\varphi_1+A_2\cos\varphi_2} \tag{4-19}$$

$$合振动：x=A\cos(\omega t+\varphi) \tag{4-20}$$

从式(4-18)可以得出，合振动的振幅不仅与 A_1、A_2 有关，而且还与相位差 $(\varphi_2-\varphi_1)$ 有关. 当两个振动的振幅一定时，合振动的振幅由相位差 $(\varphi_2-\varphi_1)$ 决定. 特殊地，

若

$$\varphi_2-\varphi_1=2k\pi,\quad k=0,\pm1,\pm2,\cdots$$

则

$$\cos(\varphi_2-\varphi_1)=1,\quad A=A_1+A_2$$

即两个分振动同相时，合振幅等于分振幅之和，振幅达到最大.

若

$$\varphi_2-\varphi_1=(2k+1)\pi,\quad k=0,\pm1,\pm2,\cdots$$

则

$$\cos(\varphi_2-\varphi_1)=-1,\quad A=|A_1-A_2|$$

即两个分振动反相时，合振幅等于分振幅之差的绝对值，振幅最小.

一般情况下，合振动的振幅则在$|A_1-A_2|$与A_1+A_2之间. 需要指出的是，上述结论可以推广到多个同方向同频率简谐运动的合成，但此时应满足矢量合成的多边形法则.

4.3.2　同方向不同频率简谐振动的合成

从上面的知识我们可以知道，如果一个质点同时参与两个不同频率且在同一条直线上的简谐运动，从矢量图看，由于这时A_1和A_2的旋转的角速度不同，它们之间的夹角就要随时间改变，它们的合矢量也将随时间改变. 这样合矢量在x轴上的投影所表示的合运动将不是简谐运动. 下面我们讨论两个振幅相同的振动的合成.

设两分振动的角频率分别为ω_1与ω_2，振幅都是A_0. 我们就从二者振动的相位相同的时刻开始计算时间，设分振动的初相均为φ. 这样，两分振动的表达式可分别写成

$$x_1=A_1\cos(\omega_1 t+\varphi)$$

$$x_2=A_2\cos(\omega_2 t+\varphi)$$

$$x_1=A_1\cos(\omega_1 t+\varphi)=A_0\cos(2\pi\nu_1 t+\varphi)$$

$$x_2=A_2\cos(\omega_2 t+\varphi)=A_0\cos(2\pi\nu_2 t+\varphi)$$

$$\begin{aligned}x&=x_1+x_2=A_0\cos(2\pi\nu_1 t+\varphi)+A_0\cos(2\pi\nu_2 t+\varphi)\\&=\left(2A_0\cos2\pi\frac{\nu_2-\nu_1}{2}t\right)\cos\left(2\pi\frac{\nu_2+\nu_1}{2}t+\varphi\right)\end{aligned}\tag{4-21}$$

当满足$\nu_1+\nu_2\gg|\nu_1-\nu_2|$的条件，即两个频率相差很小时，由于$2A_0\cos\left(2\pi\frac{\nu_2-\nu_1}{2}t\right)$随时间变化比$\cos\left(2\pi\frac{\nu_2+\nu_1}{2}t+\varphi\right)$要缓慢得多，因此可以近似地将合振动看成是振幅按$\left|2A_0\cos\left(2\pi\frac{\nu_2-\nu_1}{2}t\right)\right|$缓慢变化的角频率为$\frac{\nu_2+\nu_1}{2}$的"准简谐振动". 因此，两个频率都较大但两者频差很小的同方向简谐运动合成时，所产生的合振幅会出现时而加强时而减弱的现象，我们称为拍.

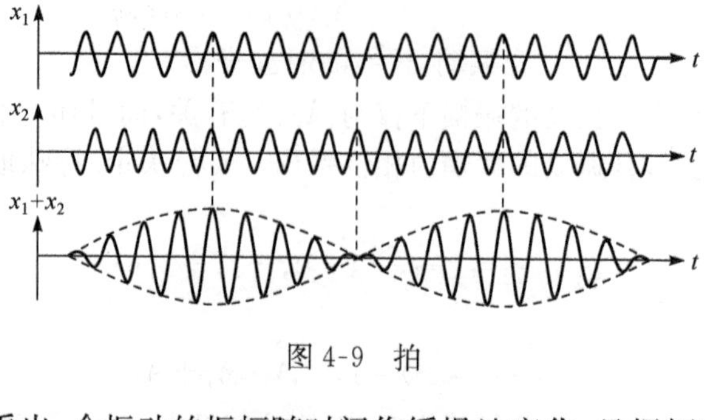

图 4-9　拍

从图 4-9 中可以看出，合振动的振幅随时间作缓慢地变化，且振幅变化频率称为拍频，其大小为

$$\nu=|\nu_2-\nu_1|\tag{4-22}$$

研究频率相近的两个简谐振动的合成情况，也可以采用旋转矢量合成图示法加以说明. 设

两个简谐振动的频率分别为ω_1和ω_2且$\omega_2>\omega_1$，这是说，在单位时间内第二振动比第一振动多振动$(\omega_2-\omega_1)$次. 在旋转矢量图上，表现为A_1比A_2要多转$(\nu_2-\nu_1)$周. 所以，在单位时间内，两个矢量恰在相同方向(即"相重")和相反方向(即"相背)的次数各为$(\nu_2-\nu_1)$次，亦即合振动将加强或减弱各$(\nu_2-\nu_1)$次. 一般ν_1与ν_2相差不大，这时合振幅的这种周期性变化，其频率$(\nu_2-\nu_1)$是很小的. 因此，频率的微小差别的两个分振动合成时就会产生拍的现象.

拍是一种重要的现象，在声振动、电磁振荡和无线电技术中是经常遇到的. 两个频率很接近的音叉同时发声时，就能听到忽强忽弱的拍音. 拍的现象可用来测定频率，已知标准音叉的频率ν_1，让它发出的声音和待测系统振动时发出的声音重合，并产生拍音，然后测出它们的拍频"，就可由式(4-22)求出待测的频率ν_2. 这种测定频率的原理也适用于电磁振荡. 在无线电技术中，超外差收音机的接收部分，就利用本身电磁振荡的固有频率和接收的电磁波频率之差所得到的拍频，产生中频的放大信号.

4.3.3 两个相互垂直的同频率简谐振动的合成

下面我们来讨论一质点同时参与两个相互垂直的简谐振动的情况，设分振动分别在x方向和y方向上振动，其简谐运动方程为

$$x=A_1\cos(\omega t+\varphi_1)$$
$$y=A_2\cos(\omega t+\varphi_2)$$

将上面两式中的参数t消去，就可得到合振动的轨迹方程

$$\frac{x^2}{A_1^2}+\frac{y^2}{A_2^2}-\frac{2xy}{A_1A_2}\cos(\varphi_2-\varphi_1)=\sin^2(\varphi_2-\varphi_1) \tag{4-23}$$

我们知道，式(4-23)所表示的是一个椭圆方程，其形状由分振动的振幅A_1、A_2以及相位差$\Delta\varphi=\varphi_2-\varphi_1$确定. 现在分几种特殊的情况进行讨论.

(1) 当$\Delta\varphi=\varphi_2-\varphi_1=0$时，合振动的轨迹方程为

$$y=\frac{A_2}{A_1}x$$

如图 4-10 所示轨迹为直线，斜率为两分振动振幅之比$\frac{A_2}{A_1}$，质点沿轨迹作简谐振动，振动的频率与分振动相同，振幅大小为$\sqrt{A_1^2+A_2^2}$. 同理可得，当$\Delta\varphi=\varphi_2-\varphi_1=\pi$时，即两振动反相，合振动的轨迹方程为

$$y=-\frac{A_2}{A_1}x$$

质点的轨迹仍为一条直线，此时的斜率为一负值，振动的频率仍与分振动相同，振幅大小也为$\sqrt{A_1^2+A_2^2}$.

(2) 当$\Delta\varphi=\varphi_2-\varphi_1=\frac{\pi}{2}$时，质点的运动轨迹方程为

$$\frac{x^2}{A_1^2}+\frac{y^2}{A_2^2}=1$$

即质点运动的轨迹是以坐标轴为对称轴的椭圆，如图 4-10 所示. 椭圆上的箭头表示质点运动的方向，$\Delta\varphi=\varphi_2-\varphi_1=\frac{\pi}{2}$时，运动方向为顺时针方向.

同理,当 $\Delta\varphi=\varphi_2-\varphi_1=\frac{3\pi}{2}$时,质点运动的轨迹是以坐标轴为对称轴的椭圆,如图 4-10 所示. $\Delta\varphi=\varphi_2-\varphi_1=\frac{3\pi}{2}$时,运动方向为逆时针方向.

(3) 除上述两类情况外,质点轨迹由式(4-23)的一般形式给出,这是斜椭圆方程. 图 4-10 给出几种情况下的轨迹及质点运动方向. 一般有如下结论:当 $\Delta\varphi=\varphi_2-\varphi_1$ 在第一、第二象限时,质点沿顺时针方向运动,当 $\Delta\varphi=\varphi_2-\varphi_1$ 在第三、第四象限时,质点沿逆时针方向运动.

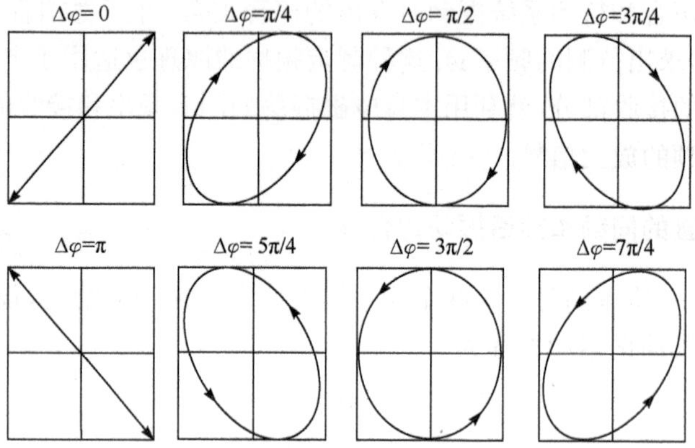

图 4-10　两个相互垂直、同频率简谐振动的合成

如果两个相互垂直的振动的频率不相同,它们的合运动比较复杂,而且轨迹是不稳定的. 下面只讨论简单的情形. 如两振动的频率只有很小的差异,则可以近似地看成同频率的合成,不过相差在缓慢地变化,因此合成运动轨迹将要不断地按图 4-10 所示的次序在图示的矩形范围内自直线变成椭圆再变成直线等. 如果两振动的频率相差较大,但有简单的整数比,则合成运动又具有稳定的封闭的运动轨迹. 图 4-11 表示周期比分别为 1/2、1/3 和 3/2 时振动质点的合成运动的轨迹,这种图称为李萨如图. 如果已知一个振动的周期,就可以根据李萨如图形求出另一个振动的周期,这是一种比较方便也是比较常用的测定频率的方法.

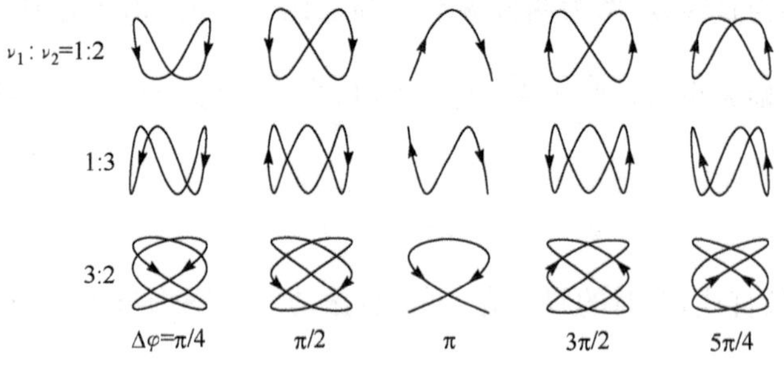

图 4-11　两个相互垂直、不同频率振动的合成

4.4　阻尼振动和受迫振动简介

前面几节讨论的简谐运动,都是物体在弹性力或准弹性力作用下产生的,没有其他的力,如阻力的作用. 这样的简谐运动又叫做无阻尼自由振动. 实际上,任何振动系统总还要受到阻力的作用,这时的振动叫做阻尼振动. 由于在阻尼振动中,振动系统要不断地克服阻力做功,所

以它的能量将不断地减少，因而阻尼振动的振幅也不断地减小.

本节我们只讨论振动系统因受摩擦阻力而使振幅减小的情形以及受到一个周期性变化力的作用时的振动情况.

4.4.1 阻尼振动

在振动的摩擦阻力中，主要是介质（空气、液体等）的黏滞阻力. 实验表明，在物体速度不太大时，黏滞阻力 F_f 的大小与其速率 v 成正比，方向与物体的运动速度方向相反，即

$$F_f=-Cv=-C\frac{dx}{dt}$$

式中，比例系数 C 称为阻尼系数，由物体的形状、大小和周围介质的性质而定. 在有阻力作用时，根据牛顿第二定律，有

$$m\frac{d^2x}{dt^2}=-C\frac{dx}{dt}-kx$$

令 $\omega_0^2=\dfrac{k}{m}$，$\beta=\dfrac{C}{2m}$，则上式可写成

$$\frac{d^2x}{dt^2}+2\beta\frac{dx}{dt}+\omega_0^2x=0 \tag{4-24}$$

其中，ω_0 是系统的固有角频率（natural angular frequency）；β 是表征系统阻尼的大小，称为阻尼因子，β 越大，阻力越大. 下面分几种情况进行讨论.

（1）弱阻尼情况（$\beta<\omega_0$）方程（4-23）的解为

$$x=A_0e^{-\beta t}\cos(\omega t+\varphi) \tag{4-25}$$

其中，A_0、φ 为积分常数，由初始条件确定；$\omega=\sqrt{\omega_0^2-\beta^2}$ 为阻尼振动的角频率，由振动系统的固有角频率和阻尼因子确定.

图 4-12 画出了相应的时间位移曲线. 式（4-25）中的可以看成是随时间变化的振幅，它随时间是按指数规律衰减的. 这种振幅衰减的情况在图中可以清楚地看出来. 阻尼作用越大，振幅衰减得越快. 显然，阻尼振动不是简谐运动，也不是严格的周期运动，因为位移并不能恢复原值. 这时仍然把因子 $\cos(\omega t+\varphi)$ 的相变化 2π 所经历的时间，亦即相邻两次沿同方向经过平衡位置相隔的时间，叫周期. 这样，阻尼振动的周期为

$$T=\frac{2\pi}{\omega}=\frac{2\pi}{\sqrt{\omega_0^2-\beta^2}} \tag{4-26}$$

很明显，从式（4-26）可以看出阻尼振动的周期比振动系统的固有周期要长. 这种阻尼作用较小的情况称为欠阻尼.

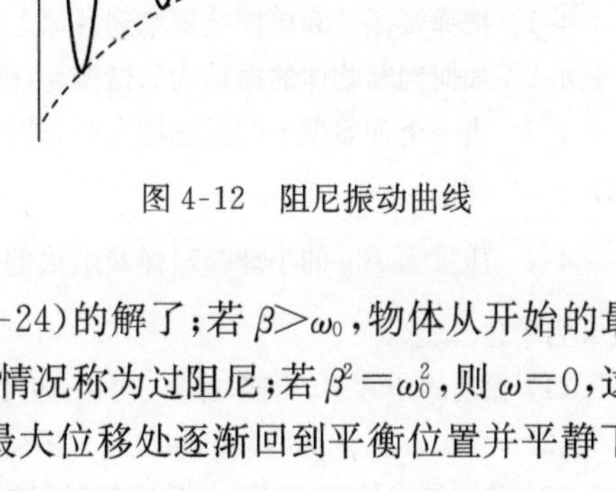

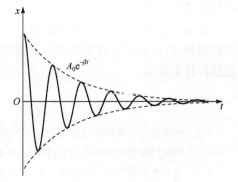

图 4-12 阻尼振动曲线

（2）过阻尼和临界阻尼情况

若阻尼很大，当 $\beta\geqslant\omega_0$ 时，则式（4-25）不再是式（4-24）的解了；若 $\beta>\omega_0$，物体从开始的最大位移出缓慢地逼近平衡位置，不会做往复运动，这种情况称为过阻尼；若 $\beta^2=\omega_0^2$，则 $\omega=0$，这种是物体不能做往复运动的临界条件，此时物体将从最大位移处逐渐回到平衡位置并平静下来，这种情况称为临界阻尼.

在实际应用中，常利用改变阻尼的方法来控制系统的振动情况. 例如，各类机器的防震系统，大多采用阻尼装置，目的是使频繁的撞击变为缓慢的振动，并迅速衰减，从而达到保护机器的目的. 有些精密仪器，如物理天平，灵敏电流计中装有阻尼装置并调整到临界阻尼状态，便于测量.

4.4.2　受迫振动

一切实际的振动都是阻尼振动，而且阻尼振动最终都将因为能量的损耗而停止下来. 为了使系统的振动能够维持下去，要给系统补冲能量. 通常是对系统施加一周期性外力的作用. 这种周期性的外力称为策动力(driving force)，或强迫力. 在强迫力作用系统发生的运动称为受迫振动. 例如，扬声器中纸盆的振动，机器运转时引起机座的振动等，都是受迫振动.

设振子质量为 m，除受到弹性力 $-kx$，阻尼力 $-C\nu$ 的作用外，还受到强迫力 $F_0\cos\omega t$ 的作用. 其中 F_0 是强迫力的最大值，称为力幅，ω 为强迫力的角频率. 根据牛顿第二定律可知

$$m\frac{\mathrm{d}^2x}{\mathrm{d}t^2}=-C\frac{\mathrm{d}x}{\mathrm{d}t}-kx+F_0\cos\omega t \tag{4-27}$$

令 $\omega_0^2=\dfrac{k}{m}$，$\beta=\dfrac{C}{2m}$，$f=\dfrac{F_0}{m}$，则上式可写成

$$\frac{\mathrm{d}^2x}{\mathrm{d}t^2}+2\beta\frac{\mathrm{d}x}{\mathrm{d}t}+\omega_0^2x=f\cos\omega t$$

这就是受迫振动的运动微分方程. 其解为

$$x=A_0\mathrm{e}^{-\beta t}\cos(\omega t+\varphi')+A\cos(\omega t+\varphi) \tag{4-28}$$

可以看出，在受迫振动过程中，系统一方面因阻尼而损耗能量，另一方面又因周期性外力做功而获得能量. 初始时，能量的损耗和补充并非是等量的，因而受迫振动是不稳定的. 当补充的能量和损耗的能量相等时，系统才得到一种稳定的振动状态，形成等幅振动，于是受迫振动就变成简谐运动.

从能量的角度看，当受迫振动达到稳定后，周期性外力在一个周期内对振动系统做功而提供的能量，恰好用来补偿系统在一个周期内克服阻力做功所消耗的能量，因此使受迫振动的振幅保持稳定不变.

习　题　4

4-1　把弹簧振子和单摆装置拿到月球上去，其振动周期如何变化?

4-2　如何判断物体的振动为简谐振动，弹性小球在地面上下跳动是简谐振动吗?

4-3　当一个弹簧振子的振幅增大时，试讨论振动的周期、最大速度、最大加速度、振动的能量有什么变化?

4-4　质量为 10g 的小球与轻弹簧组成的系统，按 $x=0.5\times10^{-2}\cos\left(8\pi t+\dfrac{\pi}{3}\right)\mathrm{m}$ 的规律而振动，式中 t 以 s 为单位. 试求：

(1) 振动的角频率、周期、振幅、初相、速度及加速度的最大值；

(2) t=1s、2s、10s 等时刻的相位各为多少?

(3) 分别画出位移、速度、加速度与时间的关系曲线.

4-5 一质量为 10g 的物体作简谐振动，其振幅为 24cm，周期为 4.0s，当 $t=0$ 时，位移为 $+24$cm. 求：

(1) $t=0.5$s 时，物体所在位置；

(2) $t=0.5$s 时，物体所受力的大小与方向；

(3) 由起始位置运动到 $x=12$cm 处所需的最少时间；

(4) 在 $x=12$cm 处，物体的速度、动能以及系统的势能和总能量.

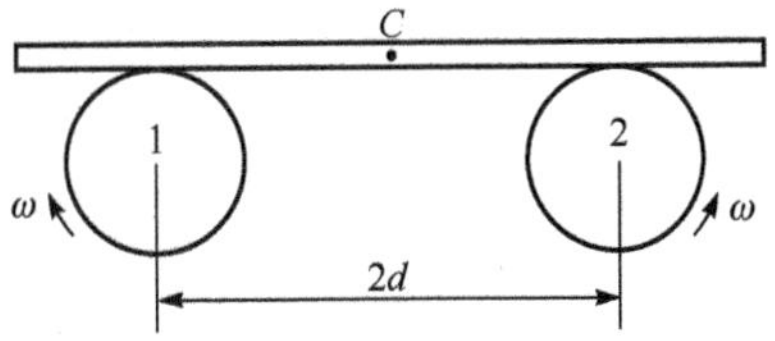

题 4-6 图

4-6 如图所示，两轮的轴互相平行，相距为 $2d$，其转速相同，转向相反. 将质量为 m 的匀质木板放在两轮上，木板与两轮间的摩擦系数均为 μ. 当木板偏离对称位置后，它将如何运动？如果是作简谐振动，其周期是多少？

4-7 如图所示，一质量为 M 的盘子系于竖直悬挂的轻弹簧下端，弹簧的劲度系数为 k，现有一质量为 m 的物体自离盘 h 高处自由落下掉在盘上，没有反弹，以物体掉在盘上的瞬时作为计时起点，求盘子的振动表达式.

4-8 一弹簧振子由劲度系数为 k 的弹簧和质量为 M 的物块组成，将弹簧一端与顶板相连，如图所示. 开始时物块静止，一颗质量为 m、速度为 v_0 的子弹由下而上射入物块，并留在物块中.

(1) 求振子以后的振动振幅与周期；

(2) 求物块从初始位置运动到最高点所需的时间.

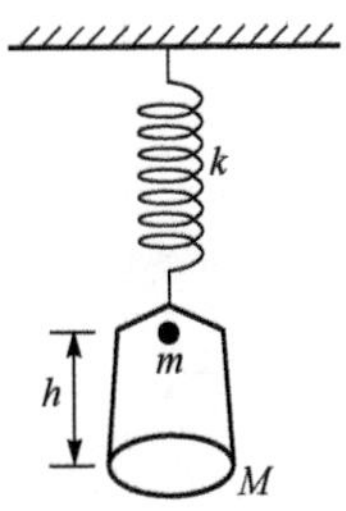

题 4-7 图

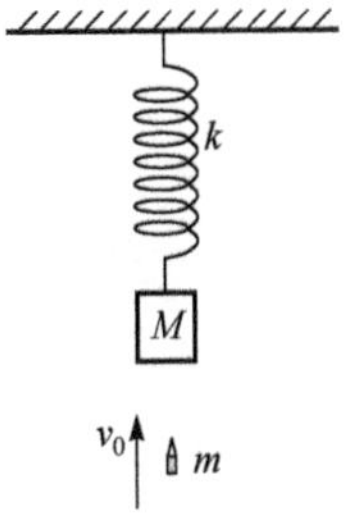

题 4-8 图

4-9 有两个同方向的简谐振动，它们的表式如下：

$$x_1=0.05\cos\left(10t+\frac{3}{4}\pi\right),\quad x_2=0.06\cos\left(10t+\frac{1}{4}\pi\right)$$

(1) 求它们合成振动的振幅和初位相；

(2) 若另有一振动 $x_3=0.07\cos(10t+\varphi_0)$，问 φ_0 为何值时，x_1+x_2 的振幅为最大.

4-10 两个同方向的简谐振动，周期相同，振幅为 $A_1=0.05$m，$A_2=0.07$m，组成一个振幅为 $A=0.09$m 的简谐振动. 求两个分振动的相位差.

4-11 设一质点的位移可用两个简谐振动的叠加来表示：$x=A\sin\omega t+B\sin 2\omega t$

(1) 写出这质点的速度和加速度表达式；

(2) 这质点的运动是不是简谐振动？

(3) 画出其 x-t 图线.

4-12 如图所示，轻质弹簧的一端固定，另一端系一轻绳，轻绳绕过滑轮连接一质量为 m 的物体，绳在轮上不打滑，使物体上下自由振动. 已知弹簧的劲度系数为 k，滑轮的半径为 R，转动惯量为 J.

(1) 证明物体作简谐振动；

(2) 求物体的振动周期；

(3) 设 $t=0$ 时，弹簧无伸缩，物体也无初速，写出物体的振动表式.

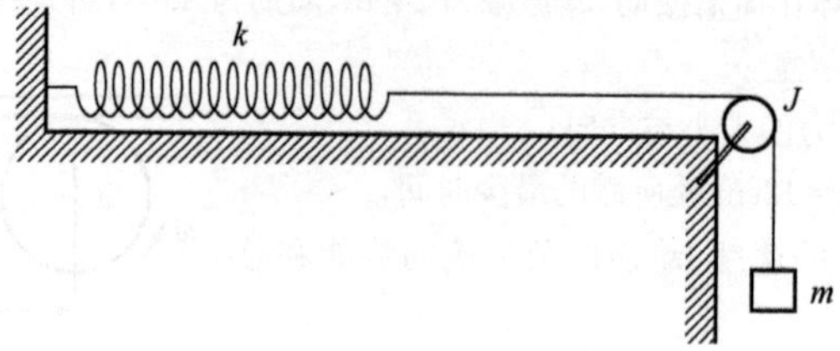

题4-12图

4-13　一弹簧振子作简谐振动，振幅 $A=0.20\mathrm{m}$，如弹簧的劲度系数 $k=2.0\mathrm{N/m}$，所系物体的质量 $m=0.50\mathrm{kg}$，试求：

(1) 当动能和势能相等时，物体的位移是多少？

(2) 设 $t=0$ 时，物体在正最大位移处，达到动能和势能相等处所需的时间是多少？(在一个周期内.)

第 5 章　机　械　波

波动是自然界常见的一种物质运动形式.振动的传播过程称为波动,简称波.通常将波动分为两大类:一类是机械振动在弹性介质中的传播,称为机械波,如水面波、声波、地震波等;另一类是变化的电磁场在空间的传播,称为电磁波.一般说来,机械振动和机械波是一个相当复杂的问题,早已发展成为专门的学科.本章主要讲述:机械波的形成,平面简谐波的波函数和波的能量,惠更斯原理及其在波的衍射、反射和折射方面的应用,波的干涉现象和驻波,最后介绍多普勒效应.

5.1　描述机械波的基本物理量

1. 机械波的产生

当组成弹性介质的某一质点受到外界的扰动离开平衡位置时,其邻近的其他质点将对该质点产生弹性力的作用,并使其在平衡位置附近作振动.同时因为质点之间的相互作用力,也将使其他的质点作振动.这样,弹性媒质的某一质点的振动会引起附近的质点振动,附近的质点的振动将引起较远的质点振动.这样依次带动,就使振动由近及远的向前传播,从而形成了机械波.例如,手提一根柔绳,当手提端在水平方向轻轻地抖动一下,就会看到一个隆起的波形向下跑动,形成柔绳上的波.音叉振动时,引起邻近空气的振动,这种振动在空气中传播就形成了声波.把一块石子丢到平静的水面上.落石点就发出几圈逐渐向四周扩大的圆形水面波,如图 5-1 所示.如果在波动的水面上有一块小木片,就会看到小木片并不随波在传播方向前进,而是在原地振动.此外,柔绳也并不因为波动而伸长,空气也并不因为传声而流动.这几个例子说明:首先,产生机械波既要有作机械振动的物体,即要有波源,也要有能够传播这种机械振动的介质;其次,波动只是振动状态的传播,介质中的质点并不随波前进,各质点只在各自的平衡位置附近振动.

图 5-1　波的形成

2. 横波与纵波

在波动中,如果质点的振动方向和波的传播方向相互垂直,这种波就叫做横波.如柔绳上传播的波就是横波;如果质点的振动方向和波的传播方向相互平行,这种波就叫做纵波,如空气中传播的声波就是纵波.横波和纵波是两种最简单的波.一般的波,质点的振动方式可以很复杂,如水面波,质点的振动就是比较复杂的.

将一根水平放置的长弹簧的一端固定起来,用手去拍打另一端,各部分弹簧就依次左右振动起来,就形成的波为纵波.如图 5-2(a)所示,纵波的外形特征是弹簧出现交替的“稀疏”和“稠密”区域,并且它们以一定的速度传播出去.将一根绳子一端固定,手持另一端上下振动,绳中各质点就依次上下振动起来,波沿水平方向由近及远向前传播,就形成横波.如图 5-2(b)所示，横波的外形特征是横向具有突起的“波峰”和凹下的“波谷”.

(a)

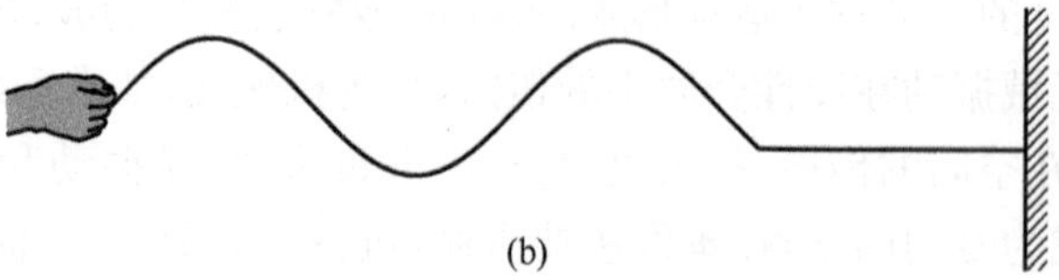

(b)

图 5-2　纵波与横波

3. 波线和波面

为了对波动作出确切的描述，我们可以认定波源在某一时刻的振动相位，并考察这一振动相位是如何在介质中传播的. 显然，下一时刻这个振动相位正传送到介质中的某一些质点上，使这些质点具有相同的振动相位. 我们把同相位的这些点所组成的曲面叫做波阵面，简称波面. 因为波源每一时刻都向介质传出一个波阵面，所以这些连续的波阵面就在介质中以一定的速度集体推进，从而形成了波动的物理图像.

波面为球面的波叫球面波，波面为平面的波叫平面波. 点波源在各向同性均匀介质中向各方向发出的波就是球面波，其波面是以点波源为球心的球面. 球面波传播很远的距离处，此时的球面波可以近似地看成是平面波. 例如，太阳作为一个波源，对整个太阳系而言，太阳可看成是点波源，它发出的光波是球面波，但是它传递到地球表面处时，可以看成是平面波.

沿波的传播方向作一些带箭头的线，叫做波线，很显然在同一介质中，波线与波面相互垂直. 平面波的波线是一组平行的直线，如图 5-3(a)所示. 球面波的波线是从波源出发沿半径方向的直线，如图 5-3(b)所示.

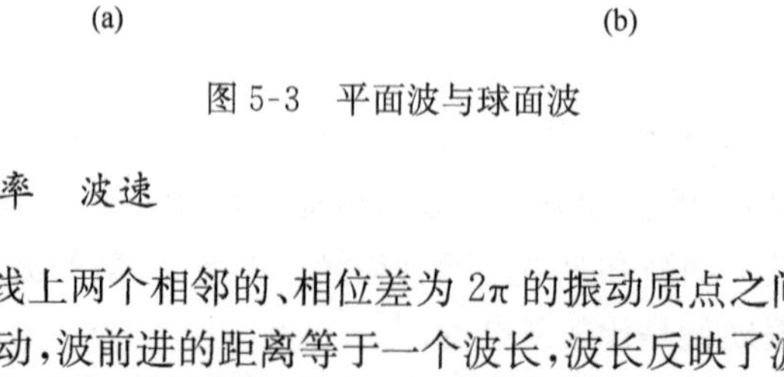

(a)　　(b)

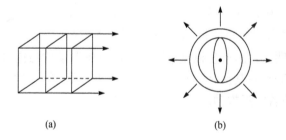

图 5-3　平面波与球面波

4. 波长　周期　频率　波速

(1) 波长 λ. 同一波线上两个相邻的、相位差为 2π 的振动质点之间的距离为一个波长，用 λ 表示. 波源作一次全振动，波前进的距离等于一个波长，波长反映了波的空间周期性.

(2) 周期 T. 波传播一个波长所需要的时间，叫周期，用 T 表示. 周期反映了时间周期性.

(3) 频率 ν. 周期的倒数叫做频率，用 ν 表示，即波动在单位时间内前进的距离中所包含的完整的波的数目.

$$\nu=1/T$$

从定义上可以得出，波源作一次完全的振动，波就前进一个波长的距离，因而波的周期等于波源振动的周期，波的周期只与振源有关，而与传播介质无关.

(4) 波速 u

波速描述振动状态在介质中传播快慢程度的物理量，即在波动过程中，某一振动状态在单位时间内所传播的距离. 由于振动状态的传播也就是相位的传播，因而这里的波速也称为相速. 波速的大小取决于介质的性质，在不同的介质中，波速是不同的. 比如，声波在空气中传播的速度为 340 m/s，而在玻璃中传播的速度为 5500 m/s. 根据波速的定义可得

$$u=\lambda/T=\lambda\nu \tag{5-1}$$

理论和实验表明，波速取决于介质的弹性模量和介质的密度，而与振源无关，如表 5-1 所示.

表 5-1 波速与介质的弹性模量和介质的密度的关系

绳或弦上的横波速度	$u=\sqrt{T/\mu}$	T 表示张力，μ 表示线密度
固体中的波速	$u=\sqrt{G/\rho}$ ——横波 $u=\sqrt{Y/\rho}$ ——纵波	G 表示切变模量， Y 表示杨氏模量， ρ 表示密度
液体或气体中的纵波波速	$u=\sqrt{B/\rho}$	B 表示介质的容变模量

5.2 平面简谐波的波函数

在介质中行进着的波称为行波. 行波具有输送能量和动量的重要特性. 波源和介质中各质点都作简谐振动的波称为简谐波. 波面是平面的简谐波称为平面简谐波. 对平面简谐波来说，同一波面上任何质点的振动都相同，因而某一波线上各质点的振动情况代表着整个平面波的情况. 本章只讨论平面简谐波. 设平面简谐波在无吸收、各向同性、均匀无限大介质中传播.

5.2.1 平面简谐波的波函数

设有一平面简谐波，在理想介质中沿 x 轴正方向传播，x 轴即为某一波线，在此波线上任取一点为坐标原点，在 t 时刻原点的振动方程为

$$y_0=A\cos(\omega t+\varphi)$$

如图 5-4 所示，在 x 轴上任取一点 P，则 P 点的振动可以普遍表示 x 轴上任一点的振动状态. 根据前面的假设可知，点 P 的振幅和频率与 O 点相同，但 P 点的相位要比 O 点落后 $\omega\dfrac{x}{u}$，所以 P 点处质点的振动方程为

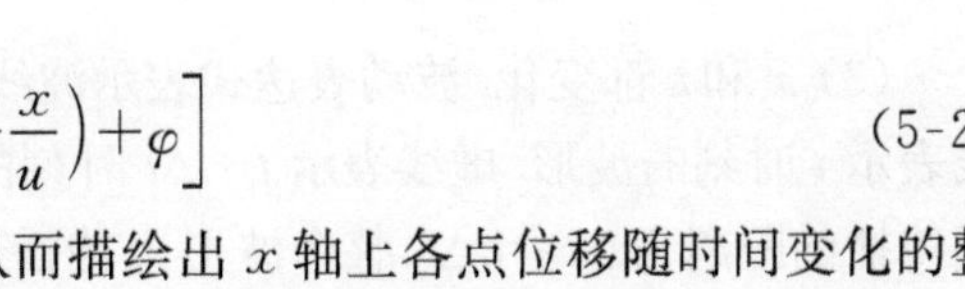

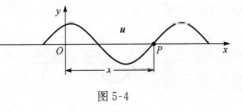

图 5-4

$$y=A\cos\left[\omega\left(t-\frac{x}{u}\right)+\varphi\right] \tag{5-2}$$

很显然，式(5-2)表示了 x 轴上所有质点的振动，从而描绘出 x 轴上各点位移随时间变化的整体图像，即是在 x 轴上传播的平面简谐波的波函数，也称为平面简谐波的波动方程. 根据 $u=$

$\frac{\lambda}{T}=\lambda\nu$ 和 $\omega=2\pi\nu=\frac{2\pi}{T}$，该方程又可以表示为以下形式：

$$y=A\cos\left[2\pi\left(\frac{t}{T}-\frac{x}{\lambda}\right)+\varphi\right] \tag{5-3}$$

$$y=A\cos2\pi\left[\left(\nu t-\frac{x}{\lambda}\right)+\varphi\right] \tag{5-4}$$

如果波沿 x 轴负方向传播，则点 P 的振动比点 O 早开始一段时间 x/u，所以点 P 在任一时刻的振动方程，即沿 x 轴负方向传播的波函数为

$$y=A\cos\left[\omega\left(t+\frac{x}{u}\right)+\varphi\right] \tag{5-5}$$

5.2.2　波函数的物理意义

为了理解平面简谐波波函数的物理意义，下面将对式(5-2)进行讨论：

(1) 若 x 一定，则位移 y 仅是时间的函数，对于 $x=x_1$，则

$$y=A\cos\left(\omega t-\frac{2\pi x_1}{\lambda}+\varphi\right)$$

该方程表示的是 x_1处的质点的振动方程，即 x_1处的质点的振动情况——该质点在平衡位置附近以角频率 ω 作简谐振动. 相应的位移时间曲线如图 5-5 所示. 它表达了距离坐标原点为 x_0处的质点的振动规律，不同的 x_0，相应的振动初相位不同.

(2) 若 t 一定，则位移仅是坐标的函数，对于 $t=t_1$，则

$$y=A\cos\left(\omega t_1-\frac{2\pi x}{\lambda}+\varphi\right)$$

该方程表示的是 t_1时刻各质点相对于平衡位置的位移，即在 t_1时刻波线上所有质点的振动情况——各个质点相对于各自平衡位置的位移所构成的波形曲线，如图 5-6 所示. 在某一瞬时 y 仅为 x 的函数，它给出了该瞬时波射线上各质元相对于平衡位置的位移分布情况，即表示某一瞬时的波形. 由此还可以得到，同一时刻不同位置处的两质点之间的波程差与相位差的关系，即

$$\Delta\varphi=\varphi_2-\varphi_1=-2\pi\,\frac{x_2-x_1}{\lambda}=-2\pi\,\frac{\Delta x}{\lambda} \tag{5-6}$$

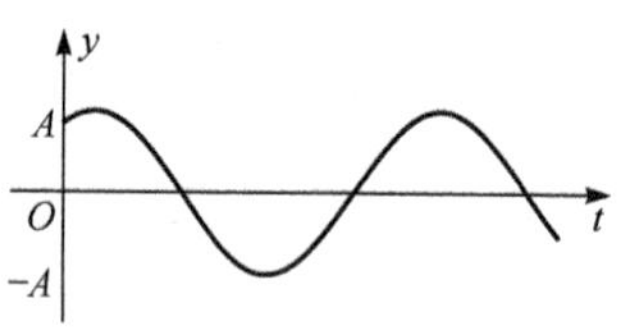

图 5-5

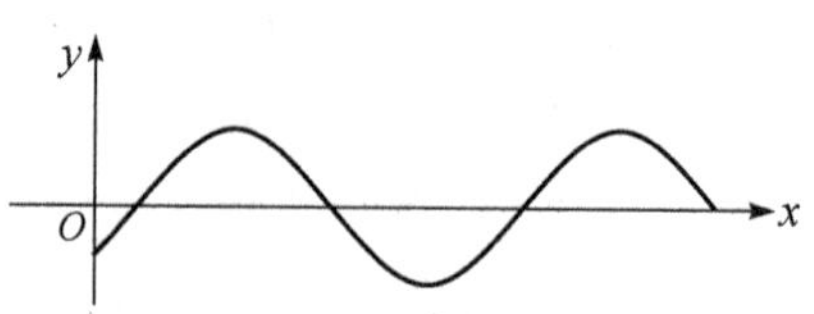

图 5-6

(3) x 和 t 都变化. 波动表达式表示波线上所有质点在不同时刻的位移. 如图 5-7 所示，实线表示 t 时刻的波形. 虚线表示 $t+\Delta t$ 时刻的波形. 从图中可以看出，振动状态(即相位)沿波线传播的距离为$\Delta x=u\Delta t$，整个波形也传播了 Δx 的距离，这说明了波的传播是相位的传播，因而波速就是波形向前传播的速度，波函数也描述了波形的传播. 总之，波动方程反映了波的时间和空间双重周期性.

例 5.1　已知一沿 x 正方向传播的平面余弦波，$t=\frac{1}{3}$s 时的波形如图 5-8 所示，且周期 T 为 2s.

(1) 写出 O 点的振动表达式；

(2) 写出该波的波动表达式；

(3) 写出 A 点的振动表达式；

(4) 写出 A 点离 O 点的距离.

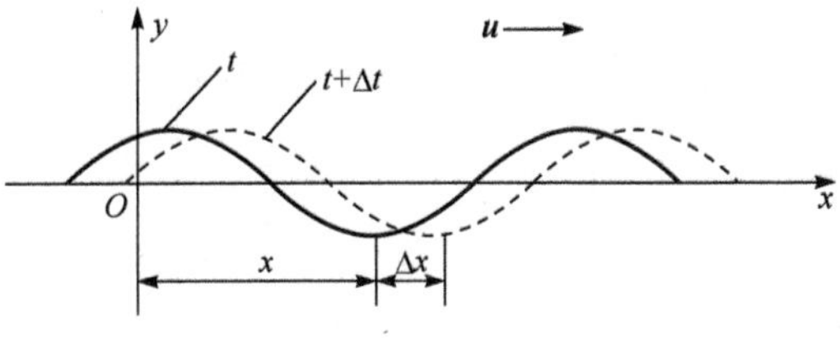

图 5-7

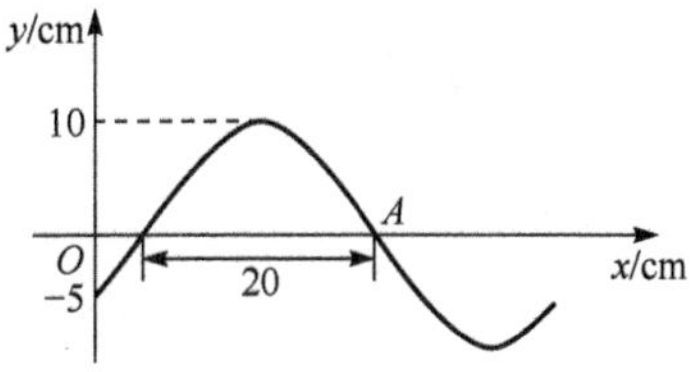

图 5-8

解　由图可知：$A=0.1\text{m}$，$\lambda=0.4\text{m}$，而 $T=2\text{s}$，则 $u=\lambda/T=0.2\text{m/s}$，$\omega=\frac{2\pi}{T}=\pi$，$k=\frac{2\pi}{\lambda}=5\pi$，所以波动方程为 $y=0.1\cos(\pi t-5\pi x+\varphi_0)$，$O$ 点的振动方程可写成

$$y_O=0.1\cos(\pi t+\varphi_0)$$

由图形可知：$t=\frac{1}{3}$s 时，$y_O=0.05$，有 $0.05=0.1\cos\left(\frac{\pi}{3}+\varphi_0\right)$

考虑到此时 $\frac{\mathrm{d}y_O}{\mathrm{d}t}<0$，所以 $\varphi_0=\frac{\pi}{3}$，$\frac{5\pi}{3}$(舍去)

那么：

(1) O 点的振动表达式为

$$y_O=0.1\cos\left(\pi t+\frac{\pi}{3}\right);$$

(2) 波动方程为

$$y=0.1\cos\left(\pi t-5\pi x+\frac{\pi}{3}\right);$$

(3) 设 A 点的振动表达式为

$$y_A=0.1\cos(\pi t+\varphi_A)$$

由图形可知：$t=\frac{1}{3}$s 时，

$$y_A=0\text{，有 }\cos\left(\frac{\pi}{3}+\varphi_A\right)=0$$

考虑到此时 $\frac{\mathrm{d}y_A}{\mathrm{d}t}>0$，所以 $\varphi_A=-\frac{5\pi}{6}\left(\text{或 }\varphi_A=\frac{7\pi}{6}\right)$

所以 A 点的振动表达式为

$$y_A=0.1\cos\left(\pi t-\frac{5\pi}{6}\right)\text{或 }y_A=0.1\cos\left(\pi t+\frac{7\pi}{6}\right)$$

(4) 将 A 点的坐标代入波动方程,可得到 A 的振动方程为

$$y_A=0.1\cos\left(\pi t-5\pi x_A+\frac{\pi}{3}\right)$$

与(3)求得的 A 点的振动表达式比较,有

$$\pi t-\frac{5\pi}{6}=\pi t-5\pi x_A+\frac{\pi}{3},\text{所以 } x_A=\frac{7}{30}=0.233\text{m}.$$

5.2.3　平面简谐波的微分方程

将沿 x 轴正方向传播的平面简谐波的表达式(5-2)分别对 x 和 t 求导,有

$$\frac{\partial y}{\partial x}=\frac{A\omega}{u}\sin\left[\omega\left(t-\frac{x}{u}\right)+\varphi\right]$$

$$\frac{\partial y}{\partial t}=-A\omega\sin\left[\omega\left(t-\frac{x}{u}\right)+\varphi\right]$$

比较可得

$$\frac{\partial y}{\partial x}=\frac{-1}{u}\frac{\partial y}{\partial t} \tag{5-7}$$

式(5-7)也给出了在介质中质点的振动位移随时间 t 和坐标 x 变化的关系,这个关系是以偏微分方程的形式表示出来的. 前面平面简谐波的波函数是这个方程的特殊解. 任何平面波都可表示成许多平面简谐波的叠加,所以式(5-7)反映了一切平面波的共同特征,故一般又称它为平面波的波动方程.

5.3　波 的 能 量

在波传播的过程中,质点都在各自的平衡位置附近振动,因此具有动能,同时,由于各相邻质点的位移不同,从而使介质发生形变,因此在有波传播的介质中也具有弹性势能. 所以,波动过程也是能量传播的过程,这是波动过程的一个重要特征. 本节以棒中传播的纵波为例来讨论波的能量.

5.3.1　波的能量和能量密度

如图 5-9 所示,一细棒沿 x 轴放置,其质量密度为 ρ,截面积为 S,弹性模量为 Y. 当平面纵波以波速 u 沿 x 轴正方向传播时,棒上每一小段将不断受到压缩和拉伸. 设棒中波的表达式为

$$y=A\cos\omega\left(t-\frac{x}{u}\right)$$

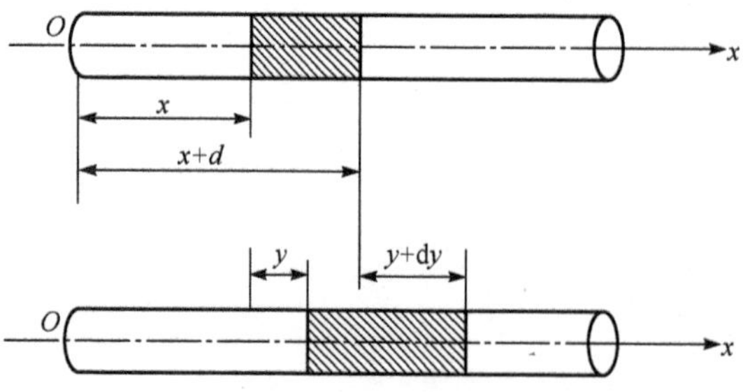

图 5-9　波的能量示意图

在棒中任取一个体积元,其长度为 $\mathrm{d}x$,质量为 $\mathrm{d}m=\rho\mathrm{d}V=\rho S\mathrm{d}x$. 当有波传到该体积元时,其振动速度为

$$v=\frac{\mathrm{d}y}{\mathrm{d}t}=-A\omega\sin\omega\left(t-\frac{x}{u}\right)$$

因而这段体积元的振动动能为

$$dE_k=\frac{1}{2}(\rho dV)A^2\omega^2\ \sin^2\omega\left(t-\frac{x}{u}\right)$$

设在时刻 t 该体积元正在被拉伸，则体积元伸长量为 dy. 由于形变而产生的弹性回复力为

$$F=YS\ \frac{dy}{dx}$$

和胡克定律比较可得

$$k=\frac{YS}{dx}$$

因而该体积元的弹性势能为

$$dE_p=\frac{1}{2}k\ (dy)^2=\frac{1}{2}\frac{YS}{dx}(dy)^2=\frac{1}{2}YdV\ \left(\frac{dy}{dx}\right)^2$$

由于

$$\frac{dy}{dx}=\frac{A\omega}{u}\sin\omega\left(t-\frac{x}{u}\right)$$

固体中的波速为

$$u=\sqrt{\frac{Y}{\rho}}$$

因此有

$$dE_p=\frac{1}{2}(\rho dV)A^2\omega^2\ \sin^2\omega\left(t-\frac{x}{u}\right)$$

所以体积元的总能量为

$$dE=dE_k+dE_p=(\rho dV)A^2\omega^2\ \sin^2\omega\left(t-\frac{x}{u}\right) \tag{5-8}$$

由上面的推导可知，波动的能量和简谐振动的能量并不相同. 在简谐振动系统中机械能是守恒的，但在波动过程中，动能和势能的变化是同相位的，他们同时达到极大值，又同时达到极小值. 体积元中的总能量随时间作周期性的变化，不是守恒的. 这是因为介质中的每个体积元都不是孤立的，通过它与相邻介质间的弹性力作用，不断地吸收和放出能量，如此，能量就随着波动的行进，从介质的一部分传给另一部分. 所以波动是能量传递的一种方式.

为了精确描述波的能量的分布，在物理学中引入了波的能量密度这个概念. 把单位体积介质中的波动能量称为能量密度，用 w 表示，于是有

$$w=\frac{dE}{dV}=\rho A^2\omega^2\ \sin^2\omega\left(t-\frac{x}{u}\right) \tag{5-9}$$

式(5-9)表明，介质中任一处的能量是随时间变化的. 一个周期内能量密度的平均值称为平均能量密度，用 $\overline{w}$ 表示，则有

$$\overline{w}=\frac{1}{T}\int_0^T\rho A^2\omega^2\ \sin^2\omega\left(t-\frac{x}{u}\right)dt=\frac{1}{2}\rho A^2\omega^2 \tag{5-10}$$

从上面各式可知波的能量与振幅、频率、介质的密度有关.

5.3.2 能流和能流密度

为了描述波动过程中能量的传播,物理学中还引入了能流和能流密度的概念. 如图 5-10 所示,单位时间内垂直通过某一面积的能量,称为通过该面积的能流,用 P 表示,则有

$$P=\overline{w}uS=uS\rho A^2\omega^2\sin^2\omega\left(t-\frac{x}{u}\right) \tag{5-11}$$

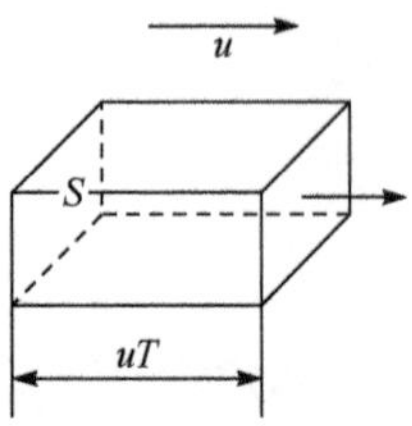

图 5-10

显然,能流是随时间作周期性变化的,其在一个周期内的平均值称为平均能流,则有

$$\overline{P}=\overline{w}uS=\frac{1}{2}uS\rho A^2\omega^2$$

垂直通过单位面积的平均能流,称为能流密度,又称为波的强度,用 $\overline{I}$ 表示则有

$$\overline{I}=\overline{w}u=\frac{1}{2}\rho A^2\omega^2 u \tag{5-12}$$

从式(5-12)可知,能流密度与振幅的平方、频率的平方以及介质的密度成正比,单位:W/m^2.

5.3.3 波的吸收

在前面的描述中,总是认为波是在无吸收的情况下进行的. 而实际上,平面波在均匀介质中传播时,介质总是要吸收波的一部分能量,所以波的强度和振幅会逐渐减小. 这种现象称为波的吸收. 下面就求一下在吸收的情况下波的传播规律.

当波通过厚度为 dx 的一薄层媒质时,振幅的减弱正比于此处的振幅 A,正比于厚度 dx,则有

$$dI=-\alpha I dx$$

式中,α 为比例系数,一般情况下 α 可视为常数,经过积分得

$$I=I_0 e^{-2\alpha x} \tag{5-13}$$

式(5-13)说明波在介质中传播时,波的强度是按指数规律衰减的.

5.4 惠更斯原理

我们知道,波在均匀各向同性介质中传播时,波面及波前的形状不变,波线也保持为直线,沿途不会改变波的传播方向. 例如,波在水面上传播时,只要沿途不遇到什么障碍物,波前的形状总是相似的,圆圈形的波前始终是圆圈,直线形的波前始终保持直线. 也就是说,波沿直线传播. 可是,当波在传播过程中遇到障碍物时,或当波从一种介质传播到另一种介质时,波面的形状和波的传播方向(即波线方向)将发生改变. 例如,水波可以通过障碍物的小孔,在小孔后面出现圆形的波,原来的波前、波面都将改变,就好像是以小孔为新的波源一样,它所发射出去的波叫子波.

从观察这些现象出发,惠更斯得出一条原理,称为惠更斯原理. 其内容是:介质中,波传到的各点不论在同一波前或是在不同波前上,都可看成是发射子波的波源,在其后的任一时刻这些子波的包迹就是该时刻的波前.

不论对机械波还是电磁波,也不论波动所经过的介质是均匀的还是非均匀的,是各向同性

的还是各向异性的，惠更斯原理都是适用的. 只要知道某一时刻的波面与波速，就可以根据惠更斯原理，用几何作图方法作出下一时刻的波面，从而确定波的传播方向. 应用惠更斯原理可以解释波的折射、反射和衍射等现象. 下面举例说明惠更斯原理的应用.

以球面波为例，在图 5-11(a)中，以 O 为中心的球面波在各向同性的均匀介质中以速度 v 传播，时刻 t 的波前为 S_1，它的半径为 R_1，按照惠更斯原理，S_1 上的各点都是发射子波的新波源，它们发射的子波在Δt 时的波面，都是半径为 $r=u\Delta t$(有改动)的小球面. 这些球面的包络面 S_2 是半径为 R_2 的球面，这个球面就是原始波在 $t+\Delta t$ 时刻的新的波面. 用同样的方法，可以画出平面波情形下的波面，如图 5-11(b)所示.

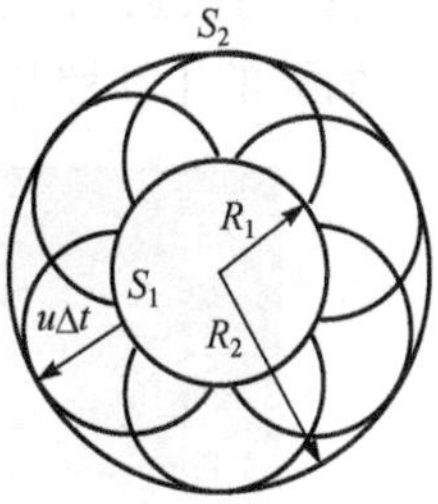

(a)

(b)

图 5-11 惠更斯原理示意图

波在传播过程中遇到障碍物时，能够绕过障碍物的边缘继续前进的现象叫做波的衍射现象. 利用惠更斯原理还可以解释波的衍射现象. 例如，当平面波通过一缝时，若缝的宽度远大于波的波长，波表现为直线传播；若缝的宽度略大于波长，在缝的中部，波的传播仍保持原来的方向；在缝的边缘处，波阵面弯曲，波的传播方向改变，波绕过障碍物向前传播；若缝的宽度小于波长(相当于小孔)，衍射现象更加明显，波阵面由平面变成球面，如图 5-12 所示.

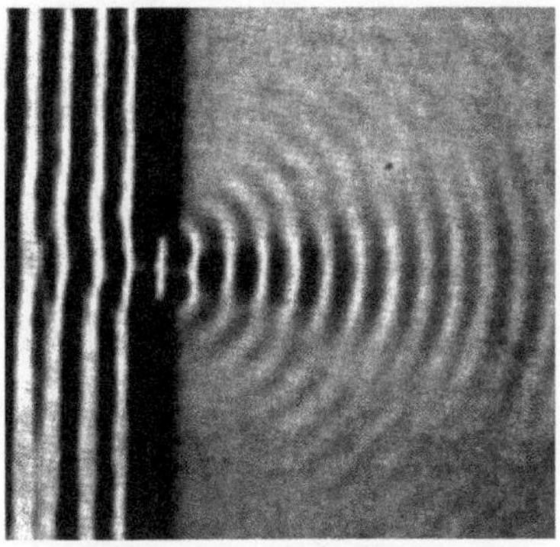

图 5-12 波的衍射

用惠更斯原理解释波的衍射现象：当平面波到达障碍物 AB 上的一条狭缝时，缝上各点可看成是子波的波源，各子波源都发出球形子波. 这些子波的包络面已不再是平面，靠近狭缝的边缘处，波面弯曲，波线改变了原来的方向，即绕过了障碍物继续前进. 如果障碍物的缝更窄，衍射现象就更显著.

应用惠更斯原理不但能说明波在介质中的传播问题及波的衍射现象，而且还可说明波在两种介质的交界面上发生反射和折射现象，同时根据惠更斯原理用几何作图法可以证明波的反射和折射定律，对此本书不做讨论.

这里需要指出的是，惠更斯原理的子波假设理论没有涉及波的振幅、相位等方面的问题，因此对波动现象只是作定性的解释.

5.5 波的叠加原理 波的干涉

当几列波同时在一种介质中传播时，每列波的特征量如振幅、频率、波长、振动方向等，都不会因为有其他波的存在而改变. 例如,从两个探照灯射出的光波,交叉后仍然按原来方向传播,彼此互不影响. 乐队合奏或几个人同时谈话时,声波也并不因在空间互相交叠而变成另外一种什么声音,所以我们能够辨别出各种乐器或个人的声音来. 波的这种独立性,使得当几列波在空间的某一点相遇时,每列波都单独引起介质中该处质元的振动,并不因其他波的存在而有所改变,因此该质元实际的振动就是各列波单独存在时所引起该质元的各个振动的叠加. 这就是波的叠加原理.

一般地说,振幅、频率、相位等都不同的几列波在某一点叠加时,情形是很复杂的. 如果两列波满足相干条件,即当两列波频率相同,振动方向一致,波源之间有恒定的相位差时,我们称之为相干波. 在相干波的重叠区域内,介质中某些地方的振动很强,而在另一些地方的振动很弱或完全不动,这种现象称为波的干涉,图 5-13 就是水面波的干涉照片.

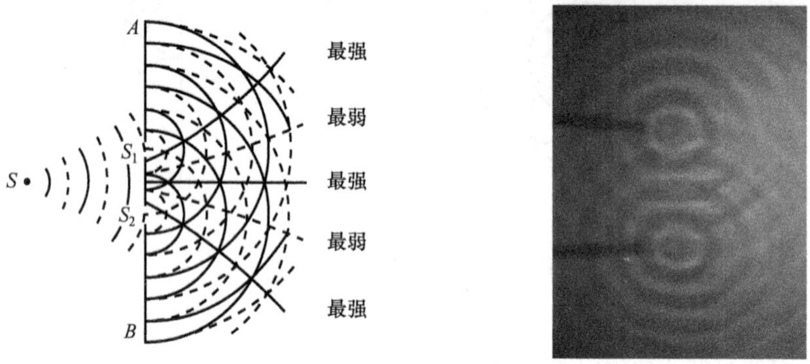

图 5-13　波的干涉

下面从波的叠加原理出发,应用同方向、同频率的合成理论,来分析干涉现象的产生,并确定干涉加强和减弱的条件.

设两相干波源 S_1 和 S_2 的振动方程为

$$y_{10}=A_{10}\cos(\omega t+\varphi_1)$$
$$y_{20}=A_{20}\cos(\omega t+\varphi_2)$$

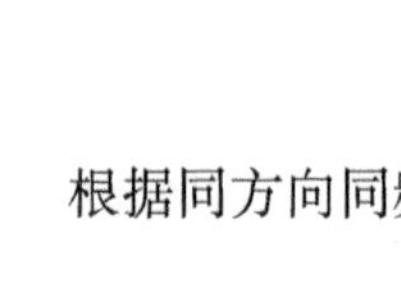

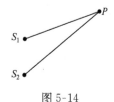

图 5-14

从波源 S_1 和 S_2 发出的波在同一介质中传播,假设介质是均匀的、各向同性的,并且是无穷大的. 如图 5-14 所示,设在两列波相遇的区域内任一点 P,与两波源的距离分别是 r_1 和 r_2,则 S_1、S_2 单独存在时,在 P 点引起的振动为

$$y_1=A_1\cos\left(\omega t+\varphi_1-2\pi\frac{r_1}{\lambda}\right)$$
$$y_2=A_2\cos\left(\omega t+\varphi_2-2\pi\frac{r_2}{\lambda}\right)$$

根据同方向同频率振动的合成,P 点的和振动方程为

$$y=y_1+y_2=A\cos(\omega t+\varphi)$$

合振幅由下式确定

$$A^2=A_1^2+A_2^2+2A_1A_2\cos\left(\varphi_2-\varphi_1-2\pi\frac{r_2-r_1}{\lambda}\right)$$

因而 P 点的强度为

$$I=I_1+I_2+2\sqrt{I_1I_2}\cos(\Delta\varphi)$$

式中

$$\Delta\varphi=\varphi_2-\varphi_1-2\pi\frac{r_2-r_1}{\lambda}$$

为两列波在 P 点所引起的分振动的相位差，其中 $\varphi_2-\varphi_1$ 为两个波源的初相差，$\frac{2\pi(r_2-r_1)}{\lambda}$ 是由于波的传播路程(称为波程)不同而引起的相位差. 对于叠加区域内任一确定的点来说，相位差为一个常量，因而强度是恒定的. 不同的点将有不同的相位差，这将对应不同的强度值，但各点的强度都是恒定的，即在空间形成稳定的强度分布，这就是干涉现象.

可见，在两列波叠加区域内的各点，合振幅或强度主要取决于相位差，

$$\Delta\varphi=\varphi_2-\varphi_1-2\pi\frac{r_2-r_1}{\lambda}=\pm2k\pi,\quad k=0,1,2,\cdots \tag{5-14}$$

则合振幅最大，其值为 $A=A_1+A_2$，振动加强，称为干涉相长；

$$\Delta\varphi=\varphi_2-\varphi_1-2\pi\frac{r_2-r_1}{\lambda}=\pm(2k+1)\pi,\quad k=0,1,2,\cdots \tag{5-15}$$

则合振幅最大，其值为 $A=|A_1-A_2|$，振动减弱，称为干涉相消.

在相位差为其他值时，合振幅介于 $|A_1-A_2|$ 与 A_1+A_2 之间.

如果两相干波源的振动初相位相同，即 $\varphi_2=\varphi_1$，以 δ 表示两相干波源到 P 点的波程差，则上述条件可以简化为

$$\delta=r_1-r_2=\pm k\lambda,k=0,1,2,\cdots\quad \text{干涉相长} \tag{5-16}$$

$$\delta=r_1-r_2=\pm(2k+1)\frac{\lambda}{2},k=0,1,2,\cdots\quad \text{干涉相消} \tag{5-17}$$

即当两相干波源同相时，在两波叠加区域内，波程差为零或等于波长的整数倍(半波长的偶数倍)的各点，强度最大；波程差等于半波长的奇数倍的各点，强度最小.

干涉现象是波所特有的现象，对于光学、声学等学科都具有十分重要的意义，在工程上可用来消除噪音，也可应用在检测方面.

例 5.2 如图 5-15 所示，相干波源 S_1 和 S_2 相距 $\lambda/4$(λ 为波长)，S_1 的相位比 S_2 的相位超前 $\pi/2$，每一列波的振幅均为 A，并且在传播过程中保持不变，P、Q 为 S_1 和 S_2 连线外侧的任意点，求 P、Q 两点的合成波的振幅.

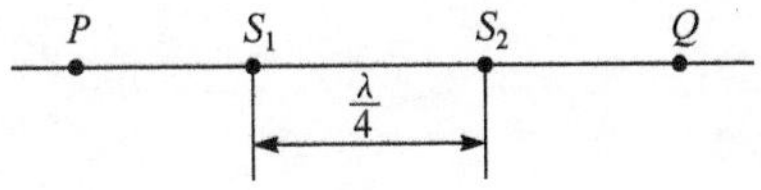

图 5-15

解 波源 S_1 和 S_2 的振动传到空间任一点引起的两个振动的相位差为

$$\Delta\varphi=\varphi_2-\varphi_1-2\pi\frac{\Delta r}{\lambda}$$

由题意，$\varphi_2-\varphi_1=-\frac{\pi}{2}$，对于 P 点，$\Delta r=S_2P-S_1P=\frac{\lambda}{4}$，故

$$\Delta\varphi=-\frac{\pi}{2}-2\pi\frac{\lambda/4}{\lambda}=-\pi$$

即波源 S_1 和 S_2 的振动传到 P 点时相位相反，所以 P 点的合振幅为

$$A_P=|A_1-A_2|=A-A=0$$

可见在 S_1 和 S_2 连线的左侧延长线上各点，均因干涉而静止.

同样，对于 Q 点，$\Delta r=S_2Q-S_1Q=-\dfrac{\lambda}{4}$，故

$$\Delta\varphi=-\frac{\pi}{2}-2\pi\frac{-\lambda/4}{\lambda}=0$$

即波源 S_1 和 S_2 的振动传到 Q 点时，相位相同，所以 Q 点的合振幅为

$$A_Q=A_1+A_2=A+A=2A$$

可见在 S_1 和 S_2 连线的右侧延长线上各点，均因干涉而加强.

5.6 驻　波

驻波是干涉现象中的一个特例. 在同一介质中两列振幅相同的相干波，在同一直线上沿相反方向传播叠加后就形成驻波. 例如，海波从悬崖或码头反射时，就可以看到它与入射波叠加后形成的驻波，在乐器中，管、弦、膜、板的振动也都是有驻波所形成的振动. 驻波理论在声学和光学中都是很重要的.

如图 5-16 所示，把一根弦线的一端系在音叉上，另一端放在劈尖上，并且通过滑轮挂一重物使弦线张紧. 敲击音叉使其振动，弦线上就击起了入射波，入射波在劈尖处发生反射，两列波相遇就发生驻波现象.

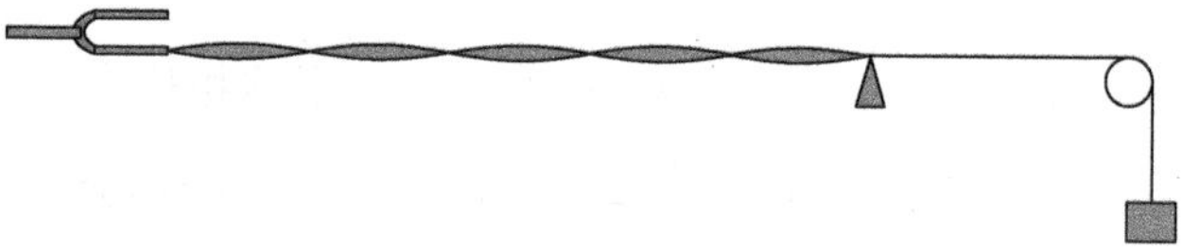

图 5-16　驻波

驻波的形成也可用波的叠加原理进行定量研究.

设有满足相干条件的两列平面简谐波，分别沿着 x 轴的正反两个方向传播，如图 5-17 所示. 它们的波函数为

$$y_1=A\cos2\pi\left(\nu t-\frac{x}{\lambda}\right)$$

$$y_2=A\cos2\pi\left(\nu t+\frac{x}{\lambda}\right)$$

按照波的叠加原理，它们的合成波的波函数为

$$y=y_1+y_2=A\cos2\pi\left(\nu t-\frac{x}{\lambda}\right)+A\cos2\pi\left(\nu t+\frac{x}{\lambda}\right)$$

利用三角公式可得驻波的表达式为

$$y=2A\cos2\pi\frac{x}{\lambda}\cos2\pi\nu t \tag{5-18}$$

该式由两项组成：一项是 $2A\cos2\pi\dfrac{x}{\lambda}$，只与位置有关，即各点的振幅随着其与原点的距离 x 的不同而不同；另一项是 $\cos2\pi\nu t$，只与时间有关，表明形成驻波的弦线上各质点都以同一频率作简谐振动，但是不同质点的振幅随其位置作周期性的变化. 下面对式(5-18)进行讨论.

从式(5-18)可知，当 x 值满足下面条件时，振幅为零，这些点在任何时刻都处于静止不动

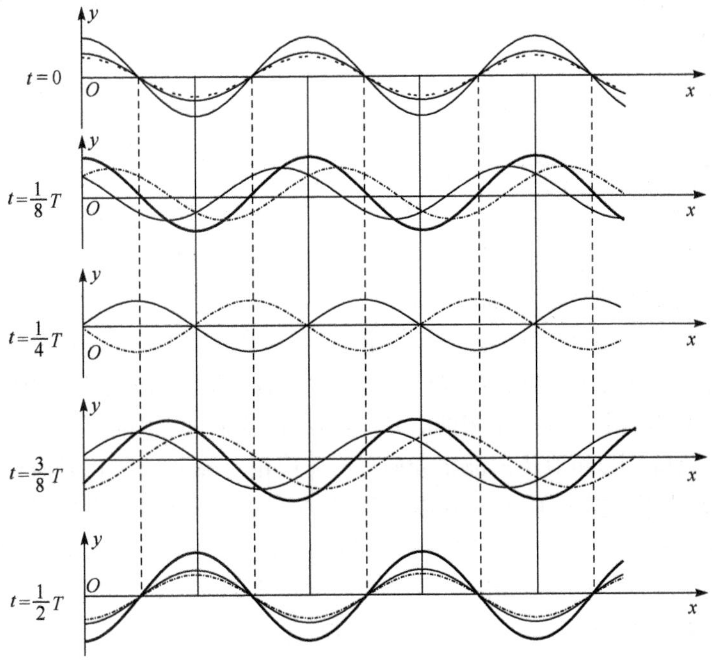

图 5-17　驻波的波节

的状态，把这些点称为波节. 图 5-17 中与 y 轴平行的虚线所对应的各点都是波节.

$$x=(2k+1)\frac{\lambda}{4},\quad k=0,\pm1,\pm2,\cdots$$

相邻两波节间的距离为

$$x_{k+1}-x_k=\frac{\lambda}{2}$$

从式(5-18)可知，当 x 值满足下面条件时，振幅为 $2A$，把这些点称为波腹. 图 5-17 中与 y 轴平行的实线所对应的各点都是波腹.

$$x=k\,\frac{\lambda}{2},\quad k=0,\pm1,\pm2,\cdots$$

相邻两波腹间的距离为

$$x_{k+1}-x_k=\frac{\lambda}{2}$$

现在研究驻波的相位问题. 从上面的表达式可知，使 $\cos2(\pi x/\lambda)$ 为正的点，相位为 $2\pi\nu t$，使 $\cos(2\pi x/\lambda)$ 为负的点，相位为 $2\pi\nu t+\pi$. 可见在两个波节之间，$\cos(2\pi x/\lambda)$ 有相同的符号，因而两个相邻波节间的所有质点的振动相位相同；在波节的两侧，$\cos(2\pi x/\lambda)$ 有相反的符号，即波节两侧质点的振动相位相反. 即当驻波形成时，介质在作分段振动. 同一段内各质点的振动步调一致，同时达到正向最大位移，同时通过平衡位置，同时达到负向最大位移，只是各个质点的振幅不一样；相邻两段质点的振动步调相反，同时沿相反的方向通过最大位移，同时沿相反的方向通过平衡位置. 每一段中质点都以确定的振幅在各自的平衡位置附近独立地振动着，只有段与段之间的相位突变，没有像行波那样的相位和波形的传播，故称为驻波. 严格地说，驻波不是波动，而是一种特殊形式的振动.

进一步考察驻波的能量. 当介质中质点的位移都达到最大值时，各质点的速度为零，因而动能为零，这时驻波的全部能量是势能. 波节处相对形变最大，势能最大；波腹处，形变最小，势能最小，驻波的能量集中在波节附近. 当介质中质点达到平衡位置时，各质点的形变为零，因而势能为零，这时驻波的全部能量是动能. 波节处速度为零，动能为零；波腹处速度最大，动能最大，驻波的能量集中在波腹附近. 介质在振动过程中动能和势能不断转换，在转换过程中，能量不断地由波腹附近转移到波节附近，再由波节附近转移到波腹附近. 由于原来形成驻波的两列相干波的能流密度值相等，但是传播方向相反，因此合成波的能流密度为零，即不存在沿单一方向的能流. 这就是说驻波不能传播能量.

在图 5-16 所示的实验中，当反射端被约束不动时，在该处形成波节. 如果是自由端，在该处将形成波腹. 这一结果表明，当反射端被固定时，反射波和入射波的相位相反，而在自由端反射时，反射波和入射波在该处的相位相同. 实验表明，在波垂直于界面入射或掠入射时，若从波疏介质（ρu 乘积相对较小）相对传向波密介质（ρu 乘积相对较大），并在界面处反射，则在反射处形成波节；相反，若从波密介质传向波疏介质，并在界面处反射，则在反射处形成波腹. 要在两种介质的分界面处形成波节，入射波和反射波必须在此处的相位相反，即反射波在分界面上相位突变了 π. 由于在同一波线上相距半个波长的两点相位差为 π，因此波从波密介质反射回波疏介质时，如同损失（或增加）了半个波长的波程. 我们常将这种相位突变 π 的现象形象地叫做半波损失.

例 5.3　一长为 L 的弦线，拉紧后，将其两端固定，使弦线振动，试证明弦线中振动频率必须满足

$$\nu_n = n\frac{u}{2l},\quad n=1,2,\cdots$$

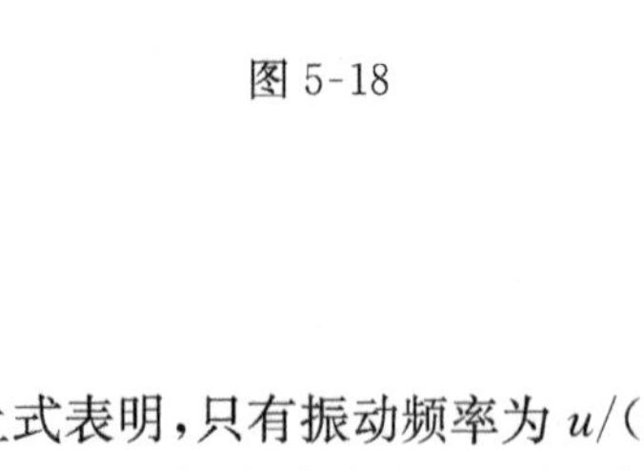

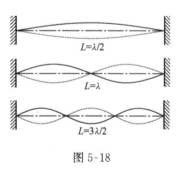

图 5-18

解　对于两端固定的弦线，并非任何波长（或频率）的波都能在弦线上形成驻波的. 只有当弦线长 l 等于半波长的整数倍，如图 5-18 所示，即

$$l = n\frac{\lambda_n}{2},\quad n=1,2,\cdots$$

当时，才能形成驻波. 式中 λ_n 表示与某一 n 值对应的驻波波长.

当弦线上张力 T 与波速 u 一定时，利用 $\lambda_n = u/\nu_n$ 可以求得与 λ_n 对应的可能频率为

$$\nu_n = n\frac{u}{2l},\ n=1,2,\cdots$$

上式表明，只有振动频率为 $u/(2l)$ 的整数倍的那些波，才能在弦上形成驻波.

这些频率称为本征频率，由该式决定的振动方式，称为弦线振动的简正模式，$n=1$ 的称为基频，$n=2,3,\cdots$ 的称为谐频. 在乐器中，音调主要由该乐器的基频确定，而音色则由各谐频振幅的相对大小确定.

5.7　多普勒效应

前面讨论的波动过程，实际上都是假定波源与观察者都是相对于介质静止的情形，所以观

察者接收到的波的频率与波源的频率相同的. 如果波源与观察者之间有相对运动,此时观察者接收到的波的频率和波源发出的波的频率就不再相同了. 这种由于波源或观察者发生相对运动而使观测到频率发生变化的现象称为多普勒效应. 这是奥地利物理学家多普勒(C. Doppler)在 1842 年发现的. 例如,火车进站时,站台上的观察者听到火车汽笛声的音调变高;火车出站时,站台上的观察者听到火车汽笛的音调变低,这就是声波的多普勒效应的表现. 下面就分析这一现象.

假定波源与观察者在同一条直线上,观察者相对于媒质的运动速度为 v_0,波源相对于介质的运动速度为 v_s,声波在介质中的传播速度为 u,波源的频率为 ν,下面分三种情况来讨论.

5.7.1 波源 *S* 相对于介质静止,而观察者 *O* 以速度 v_0 相对于介质运动

如图 5-19 所示,图中两相邻波面之间的距离为一个波长. 当观察者 O 向着波源运动时,在单位时间内,原来处在观察者 O 处的波面向右传播了 u 的距离,同时 O 向左移动了 v_0 的距离,这相对于波通过观察者 O 的总的距离为 $u+v_0$(相当于波以速度 $u+v_0$ 通过观察者). 因此在单位时间内通过观察者的完整波的个数为

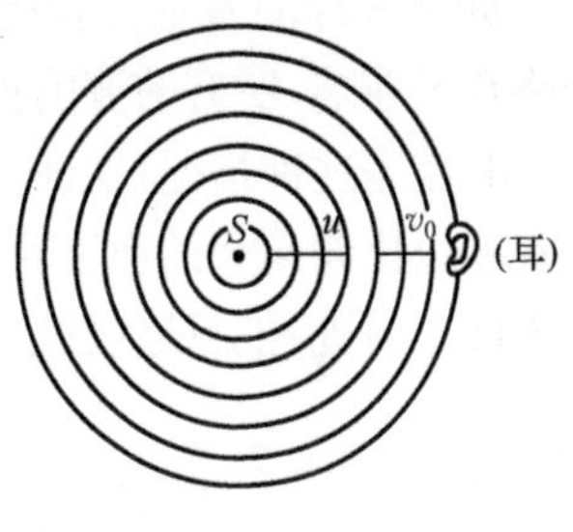

图 5-19

$$\nu'=\frac{u+v_0}{\lambda}=\frac{u+v_0}{uT}$$

或

$$\nu'=\frac{u+v_0}{u}\nu \tag{5-19}$$

可见观察者接收的频率升高了,为原来频率的 $(1+v_0/u)$ 倍.

当观察者 O 以速度 v_0 背着波源运动时,可以得到同样的结论,只是 v_0 为负值. 显然,O 处观察者接收的频率降低了.

5.7.2 观察者 *O* 相对于介质静止,而波源 *S* 以速度 v_s 相对于介质运动

如图 5-20 所示,设波源向着观察者 O 运动. 因为波在介质中的传播速度与波源的运动无关,振动一旦从波源发出,它就在介质中以球面波的形式向四周传播,球心就在发生该振动时波源所在的位置. 经过时间 T,波源向前移动了一段距离 $v_S T$,显然下一个波面的球心向右移动了 $v_S T$ 距离. 以后每个波面的球心都向右移动了 $v_S T$ 的距离,使得依次发出的波面都向右挤紧了,这就相对于通过观察者所在处的波的波长比原来缩短了 $v_S T$,即波长变为

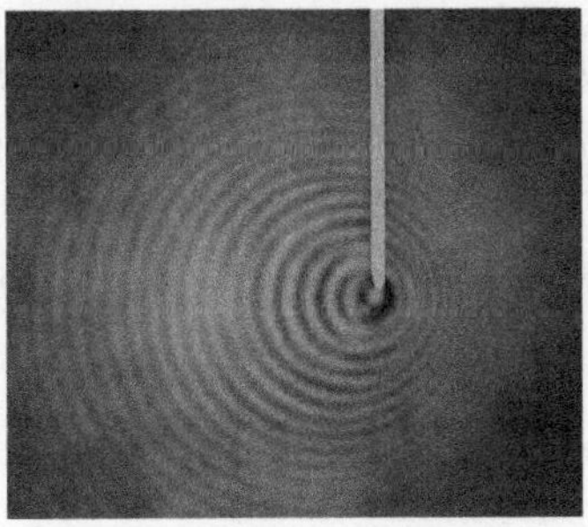
图 5-20 水波的多普勒效应

$$\lambda'=\lambda-v_S T$$

因此在单位时间内通过观察者的完整波的个数为

$$\nu'=\frac{u}{\lambda-v_S T}=\frac{u}{(u-v_S)T}$$

或

$$\nu'=\frac{u}{u-v_S}\nu \tag{5-20}$$

可见观察者接收的频率升高了,为原来频率的 $u/(u-v_S)$ 倍.

当波源 S 以速度 v_S 背着观察者运动时,可以得到同样的结论,只是 v_S 为负值. 显然,O 处观察者接收的频率降低了.

5.7.3　波源 S 和观察者 O 同时相对于介质运动

根据以上的讨论可知,改变频率的因素有两个:一个是波源 S 的移动使波长变为 $\lambda'=\lambda-v_ST$;一个是观察者 O 的移动,使波在单位时间内通过观察者 O 的总距离变为 $u+c$,所以观察者 O 接收到的频率为

$$\nu'=\frac{u+v_O}{u-v_S}\nu \tag{5-21}$$

当观察者向着波源运动时 v_O 为正,观察者背着波源运动时 v_O 为负;当波源向着观察者运动时 v_S 为正,波源背着观察者运动时 v_S 为负.

如果波源向着观察者运动的速度大于波速,式(5-20)将失去意义. 实际上,急速运动的波源始终在最前端,所有的波前被挤压而聚集在一圆锥面上,如图 5-21 所示. 飞机、炮弹等以超音速飞行时就是这种情况,地面上的人先看到飞机无声地掠过,然后才听到越来越大的轰轰巨响. 当观察者以比波速大的速度背离波源时,根据公式,也将出现负的频率. 其实,如果观察者前方已有波阵面在前进,他将追赶波阵面,好像波从迎面传来;否则,他就观测不到波源传出来的波动.

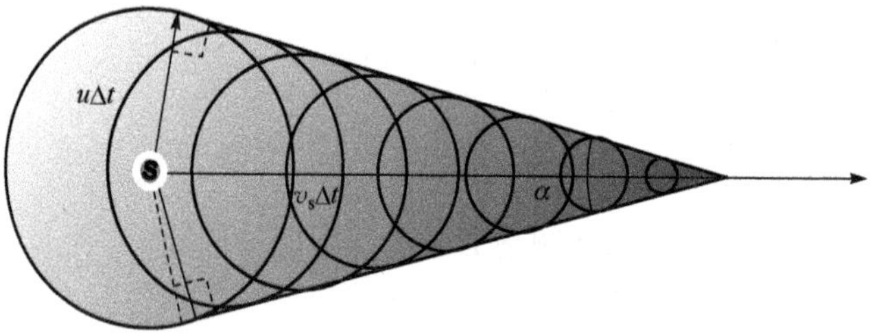

图 5-21　冲击波

多普勒效应在生活中有许多应用. 例如,交通警察利用多普勒效应制成的测速计用来监测汽车的行驶速度,医生利用多普勒效应制成的流量计可以测量人体血管中血液的流速.

需要指出的是,不仅机械波中存在多普勒效应,在电磁波中也存在多普勒效应. 只不过有本质的区别,在本书中不再讨论.

例 5.4　车上一警笛发射频率为 1500Hz 的声波. 该车正以 20m/s 的速度向某方向运动,某人以的 5m/s 速度跟踪其后,已知空气中的声速为 330m/s,求该人听到的警笛发声频率以及在警笛后方空气中声波的波长.

解　设没有风,已知 $\nu=1500\text{Hz}$,$u=330\text{m/s}$,观察者向着警笛运动,应取 $v_O=5\text{m/s}$,而警笛背着观察者运动,应取 $v_S=20\text{m/s}$. 因而该人听到的频率为

$$\nu'=\frac{u+v_O}{u-v_S}\nu=\frac{330+5}{330+20}\times1500=1436(\text{Hz})$$

警笛后方的空气并不随波前进,相当于 $v_0=0$,因此其后方空气中声波的频率为

$$\nu'=\frac{u}{u-v_S}\nu=\frac{330}{330+20}\times1500=1414(\text{Hz})$$

相应的波长为

$$\lambda'=\frac{u}{v'}=\frac{330}{1414}=0.233(\text{m})$$

习 题 5

5-1 什么是波动，振动和波动有什么联系和区别？

5-2 波函数中 $y=A\cos\omega\left(t-\dfrac{x}{u}\right)$中的$\dfrac{x}{u}$表示什么？如果把它写成 $y=A\cos\left(\omega t-\omega\dfrac{x}{u}\right)$，$\omega\dfrac{x}{u}$又表示什么？

5-3 两列波在空间某点相遇叠加，如果在某时刻该点合成振动的振幅等于两波振幅之和，那么这两列波就一定是相干波吗？

5-4 (1)试计算在27℃时氦和氢中的声速各为多少，并与同温度时在空气中的声速比较(空气的平均摩尔质量为29×10^{-3}kg/mol).

(2)在标准状态下，声音在空气中的速度为331m/s，空气的比热容γ是多少？

(3)在钢棒中声速为5100m/s，求钢的杨氏模量(钢的密度$\rho=7.8\times10^3$kg/m^3).

5-5 (1) 已知在室温下空气中的声速为340m/s. 水中的声速为1450m/s，能使人耳听到的声波频率在20至20000Hz之间，求这两极限频率的声波在空气中和水中的波长.

(2) 人眼所能见到的光(可见光)的波长范围为400nm至760nm. 求可见光的频率范围.

5-6 一平面简谐纵波沿线圈弹簧传播. 设波沿着x轴正向传播，弹簧中某圈的最大位移为3.0cm，振动频率为2.5Hz，弹簧中相邻两疏部中心的距离为24cm. 当$t=0$时，在$x=0$处质元的位移为零并向x轴正向运动. 试写出该波的波动表达式.

5-7 已知一沿x轴正向传播的平面简谐波在$t=\dfrac{1}{3}$s时的波形如图所示，且周期

$$T=2\text{s}.$$

(1) 写出O点和P点的振动表达式.

(2) 写出该波的波动表达式.

(3) 求P点离O点的距离.

5-8 一平面简谐波在介质中以速度$u=20$m/s沿x轴负方向传播，已知a点的振动表达式为：

$y_a=3\cos4\pi t$，t的单位为s，y的单位为m.

(1) 以a为坐标原点写出波动表达式.

(2) 以距a点5m处的b点为坐标原点(如图所示)，写出波动表达式.

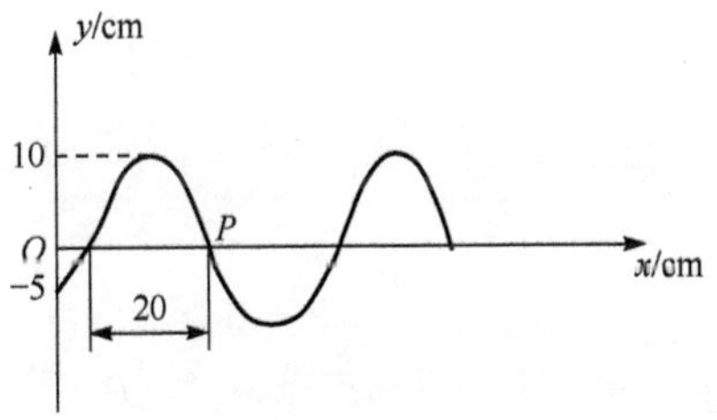

题5-7图

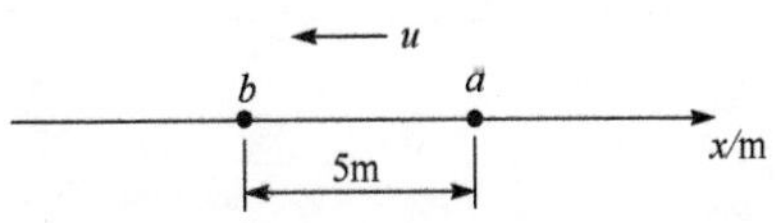

题5-8图

5-9 一平面简谐声波的频率为500Hz，在空气中以速度$u=340$m/s传播. 到达人耳时，振幅$A=10^{-4}$cm，试求人耳接收到声波的平均能量密度和声强(空气的密度$\rho=1.29$kg/m^3)

5-10 一波源以35000W的功率向空间均匀发射球面电磁波. 在某处测得波的平均能量密度为7.8×10^{-15}J/m^3. 求该处离波源的距离(磁波的传播速度为3.0×10^8m/s).

5-11 设S_1和S_2为两相干波源，相距$\dfrac{1}{4}\lambda$，S_1的相位比S_2的相位超前$\dfrac{\pi}{2}$. 若两波在S_1、S_2连线方向上的强度相同均为I_0，且不随距离变化，问S_1、S_2连线上在S_1外侧各点的合成波的强度如何？又在S_2外侧各点的强度如何？

5-12 (1) 火车以 90km/h 的速度行驶,其汽笛的频率为 500Hz. 一个人站在铁轨旁,当火车从他身边驶过时,他听到的汽笛的频率变化是多大? 设声速为 340m/s.

(2)若此人坐在汽车里,而汽车在铁轨旁的公路上以 54km/h 的速度迎着火车行驶. 试问此人听到汽笛声的频率为多大?

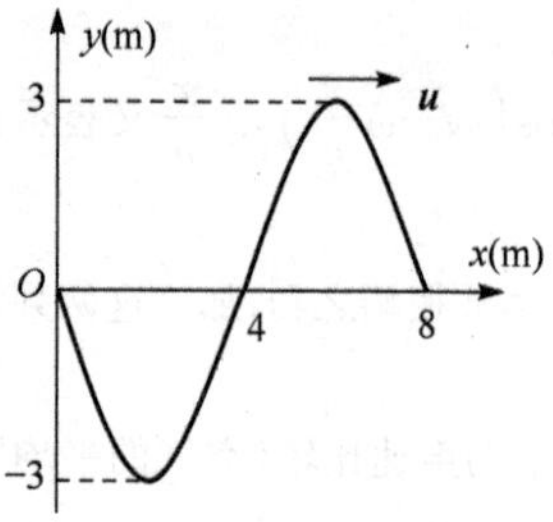

题 5-13 图

5-13 一个平面简谐波沿 x 轴正方向传播,波速为 $u=160\text{m/s}$,$t=0$ 时刻的波形图如图所示,求该波的表达式.

5-14 一平面简谐声波,沿直径为 0.14m 的圆柱形管行进,波的强度为 $9.0\times10^{-3}\text{W/m}^2$,频率为 300Hz,波速为 300m/s. 问:

(1) 波的平均能量密度和最大能量密度是多少?

(2) 每两个相邻的、相位差为 2π 的同相面间有多少能量?

第 6 章　静　电　场

6.1　电荷的量子化　电荷守恒定律

按照原子理论，在每个原子里，电子环绕由中子和质子构成的原子核运动，这些电子的状况可视为电子云．此外，物质结构理论还认为，分子由许多原子所组成，不同的分子集团就成为形形色色的宏观物体．在正常情况下，每个原子中的电子数与质子数相等，故物体呈电中性．当物体经受摩擦等作用而造成物体的电子过多或不足时，我们说物体带了电，若是电子过多，物体就带了负电；若是电子不足，则物体带了正电．

6.1.1　电荷的量子化

1897 年，J. J. 汤姆孙从实验中测出电子的比荷(即电子的电荷与质量之比 e/m)．通过数年努力，1913 年 R. A. 密立根终于从实验中测定所有电子都具有相同的电荷，而且带电体的电荷是电子电荷的整数倍．如以 e 代表电子的电荷绝对值，带电体的电荷为 $q=ne$，n 为 1，2，3，…．这是自然界存在不连续性(量子化)的又一个例子．电荷的这种只能取离散的、不连续的量值的性质，叫做电荷的量子化，电子的电荷绝对值 e 为元电荷，或称电荷的量子．

电荷的单位名称为库仑，简称库，符号为 C，1986 年国际推荐的电子电荷绝对值为 $e=1.602177\,33(49)\times10^{-19}\mathrm{C}$．

6.1.2　电荷守恒定律

在正常状态下，物体是电中性的，物体里正、负电荷的代数和为零．如果在一个孤立系统中有两个电中性的物体，由于某些原因，使一些电子从一个物体移到另一个物体上，则前者带正电，后者带负电，不过两物体正、负电荷的代数和仍为零．总之，在孤立系统中，不管系统中的电荷如何迁移，系统电荷的代数和保持不变，这就是电荷守恒定律．电荷守恒定律也是自然界的基本守恒定律之一．

6.2　库仑定律

库仑在实验的基础上提出了两个点电荷之间相互作用的规律，即库仑定律．“点电荷”是一个抽象的模型．当两带电体本身的线度 d 远比问题中所涉及的距离 r 小得很多时，即 $d\ll r$，带电体就可近似看成是“点电荷”．

在真空中，两个静止的点电荷之间的相互作用力，其大小与它们电荷电量的乘积成正比，与它们之间距离的二次方成反比；作用力的方向沿着两点电荷的连线，同号电荷相斥，异号电荷相吸．

真空中库仑定律的数学表达式写成

$$\boldsymbol{F}_{12}=\frac{1}{4\pi\varepsilon_0}\frac{q_1q_2}{r_{12}^2}\boldsymbol{e}_{12} \tag{6-1}$$

$\boldsymbol{F}_{12}$为电荷 q_2受到电荷 q_1的作用力，如图 6-1 所示. 式中，$\boldsymbol{e}_{12}$为从电荷 q_1指向电荷 q_2的单位矢量，即 $\boldsymbol{e}_{12}=\boldsymbol{r}_{12}/r_{12}$；$\varepsilon_0$叫做真空电容率.

$$\varepsilon_0=8.8542\times10^{-12}\mathrm{C}^2/(\mathrm{N}\cdot\mathrm{m}^2)=8.8542\times10^{-12}\mathrm{C}^2/(\mathrm{N}\cdot\mathrm{m}^2)$$

在一般计算中，ε_0取 $8.85\times10^{-12}\mathrm{C}^2/(\mathrm{N}\cdot\mathrm{m}^2)$

由式(6-1)可以看出，当 q_1和 q_2同号时，$q_1q_2>0$ ，q_2受到 q_1的作用力 $\boldsymbol{F}_{12}$与 $\boldsymbol{e}_{12}$同向，即 q_2受到斥力作用；当 q_1和 q_2异号时，$q_1q_2<0$ ，q_2受到 q_1的作用力 $\boldsymbol{F}_{12}$与 $\boldsymbol{e}_{12}$反向，即 q_2受到引力作用，如图 6-2 所示. 静止电荷间的作用力，又称库仑力.

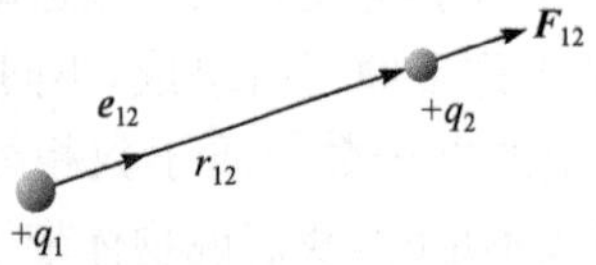

图 6-1　同种电荷间相互作用力

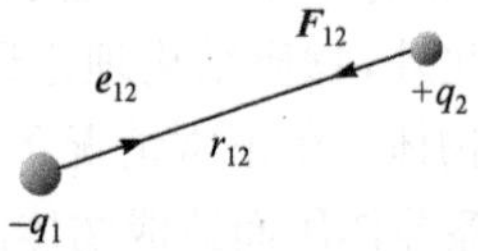

图 6-2　异种电荷间相互作用力

至于 q_1受到 q_2的作用力 $\boldsymbol{F}_{21}$，实验表明它与 q_2受到 q_1的作用力 $\boldsymbol{F}_{12}$大小相等，方向相反，且在同一直线上，即

$$\boldsymbol{F}_{12}=-\boldsymbol{F}_{21}$$

上述结果表明，两静止点电荷之间的库仑力遵守牛顿第三定律.

6.3　电场强度

6.3.1　静电场

带电体(或电荷)在其周围空间所形成的特殊物质称为电场. 若带电体相对观察者是静止的，则它所产生的电场称为静电场. 带电体之间或电荷之间的相互作用是通过电场对带电体或电荷的作用来实现的. 电场作为物质存在的特殊形式，是通过它的对外表现体现出来的.

(1) 电场对引入其中的电荷或带电体有力的作用；

(2) 当电荷或带电体在电场中运动时，电场力对电荷或带电体做功；

(3) 把导体或电介质置于电场中时，前者产生静电感应现象，后者产生极化现象.

现在我们将从力和做功这两方面来研究静电场的性质，分别引出描述电场性质的两个物理量——电场强度和电势.

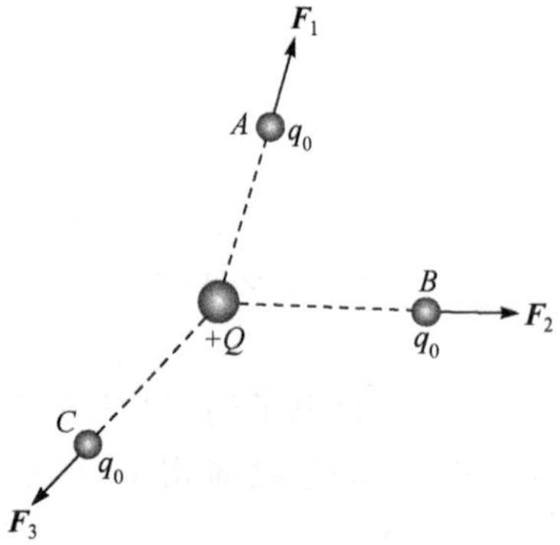

图 6-3　电场强度

6.3.2　电场强度

在静止电荷周围存在着静电场，静电场遍布静止电荷周围的全部空间. 电场对处于其中的电荷施以作用力. 如图 6-3 所示，在静止电荷 Q 周围的静电场中，先后将试验电荷$+q_0$(用来检验电场的存在并借以测量或观察电场性质的点电荷，为了保证测量的准确性，试验电荷的电量必须足够小，以致把它引进电场后不会影响原来电场的分布)放到电场中 A、B 和 C 三个不同的位置处. 我们发现，试验电荷$+q_0$在电场中不同位置处所受到的电场力 $\boldsymbol{F}$ 的值和方向均不相同. 另外，就电场中的某一点而言，$\boldsymbol{F}$ 只与 q_0的大小有关，但 $\boldsymbol{F}$ 与 q_0之比，则与

q_0无关,为唯一不变的矢量. 显然,这个不变的矢量只与该点处的电场有关,所以该矢量叫做电场强度,用符号 $\boldsymbol{E}$ 表示,有

$$\boldsymbol{E}=\frac{\boldsymbol{F}}{q_0} \tag{6-2}$$

它表明,电场中某点处的电场强度 $\boldsymbol{E}$ 等于位于该点处的单位正试验电荷所受的电场力. 电场强度是空间位置的函数. 由于我们取试验电荷为正电荷,故 $\boldsymbol{E}$ 的方向与试验电荷所受力 $\boldsymbol{F}$ 的方向相同.

在国际单位中,电场强度的单位为牛顿每库仑,符号为 N/C;电场强度的单位也为伏特每米,符号为 V/m.

应当指出,在已知电场强度分布的电场中,电荷 q 在场中某点处所受的力 $\boldsymbol{F}$,可由式(6-2)算得 $\boldsymbol{F}=q\boldsymbol{E}$.

6.3.3 点电荷电场强度

由库仑定律及电场强度定义式,可求得真空中点电荷周围电场的电场强度.

图 6-4 所示,在真空中,点电荷 Q 位于直角坐标系的原点 O,由原点 O 指向场点 P 的位矢为 $\boldsymbol{r}$. 若把试验电荷 q_0置于场点 P,由库仑定律可得 q_0所受的电场力为

$$\boldsymbol{F}=\frac{1}{4\pi\varepsilon_0}\frac{Qq_0}{r^2}\boldsymbol{e}_r \tag{6-3}$$

$\boldsymbol{e}_r$为位矢 $\boldsymbol{r}$ 的单位矢量,即 $\boldsymbol{e}_r=\boldsymbol{r}/r$. 由电场强度定义式(6-2)可得场点 P 电场强度为

$$\boldsymbol{E}=\frac{1}{4\pi\varepsilon_0}\frac{Q}{r^2}\boldsymbol{e}_r \tag{6-4}$$

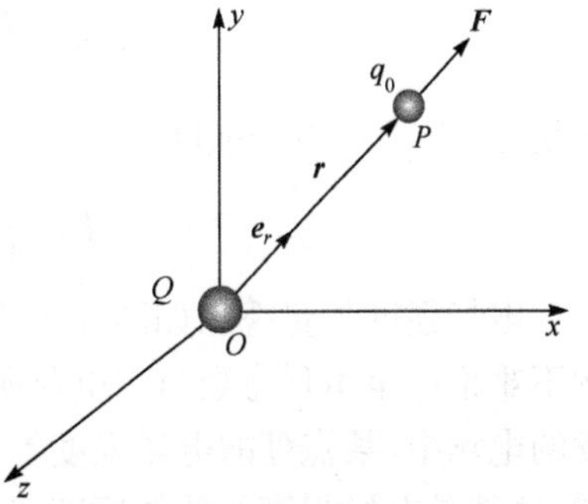

图 6-4 一个点电荷的电场强度

例 6.1 把一个点电荷($q=-62\times10^{-9}$C)放在电场中某点处,该电荷受到的电场力为 $\boldsymbol{F}=3.2\times10^{-6}\boldsymbol{i}+1.3\times10^{-6}\boldsymbol{j}$N. 求该电荷所在处的电场强度.

解 由电场强度的定义式(6-2),可得电荷所在处的电场强度为

$$\boldsymbol{E}=\frac{\boldsymbol{F}}{q}=\frac{3.2\times10^{-6}\boldsymbol{i}+1.3\times10^{-6}\boldsymbol{j}\text{N}}{-62\times10^{-9}\text{C}}=-(51.6\boldsymbol{i}+21.0\boldsymbol{j})\text{N/C}$$

$\boldsymbol{E}$ 的大小为

$$E=\sqrt{(-51.6)^2+(21.0)^2}\text{N/C}=55.71\text{N/C}$$

$\boldsymbol{E}$ 的方向则可按如下方法求得. $\boldsymbol{F}$ 与 x 轴的夹角 α 为

$$\alpha=\arctan\frac{F_y}{F_x}=\arctan\frac{1.3\times10^{-6}}{3.2\times10^{-6}}=22.1°$$

$\boldsymbol{E}$ 与 x 的夹角 α' 为

$$\alpha'=\arctan\frac{E_y}{E_x}=\arctan\frac{-21.0}{-51.0}=22.1°$$

即 $\boldsymbol{E}$ 的方向与 $\boldsymbol{F}$ 的方向相反,如图 6-5 所示.

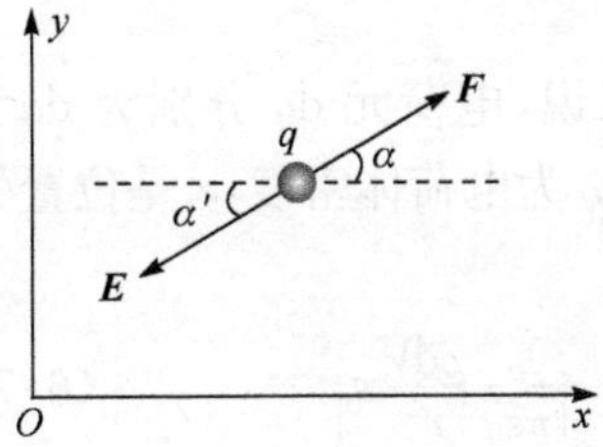

图 6-5

6.3.4 电场强度叠加原理

设真空中一点电荷系由 Q_1、Q_2 和 Q_3 三个点电荷组成，如图 6-6 所示，在场点 P 处放置一试验电荷 q_0，且 Q_1、Q_2 和 Q_3 到点 P 的矢量为 $\boldsymbol{r}_1$、$\boldsymbol{r}_2$ 和 $\boldsymbol{r}_3$. 若试验电荷 q_0 受到 Q_1、Q_2 和 Q_3 的作用力分别为 $\boldsymbol{F}_1$、$\boldsymbol{F}_2$ 和 $\boldsymbol{F}_3$，根据力的叠加原理，可得作用在试验电荷 q_0 上的力 $\boldsymbol{F}$ 为

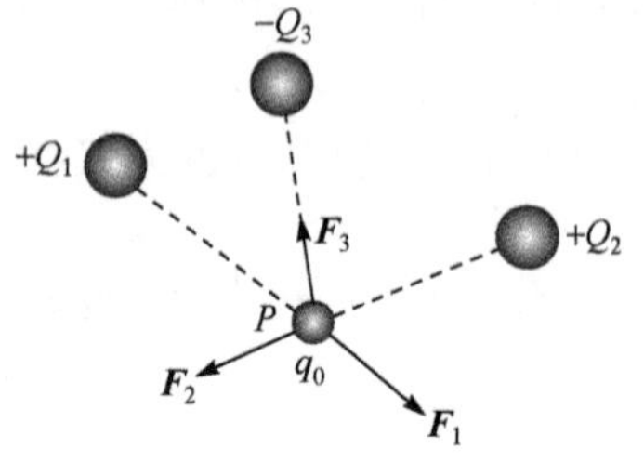

图 6-6　点电荷系

$$\boldsymbol{F}=\boldsymbol{F}_1+\boldsymbol{F}_2+\boldsymbol{F}_3$$

由库仑定律可知，$\boldsymbol{F}_1$、$\boldsymbol{F}_2$ 和 $\boldsymbol{F}_3$ 分别为

$$\boldsymbol{F}_1=\frac{1}{4\pi\varepsilon_0}\frac{q_0Q_1}{r_1^2}\boldsymbol{e}_1$$

$$\boldsymbol{F}_2=\frac{1}{4\pi\varepsilon_0}\frac{q_0Q_2}{r_2^2}\boldsymbol{e}_2$$

$$\boldsymbol{F}_3=\frac{1}{4\pi\varepsilon_0}\frac{q_0Q_3}{r_3^2}\boldsymbol{e}_3$$

式中，$\boldsymbol{e}_1$、$\boldsymbol{e}_2$ 和 $\boldsymbol{e}_3$ 分别为矢量 $\boldsymbol{r}_1$、$\boldsymbol{r}_2$ 和 $\boldsymbol{r}_3$ 的单位矢量. 另外，按照电场强度定义式(6-2)，可得点 P 处的电场强度为

$$\boldsymbol{E}=\frac{\boldsymbol{F}}{q_0}=\frac{\boldsymbol{F}_1}{q_0}+\frac{\boldsymbol{F}_2}{q_0}+\frac{\boldsymbol{F}_3}{q_0}=\boldsymbol{E}_1+\boldsymbol{E}_2+\boldsymbol{E}_3 \tag{6-5}$$

于是，点 P 处的电场强度为

$$\boldsymbol{E}=\frac{1}{4\pi\varepsilon_0}\frac{Q_1}{r_1^2}\boldsymbol{e}_1+\frac{1}{4\pi\varepsilon_0}\frac{Q_2}{r_2^2}\boldsymbol{e}_2+\frac{1}{4\pi\varepsilon_0}\frac{Q_3}{r_3^2}\boldsymbol{e}_3$$

电场强度矢量叠加如图 6-7 所示. 上述结论虽是从三个点电荷组成的点电荷系得出的，显然不难推广至由任意数目点电荷所组成的点电荷系，故可以得到普遍结论如下：点电荷系所激发的电场中，某点处的电场强度等于各个点电荷单独存在时对该点所激起的电场强度的矢量和. 这就是电场强度的叠加原理，其数学表达式为

$$\boldsymbol{E}=\sum_{i=1}^{n}\boldsymbol{E}_i=\frac{1}{4\pi\varepsilon_0}\sum_{i=1}^{n}\frac{Q_i}{r_i^2}\boldsymbol{e}_i \tag{6-6}$$

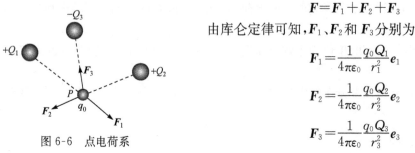

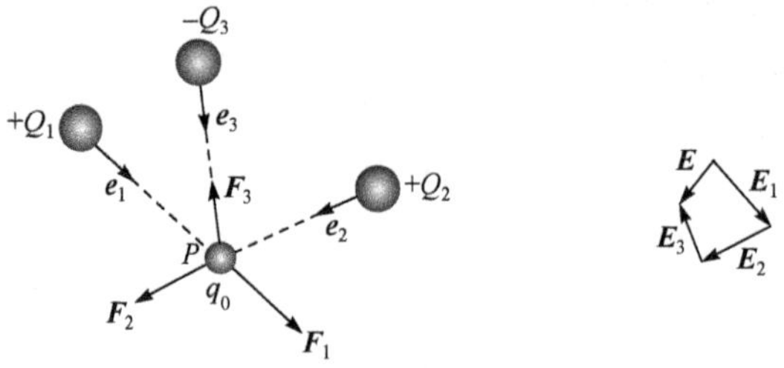

图 6-7　电场强度矢量叠加

顺便指出，对于电荷连续分布的线带电体、面带电体、体带电体来说，电荷元 $\mathrm{d}q$ 分别为 $\mathrm{d}q=\lambda\mathrm{d}l$、$\mathrm{d}q=\sigma\mathrm{d}S$ 和 $\mathrm{d}q=\rho\mathrm{d}V$，其中 λ 为电荷线密度，σ 为电荷面密度，ρ 为电荷体密度，$\boldsymbol{e}_r$ 是位置矢量 $\boldsymbol{r}$ 的单位矢量，则由式(6-6)可得它们的电场强度分别为

$$\boldsymbol{E}=\int_l\frac{1}{4\pi\varepsilon_0}\frac{\lambda\mathrm{d}l}{r^2}\boldsymbol{e}_r,\quad \boldsymbol{E}=\int_S\frac{1}{4\pi\varepsilon_0}\frac{\sigma\mathrm{d}S}{r^2}\boldsymbol{e}_r,\quad \boldsymbol{E}=\int_V\frac{1}{4\pi\varepsilon_0}\frac{\rho\mathrm{d}V}{r^2}\boldsymbol{e}_r \tag{6-7}$$

例 6.2　如图 6-8 所示，正电荷 q 均匀地分布在半径为 R 的圆环上. 计算在环的轴线上任一点 P 处的电场强度.

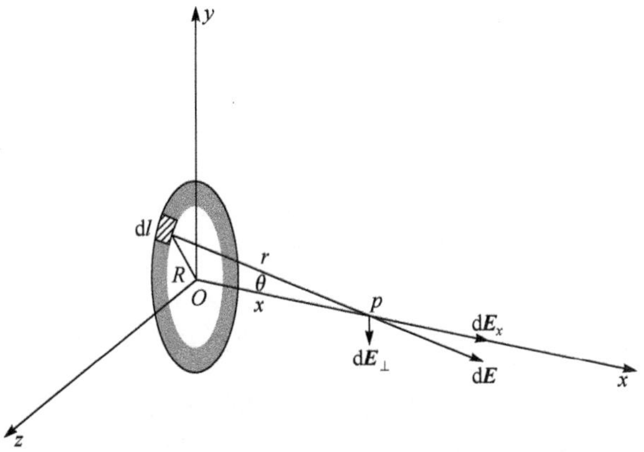

图 6-8

解 设圆环在如图所示的 yz 平面上,坐标原点与环心相重合,点 P 与环心 O 的距离为 x. 由题意知圆环上的电荷是均匀分布的,故其电荷线密度 λ 为一常量,且 $\lambda=q/2\pi R$. 在环上取线段元 $\mathrm{d}l$,其电荷元 $\mathrm{d}q=\lambda\mathrm{d}l$,此电荷元对点 P 处激起的电场强度为

$$\mathrm{d}\boldsymbol{E}=\frac{1}{4\pi\varepsilon_0}\frac{\lambda\mathrm{d}l}{r^2}\boldsymbol{e}_r$$

由于电荷分布的对称性,圆环上各电荷元对点 P 处激发的电场强度 $\mathrm{d}E$ 的分布也具有对称性. 由图 6-8 可见,$\mathrm{d}E$ 在垂直于 x 轴方向上的分量 $\mathrm{d}E_\perp$ 将互相抵消,即$\int \mathrm{d}E_\perp=0$;但 $\mathrm{d}E$ 沿 x 轴的分量 $\mathrm{d}E_x$ 由于都具有相同的方向而互相增强. 由图 6-8 可知,$\mathrm{d}E$ 沿 x 轴的分量 $\mathrm{d}E_x=\mathrm{d}E\cos\theta$;对这些分量求积分,有

$$E=\int_l dE_x=\int_l \mathrm{d}E\cos\theta$$

因为

$$\mathrm{d}E\cos\theta=\frac{1}{4\pi\varepsilon_0}\frac{\lambda\mathrm{d}l}{r^2}\frac{x}{r}=\frac{1}{4\pi\varepsilon_0}\frac{\lambda x}{(x^2+R^2)^{3/2}}\mathrm{d}l$$

代入上式,有

$$E=\frac{1}{4\pi\varepsilon_0}\frac{\lambda x}{(x^2+R^2)^{3/2}}\int_0^{2\pi R}\mathrm{d}l$$

所以

$$E=\frac{1}{4\pi\varepsilon_0}\frac{qx}{(x^2+R^2)^{3/2}}$$

上式表明,均匀带电圆环对轴线上任意点处的电场强度,是该点距环心 O 的距离 x 的函数,即 $E=E(x)$. 下面对几个特殊点的情况作一些讨论.

(1) 若 $x\gg R$,则$(x^2+R^2)^{3/2}\approx x^2$,这时有

$$E\approx\frac{1}{4\pi\varepsilon_0}\frac{q}{x^2}$$

即在远离圆环的地方,可以把带电圆环看成为点电荷. 这正与我们在前面对点电荷的论述相一致.

(2) 若 $x\approx 0$,$E\approx 0$. 这表明环心处的电场强度为零.

(3) 由$\frac{\mathrm{d}E}{\mathrm{d}x}=0$可求得电场强度极大的位置，故有

$$\frac{\mathrm{d}}{\mathrm{d}x}\left[\frac{1}{4\pi\varepsilon_0}\frac{qx}{(x^2+R^2)^{3/2}}\right]=0$$

得

$$x=\pm\frac{\sqrt{2}}{2}R$$

这表明，圆环轴线上具有最大电场强度的位置，位于原点 O 两侧的$+\frac{\sqrt{2}}{2}R$ 和$-\frac{\sqrt{2}}{2}R$ 处.

例 6.3 均匀带电薄圆盘轴线上的电场强度. 如图 6-9 所示，有一半径为 R_0，电荷均匀分布的薄圆盘，其电荷面密度为 σ. 求通过盘心且垂直盘面的轴线上任意一点处的电场强度.

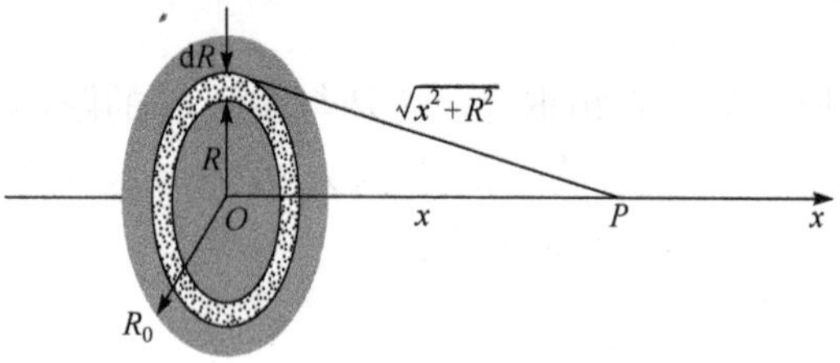

图 6-9

解 取如图所示的坐标，薄圆盘的平面在 yz 平面内，盘心位于坐标原点 O. 由于圆盘上的电荷分布是均匀的，故圆盘上的电荷为 $q=\sigma\pi R_0^2$.

我们把圆盘分成许多细圆环带，其中半径为 R，宽度为 $\mathrm{d}R$ 的环带面积为 $2\pi R\mathrm{d}R$，此环带上的电荷为 $\mathrm{d}q=\sigma 2\pi R\mathrm{d}R$. 由例 6.2 可知，环带上的电荷对 x 轴上点 P 处激起的电场强度为

$$\mathrm{d}E_x=\frac{x\mathrm{d}q}{4\pi\varepsilon_0(x^2+R^2)^{3/2}}=\frac{\sigma}{2\varepsilon_0}\frac{xR\mathrm{d}R}{(x^2+R^2)^{3/2}}$$

由于圆盘上所有带电的环带在点 P 处的电场强度都沿 x 轴同一方向，故由上式可得带电圆盘的轴线上点 P 处的电场强度为

$$E=\int\mathrm{d}E_x=\frac{\sigma x}{2\varepsilon_0}\int_0^{R_0}\frac{R\mathrm{d}R}{(x^2+R^2)^{3/2}}$$

积分后，得

$$E=\frac{\sigma x}{2\varepsilon_0}\left(\frac{1}{\sqrt{x^2}}-\frac{1}{\sqrt{x^2+R_0^2}}\right)$$

讨论：如果 $x\ll R_0$，带电圆盘可看成是“无限大”的均匀带电平面，这时$\frac{1}{\sqrt{x^2}}-\frac{1}{\sqrt{x^2+R_o^2}}=\frac{1}{\sqrt{x^2}}$

于是可得

$$E=\frac{\sigma}{2\varepsilon_0}$$

上式表明，很大的均匀带电平面附近的电场强度 $\boldsymbol{E}$ 的值是一个常量，$\boldsymbol{E}$ 的方向与平面垂直. 因此，很大的均匀带电平面附近的电场可看成均匀电场.

6.4 电场强度通量 高斯定理

6.4.1 电场线

为了形象描述电场强度在空间的分布情况，英国物理学家法拉第首先引入电场线的概念.

规定在电场中引入的一些假想的曲线. 曲线上每一点的切线方向和该点电场强度的方向一致；曲线密集的地方场强强，稀疏的地方场强弱. 因此，电场线不仅能表示电场的方向，并且还可以表示电场中各场点的场强的大小.

如图 6-10 所示，是几种带电系统的电场线. 在电场线上每一点处电场强度 $\boldsymbol{E}$ 的方向沿着该点的切线，并以电场线箭头的指向表示电场强度的方向. 电场线密度越大，该处的电场强度越大.

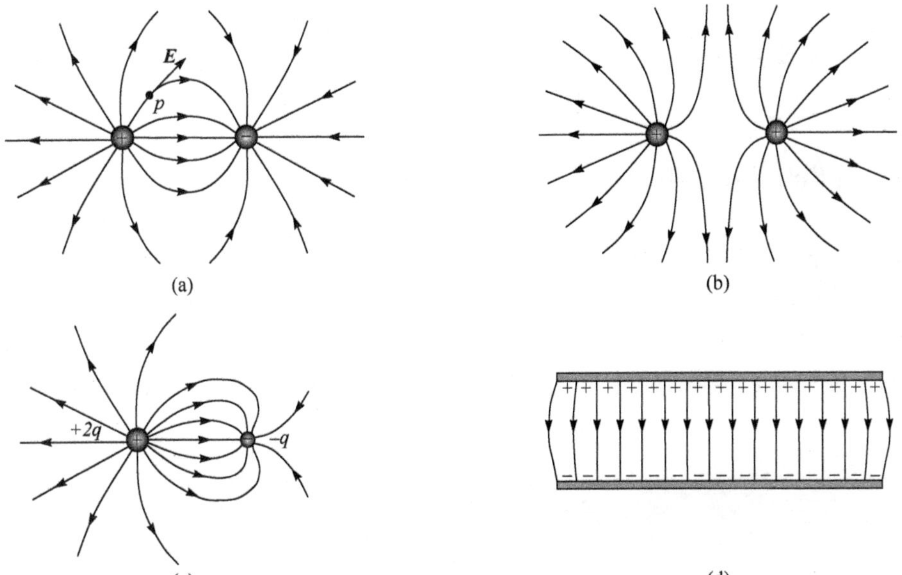

图 6-10　电场线

静电场的电场线有如下特点：①电场线总是始于正电荷，终止于负电荷，不形成闭合曲线；②任何两条电场线都不能相交，这是因为电场中每一点处的电场强度只能有一个确定的方向.

为了给出电场线密度与电场强度间的数量关系，我们对电场线的密度作如下规定：经过电场中任一点，想像地作一个面积元 $\mathrm{d}S$，并使它与该点的 $\boldsymbol{E}$ 垂直，如图 6-11 所示. 由于 $\mathrm{d}S$ 很小，所以 $\mathrm{d}S$ 面上各点的 $\boldsymbol{E}$ 可认为是相同的，则通过面积元 $\mathrm{d}S$ 的电场线数 $\mathrm{d}N$ 与该点 $\boldsymbol{E}$ 的大小有如下关系

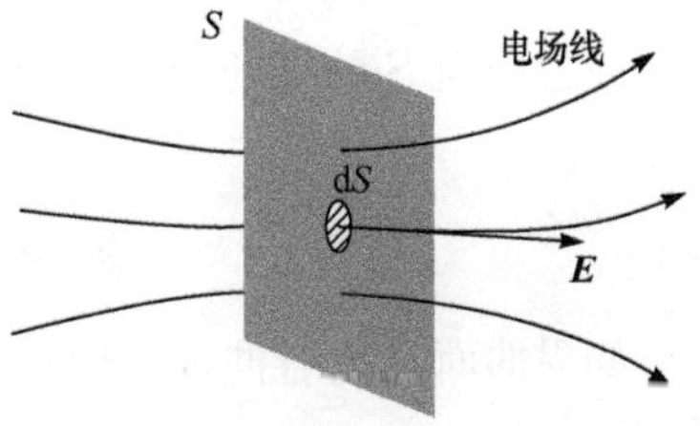

图 6-11　用电场线表示电场强度

$$\mathrm{d}N = E\mathrm{d}S$$

或

$$\frac{\mathrm{d}N}{\mathrm{d}S} = E \tag{6-8}$$

这就是说，通过电场中某点垂直于 $\boldsymbol{E}$ 的单位面积的电场线数等于该点处电场强度 $\boldsymbol{E}$ 的大小. $\frac{\mathrm{d}N}{\mathrm{d}S}$ 也叫做电场线密度.

6.4.2　电场强度通量

我们把通过电场中某一个曲面的电场线数叫做通过这个曲面的电场强度通量，用符号 Φ_e 表示. 如图 6-12 所示，这是一个匀强电场，匀强电场的电场强度处处相等，所以电场线密度也

应处处相等. 这样,通过面 S 的电场强度通量(简称电通量)为

$$\Phi_e = ES$$

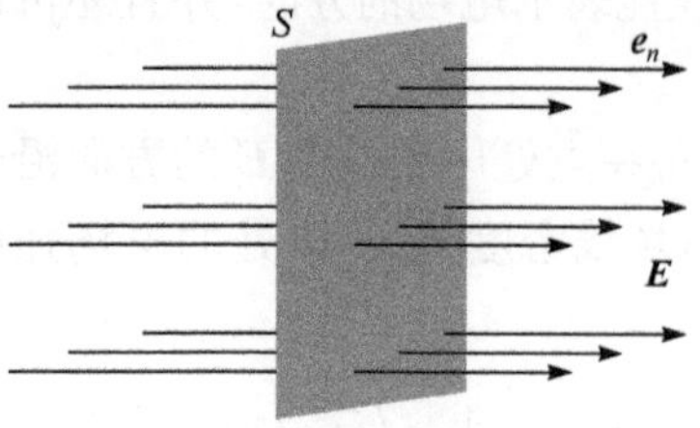

图 6-12 通过垂直平面的

如果平面 S 与匀强电场的 $\boldsymbol{E}$ 不垂直,那么平面 S 在电场空间可取许多方向.

为了把平面 S 在电场中的大小和方向两者同时表示出来,我们引入面积矢量 $\boldsymbol{S}$,规定其大小为 S,其方向用它的单位法线矢量 $\boldsymbol{e}_n$ 来表示,有 $\boldsymbol{S}=S\boldsymbol{e}_n$,如图 6-13 所示,平面 S 的单位法线矢量 $\boldsymbol{e}_n$ 与电场强度 $\boldsymbol{E}$ 之间的夹角为 θ. 因此,这时通过面 S 的电场强度通量为

$$\Phi_e = ES\cos\theta$$

由矢量标积的定义可知,

$$\Phi_e = \boldsymbol{E}\cdot\boldsymbol{S} = \boldsymbol{E}\cdot S\boldsymbol{e}_n$$

如果电场是非匀强电场,并且面 S 不是平面,而是任意曲面(图 6-14),则可以把曲面分成无限多个面积元 $\mathrm{d}S$,每个面积元 $\mathrm{d}S$ 都可看成是一个小平面,而且在面积元 $\mathrm{d}S$ 上,$\boldsymbol{E}$ 也可以看成处处相等. 仿照上面的办法,若 $\boldsymbol{e}_n$ 为面积元 $\mathrm{d}S$ 的单位法线矢量,则 $\mathrm{d}\boldsymbol{S}=\mathrm{d}S\,\boldsymbol{e}_n$. 如设面积元 $\mathrm{d}S$ 的单位法线矢量 $\boldsymbol{e}_n$ 与该处的电场强度 $\boldsymbol{E}$ 成 θ 角,于是,通过面积元 $\mathrm{d}S$ 的电场强度通量为

$$\mathrm{d}\Phi_e = E\mathrm{d}S\cos\theta = \boldsymbol{E}\cdot\mathrm{d}\boldsymbol{S}$$

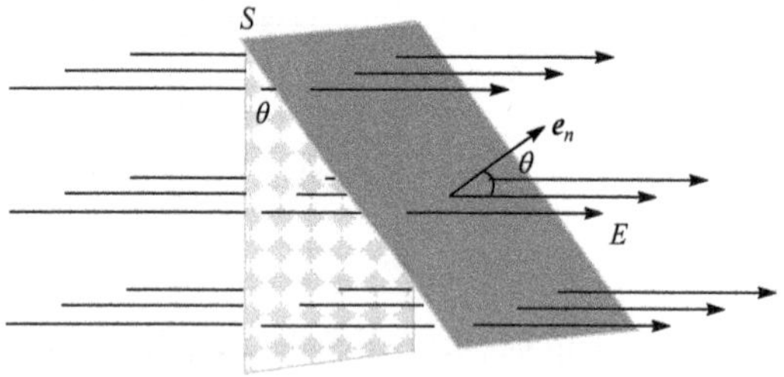

图 6-13 与平面成一定角度的

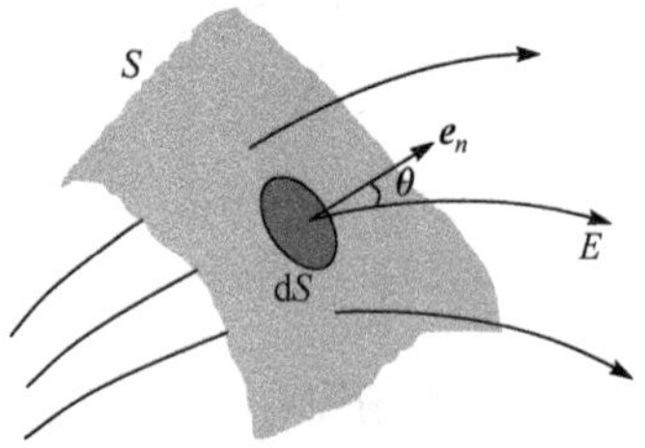

图 6-14 一般曲面的电通量

所以通过曲面 S 的电场强度通量 Φ_e,就等于通过面 S 上所有面积元 $\mathrm{d}S$ 电场强度通量 $\mathrm{d}\Phi_e$ 的总和,即

$$\Phi_e = \int_S \mathrm{d}\Phi_e = \int_S E\cos\theta\mathrm{d}S = \int_S \boldsymbol{E}\cdot\mathrm{d}\boldsymbol{S} \tag{6-9}$$

如果曲面是闭合曲面,式(6-9)中的曲面积分应换成对闭合曲面积分,闭合曲面积分用"$\oint$"表示,故通过闭合曲面的电场强度通量为

$$\Phi_e = \oint_S E\cos\theta\mathrm{d}S = \oint_S \boldsymbol{E}\cdot\mathrm{d}\boldsymbol{S} \tag{6-10}$$

一般来说,通过闭合曲面的电场线,有些是"穿进"的,有些是"穿出"的. 这也就是说,通过曲面上各个面积元的电场强度通量 $\mathrm{d}\Phi_e$ 有正、有负. 为此规定:闭合曲面上某点的法线矢量的方向是垂直指向曲面外侧的.

6.4.3 高斯定理

设真空中有一个正点电荷 q,被置于半径为 R 的球面中心 O,由点电荷电场强度公式(6-4)可知,球面上各点电场强度 E 的大小均等于

$$E=\frac{1}{4\pi\varepsilon_0}\frac{q}{R^2}$$

于是通过整个球面的电场强度通量为

$$\Phi_e=\oint_S \mathrm{d}\Phi_e=\oint_S \boldsymbol{E}\cdot\mathrm{d}\boldsymbol{S}=\frac{1}{4\pi\varepsilon_0}\frac{q}{R^2}\oint_S \mathrm{d}S=\frac{1}{4\pi\varepsilon_0}\frac{q}{R^2}4\pi R^2$$

得

$$\Phi_e=\oint_S \boldsymbol{E}\cdot\mathrm{d}\boldsymbol{S}=\frac{q}{\varepsilon_0}$$

如果闭合曲面内含有任意电荷系，则

$$\Phi_e=\oint_S \boldsymbol{E}\cdot\mathrm{d}\boldsymbol{S}=\frac{1}{\varepsilon_0}\sum_{i=1}^{n}q_i \tag{6-11}$$

即在真空中，通过任一闭合曲面的电场强度通量等于该曲面所包围的所有电荷的代数和除以ε_0. 这就是真空中的高斯定理，式(6-11)就是它的数学表达式.

在高斯定理中，我们常把所选取的闭合曲面称为高斯面. 高斯定理不但适用于静电场，而且对变化电场也是适用的，它是电磁场理论的基本方程之一.

6.4.4 高斯定理应用举例

高斯定理的一个重要应用就是计算带电体周围电场的电场强度，当电场是均匀的电场，或者电场的分布是对称时，就为我们选取合适的闭合曲面提供了条件，所以分析电场的对称性，选择适当的高斯面可以使积分变得简单易算. 下面举几个例子，说明如何应用高斯定理来计算对称分布的电场的电场强度.

例 6.4 均匀带电球壳的电场强度.

设有一半径为 R，均匀带电为 Q 的薄球壳. 求球壳内部和外部任意点的电场强度 E.

解 因为球壳很薄，其厚度可忽略不计，电荷 Q 可近似认为均匀分布在半径为 R 的球面上. 由于电荷分布是球对称的，所以 $\boldsymbol{E}$ 的分布也是球对称的. 因此，在电场中任意点 P 的电场强度 $\boldsymbol{E}$ 的方向都沿径矢(即半径方向)，而 $\boldsymbol{E}$ 的大小则仅依赖于从球心到场点 P 的距离 r. 这就是说，在同一球面上各点 $\boldsymbol{E}$ 的大小相等，且 $\boldsymbol{E}$ 与球面上各处的 $\mathrm{d}S$ 相垂直.

如果点 P 在如图 6-15 所示的球壳内部，那么以球心到点 P 的距离 $r(r<R)$ 为半径所作的球面，高斯面内没有电荷，即 $\sum q=0$，由高斯定理式(6-11)可得

$$\oint_S \boldsymbol{E}\cdot\mathrm{d}\boldsymbol{S}=E4\pi r^2=0$$

所以

$$E=0\quad(r<R)$$

上式表明，均匀带电球壳内部的电场强度为零.

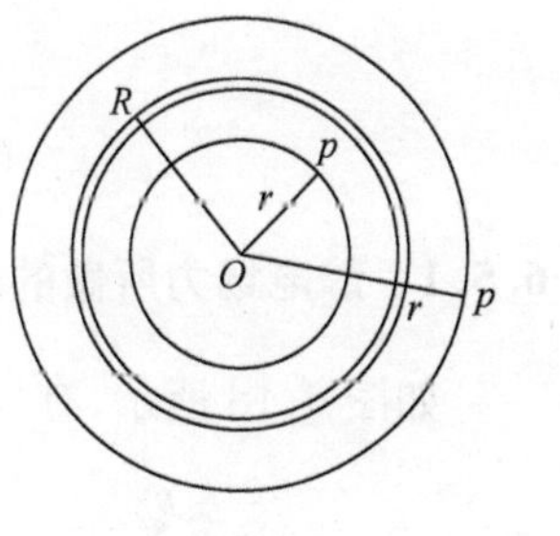

图 6-15

如图 6-15 所示，以球心到球壳外部点 P 的距离 $r(r>R)$ 为半径作一球面，显然点 P 在此球面上. 以此球面为高斯面，它所包围的电荷为 Q. 由高斯定理可得

$$\oint_S \boldsymbol{E}\cdot\mathrm{d}\boldsymbol{S}=E4\pi r^2=\frac{Q}{\varepsilon_0}$$

于是点 P 的电场强度为

$$E=\frac{1}{4\pi\varepsilon_0}\frac{Q}{r^2}\qquad (r>R)$$

其矢量表示式为

$$\boldsymbol{E}=\frac{1}{4\pi\varepsilon_0}\frac{Q}{r^2}\boldsymbol{e}_r\qquad (r>R)$$

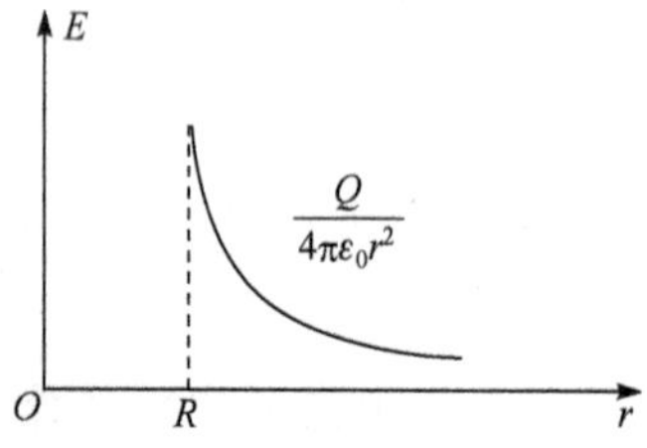

图 6-16

式中，$\boldsymbol{e}_r$ 为沿径矢(半径方向)的单位矢量. 上式表明，均匀带电球壳在其外部建立的电场强度，与等量电荷全部集中在球心时建立的电场强度相同.

如图 6-16 所示的 E-r 曲线，可以看出，球壳内($r<R$)的 $\boldsymbol{E}$ 为零，球壳外($r>R$)的 $\boldsymbol{E}$ 与 r^2 成反比，球壳处($r=R$)的电场强度有跃变.

例 6.5　无限长均匀带电直线的电场强度.

设有一无限长均匀带电直线，单位长度上的电荷，即电荷线密度为 λ . 求距直线为 r 处的电场强度.

解　由于带电直线无限长，且电荷分布是均匀的，所以其电场 $\boldsymbol{E}$ 沿垂直于该直线的径矢方向，而且在距直线等距离处各点的 $\boldsymbol{E}$ 大小相等. 这就是说，无限长均匀带电直线的电场是轴对称的. 如图 6-17 所示，直线沿 z 轴放置，点 P 在 xy 平面上，距 z 轴为 r. 我们取以 z 轴为轴线的正圆柱面为高斯面，它的高度为 h ，底面半径为 r. 由于 $\boldsymbol{E}$ 与上、下底面的法线垂直，所以通过圆柱两个底面的电场强度通量为零，而通过圆柱侧面的电场强通量为 $E2\pi rh$. 又因高斯面所包围的电荷为 λh ，所以根据高斯定理有

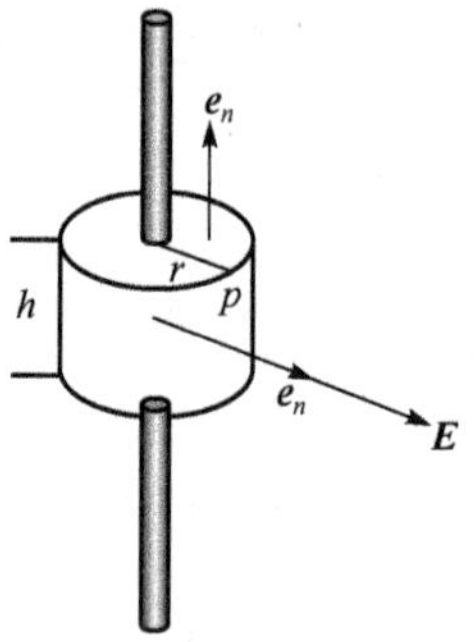

图 6-17

$$E2\pi rh=\frac{\lambda h}{\varepsilon_0}$$

即

$$E=\frac{\lambda}{2\pi\varepsilon_0 r}$$

6.5　静电场的环路定理　电势能

6.5.1　静电场力所做的功

如图 6-18 所示，有一正点电荷 q 固定于原点 O ，试验电荷 q_0 在 q 的电场中由点 A 沿任意路径 ACB 到达点 B. 在路径上点 C 处位移元 $\mathrm{d}\boldsymbol{l}$，从原点 O 到点 C 的径矢为 $\boldsymbol{r}$. 电场力对 q_0 做的元功为

$$\mathrm{d}W=q_0\boldsymbol{E}\cdot\mathrm{d}\boldsymbol{l}$$

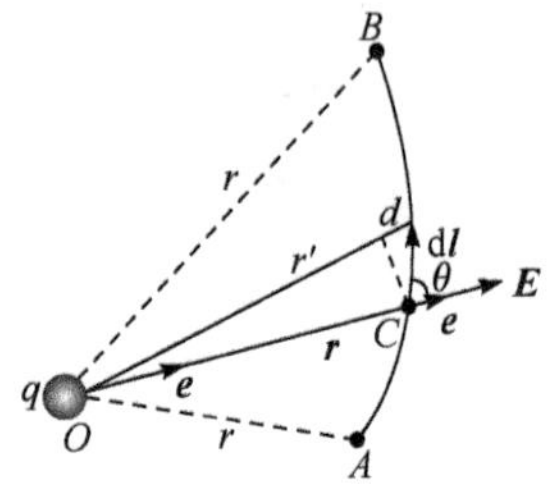

图 6-18　点电荷电场力的功

已知点电荷的电场强度为

$$\boldsymbol{E}=\frac{1}{4\pi\varepsilon_0}\frac{q}{r^2}\boldsymbol{e}_r$$

$$\mathrm{d}W=\frac{1}{4\pi\varepsilon_0}\frac{qq_0}{r^2}\mathrm{d}r$$

于是，在试验电荷 q_0 从点 A 移至点 B 的过程中，电场力所做的总功为

$$W = \int \mathrm{d}W = \frac{qq_0}{4\pi\varepsilon_0}\int_{r_A}^{r_B}\frac{\mathrm{d}r}{r^2} = \frac{qq_0}{4\pi\varepsilon_0}\left(\frac{1}{r_A}-\frac{1}{r_B}\right) \tag{6-12}$$

式中，r_A 和 r_B 分别为试验电荷移动时的起点和终点距点电荷 q 的距离. 上式表明，在点电荷 q 的非匀强电场中，电场力对试验电荷 q_0 所做的功，只与其移动时的起始和终了位置有关，与所经历的路径无关. 由此推广到任意静电场，可得出如下结论：一试验电荷 q_0 在静电场中从一点沿任意路径运动到另一点时，静电场力对它所做的功，仅与试验电荷 q_0 及路径的起点和终点的位置有关，而与该路径无关.

6.5.2　静电场的环路定理

在静电场中，若将试验电荷 q_0 沿闭合路径移动一周，电场力做的功可表示为

$$W = \oint_l q_0 \boldsymbol{E}\cdot \mathrm{d}\boldsymbol{l} = q_0\oint_l \boldsymbol{E}\cdot \mathrm{d}\boldsymbol{l}$$

由电场力做功与路径无关，可以证明：将试验电荷沿闭合路径移动一周，电场力做的功为零，即

$$q_0\oint_l \boldsymbol{E}\cdot \mathrm{d}\boldsymbol{l} = 0$$

由于 q_0 不为零，故

$$\oint_l \boldsymbol{E}\cdot \mathrm{d}\boldsymbol{l} = 0 \tag{6-13}$$

上式表明，在静电场中，电场强度 $\boldsymbol{E}$ 沿任意闭合路径的线积分为零. $\boldsymbol{E}$ 沿任意闭合路径的线积分又叫作 $\boldsymbol{E}$ 的环流，上式称为静电场的环路定理. 至此，我们证明了静电场力是保守力，静电场是保守场.

6.5.3　电势能

与物体在重力场中具有重力势能一样，电荷在静电场中的一定位置上具有一定的电势能，这个电势能是属于电荷—电场系统的，而静电场力对电荷所做的功等于电荷电势能的改变量. 如果以 E_{pA} 和 E_{pB} 分别表示试验电荷 q_0 在电场中点 A 点 B 处的电势能，则试验电荷从 A 移动到 B，静电场力对它做的功为

$$W_{AB} = E_{pA} - E_{pB} = -(E_{pB} - E_{pA})$$

或

$$W_{AB} = \int_A^B q_0 \boldsymbol{E}\cdot \mathrm{d}\boldsymbol{l} = E_{pA} - E_{pB} = -(E_{pB} - E_{pA}) \tag{6-14}$$

在国际单位制中，电势能的单位是焦耳，符号为 J.

电势能也和重力势能一样，是一个相对的量. 要决定电荷在电场中某一点电势能的值，也必须先选择一个电势能参考点，并设该点的电势能为零. 在式(6-14)中，若选 q_0 在点 B 处的电势能为零，即 $E_{pB}=0$，则有

$$E_{pA} = q_0\int_{AB} \boldsymbol{E}\cdot \mathrm{d}\boldsymbol{l} \tag{6-15}$$

这表明，试验电荷 q_0 在电场中某点处的电势能，在数值上就等于把它从该点移到零势能处静电场力所做的功.

6.6　电　　势

6.6.1　电势

电势是描述静电场性质的另一个重要物理量. 在式(6-14)中,如取

$$V_A = E_{pA}/q_0,\quad V_B = E_{pB}/q_0$$

V_A和V_B分别称为点A和点B的电势,那么式(6-14)可写成

$$V_A = \int_{AB} \boldsymbol{E}\cdot \mathrm{d}\boldsymbol{l} + V_B$$

电势V_B常叫做参考电势. 原则上参考电势V_B可取任意值. 通常在有限大的带电体形成的电场中取点B在无限远处的电势能和电势为零,即$E_{pB}=0, V_B=0$. 于是,电场中点A的电势为

$$V_A = \int_A^{\infty} \boldsymbol{E}\cdot \mathrm{d}\boldsymbol{l} \tag{6-16}$$

上式表明,电场中某一点A的电势V_A,在数值上等于把单位正试验电荷从点A移到无限远处时,静电场力所做的功.

电势是一个标量,它的单位是伏特简称伏,符号为V.

电场中点A和点B两点间的电势差用符号U_{AB}表示.

$$U_{AB} = V_A - V_B = -(V_B - V_A) = \int_{AB} \boldsymbol{E}\cdot \mathrm{d}\boldsymbol{l}$$

因此,如果知道了A、B两点间的电势差U_{AB},就可以很方便地求得把电荷q从点A移到点B时,静电场力所做的功W_{AB}.

$$W_{AB} = q\int_{AB} \boldsymbol{E}\cdot \mathrm{d}\boldsymbol{l} = qU_{AB} = q(V_A - V_B) = -q(V_B - V_A) \tag{6-17}$$

应当指出,电场中某一点的电势值与电势零点的选取有关,而电场中任意两点的电势差则与电势为零的参考点的选取无关.

在讨论电场力做功和电势能时,除了国际单位焦耳外,还有一常用单位:电子伏特($1\mathrm{eV}\approx 1.60\times 10^{-19}\mathrm{J}$).

6.6.2　点电荷电场的电势

设在点电荷q的电场中,点P距点电荷q的距离为r. 选取无限远处为电势零点,由式(6-16)和式(6-4)可得点P的电势为

$$V = \int_r^{\infty} \boldsymbol{E}\cdot \mathrm{d}\boldsymbol{l} = \frac{q}{4\pi\varepsilon_0}\frac{1}{r} \tag{6-18}$$

由上式可得,q为正电荷时,P点的电势为正值;q为负电荷时,P点的电势为负值.

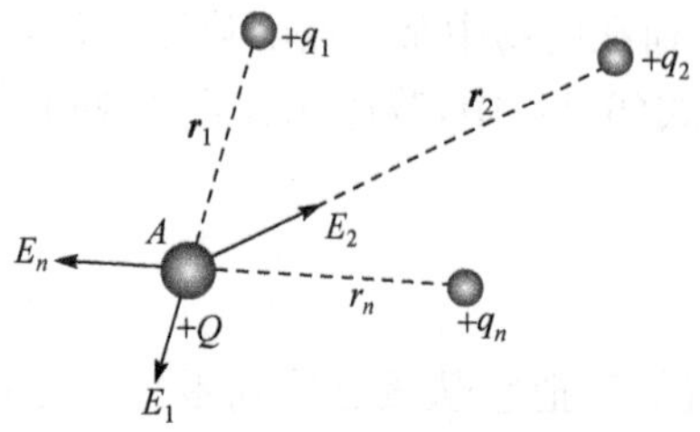

图6-19　电势叠加原理

6.6.3　电势的叠加原理

电势是标量,故对分布在有限区域由各个电荷构成的点电荷系来说,电场中某点的电势可逐一利用式(6-18)后,再求代数和而得.

如图6-19所示,真空中有一点电荷系,各电荷分别为$q_1, q_2, \cdots, q_i, \cdots, q_n$,从电场强度叠加原理我们知道,点

电荷系的电场中某点的电场强度 $\boldsymbol{E}$,等于各个点电荷独立存在时在该点建立的电场强度的矢量和,即

$$\boldsymbol{E}=\boldsymbol{E}_1+\boldsymbol{E}_2+\cdots+\boldsymbol{E}_i+\cdots+\boldsymbol{E}_n$$

于是,根据电势的定义式(6-16),可得点电荷系电场中点 A 的电势为

$$\begin{aligned}V_A &= \int_A^\infty \boldsymbol{E}\cdot \mathrm{d}\boldsymbol{l} = \int_A^\infty \boldsymbol{E}_1\cdot \mathrm{d}\boldsymbol{l} + \int_A^\infty \boldsymbol{E}_2\cdot \mathrm{d}\boldsymbol{l} + \cdots + \int_A^\infty \boldsymbol{E}_i\cdot \mathrm{d}\boldsymbol{l} + \cdots + \int_A^\infty \boldsymbol{E}_n\cdot \mathrm{d}\boldsymbol{l}\\ &= V_1+V_2+\cdots+V_i+\cdots+V_n\end{aligned}$$

式中 $V_1,V_2,\cdots,V_i,\cdots,V_n$ 分别为点电荷 $q_1,q_2,\cdots,q_i,\cdots,q_n$ 独立激发的电场中点 A 的电势. 由点电荷电势的计算式(6-17),上式写可成

$$V_A = \sum_{i=1}^{n} \frac{1}{4\pi\varepsilon_0}\frac{q_i}{r_i} \tag{6-19}$$

上式表明,点电荷系所激发的电场中某点的电势,等于各点电荷单独存在时在该点建立的电势的代数和. 这一结论叫做静电场的电势叠加原理. 对于电荷连续分布的带电体,可以把带电体分成许多的电荷元,每个电荷元 $\mathrm{d}q$ 在点 P 的电势为

$$\mathrm{d}V=\frac{1}{4\pi\varepsilon_0}\frac{\mathrm{d}q}{r}$$

而该点的电势则为这些电荷元电势的叠加,即

$$V = \frac{1}{4\pi\varepsilon_0}\int\frac{\mathrm{d}q}{r} \tag{6-20}$$

例 6.6 计算半径为 R、所带电量是 q 的均匀带电球面电场中一点 P 的电势.

解 球内外电场是

$$\boldsymbol{E}=\begin{cases}0, & r<R\\ \dfrac{q}{4\pi\varepsilon_0 r^3}\boldsymbol{r}, & r>R\end{cases}$$

选择积分路径是 r 的方向,则

$$V_{外} = \int_r^\infty \frac{q}{4\pi\varepsilon_0 r^3} r\cdot \mathrm{d}r = \frac{q}{4\pi\varepsilon_0 r}$$

$$V_{内} = \int_r^R 0\cdot \mathrm{d}r + \int_R^\infty \frac{q}{4\pi\varepsilon_0 r^3} r\cdot \mathrm{d}r = \frac{q}{4\pi\varepsilon_0 R}$$

电势 U 随 r 变化的关系如图 6-20 所示.

例 6.7 如图 6-21 所示,计算半径为 R、所带电量是 q 的均匀带电圆环轴线上一点 P 的电势.

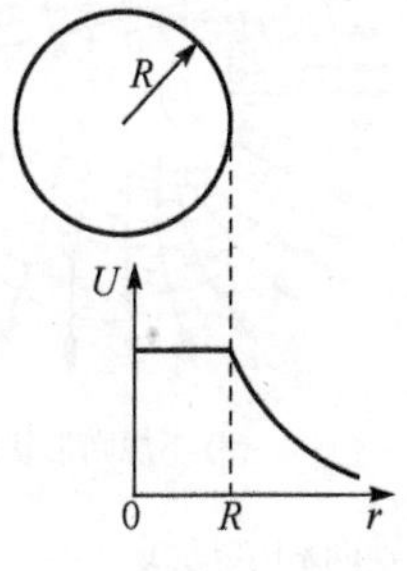

图 6-20

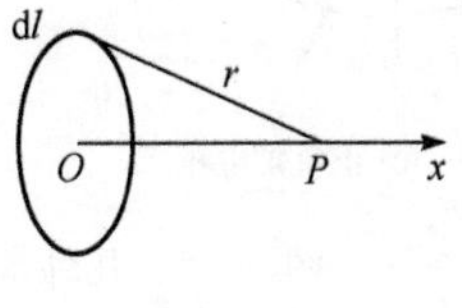

图 6-21

解　对电荷元 $dq=\lambda dl$，有

$$dV=\frac{dq}{4\pi\varepsilon_0 r}$$

求和得

$$V=\int_0^q \frac{dq}{4\pi\varepsilon_0 r}=\frac{q}{4\pi\varepsilon_0\sqrt{R^2+x^2}}$$

$$V=\begin{cases}\dfrac{q}{4\pi\varepsilon_0 R}, & x=0\text{ 处}\\[2ex] \dfrac{q}{4\pi\varepsilon_0 x}, & x\to\infty\text{处}\end{cases}$$

6.7　电场强度与电势梯度

6.7.1　等势面

在电场中，一般情况下电势是空间的函数，是逐点定义的，但总有一些点电势是相等的，这些电势相等的点所构成的曲面叫做等势面. 例如，点电荷 q 所激发的电场中，电势 $V=\dfrac{q}{4\pi\varepsilon_0 r}$ 只与距离 r 有关，所以点电荷电场中等势面为一系列以 q 为球心的同心球面. 不同的电荷分布具有不同形状的等势面，为了比较直观地比较场中各点的电势，画等势面时，使相邻等势面的电势差都相等，如图 6-22 所示，虚线表示等势面，实线为电场线.

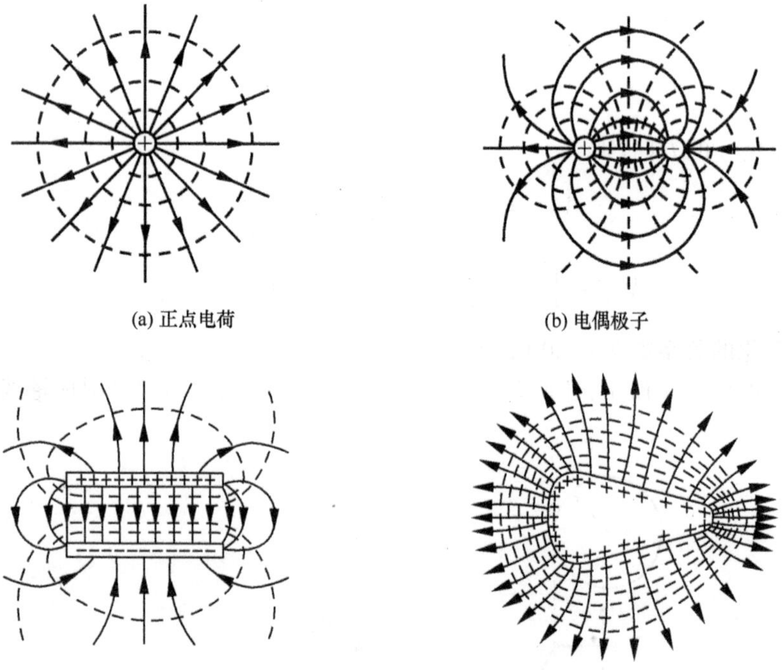

(a) 正点电荷　(b) 电偶极子　(c) 正负带电板　(d) 不规则形状的带电体

图 6-22　几种常见电场的等势面和电场线

显而易见，根据电势的定义可以知道，在电场中，电荷 q 沿等势面运动时，电场力对电荷不

做功,即 $q\boldsymbol{E}\cdot \mathrm{d}\boldsymbol{l}=0$. 由于 $q\boldsymbol{E}$ 和 $\mathrm{d}\boldsymbol{l}$ 均不为零,故上式成立的条件是:电场强度 $\boldsymbol{E}$ 必须与 $\mathrm{d}\boldsymbol{l}$ 垂直,即某点的 $\boldsymbol{E}$ 与通过该点的等势面垂直.

6.7.2 电场强度与电势梯度

如图 6-23 所示,设想在静电场中有两个靠得很近的等势面Ⅰ和Ⅱ,它们的电势分别为 V 和 $V+\Delta V$,在两等势面上分别取点 A 和点 B,这两点非常靠近,间距为 Δl ,因此,它们之间的电场强度 E 可以认为是不变的,设 Δl 与 E 之间的夹角为 θ ,则将单位正电荷由点 A 移到点 B,电场力所做的功由式(6-15)得

$$-(V_B-V_A)=\boldsymbol{E}\cdot\Delta\boldsymbol{l}=E\Delta l\cos\theta$$

因为 $-(V_B-V_A)=-\Delta V$ 以及电场强度 E 在 $\Delta\boldsymbol{l}$ 上的分量 $E\cos\theta=E_l$, 所以有

$$-\Delta V=E_l\Delta l$$

或

$$E_l=-\frac{\Delta V}{\Delta l} \tag{6-21}$$

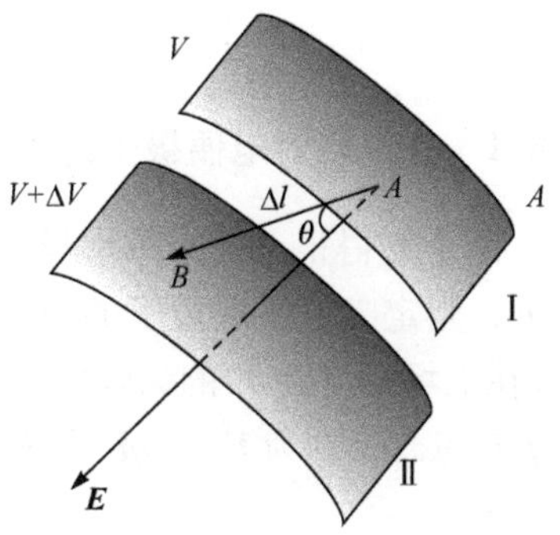

图 6-23 电场强度与电势梯度

当把 Δl 取得极小时 ,则$\dfrac{\Delta V}{\Delta l}$的极限值可写为

$$\lim_{\Delta l\to 0}\frac{\Delta V}{\Delta l}=\frac{\mathrm{d}V}{\mathrm{d}l} \tag{6-22}$$

$\dfrac{\mathrm{d}V}{\mathrm{d}l}$是沿 l 方向单位长度的电势变化率(也称为电势方向导数),显然,电势沿不同方向的单位长度变化率是不同的. 在电势的所有方向导数中,沿等势面法线方向的方向导数最大而且方向又可唯一确定. 我们把电势沿等势面 A 点法线方向的方向导数再乘以法线单位矢量 $\boldsymbol{e}_n$定义为电势 V 在 A 点的电势梯度. 电势梯度是矢量,通常用 $\mathrm{grad}V$ 表示,即 $\mathrm{grad}V=\dfrac{\mathrm{d}V}{\mathrm{d}l}\boldsymbol{e}_n$.

因为等势面上任一点电场强度的切向分量为零,所以电场中任意点 E 的大小就是该点 E 的法向分量 E_n. 于是,有

$$E=E_n=-\frac{\mathrm{d}V}{\mathrm{d}l_n} \tag{6-23}$$

式中,负号表示,当$\dfrac{\mathrm{d}V}{\mathrm{d}l_n}<0$ 时,$E>0$,即 E 的方向总是由高电势指向低电势,如果两等势面法线方向的单位法线矢量为 $\boldsymbol{e}_n$. 它的方向通常规定由低电势指向高电势. 式(6-23)可表示为

$$\boldsymbol{E}=-\frac{\mathrm{d}V}{\mathrm{d}l_n}\boldsymbol{e}_n \tag{6-24}$$

电场中任一点 E 的大小,等于该点电势沿等势面法线方向的空间变化率,E 的方向与法线方向相反(与电势梯度方向相反).

一般说来,在直角坐标系中,电势 V 是坐标 x、y 和 z 的函数,因此,如果把 x 轴、y 轴和 z 轴正方向分别取作 Δl 的方向,由式(6-21)可得,电场强度在这三个方向上的分量分别为

$$E_x=-\frac{\partial V}{\partial x},\quad E_y=-\frac{\partial V}{\partial y},\quad E_z=-\frac{\partial V}{\partial z} \tag{6-25}$$

写成矢量式为

$$\boldsymbol{E}=-\frac{\partial V}{\partial x}\boldsymbol{i}-\frac{\partial V}{\partial y}\boldsymbol{j}-\frac{\partial V}{\partial z}\boldsymbol{k}\ \text{或}\ \boldsymbol{E}=-\nabla V$$

式中，$\nabla=\frac{\partial}{\partial x}\boldsymbol{i}+\frac{\partial}{\partial y}\boldsymbol{j}+\frac{\partial}{\partial z}\boldsymbol{k}$ 具有矢量和微分两种作用，通常称哈密顿算符.

6.8　静电场中的电偶极子

6.8.1　外电场对电偶极子的力矩和取向作用

两个靠得很近的带等量异号的点电荷系统称为电偶极子，若点电荷带电量为 q，两点相距为 r_0. 则定义该电偶极子的电偶极矩 $\boldsymbol{P}_e=q\boldsymbol{r}_0$，$\boldsymbol{r}_0$ 的方向由负电荷指向正电荷. 如图 6-24 所示，在电场强度为 E 的匀强电场中，放置一电偶极矩为 $\boldsymbol{P}_e=q\boldsymbol{r}_0$ 的电偶极子，电场作用在 $+q$ 和 $-q$ 上的力分别为 $\boldsymbol{F}_+=q\boldsymbol{E}$ 和 $\boldsymbol{F}_-=-q\boldsymbol{E}$. 于是作用在电偶极子上的合力为

$$\boldsymbol{F}=\boldsymbol{F}_++\boldsymbol{F}_-=q\boldsymbol{E}-q\boldsymbol{E}=0$$

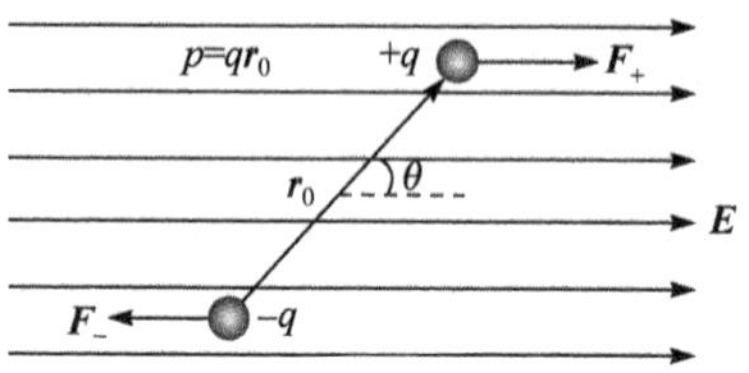

图 6-24　电偶极子

这表明，在均匀电场中，电偶极子不受电场力的作用. 但是，由于力 F_+ 和 F_- 的作用线不在同一直线上，它们构成力矩. 根据力矩的定义，电偶极子所受的力矩为

$$M=qr_0E\sin\theta=pE\sin\theta \tag{6-26}$$

上式的矢量形式为

$$\boldsymbol{M}=\boldsymbol{p}_e\times\boldsymbol{E} \tag{6-27}$$

6.8.2　电偶极子在电场中的电势能和平衡位置

如图 6-22 所示，电矩为 $\boldsymbol{P}_e=q\boldsymbol{r}_0$ 的电偶极子处于电场强度为 E 的匀强电场中. 设 $+q$ 和 $-q$ 所在处的电势分别为 V_+ 和 V_-，此电偶极子的电势能为

$$E_p=qV_+-qV_-=q\left(\frac{V_+-V_-}{r_0\cos\theta}\right)r_0\cos\theta=-qr_0E\cos\theta$$

有

$$E_p=-\boldsymbol{P}_e\cdot\boldsymbol{E} \tag{6-28}$$

上式表明，在均匀电场中电偶极子的电势能与电偶极矩在电场中的方位有关.

习　题　6

6-1　有人说："一点电荷在电场中受到的电场力越大，说明电场就越强，受到的电场力越小，说明电场就越弱."试分析他的说法对吗？

6-2　同一条电场线上任意两点的电势可以相等吗？为什么？

6-3　如果穿过一闭合曲面的电场强度通量不为零，是否在此闭合曲面上的电场强度一定是处处不为零？

6-4　电场中，有两点的电势差为零，如果在两点间选一路径，在这路径上，电场强度也处处为零吗？试说明之.

6-5　两个相同的小球，质量都是 m，带等值同号的电荷量 q，各用长为 l 的细线挂在同一点，如图所示，设平衡时两线间夹角 2θ 很小，试证下列近似等式 $x=\left(\frac{q^2 l}{2\pi\varepsilon_0 mg}\right)^{\frac{1}{3}}$，式中 x 为两小球平衡时的距离.

(1) 如果 $l=1.20\text{m}$，$m=10\text{g}$，$x=5.0\text{cm}$ 则每小球上电荷量 q 是多少？

(2) 如果每个球以 1.0×10^{-9} c/s 的变化率失去电荷，求两球彼此趋近的瞬时相对速度是多少？

6-6 两点电荷 q_1 和 q_2 相距为 d，若(1)两电荷同号；(2)两电荷异号，求两电荷电场连线上场强为零的位置.

6-7 α 粒子快速通过氢分子中心，其轨迹垂直于两核的连线，两核距离为 d，如图所示，问 α 粒子何处受力最大？假定 α 粒子穿过氢分子中心时两核没有移动，同时忽略分子中电子的电场.

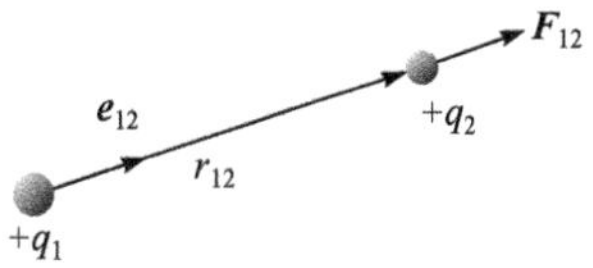

题 6-5 图

6-8 长 $l=15$cm 的直导线 AB 上均匀地分布着线密度 $\lambda=5\times10^{-9}$ c/m 的电荷，如图所示. 求：

(1) 在导线的延长线上与导线一端 B 相距处 P 点的场强；

(2) 在导线的垂直平分线上与导线中点相距处 Q 点的场强.

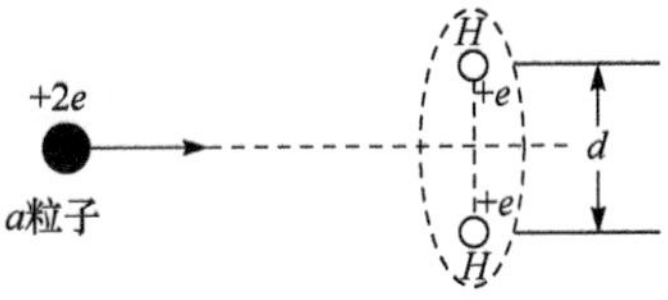

题 6-7 图

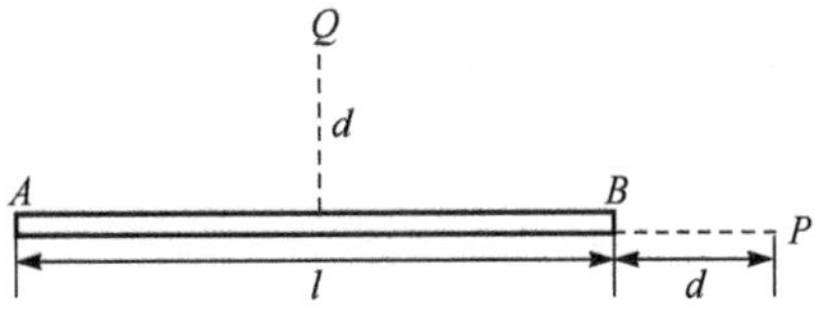

题 6-8 图

6-9 如图所示一半径为 r 的半球面均匀带电，电荷面密度为 σ，求球心处电场强度.

6-10 如图所示，在点电荷 q 的电场中，取半径为 R 的圆形平面，设 q 在垂直于平面并通过圆心 O 的轴线上 A 处，A 与圆心 O 距离为 d，计算通过此面的 E 通量.

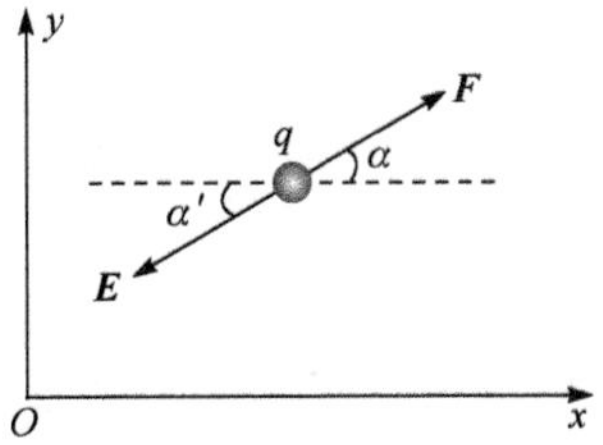

题 6-9 图

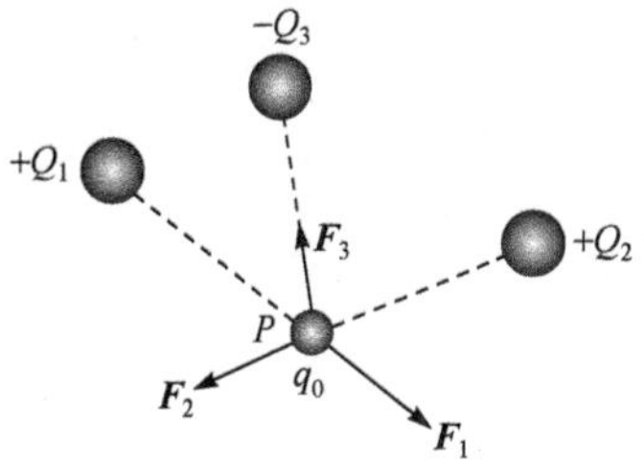

题 6-10 图

6-11 (1)地球表面附近的场强近似为 200V/m，方向指向地球中心试计算地球带的总电荷量.(设地球的半径为 6.37×10^{6}m).

(2) 在离地面 1400m 处，场强降为 20V/m，方向仍指向地球中心，试计算这 1400m 厚的大气层里的平均电荷密度.

6-12 在半径为 R，电荷体密度为 ρ 的均匀带电球内，抠去一个半径为 r 的小球，如图所示，试求：O'、O、P、P'各点场强(在直径的同一条直线上).

6-13 半径为 2mm 的球形水滴具有电势 300V，求：

(1) 水滴上所带的电荷量；

(2) 如果两个相同的上述水滴合成一个较大的水滴，其电势值是多少(假定结合时电荷没有漏失)？

6-14 如图所示，半径为 $R=8$cm 的薄圆盘，均匀带电，面电荷密度为 $\sigma=2\times10^{-5}\,\mathrm{C/m^2}$，求：

(1) 垂直于盘面的中心对称轴线上任一点 P 的电势(用 P 与盘心 O 的距离 x 来表示)；

(2) 从场强与电势的关系求该点的场强；

(3) 计算 $x=6$cm 处的电势和场强.

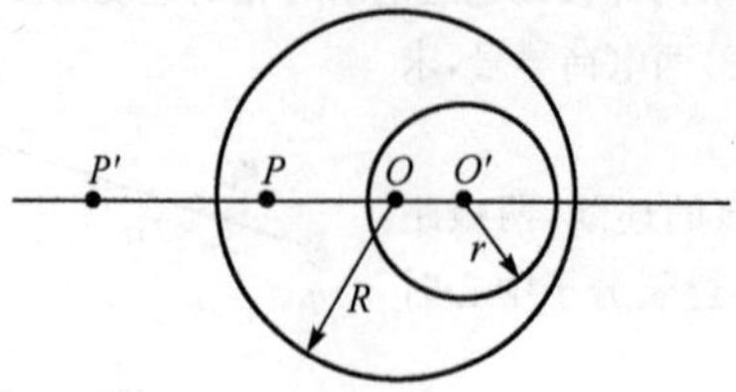

题 6-12 图

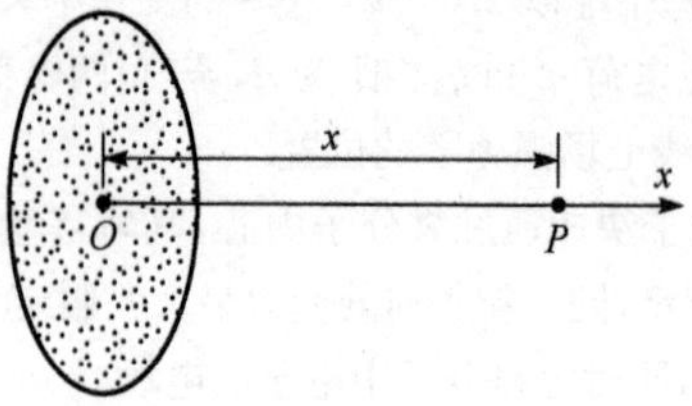

题 6-14 图

第 7 章　静电场中的导体和电介质

第 6 章讨论了真空中的静电场. 实际上在考虑具体应用时，静电场中总存在着导体或电介质，并且必须考虑它们对静电场的影响. 因此，本章在静电场规律的基础上，探讨静电场与场中导体以及电介质的相互影响和相互作用.

7.1　静电场中的导体

7.1.1　静电感应　静电平衡条件

金属导体由大量的带负电的自由电子和带正电的晶格点阵构成. 无论对整个导体或对导体中某一个小部分来说，自由电子的负电荷和晶格点阵的正电荷的总量是相等的，导体呈现电中性.

若把金属导体放在外电场中，导体中的自由电子在作无规则热运动的同时，还将在电场力作用下作宏观定向运动，从而使导体中的电荷重新分布. 在外电场作用下，引起导体中电荷重新分布而呈现出的带电现象，叫做静电感应现象.

如图 7-1 所示，在电场强度为 E_0 的均强电场中放入一块金属板 G，则在电场力的作用下，金属板内部的自由电子将逆着外电场的方向运动，使得 G 的两个侧面出现了等量异号的电荷. 于是，金属板的内部建立起一个附加电场，其电场强度 E' 和外来的电场强度 E_0 的方向相反. 这样，金属板内部的电场强度 E 就是 E_0 和 E' 的叠加. 开始时 $E'<E_0$，金属板内部的电场强度不为零，自由电子会不断地向左移动，从而使 E' 增大. 这个过程一直延续到金属板内部的电场强度等于零，即 $E=0$ 时为止. 这时，导体内没有电荷作定向运动，导体处于静电平衡状态.

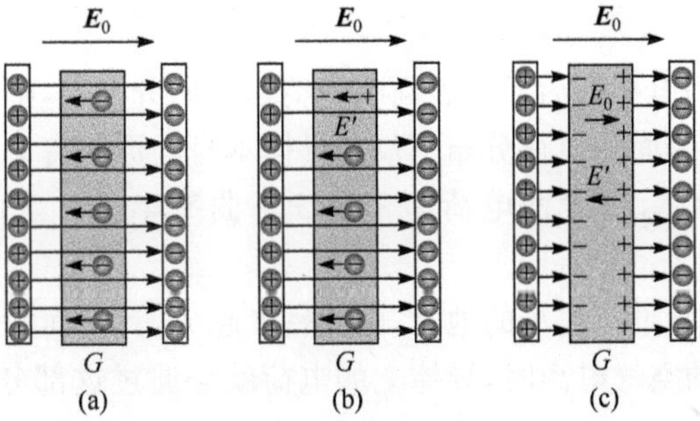

图 7-1　静电感应

当导体处于静电平衡状态时，满足以下条件：

(1) 导体内部任何一点处的电场强度为零；

(2) 导体表面处电场强度的方向，都与导体表面垂直；

(3) 导体为一等势体.

7.1.2　静电平衡时导体上电荷的分布

在静电平衡时，带电导体的电荷分布可运用高斯定理来讨论. 如图 7-2 所示，有一带电导体处于平衡状态，由于在静电平衡时，导体内的 E 为零，所以通过导体内任意高斯面的电场强度通量也必为零，即

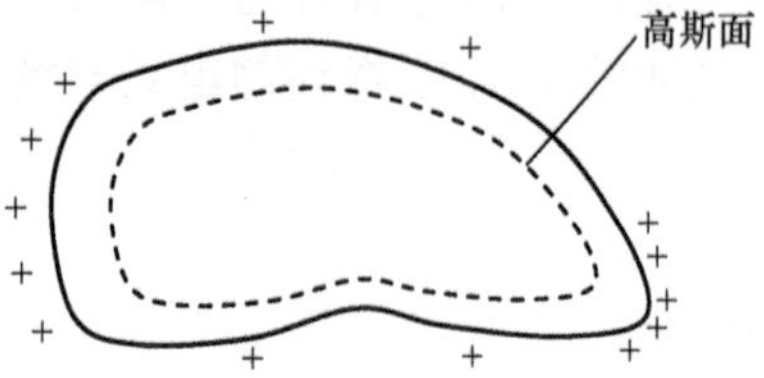

图 7-2　静电平衡电荷分布

$$\oint_S \boldsymbol{E} \cdot \mathrm{d}\boldsymbol{S} = 0$$

于是根据高斯定理，此高斯面内所包围的电荷的代数和必然为零，所以可得到如下结论：在静电平衡时，导体所带的电荷只能分布在导体表面上，导体内没有净电荷.

下面讨论带电导体表面的电荷面密度与其邻近处电场强度的关系. 如图 7-3 所示，设在导体表面上取一圆形面积元 ΔS，当 ΔS 足够小时，ΔS 上的电荷分布可当成是均匀的，其电荷面密度为 σ，于是 ΔS 上的电荷为 $\Delta q=\sigma\Delta S$. 以面积元 ΔS 为底面积作一如图 7-3 所示的扁圆柱形高斯面，下底面处于导体内部. 由于电场强度为零，所以通过下底面的电场强度通量为零；在侧面上，电场强度要么为零，要么与侧面的法线垂直，所以通过侧面的电场强度通量也为零；只有在上底面上，电场强度 E 与 ΔS 垂直，所以通过上底面的电场强度通量为 $E \cdot \Delta S$，这也就是通过扁圆柱形高斯面的电场强度通量. 由于此高斯面包围的电荷为 $\sigma\Delta S$，所以，根据高斯定理可有

$$\oint_S \boldsymbol{E} \cdot \mathrm{d}\boldsymbol{S} = E\Delta S = \frac{\sigma\Delta S}{\varepsilon_0}$$

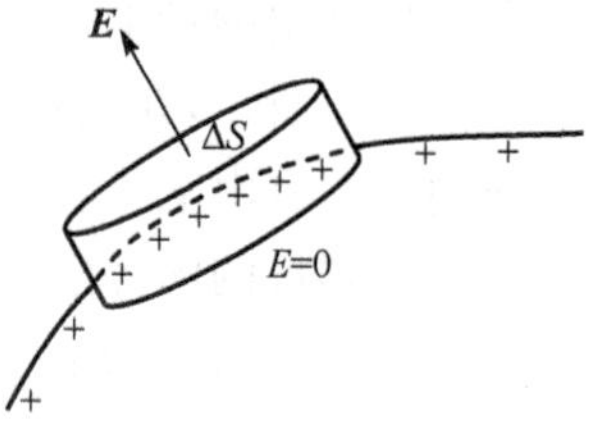

图 7-3　电场强度与电荷关系

即

$$E=\frac{\sigma}{\varepsilon_0} \tag{7-1}$$

其方向与导体表面垂直.

至于带电导体达到静电平衡后导体表面的电荷是如何分布的，则是一个复杂问题，定量研究是很困难的，因为导体表面的电荷分布不仅与导体本身的形状有关，而且还与导体周围的环境有关. 即使对于孤立导体，其表面电荷面密度 σ 与曲率半径 r 之间也不存在单一的函数关系.

一般地说，导体的曲率半径越小的地方，电荷密度越大，其表面的电场强度越大. 当电场强度大到足以使导体表面的空气电离时，导体上的电荷就会通过这部分电离的空气释放而形成尖端放电.

尖端放电会使电能白白损耗，还会干扰精密测量和通信. 然而尖端放电也有很广的用途.

7.2　电容　电容器

电容是电学中一个重要的物理量，电容的主要物理特征是储存电荷. 由于电荷的储存意味着能的储存，因此也可说电容(器)是一个储能元件，确切地说是储存电能. 两个平行的金属板

即构成一个电容器.电容(器)也有多种,它包括固定电容、可变电容、电解电容、瓷片电容、云母电容、涤纶电容、钽电容等,其中钽电容特别稳定.电容(器)有固定电容和可变电容之分.固定电容(器)在电路中常用来作为耦合、滤波、积分、微分,与电阻一起构成 RC 充放电电路,与电感一起构成 LC 振荡电路等.可变电容(器)由于其容量在一定范围内可以任意改变,所以当它和电感一起构成 LC 回路时,回路的谐振频率就会随着可变电容(器)容量的变化而变化.一般接收机电路就是利用这样一个原理来改变接收机的接收频率的.

7.2.1 孤立导体的电容

在真空中,有一半径为 R,电荷为 Q 的孤立球形导体,它的电势为

$$V=\frac{1}{4\pi\varepsilon_0}\frac{Q}{R}$$

当电势 V 一定时,球的半径 R 越大,它所带电荷 Q 也越多.但 $\frac{Q}{V}$ 却是一个常量.于是,我们把孤立导体所带电荷 Q 与其电势 V 的比值叫做孤立导体的电容,电容的符号为 C,有

$$C=\frac{Q}{V} \tag{7-2}$$

对于在真空中孤立球形导体来说,其电容为

$$C=\frac{Q}{V}=\frac{Q}{\frac{1}{4\pi\varepsilon_0}\frac{Q}{R}}=4\pi\varepsilon_0 R$$

由上式可以看出,真空中球形孤立导体的电容正比于球的半径.应当指出,电容是表述导体电学性质的物理量,它与导体是否带电无关.

在国际单位制中,电容的单位为法拉(Farad),符号为 F.在实际应用中,常用微法 μF、皮法 pF 等作为电容的单位,它们之间的关系为

$$1\text{F}=10^6\mu\text{F}=10^{12}\text{pF}$$

7.2.2 电容器

我们把两个能够带有等值而异号电荷的导体所组成的系统叫做电容器.如图 7-4 所示,两个导体 A、B 放在真空中,它们所带的电荷分别为 $+Q$ 和 $-Q$,如果它们的电势分别为 V_1 和 V_2,那么它们之间的电势差为

$$U=V_1-V_2$$

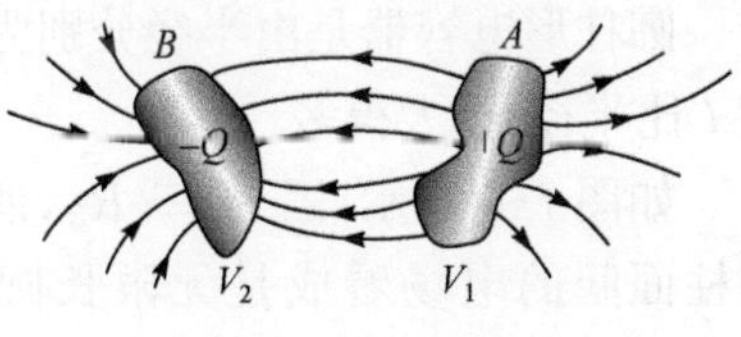

图 7-4 导体组电容

电容器的电容定义为:两导体中任何一个导体所带的电荷 Q 与两导体间电势差 U 的比值,即

$$C=\frac{Q}{U} \tag{7-3}$$

导体 A 和 B 常称作电容器的两个电极或极板.

1. 平板电容器

如图 7-5 所示，平板电容器由两个彼此靠得很近的平行板 A、B 所组成，两极板的面积均为 S. 设两极板分别带有 $+Q$ 和 $-Q$ 的电荷，于是每块极板上的电荷面密度为 $\sigma=Q/S$ ，略去极板的边缘效应，两极板之间的场强为

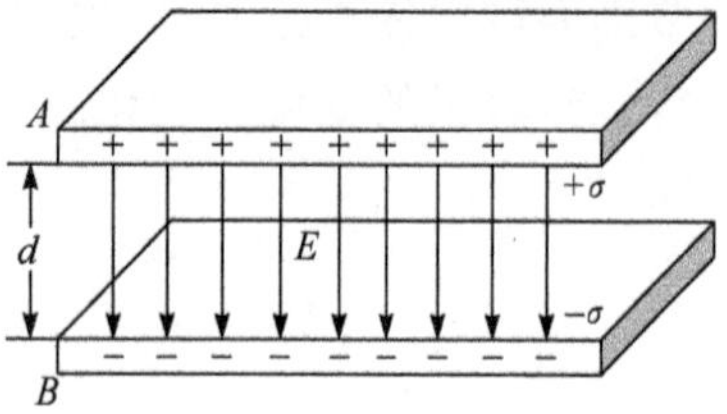

图 7-5　平行板电容器

$$E=\frac{\sigma}{\varepsilon_0}=\frac{Q}{\varepsilon_0 S}$$

于是极板间的电势差为

$$U=\int_{AB}\boldsymbol{E}\cdot \mathrm{d}\boldsymbol{l}=Ed=\frac{Qd}{\varepsilon_0 S}$$

由电容器电容的定义式(7-3)，可得平板电容器的电容为

$$C=\frac{Q}{U}=\frac{\varepsilon_0 S}{d} \tag{7-4}$$

从式(7-4)可见，平板电容器的电容与极板的面积成正比，与极板间的距离成反比.

例 7.1　平行平板电容器的极板是边长为 l 的正方形，两板之间的距离 $d=1\text{mm}$. 如两极板的电势差为 100V，要使极板上储存 $\pm10^{-4}\text{C}$ 的电荷，边长 l 应取多大才行.

解　如使电容器的电势差在 100V 时，极板上有 10^{-4}C 的电荷，其电容量为

$$C=\frac{Q}{U}=\frac{10^{-4}}{100}\text{F}=10^{-6}\text{F}$$

由于极板的面积为 $S=l^2$，故由式(7-4)可得

$$l=\sqrt{\frac{Cd}{\varepsilon_0}}$$

代入已知数据，有

$$l=\sqrt{\frac{10^{-6}\times10^{-3}}{8.85\times10^{12}}}\text{m}=10.6\text{m}$$

2. 圆柱形电容器

圆柱形电容器是由半径分别为 R_A 和 R_B 的两同轴圆柱导体面 A 和 B 所构成，且圆柱的长度 l 比半径 R_B 大得多.

如图 7-6 所示，因为 $l\gg R_B$，所以可把 A、B 两圆柱面间的电场看成是无限长圆柱面的电场. 设内、外圆柱面各带有 $+Q$ 和 $-Q$ 的电荷，则单位长度上的电荷 $\lambda=Q/l$. 两圆柱面之间距圆柱的轴线为 r 处的电场强度 E 的大小为

$$E=\frac{\lambda}{2\pi\varepsilon_0 r}=\frac{Q}{2\pi\varepsilon_0 l}\frac{1}{r}$$

电场强度方向垂直于圆柱轴线. 于是，两圆柱面间的电势差为

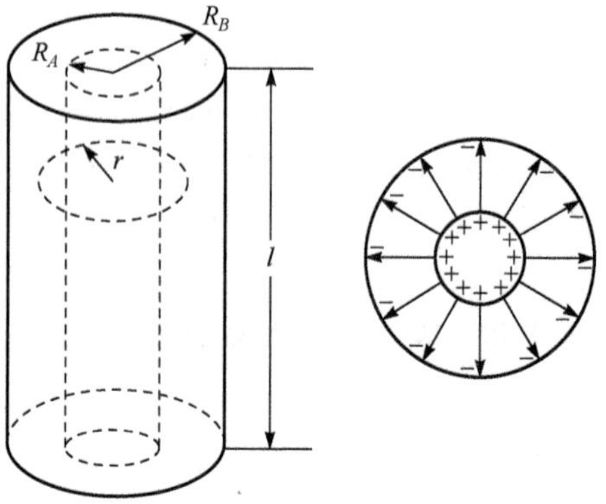

图 7-6　柱形电容器

$$U=\int_l \boldsymbol{E}\cdot \mathrm{d}\boldsymbol{r}=\int_{R_A}^{R_B}\frac{Q}{2\pi\varepsilon_0 l}\frac{\mathrm{d}r}{r}=\frac{Q}{2\pi\varepsilon_0 l}\ln\frac{R_B}{R_A}$$

根据式(7-3)，则得圆柱形电容器的电容为

$$C=\frac{Q}{U}=\frac{2\pi\varepsilon_0 l}{\ln\dfrac{R_B}{R_A}} \tag{7-5}$$

可见，圆柱越长，电容 C 越大；两圆柱面间的间隙越小，电容 C 也越大. 如果以 d 表示两圆柱体面间的间隙，有 $d+R_A=R_B$. 当 $d\ll R_A$时，有

$$\ln\frac{R_B}{R_A}=\ln\frac{R_A+d}{R_A}\approx\frac{d}{R_A}$$

3. 球形电容器的电容

球形电容器是由半径分别为 R_1和 R_2的($R_1< R_2$)两个同心金属球壳所组成，设内球壳带正电$+Q$，外球壳带负电$-Q$，内、外球壳之间的电势差为 U，由高斯定理可求得两球壳之间的电场强度为

$$\boldsymbol{E}=\frac{Q}{4\pi\varepsilon_0 r^2}\boldsymbol{e}_r \quad (R_1<r<R_2)$$

所以，两球壳之间的电势差为

$$U=\int_l \boldsymbol{E}\cdot \mathrm{d}\boldsymbol{l}=\int_{R_1}^{R_2}\frac{Q}{4\pi\varepsilon_0}\frac{\mathrm{d}r}{r^2}=\frac{Q}{4\pi\varepsilon_0}\left(\frac{1}{R_1}-\frac{1}{R_2}\right)$$

于是，由电容器电容的定义式(7-3)，可求得球形电容器的电容为

$$C=\frac{Q}{U}=4\pi\varepsilon_0\left(\frac{R_1R_2}{R_2-R_1}\right)$$

若 $R_2\to\infty$，有 $C=4\pi\varepsilon_0 R_1$，此即孤立导体球电容的公式.

7.2.3 电容器的连接

电容器的性能和规格中有两个主要指标，一是电容器的电容量即电容；二是耐压本领即电容器安全工作所能加给它的最大电压. 也就是说，在使用电容器时，加在两极板间的电压(电势差)不能超过所规定的耐压值，否则电容器内的电介质被击穿，失去绝缘性，两极板连通电容器被破坏不能工作.

1. 串联

串联的目的是提高电容器组的耐压值或耐压能力，但相应电容器组的电容量变小. 如图 7-7 所示，把 n 个电容器 $C_1,C_2,\cdots,C_n$的正负极板依次相接，这种连接法称为串联. 串联电容器的特点有：一是各极板的带电量都相同，即都是$|q|$；二是总电势差(电压)等于每个电容器电势差(电压)的代数和，即

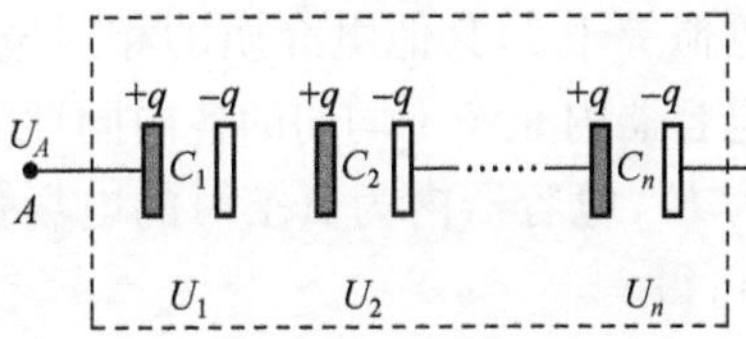

图 7-7 电容的串联

$$U_A-U_B=U_1-U_2+\cdots+U_n=\frac{q}{C_1}+\frac{q}{C_2}+\cdots+\frac{q}{C_n}$$

通常称 A、B 间的电容即电容器组的电容为等效电容或等值电容. 由电容器电容的定义得

$$C_{串}=\frac{q}{U_A-U_B}=\frac{1}{\frac{1}{C_1}+\frac{1}{C_2}+\cdots+\frac{1}{C_3}}$$

即

$$\frac{1}{C_{串}}=\frac{1}{C_1}+\frac{1}{C_2}+\cdots+\frac{1}{C_n} \tag{7-6}$$

2. 并联

并联的目的是提高电容器组的电容量，但耐压值变小，即以其中耐压值最小的耐压值为电容器组的耐压值.

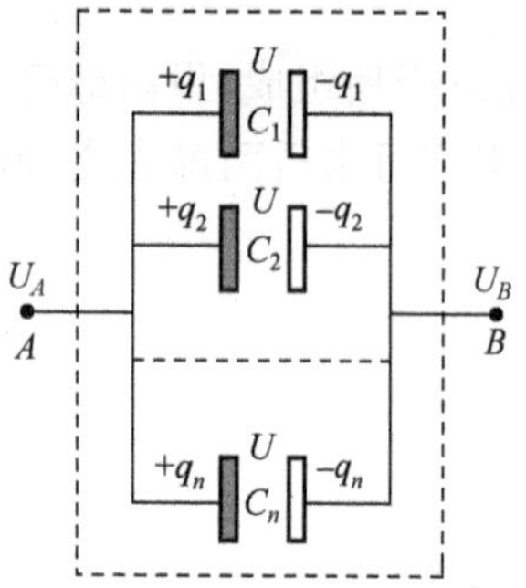

图 7-8　电容的并联

有 n 个电容器 $C_1, C_2, \cdots, C_n$，把它们的正、负极板分别相接，这种连接方法称并联，如图 7-8 所示. 并联的特点有：一是各电容器两极板间的电势差（电压）都是 U_A-U_B；二是总带电量等于每个电容带电量的代数和，即

$$q=q_1+q_2+\cdots+q_n$$

两端同除 U_A-U_B 得

$$C_{并}=C_1+C_2+\cdots+C_n \tag{7-7}$$

3. 混联

既有串联又有并联的连接方法称为混联. 混联后的电容器组不仅能提高耐压能力，而且也能按需调整电容量. 这可根据实际需要灵活运用与连接.

7.3　静电场中的电介质

7.3.1　电介质对电容的影响　相对电容率

如图 7-9 所示，一面积为 S、相距为 d 的平板电容器，极板间为真空，其电容为 C_0. 若对此电容器充电，从实验测得两极板间的电压为 U_0，由此可知极板上的电荷为 $Q=C_0U_0$. 此时若撤去电源，维持极板上的电荷 Q 不变，并使两极板间充满均匀的各向同性的电介质，如图 7-9 所示，从实验测得 $U=U_0/\varepsilon_r$. 由平板电容器电容公式(7-2)可得

$$C=\varepsilon_r C_0 \tag{7-8}$$

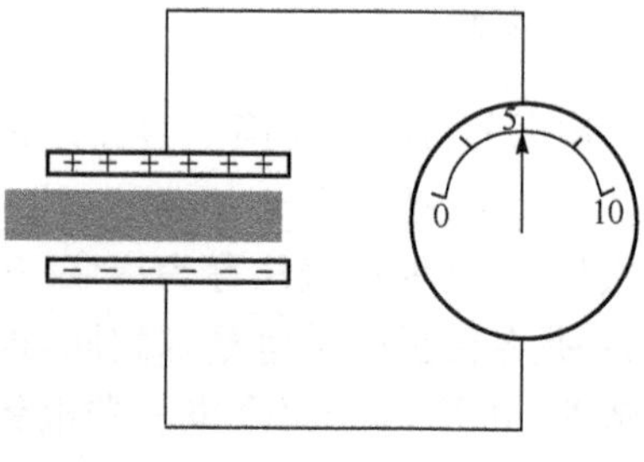

图 7-9　介质对电容的影响

ε_r 叫做电介质的相对电容率；相对电容率 ε_r 与真空电容率 ε_0 的乘积叫做电容率 ε，即 $\varepsilon=\varepsilon_0\varepsilon_r$. 空气的相对电容率近似等于 1，其他电介质的相对电容率均大于 1. 若平板电容器内充满了均匀的各向同性的电介质时的电场强度为 E，电容器内为真空时的电场强度为 E_0. 由 $U=U_0/\varepsilon_r$ 可得

$$E=\frac{E_0}{\varepsilon_r} \tag{7-9}$$

上式表明，在两极板电荷不变的条件下，充满均匀的各向同性电介质的平板电容器中，电

介质内任意点的电场强度为原来真空时的电场强度的 $1/\varepsilon_r$.

电介质所能承受的最大电压称击穿电压，此时介质中的相应的电场强度称击穿场强.

7.3.2 电介质的极化

在构成电介质的分子中，原子核和电子之间的引力相当大，使得电子和原子核结合得非常紧密，电子处于束缚状态. 所以，在电介质内几乎不存在可自由运动的电荷. 当把电介质放到外电场中时，电介质中的电子等带电粒子，也只能在电场力作用下作微观的相对运动.

各向同性的电介质可分成两类：有些材料，如氢、甲烷、石蜡、聚苯乙烯等，它们的分子正、负电荷中心在无外电场时是重合的，这种分子叫做无极分子；有些材料，如水、有机玻璃、纤维素、聚氯乙烯等，即使在外电场不存在时，它们的分子正、负电荷中心也是不重合的，这种分子相当于一个有着固有电偶极矩的电偶极子，所以这种分子叫做有极分子.

(1) 无极分子. 如图 7-10 所示，在外电场 $\boldsymbol{E}$ 的作用下，无极分子中的正、负电荷将偏离原来的位置，正、负电荷中心将产生相对位移 r_0，位移的大小与电场强度大小有关. 这时，每个分子可以看成是一个电偶极子. 电偶极子的电偶极矩 $\boldsymbol{P}$ 的方向和外电场 $\boldsymbol{E}$ 的方向将大体一致，这种电偶极矩叫做诱导电偶极矩.

(2) 有极分子. 对于由有极分子构成的电介质来说，每个分子都可当成一个电偶极子，并有一定的固有电偶极矩，但在没有外电场的情况下，由于分子的热运动，电介质中各电偶极子的电偶极矩的排列是无序的，所以电介质对外不呈现电性，在有外电场作用的情况下，电偶极子都要受到力矩 $\boldsymbol{M}=\boldsymbol{P}\times\boldsymbol{E}$ 的作用. 在此力矩的作用下，电介质中各电偶极子的电偶极矩将转向外电场的方向，如图 7-11 所示.

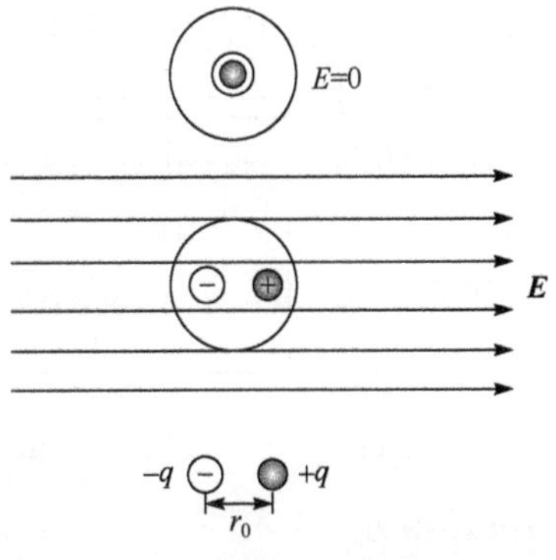

图 7-10 无极分子

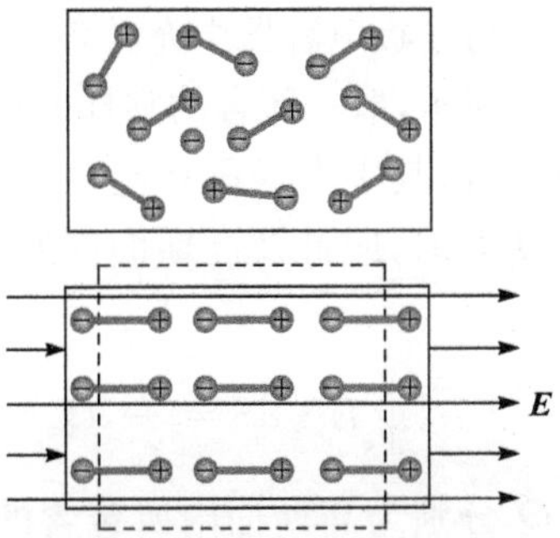

图 7-11 有极分子

处于外电场作用下的电介质内，任一小体积内所含有的异号电荷数量相等，即电荷体密度仍然保持为零. 但在电介质与外电场垂直的两个表面上却要分别出现正电荷和负电荷，但这种正电荷或负电荷是不能用诸如接地之类的导电方法使它们脱离电介质中原子核的束缚而单独存在的，所以把它们叫做极化电荷或束缚电荷，以与自由电荷区别. 这种在外电场作用下介质表面产生极化电荷的现象，叫做电介质的极化现象.

综上所述，在静电场中，虽然不同电介质极化的微观机理不尽相同，但是在宏观上都表现为在电介质表面上出现极化面电荷. 所以，在静电范围内，就不需要把这两类电介质分开讨论.

7.3.3 电极化强度

在电介质中任取一宏观小体积 ΔV，当外电场存在时，电介质将被极化，此小体积中分子电偶

极矩 $\boldsymbol{P}_e$ 矢量和将不为零，即 $\sum\boldsymbol{P}_e\neq 0$. 外电场越强，分子电偶极矩的矢量和越大. 因此，我们用单位体积中分子电偶极矩的矢量和来表示电介质的极化程度，即

$$\boldsymbol{P}=\frac{\sum\boldsymbol{P}_e}{\Delta V} \tag{7-10}$$

$\boldsymbol{P}$ 叫做电极化强度. 电极化强度的单位是 $\mathrm{C/m^2}$.

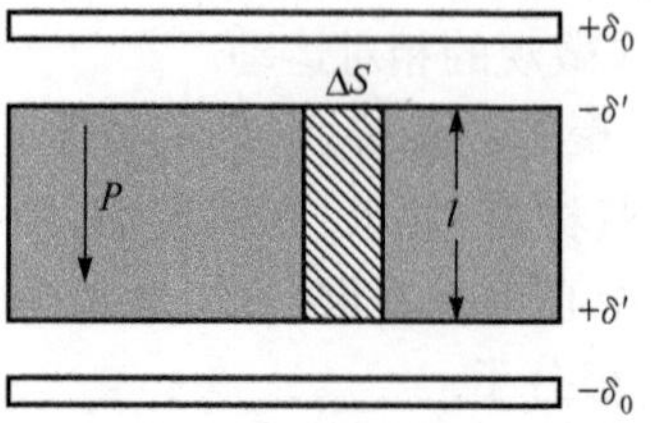

图 7-12　极化强度

以平行平板电容器例，如图 7-12 所示，在电介质中取一长为 l ，底面积 ΔS 的柱体，柱体两底面的极化电荷密度分别为 $-\sigma$ 和 $+\sigma'$. 由于是均匀的电介质，柱体内所有分子电偶极矩的矢量和的大小为

$$\sum\boldsymbol{P}_e=\sigma'\Delta Sl$$

因此，式(7-10)电极化强度的大小为

$$p=\frac{\sum\boldsymbol{P}_e}{\Delta V}=\frac{\sigma'\Delta Sl}{\Delta Sl}=\sigma' \tag{7-11}$$

上式表明，平板电容器中的均匀电介质，其电极化强度的大小等于极化产生的极化电荷面密度.

7.4　电位移　有电介质时的高斯定理

电介质放在电场中，受电场的作用而极化，产生极化电荷，极化电荷又会反过来影响电场的分布，有电介质存在时的电场应该由电介质上的极化电荷和自由电荷共同决定.

下面以平行平板电容器中充满各向同性的电介质为例来讨论，如图 7-13 所示，取一闭合的圆柱面作为高斯面，高斯面的两底面与极板平行，其中下底面在电介质内，底面的面积为 S，计算总电场强度 $\boldsymbol{E}$ 时，应计及高斯面内所包含的自由电荷和极化电荷，即

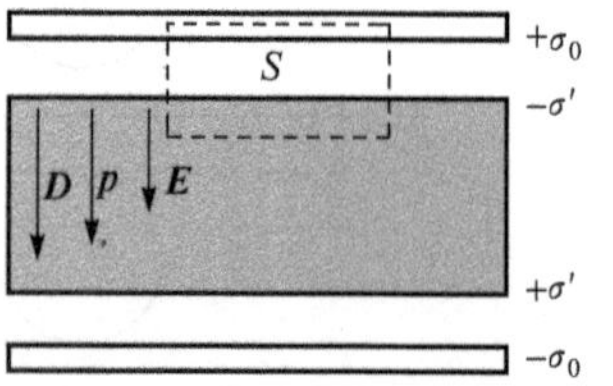

图 7-13　电位移

$$\oint_S E\cdot\mathrm{d}S=\frac{1}{\varepsilon_0}(Q_0+Q') \tag{7-12}$$

式中，Q_0 和 Q' 分别为高斯面内所包含的自由电荷和极化电荷.
$E=E_0+E'$ 为介质内总电场强度(代表合电场强度)，其大小为

$$E=E_0-E' \tag{7-13}$$

设极板上自由电荷的面密度为 σ，极化电荷的面密度为 σ'，自由电荷和极化电荷在两平板间激发的电场强度和极化电场强度分别为 E_0 和 E'，其大小分别为

$$E_0=\frac{\sigma}{\varepsilon_0},\qquad E'=\frac{\sigma'}{\varepsilon_0}$$

将 E_0 和 E' 代入式(7-13)，考虑到式(7-9)得

$$\frac{\sigma}{\varepsilon_0}-\frac{\sigma'}{\varepsilon_0}=\frac{\sigma}{\varepsilon_0\varepsilon_r}$$

从而可得

$$\sigma'=\left(1-\frac{1}{\varepsilon_r}\right)\sigma$$

由于 $Q_0=\sigma S, Q'=\sigma' S$，上式也可写成

$$Q'=\frac{\varepsilon_r-1}{\varepsilon_r}Q_0 \tag{7-14}$$

将式(7-14)代入式(7-12)有

$$\oint_S \varepsilon_r\varepsilon_0 \boldsymbol{E}\cdot d\boldsymbol{S}=Q_0$$

令

$$\boldsymbol{D}=\varepsilon_r\varepsilon_0\boldsymbol{E}=\varepsilon\boldsymbol{E} \tag{7-15}$$

$\boldsymbol{D}$ 叫做电位移矢量，其单位为 C/m^2，相对电容率 ε_r 与真空电容率 ε_0 的乘积叫做该电介质绝对电容率 ε，即 $\varepsilon=\varepsilon_r\varepsilon_0$. 上式可写成

$$\oint_S \boldsymbol{D}\cdot d\boldsymbol{S}=Q_0 \tag{7-16}$$

式中，$\oint_S \boldsymbol{D}\cdot d\boldsymbol{S}$ 是通过闭合曲面 S 的电位移矢量通量.

式(7-16)虽然是从平行板电容器特例中得出的，但可以证明在一般情况下也是正确的. 有电介质时的高斯定理叙述如下：在静电场，通过任意闭合曲面的电位移矢量通量等于该闭合曲面所包围的自由电荷的代数和，与束缚电荷无关. 其数学表达式为

$$\oint_S \boldsymbol{D}\cdot d\boldsymbol{S}=\sum_{i=1}^{N}Q_i \tag{7-17}$$

式(7-17)使电介质中电场的计算比较简单. 在有一定对称性的情况下，可利用式(7-16)先把 $\boldsymbol{D}$ 求出，无需知道极化电荷多少，然后利用式(7-15)求出电场强度 $\boldsymbol{E}$.

由式(7-11)和式(7-14)可得电位移矢量 $\boldsymbol{D}$，电场强度 $\boldsymbol{E}$ 和电极化强度 $\boldsymbol{P}$ 之间的关系为

$$\boldsymbol{D}=\varepsilon_0\boldsymbol{E}+\boldsymbol{P} \tag{7-18}$$

例 7.2 如图 7-14 所示，设一带电量为 Q 的点电荷周围充满绝对电容率为 ε 的均匀介质，求电场强度分布.

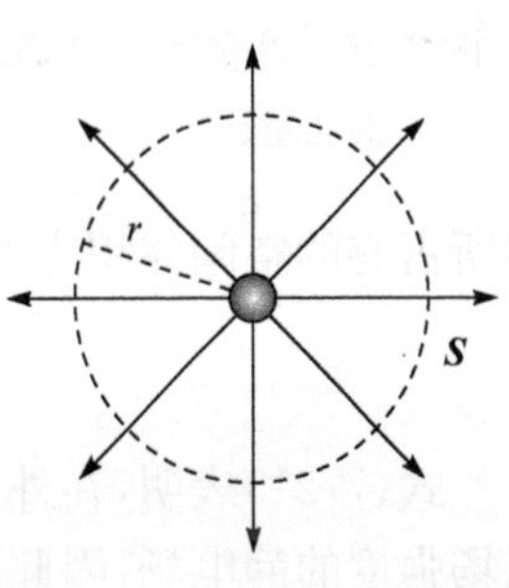

图 7-14

解 以点电荷为中心作半径为 r 的高斯面 S，根据有介质的高斯定理

$$\oint_S \boldsymbol{D}\cdot d\boldsymbol{S}=D4\pi r^2=Q$$

所以

$$D=\frac{Q}{4\pi r^2}$$

$$E=\frac{D}{\varepsilon}=\frac{Q}{4\pi\varepsilon r^2}$$

7.5 静电场的能量 能量密度

7.5.1 孤立带电导体的电能

设有一电中性导体，我们用非静电力把导体中的自由电子一点一点地移到无限远处，最后导体带电量为 Q，非静电力克服静电吸引力做的功储存在 Q 所激发的电场中，若过程中导体的带电量为 q，电势为 v，在此基础上再把 dq 从导体上分离开并移到无限远处，外力的元功为

$$dA = v dq$$

全过程非静电力的总功为

$$A = \int_Q dA = \int_0^Q v dq = \int_0^Q \frac{q}{C} dq = \frac{1}{2}\frac{Q^2}{C}$$

根据功能原理,这个功 A 转变成电场的能量

$$W = A = \frac{1}{2}\frac{Q^2}{C}$$

或

$$W = A = \frac{1}{2}CV^2 = \frac{1}{2}QV \tag{7-19}$$

7.5.2　电容器的电能

如图 7-15 所示,有一电容为 C 的平行平板电容器正处于充电过程中,设在某时刻两极板之间的电势差为 U,此时若继续把 $+dq$ 电荷从带负电的极板移到带正电的极板,外力因克服静电力而需做的功为

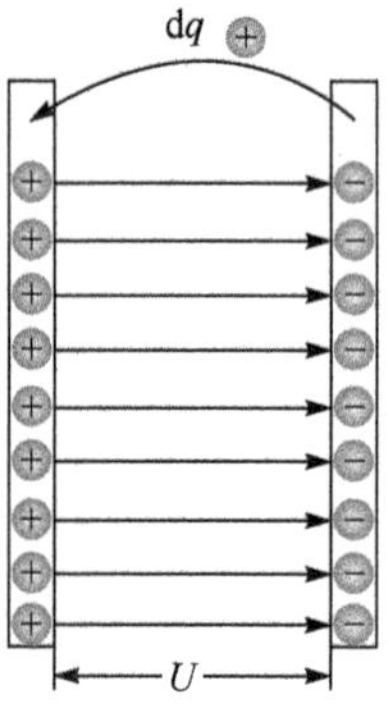

图 7-15　电容器的能量

$$dW = U dq = \frac{1}{C} q\, dq$$

欲使电容器两极板分别带有 $\pm Q$ 的电荷,则外力做的总功为

$$W = \frac{1}{C}\int_0^Q q dq = \frac{Q^2}{2C} = \frac{1}{2}QU = \frac{1}{2}CU^2 \tag{7-20}$$

从上述讨论可见,在电容器的带电过程中,外力通过克服静电场力做功,把非静电能转换为电容器的电能了.

7.5.3　静电场的能量　能量密度

对于极板面积为 S ,间距为 d 的平板电容器,若不计边缘效应,则电场所占有的空间体积为 Sd ,于是此电容器储存的能量也可以写成

$$W_e = \frac{1}{2}CU^2 = \frac{1}{2}\frac{\varepsilon S}{d}(Ed)^2 = \frac{1}{2}\varepsilon E^2 Sd \tag{7-21}$$

式(7-21)表明,在外力做功的情况下,使原来没有电场的电容器的两极板间建立了有确定电场强度的静电场,因此电容器能量的携带者应当是电场.

由此可知单位体积电场内所具有的电场能量为

$$w_e = \frac{1}{2}\varepsilon E^2 \tag{7-22}$$

w_e 叫做电场的能量密度. 式(7-22)虽是从平板电容器导出的,但它适用于一般情况.

例 7.3　如图 7-16 所示,球形电容器的内、外半径分别为 R_1 和 R_2,所带电荷为 $\pm Q$. 若在两球壳间充以电容率为 ε 的电介质,问此电容器储存的电场能量为多少?

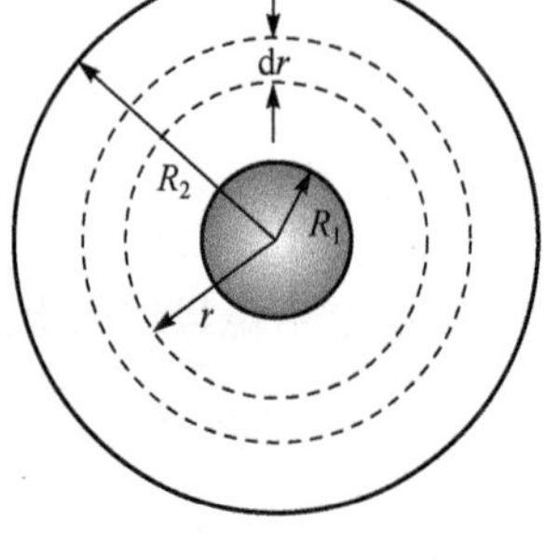

图 7-16

解　若球形电容器极板上的电荷是均匀分布的,则球壳间电场亦是对称分布的. 由高斯定理可求得球壳间电场强度为

$$\boldsymbol{E}=\frac{1}{4\pi\varepsilon}\frac{Q}{r^2}\boldsymbol{e}_r \quad (R_1<r<R_2)$$

$$w_e=\frac{1}{2}\varepsilon E^2=\frac{Q^2}{32\pi^2\varepsilon r^2}$$

取半径为 r ,厚度为 dr 的球壳,其体积元为 $dV=4\pi r^2 dr$. 所以,在此体积元内电场的能量为

$$dW_e=w_e dV=\frac{Q^2}{8\pi\varepsilon r^2}dr$$

电场总能量为

$$W_e=\int dW_e=\frac{Q^2}{8\pi\varepsilon}\int_{R_1}^{R_2}\frac{dr}{r^2}=\frac{Q^2}{8\pi\varepsilon}\left(\frac{1}{R_1}-\frac{1}{R_2}\right)$$

$$=\frac{1}{2}\frac{Q^2}{4\pi\varepsilon\dfrac{R_2R_1}{R_2-R_1}}$$

此外,球形电容器的电容为 $C=4\pi\varepsilon[R_1 R_2/(R_2-R_1)]$,所以由电容器所储电能的表达式(7-19),$W=\frac{1}{2}\frac{Q^2}{C}$,也能得到相同的答案.

如果 $R_2\to\infty$,此带电系统即为一半径为 R_1、电荷为 Q 的孤立球形导体. 由上述答案可知,它激发的电场所储的能量为

$$W_e=\frac{Q^2}{8\pi\varepsilon R_1}$$

习 题 7

7-1 有一带电小金属球和一不带电的大金属球,两者接触后再分开,请问小金属球上的电荷是否全部转移到大金属球上去呢? 请说明.

7-2 为什么高压设备上金属部件的表面要尽可能不带棱角?

7-3 把一个带电物体移近一个导体壳,导体壳内部的电场为零吗? 带电体在导体内部的电场为零吗? 静电屏蔽效应是如何发生的?

7-4 两个同心球面,半径分别为 10cm 和 30cm,小球面均匀带有正电荷 10^{-8}C,大球面带有正电荷 1.5×10^{-8}C,求离球心分别为 20cm 和 50cm 处的电势.

7-5 电偶极子放在均匀电场中,其电偶极矩与场强成 30°角,场强大小为 2×10^3 V/m,作用在电偶极子上力矩为 5.0×10^{-2} N·m,试计算其电偶极矩和电势能.

7-6 有一块很大的带电金属板及一小球,已知小球质量为 $m=1.0\times10^{-3}$ g,带有电荷量 $q=2.0\times10^{-6}$C,小球悬挂在一丝线的下端,平衡时悬线与金属板面间的夹角为 30°,如图所示,试计算带电金属板上的电荷面密度 σ.

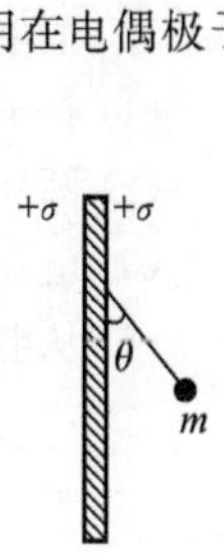

题 7-6 图

7-7 半径为 $R_1=1.0$cm 的导体球,带有电荷 $q=1.0\times10^{-10}$C,球外有一个内外半径分别为 $R_2=3.0$cm,$R_3=4.0$cm 的同心导体球壳,壳上带有电荷 $Q=1.1\times10^{-10}$C,试计算:

(1) 两球电势 V_1 和 V_2.

(2) 用导体把球和球壳接在一起后 V_1 和 V_2 分别是多少?

(3) 若外球接地,V_1 和 V_2 为多少?

7-8 两块无限大带电平板导体如图所示排列,证明:(1)相向的两面上(图中的 2 和 3),其电荷面密度总是大小相等而符号相反;(2)背向的两面上(图中 1 和 4),其电荷面密度总是大小相等且符号相同.

7-9 如图所示,$C_1=10\mu$F,$C_2=5.0\mu$F,$C_3=5.0\mu$F,求:

(1) A、B 间电容.

(2) 在 A、B 间加上 100V 的电压，则 C_2 上的电荷量和电压分别为多少？

(3) 如果 C_1 被击穿，则 C_3 上电荷量和电压分别为多少？

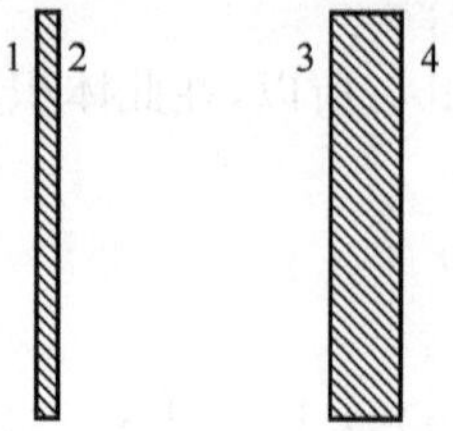

题 7-8 图

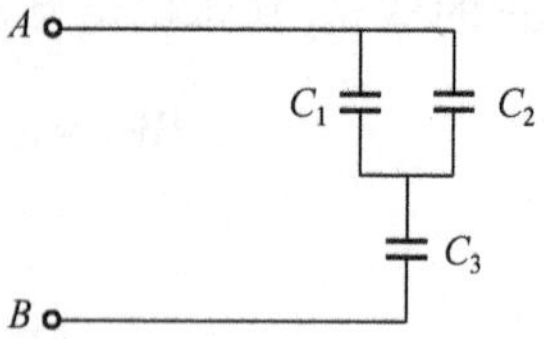

题 7-9 图

7-10　如图所示，平行板电容器(极板面积为 S，间距为 d)中间有两层厚度各为 d_1 和 d_2($d_1+d_2=d$)电容率各为 ε_1 和 ε_2 的电介质，试计算其电容，如 $d_1=d_2$，则电容又如何？

7-11　半径为 R_0 的导体球带有电荷 Q，球外有一层均匀电介质的同心球壳，其中内外半径分别为 R_1 和 R_2，相对电容率为 ε_r，如图所示. 求：

(1) 介质内外的电场强度 E 和电位移 D；

(2) 介质内的极化强度 P 和表面上的极化电荷面密度 σ.

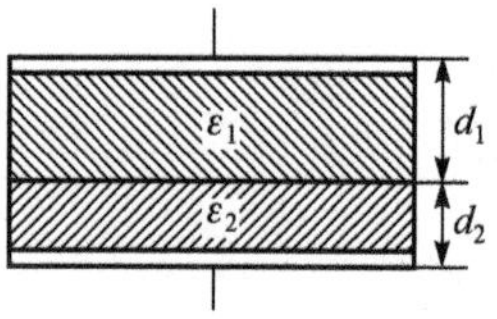

题 7-10 图

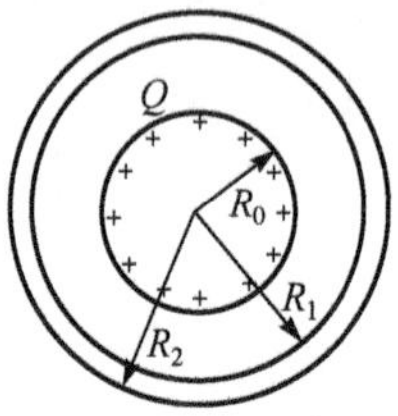

题 7-11 图

7-12　圆柱形电容器是由半径为 R_1 的导线和与它同轴的导体圆筒构成，圆筒内半径为 R_2，长为 l，其间充满了相对电容率为 ε_r 的介质，如图所示. 设导线沿轴线单位长度的电荷为 λ_0 圆筒上单位长度的电荷为 $-\lambda_0$(忽略边缘效应). 求：

(1) 介质中的电场强度 E，电位移 D 和极化强度 P；

(2) 介质表面的极化电荷面密度.

7-13　两个同轴圆柱，长度都是 l，半径分别为 R_1、R_2，这两个圆柱带有等值异号电荷 Q，两圆柱间充满电容率为 ε 的电介质，如图所示.

(1) 在半径为 $r(R_1<r<R_2)$ 厚度为 dr 的圆柱壳中任一点的电场能量密度是多少？

(2) 圆柱壳中总电场能是多少？

(3) 电介质中的总电场能是多少？

(4) 从电介质中的总电场能求圆柱形电容器的电容.

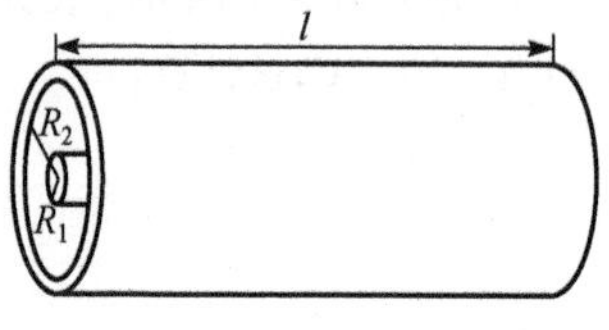

题 7-12 图

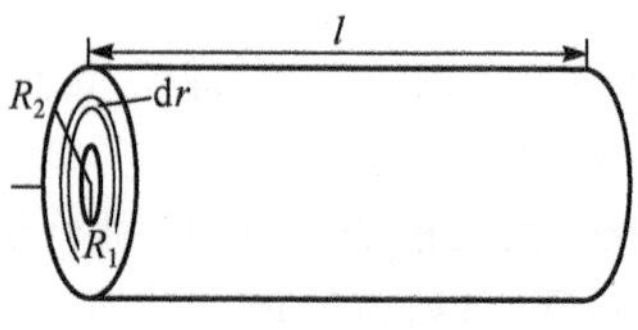

题 7-13 图

第 8 章　稳 恒 磁 场

本章主要研究稳恒电流所产生磁场的性质和规律. 首先引入描述磁场的磁感应强度概念，然后介绍磁场的源，即运动电荷(包括电流)产生磁场的规律. 先给出这一规律的宏观基本形式，即电流元产生磁场的毕奥-萨伐尔定律，接着在这一基础上导出了关于恒定磁场的一条基本定理——安培环路定理，利用这个定理求解有一定对称性的载流导体的磁场分布. 最后介绍磁场对载流线圈和运动电荷的作用，并简单介绍磁介质的概念及分类.

8.1　磁场　磁感应强度

8.1.1　磁的基本现象

"磁"现象在我国古籍上很早就有记载，如《吕氏春秋》中的"慈石召铁"，即天然磁石对铁有吸引作用. 从磁现象的简单记载到 19 世纪 60 年代麦克斯韦电磁场理论的建立，中间人类经历了漫长的岁月. 随着科技的发展，磁现象的应用技术已渗透到我们生活的方方面面，如电话、发电机、核磁共振仪器、磁悬浮列车等，我们已经越来越离不开磁性材料的广泛应用.

我们称能吸引铁、钴、镍等物质及其合金的天然物质为磁铁，磁铁有 N、S 两极，同极相斥，异极相吸，如图 8-1 所示. 1820 年奥斯特在一次演示实验中意外发现小磁针能在通电导线周围发生偏转，如图 8-2 所示，这在历史上第一次揭示了电现象和磁现象的联系，对电磁学的发展起了重要作用. 随后，法国科学家安培做了一系列实验，如图 8-3 所示，把导线悬挂在蹄形磁铁的两极之间，当导线中通入电流，导线会远离或靠近，表明磁场对电流的作用；如图 8-4 所示，两段平行放置的且两端固定的导线，当它们通以方向相同或相反的电流时，会相互吸引(图 8-4(a))或相互排斥(图 8-4(b))，这一现象表明电流之间有相互作用.

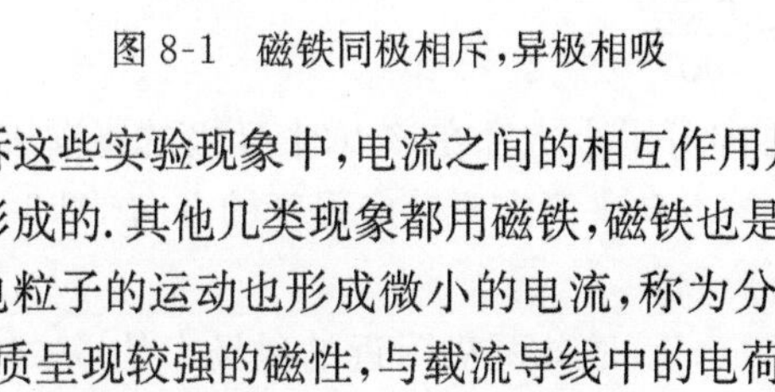

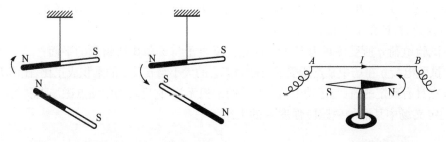

图 8-1　磁铁同极相斥，异极相吸

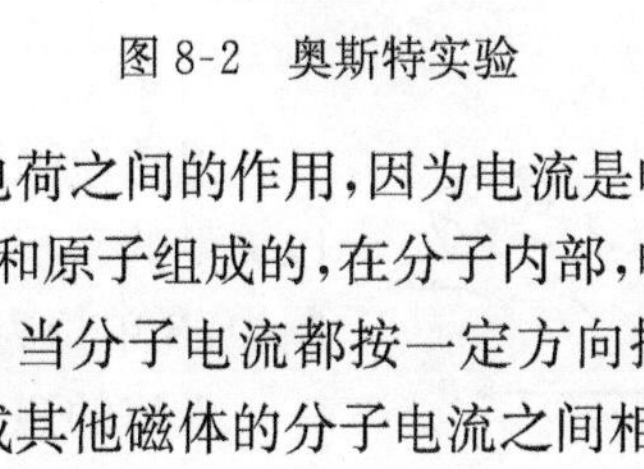

图 8-2　奥斯特实验

上诉这些实验现象中，电流之间的相互作用是运动电荷之间的作用，因为电流是电荷的定向运动形成的. 其他几类现象都用磁铁，磁铁也是由分子和原子组成的，在分子内部，电子和质子等带电粒子的运动也形成微小的电流，称为分子电流. 当分子电流都按一定方向排列起来了，此物质呈现较强的磁性，与载流导线中的电荷之间，或其他磁体的分子电流之间相互作用，所以说，一切磁现象都起源于电荷的运动.

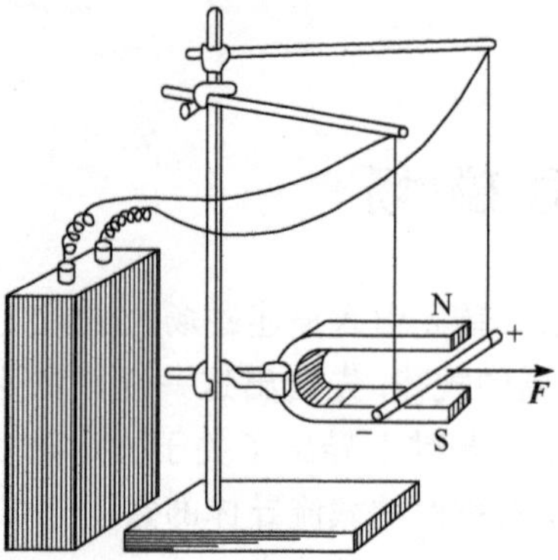

图 8-3　磁场对电流的作用

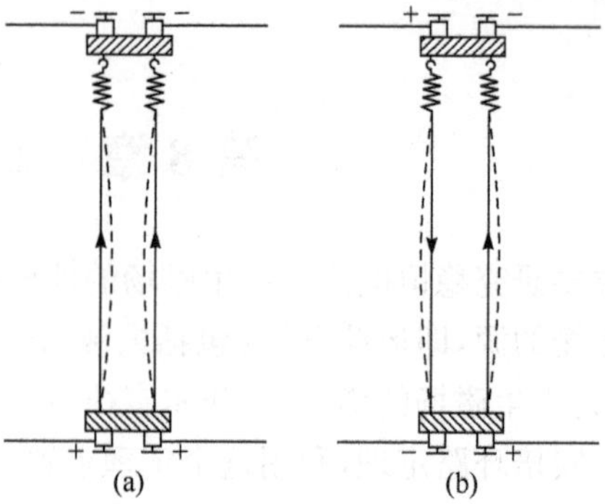

图 8-4　平行电流间的相互作用

电流或运动电荷之间的相互作用的力称为磁力，曾被认为是“超距力”，后经法拉第等人的研究，才明确磁力是通过磁场而作用的，所以也称磁场力. 运动的电荷在它的周围除产生电场外还产生磁场，而另一个在它附近运动的电荷就受到该磁场对它力的作用，因此这种磁力作用方式可表示为：运动电荷⟸⟹磁场⟸⟹运动电荷.

8.1.2　磁感应强度

为了描述磁场的性质，如同在描述电场性质时引进电场强度 $\boldsymbol{E}$ 一样，也引入一个描述磁场性质的物理量 $\boldsymbol{B}$，称为**磁感应强度**.

下面从磁场对运动电荷的作用力角度来定义磁感应强度. 设 q、$\boldsymbol{v}$、$\boldsymbol{F}$ 分别为试验电荷电量、速度、磁场力. 让试验电荷 q 以不同的速度通过磁场某一点，测该电荷受力情况. 实验结果为：

(1) 当试验电荷以一恒定的速度 $\boldsymbol{v}$ 运动时，其在场中某点所受的磁场力 $\boldsymbol{F}$ 的值与试验电荷的电量 q 及运动速度 $\boldsymbol{v}$ 的大小成正比；

(2) $\boldsymbol{F}$ 的大小与试验电荷 q 在该点的运动速度 $\boldsymbol{v}$ 的方向有关. 当 $\boldsymbol{v}\parallel\boldsymbol{B}$ 时，试验电荷所受磁场力 $\boldsymbol{F}$ 为零；当 $\boldsymbol{v}\perp\boldsymbol{B}$ 时，试验电荷所受磁场力 $\boldsymbol{F}$ 达到最大值 $\boldsymbol{F}_{max}$；当试验电荷在磁场中沿其他方向运动时，$\boldsymbol{F}$ 介于零和 $\boldsymbol{F}_{max}$ 之间；

(3) 试验电荷 q 所受磁场力 $\boldsymbol{F}$ 的方向始终垂直于与 $\boldsymbol{v}$ 和 $\boldsymbol{B}$ 所组成的平面；

(4) 试验电荷 q 在场中某点所受最大磁力 $\boldsymbol{F}_{max}$ 的大小与 q 及 v 的乘积成正比，比值 F_{max}/qv 在场中某点具有确定的值，与运动电荷 q 与 v 的乘积无关，它反映场中该点磁场强弱的性质.

我们定义场中某点的磁感应强度 $\boldsymbol{B}$ 的大小为

$$B=\frac{F_{max}}{qv} \tag{8-1}$$

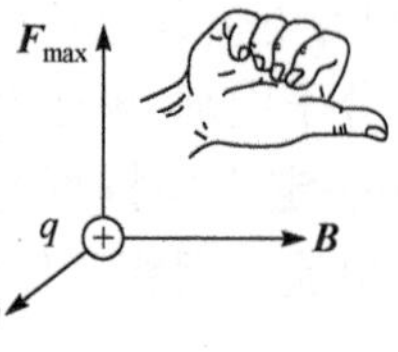

图 8-5　$\boldsymbol{B}$ 的方向

磁感应强度 $\boldsymbol{B}$ 的方向可用小磁针在该点时 N 极的指向表示，也可以矢量的叉积 $\boldsymbol{F}_{max}\times\boldsymbol{v}$ 的方向来确定磁感应强度的方向(图 8-5). 在 SI 制中，$\boldsymbol{B}$ 单位为 T(特斯拉).

人体的磁场大约 10^{-12}T，地球两极附近的磁场大约 6×10^{-5}T，地球赤道附近磁场大约 3×10^{-5}T，超导电磁铁的磁场大约 5～40T.

需要说明几点：①$\boldsymbol{B}$ 与电场中的 $\boldsymbol{E}$ 地位相当，它是描绘磁场本身性质的物理量，是空间坐标和时间 t 的函数；②$\boldsymbol{B}$ 的定义方法较多，如也可以从线圈磁力矩角度定义等.

8.2 毕奥-萨伐尔定律

下面我们讨论稳恒电流所激发的磁场.假设真空中有电流为 I 的任意形状的载流导线，那么如何求这段载流导线在空间某场点 P 产生的磁感应强度 $\boldsymbol{B}$ 呢?

8.2.1 磁场的叠加原理

在静电学中，任意形状的带电体所产生的电场强度 $\boldsymbol{E}$，可以看成是许多电荷元 $\mathrm{d}q$ 所产生的电场强度的 $\mathrm{d}\boldsymbol{E}$ 的叠加. 与此类似，我们也可以把电流看成是无穷多小段电流(称电流元)$I\mathrm{d}\boldsymbol{l}$ 的集合，那么任意形状的载流导线在 P 点所激发的磁场 $\boldsymbol{B}$，就可以看成是载流导线上各个电流元 $I\mathrm{d}\boldsymbol{l}$ 在该点所产生的磁感应强度 $\mathrm{d}\boldsymbol{B}$ 的叠加，即

$$\boldsymbol{B}=\int_L \mathrm{d}\boldsymbol{B} \tag{8-2}$$

称为磁场场强的叠加原理.

8.2.2 毕奥-萨伐尔定律

虽然我们通过磁场场强叠加原理似乎很容易计算得出任意形状载流导线周围磁场分布情况，但由于实际上不可能得到单独的电流元，因此也无法直接从实验中找到单独的电流元与其所产生的磁感应强度之间的关系. 19 世纪 20 年代，法国物理学家毕奥与萨伐尔在恒定电流产生磁场方面做了大量的实验和分析，后经数学家拉普拉斯进一步从数学上证明，得到了电流元产生磁场的磁感应强度公式，这就是著名的毕奥-萨伐尔定律. 其内容表述为：

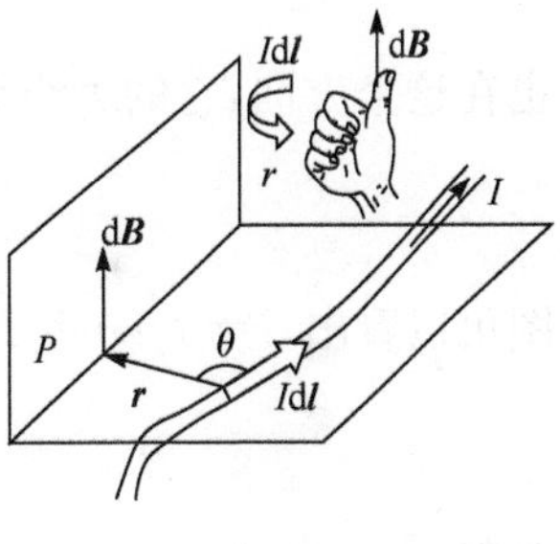

图 8-6 电流元的磁场

载流导线上电流元 $I\mathrm{d}\boldsymbol{l}$(图 8-6)在真空中产生的磁感应强度 $\mathrm{d}\boldsymbol{B}$ 的大小与电流元 $I\mathrm{d}\boldsymbol{l}$ 的大小成正比，与电流元和电流元 $I\mathrm{d}\boldsymbol{l}$ 到点 P 的位矢 $\boldsymbol{r}$ 之间的夹角正弦成正比，与位矢 $\boldsymbol{r}$ 的大小的平方成反比. $\mathrm{d}\boldsymbol{B}$ 的方向垂直于 $I\mathrm{d}\boldsymbol{l}$ 和 $\boldsymbol{r}$ 所组成的平面，并指向由 $I\mathrm{d}\boldsymbol{l}$ 经小于 180°的角转向 $\boldsymbol{r}$ 时右螺旋前进方向. 数学表达式为

$$\mathrm{d}B=k\frac{I\mathrm{d}l\sin\theta}{r^2} \tag{8-3}$$

矢量式为

$$\mathrm{d}\boldsymbol{B}=k\frac{I\mathrm{d}\boldsymbol{l}\times\boldsymbol{r}}{r^3} \tag{8-4}$$

式中，k 为比例系数，它与磁场中的磁介质和单位制的选取有关. 对于真空中的磁场，式中各量采用国际制单位，则比例系数 $k=\frac{\mu_0}{4\pi}$，μ_0 称为真空磁导率.

$$\mu_0=4\pi\times10^{-7}(\mathrm{T\cdot m})/\mathrm{A} \tag{8-5}$$

由磁场叠加原理，任意形状的载流导线在点 P 所产生的磁场，等于各段电流元在该点产生的磁感应强度的矢量和，即

$$\boldsymbol{B}=\int_L \mathrm{d}\boldsymbol{B}=\frac{\mu_0}{4\pi}\int_L \frac{I\,\mathrm{d}\boldsymbol{l}\times\boldsymbol{r}}{r^3} \tag{8-6}$$

积分号下 L 表示对整个载流导线进行积分.

虽然毕奥-萨伐尔定律不可能直接由实验验证,但该定律计算出的载流导线在场点产生的磁场和实验测量的结果符合得很好,从而间接地证实了毕奥-萨伐尔定律的正确性.

8.2.3　毕奥-萨伐尔定律的应用举例

下面我们举几个直接利用毕奥-萨伐尔定律计算某些载流导线所产生磁场的实例.

例 8.1　载流直导线的磁场. 如图 8-7 所示,导线回路通有电流 I,求长度为 L 的直线段的电流在它周围某点 P 处的磁感应强度,P 点到导线的距离为 d.

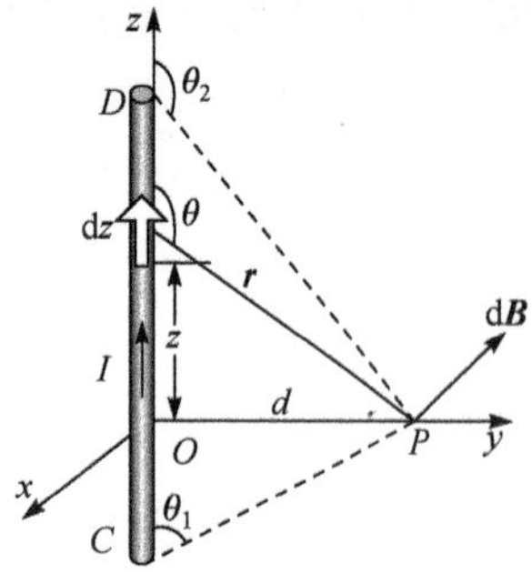

图 8-7　载流直导线的磁场

解　以 P 点在直导线上的垂足为原点 O,选坐标如图 8-7 所示. 由毕奥-萨伐尔定律可知,L 段上任意电流元 $I\mathrm{d}z$ 在 P 点所产生的磁场为

$$\mathrm{d}\boldsymbol{B}=\frac{\mu_0}{4\pi}\frac{I\mathrm{d}z\times\boldsymbol{r}}{\boldsymbol{r}^3}$$

其大小为

$$\mathrm{d}B=\frac{\mu_0}{4\pi}\frac{I\mathrm{d}z\sin\theta}{r^2}$$

式中,r 为电流元到 P 点的距离,由于直导线上各个电流在 P 点的磁感应强度的方向相同,都垂直于纸面向里,所以合磁感应强度也在这个方向,它的大小等于上式标量的 $\mathrm{d}B$ 积分,即

$$B=\int_L \mathrm{d}B=\frac{\mu_0}{4\pi}\int_L \frac{I\mathrm{d}z\sin\theta}{r^2}$$

由图可以看出,$r=d/\sin\theta$,$z=-d\cot\theta$,把此 r 和 $\mathrm{d}z$ 代入上式,可得

$$B=\frac{\mu_0 I}{4\pi d}\int_{\theta_1}^{\theta_2}\sin\theta\mathrm{d}\theta$$

由此得

$$B=\frac{\mu_0 I}{4\pi d}(\cos\theta_1-\cos\theta_2) \tag{8-7}$$

式中,θ_1 和 θ_2 分别是直导线两端的电流元和它们到 P 点的径矢之夹角.

对于半无限长载流直导线来说,式中 $\theta_1=0$,$\theta_2=\pi/2$,于是有

$$B=\frac{\mu_0 I}{4\pi d} \tag{8-8}$$

对于无限长载流直导线来说,式中 $\theta_1=0$,$\theta_2=\pi$,于是有

$$B=\frac{\mu_0 I}{2\pi d} \tag{8-9}$$

此式表明,无限长载流直导线周围的磁感应强度 B 与导线到场点的距离成反比,与电流成正比. 它的磁感应线是在垂直于导线的平面内以导线为圆心的一系列同心圆,如图 8-8 所示.

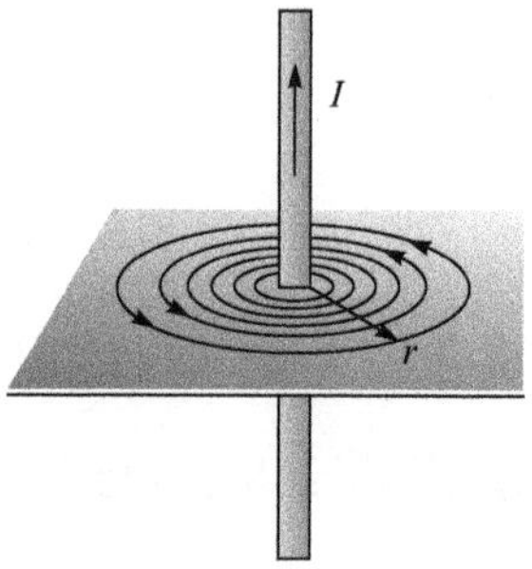

图 8-8　无限长直导线的磁感应线

例 8.2 圆形电流轴线上的磁场．一圆形载流导线，电流强度为 I，半径为 R. 求圆形导线轴线上的磁场分布.

解 如图 8-9 所示，把圆电流轴线作为 x 轴，并令原点在圆心上. 在圆线圈上任取一电流元 $I\mathrm{d}\boldsymbol{l}$，它在轴上任一点 P 处的磁场 $\mathrm{d}\boldsymbol{B}$ 的方向垂直于 $\mathrm{d}\boldsymbol{l}$ 和 $\boldsymbol{r}$，也垂直于 $\mathrm{d}\boldsymbol{l}$ 和 $\boldsymbol{r}$ 组成的平面. 由于 $\mathrm{d}\boldsymbol{l}$ 总与 $\boldsymbol{r}$ 垂直，所以 $\mathrm{d}\boldsymbol{B}$ 的大小为

$$\mathrm{d}B=\frac{\mu_0 I\mathrm{d}l}{4\pi r^2}$$

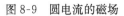

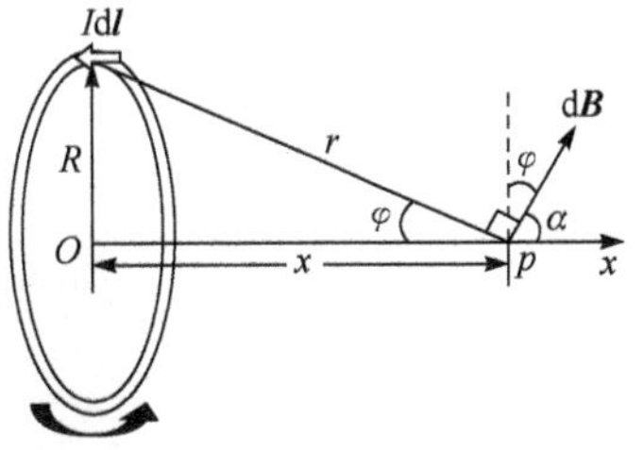

图 8-9 圆电流的磁场

将 $\mathrm{d}\boldsymbol{B}$ 分解成平行于轴线的分量 $\mathrm{d}\boldsymbol{B}_{/\!/}$ 和垂直于轴线的分量 $\mathrm{d}\boldsymbol{B}_{\perp}$ 两部分，它们的大小分别为

$$\mathrm{d}B_{/\!/}=\mathrm{d}B\sin\varphi=\frac{\mu_0 IR}{4\pi r^3}\mathrm{d}l$$

$$\mathrm{d}B_{\perp}=\mathrm{d}B\cos\varphi$$

式中，φ 是 r 与 x 轴的夹角. 考虑电流元 $I\mathrm{d}\boldsymbol{l}$ 所在直径另一端的电流元在 P 点的磁场，可知它的 $\mathrm{d}\boldsymbol{B}_{\perp}$ 与 $I\mathrm{d}\boldsymbol{l}$ 的大小相等，方向相反，因而相互抵消. 由此可知，整个圆电流垂直于 x 轴的磁场 $\int \mathrm{d}\boldsymbol{B}_{\perp}=0$，因而 P 点的合磁场的大小为

$$B=\int \mathrm{d}B_{/\!/}=\oint \frac{\mu_0 RI}{4\pi r^3}\mathrm{d}l=\frac{\mu_0 IR}{4\pi r^3}\oint \mathrm{d}l$$

因为 $\oint \mathrm{d}l=2\pi R$，所以上述积分为

$$B=\frac{\mu_0 IR^2}{2r^3}=\frac{\mu_0 IR^2}{2\,(R^2+x^2)^{3/2}} \tag{8-10}$$

$\boldsymbol{B}$ 的方向沿 x 轴正方向，其指向与圆电流的电流流向符合右手螺旋定则.

在圆心处，$x=0$，则圆心处的磁感应强度大小为

$$B=\frac{\mu_0 I}{2R} \tag{8-11}$$

定义一个闭合通电线圈的磁偶极矩或磁矩为

$$\boldsymbol{P}_{\mathrm{m}}=IS\boldsymbol{e}_{\mathrm{n}} \tag{8-12}$$

其中，$\boldsymbol{e}_n$ 为线圈平面的正法线方向，它和线圈中电流的方向符合右手螺旋定则. 磁矩的国际制单位为 $\mathrm{A\cdot m^2}$. 对本例题来说，其磁矩的大小为 $P_{\mathrm{m}}=IS=I\pi R^2$. 这样就可将式(8-10)写成

$$B=\frac{\mu_0 IR^2}{2r^3}=\frac{\mu_0 P_{\mathrm{m}}}{2\pi\,(R^2+x^2)^{3/2}}$$

由于磁场方向和磁矩方向相同，写成矢量式为

$$\boldsymbol{B}=\frac{\mu_0}{2\pi\,(R^2+x^2)^{3/2}} \tag{8-13}$$

表明磁矩为 $\boldsymbol{P}_{\mathrm{m}}$ 的线圈在其轴线上产生的磁场. 这一公式与电偶极子在其轴线上产生的电场的公式形式相似.

当 $x\gg R$，即 P 点远离圆电流时，则轴线上这点的磁感应强度方向仍沿 x 轴正向，其大小为

$$B=\frac{\mu_0 IR^2}{2x^3}=\frac{\mu_0 P_{\mathrm{m}}}{2\pi x^3} \tag{8-14}$$

例 8.3　载流直螺线管轴线上的磁场．如图 8-10 所示，为一均匀密绕螺线管，管的长度为 L，半径为 R，单位长度上绕有 n 匝线圈，通有电流 I. 求螺线管轴线上的磁场分布.

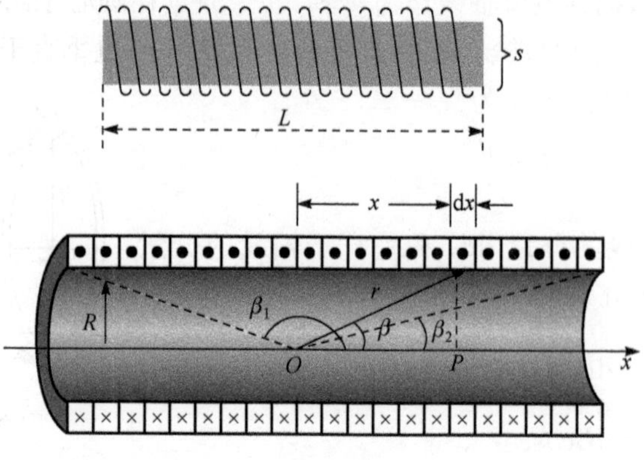

图 8-10　螺线管内的磁场

解　螺线管各匝线圈都是螺旋形的，但在密绕的情况下，可以把它看成是许多匝圆形线圈紧密排列组成的. 载流直线管在轴线上某点 P(在图中没有 P 点)处的磁场等于各匝线圈的圆电流在该处磁场的矢量和.

如图 8-10 所示，在距轴线上任一点 P 为 l 处，取螺线管上为 $\mathrm{d}x$ 的一元段，将它看成一个圆电流，其磁场大小为

$$\mathrm{d}B=\frac{\mu_0 nIR^2\,\mathrm{d}x}{2\,(R^2+x^2)^{3/2}}$$

由图中可看出，$R=r\sin\beta$，$x=R\cot\beta$，而 $\mathrm{d}x=-\dfrac{R}{\sin^2\beta}\mathrm{d}\beta$，式中 β 为螺线管轴线与 P 点到元段 $\mathrm{d}x$ 周边的距离 r 之间的夹角. 将这些关系代入上式，可得

$$\mathrm{d}B=-\frac{\mu_0 nI}{2}\sin\beta\mathrm{d}\beta$$

由于各元段在 P 点产生的磁场方向相同，所以将上式积分即得 P 点磁场的大小为

$$B=\int\mathrm{d}B=-\int_{\beta_1}^{\beta_2}\frac{\mu_0 nI}{2}\sin\beta\mathrm{d}\beta=\frac{\mu_0 nI}{2}(\cos\beta_2-\cos\beta_1)\tag{8-15}$$

此式给出了螺线管轴线上任一点磁场的大小，磁场的方向可用右手螺旋定则判定，即右手四指弯曲方向表示电流的方向，大拇指方向表示磁场方向.

由式(8-15)表示的磁场分布如图 8-11 所示，在螺线管中心附近轴线上各点磁场基本上是均匀的，到管口附近 B 值逐渐减小，出口以后磁场很快减弱.

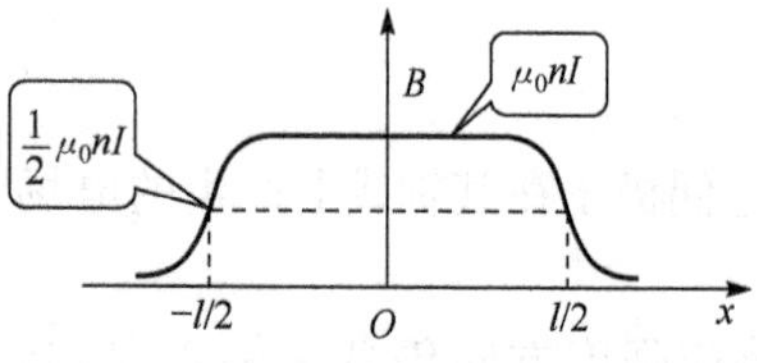

图 8-11　螺线管轴线上的磁场分布

在一无限长直螺线管(管长比半径大很多的螺线管)内部轴线上的任一点，$\beta_2=0$，$\beta_1=\pi$，由式(8-15)可得

$$B=\mu_0 nI\tag{8-16}$$

在无限长直螺线管任一端口的中心处，$\beta_2=\pi/2$，$\beta_1=\pi$，由式(8-15)给出此处的磁场为

$$B=\frac{1}{2}\mu_0 nI\tag{8-17}$$

8.3　磁场的高斯定理

8.3.1　磁感应线

感应线是为形象地描绘磁场的空间分布而人为描绘出的一系列曲线族.图 8-12 中描绘了三种典型电流分布所产生磁场的磁感应线的分布.

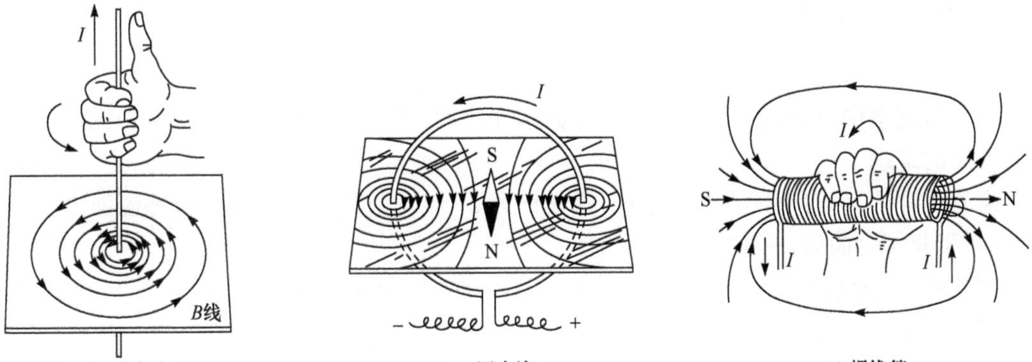

(a) 长直电流　　(b) 圆电流　　(c) 螺线管

图 8-12　典型电流分布磁场的磁感应线

通常规定磁场中任一磁感应线上某点的切线方向,代表该点磁感应强度 $\boldsymbol{B}$ 的方向;而通过垂直于磁感应强度 $\boldsymbol{B}$ 的单位面积上的磁感应线根数等于该处 $\boldsymbol{B}$ 的量值.

从图中看出磁感应线分布特点:磁感应线的疏密程度反映了磁场的强弱;电流方向与磁感应线的回转方向是密切相关的,它们之间遵从右手定则;磁感应线永不相交,是与电流套合的闭合曲线.所以磁场是无源场、有旋场.

8.3.2　磁通量

与静电场中电通量概念类似,通过任一曲面 S 上的磁感应线条数,称为通过该曲面的磁通量,用 Φ_m 表示.

在不均匀磁场中,要计算通过某一曲面 S 的磁通量,可在图 8-13所示曲面 S 上任取一面积元 $\mathrm{d}\boldsymbol{S}$,$\mathrm{d}\boldsymbol{S}$ 的法线方向 $\boldsymbol{n}$ 即为 $\mathrm{d}\boldsymbol{S}$ 的方向,$\mathrm{d}\boldsymbol{S}$ 与该处磁感应强度 $\boldsymbol{B}$ 之间的夹角为 θ.根据描绘的磁感应线时的规定,有

$$B=\frac{\mathrm{d}\Phi_m}{\mathrm{d}S_\perp} \tag{8-18}$$

则通过面积元 $\mathrm{d}\boldsymbol{S}$ 的磁通量为

$$\mathrm{d}\Phi_m=B\mathrm{d}S_\perp=B\mathrm{d}S\cos\theta=\boldsymbol{B}\cdot\mathrm{d}\boldsymbol{S} \tag{8-19}$$

通过有限曲面 S 的磁通量为

$$\Phi_m=\int\mathrm{d}\Phi_m=\int_S\boldsymbol{B}\cdot\mathrm{d}\boldsymbol{S} \tag{8-20}$$

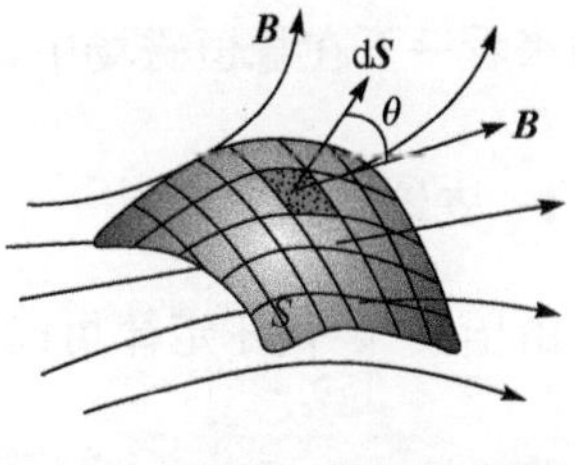

图 8-13　曲面 S 的磁通量磁场

在国际单位制中,磁通量的单位为韦伯(Wb),且$1\mathrm{Wb}=1\mathrm{T}\cdot\mathrm{m}^2$.

8.3.3 磁场的高斯定理及其应用

对于闭合曲面 S，当要计算通过其磁通量时，通常规定闭合曲面上任一面元 d$\boldsymbol{S}$ 的法线正方向为从内指向曲面外侧，由于磁感应线是无头无尾的闭合曲线，磁感应线与闭合曲面所处位置有三种情况：①当两者完全不相交时，磁感应线对该曲面的磁通量无贡献；②当磁感应线与闭合曲面相切时，磁感应线对该曲面的磁通量无贡献；③当两者相交时，穿入的磁感应线完全穿出，磁通量必然正负相抵，总量为零. 综上所述，对于闭合曲面，磁通量为零，有

$$\oint_S \boldsymbol{B} \cdot \mathrm{d}\boldsymbol{S} = 0 \tag{8-21}$$

上式是真空中恒定磁场的高斯定理的数学表达式. 这是一条反映恒定磁场是无源场这一重要性质的定理.

需要注意的是，对于闭合曲面来说，磁通量为零，但高斯面 S 上各点的磁感应强度不一定相同；对于非闭合曲面，通常磁通量不为零.

例 8.4 磁感应强度为 $\boldsymbol{B}=a\boldsymbol{i}+b\boldsymbol{j}+c\boldsymbol{k}$(T)，则通过一半径为 R，开口向 z 正方向的半球壳表面的磁通量的大小为多少？（图 8-14）

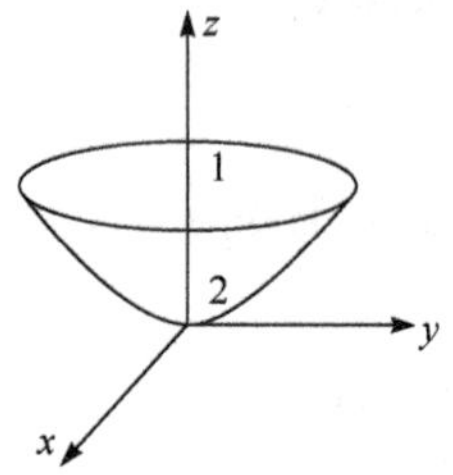

图 8-14 半球壳

解 将半球壳和上底面看成一闭合曲面，由磁场高斯定理知，$\oint_S \boldsymbol{B} \cdot \mathrm{d}\boldsymbol{S} = 0$.

将整个闭合曲面积分分成两部分，一是经上底平面的磁通量，二是经半球壳表面的磁通量，有

$$\oint_S \boldsymbol{B} \cdot \mathrm{d}\boldsymbol{S} = \int_1 \boldsymbol{B} \cdot \mathrm{d}\boldsymbol{S} + \int_2 \boldsymbol{B} \cdot \mathrm{d}\boldsymbol{S} = 0$$

所求解的半球壳的磁通量为

$$\int_2 \boldsymbol{B} \cdot \mathrm{d}\boldsymbol{S} = -\int_1 \boldsymbol{B} \cdot \mathrm{d}\boldsymbol{S} = -\int (a\boldsymbol{i} + b\boldsymbol{j} + c\boldsymbol{k}) \cdot (\pi R^2 \boldsymbol{k}) = -\pi R^2 c(\mathrm{Wb})$$

所以，半球壳表面的磁通量为 $\pi R^2 c$(Wb).

8.4 安培环路定理

对于静电场而言，电场强度 $\boldsymbol{E}$ 的环流等于零，即 $\oint_L \boldsymbol{E} \cdot \mathrm{d}\boldsymbol{l} = 0$，说明静电场是保守力场. 下面我们来看一下在稳恒磁场中，磁感应强度 $\boldsymbol{B}$ 的环流 $\oint_L \boldsymbol{B} \cdot \mathrm{d}\boldsymbol{l}$ 等于多少呢？

8.4.1 安培环路定理

由毕奥-萨伐尔定律可以导出稳恒磁场中磁感应强度 $\boldsymbol{B}$ 的环流不为零，数学表达式为

$$\oint_L \boldsymbol{B} \cdot \mathrm{d}\boldsymbol{l} = \mu_0 \sum \boldsymbol{I}_{\mathrm{in}} \tag{8-22}$$

称为安培环路定理. 其表述为：在真空中的恒定磁场里，沿任何闭合路径 L 一周的 $\boldsymbol{B}$ 矢量的线积分（即 $\boldsymbol{B}$ 的环流），等于闭合路径内所包围并穿过的电流的代数和的 μ_0 倍，而与路径的形状大小无关. 它说明磁场是有旋场，非保守场. 这是反映恒定磁场性质的另一条重要定理.

下面用长直电流产生的磁场来验证这条定理.

如图 8-15 所示，设在真空中有一无限长直电流，通以电流为 I，电流垂直纸面向外，若以垂直于电流 I 的平面上的任一闭合路径 L 为积分路径，磁感应强度 $\boldsymbol{B}$ 的环流为

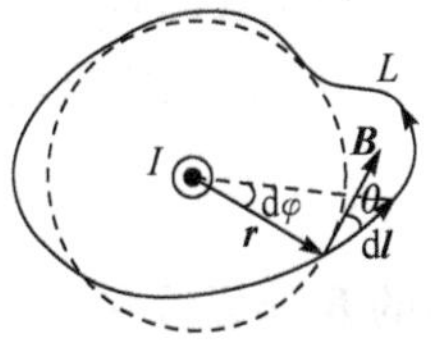

图 8-15　长直导线磁场中 B 的环流

$$\oint_L \boldsymbol{B} \cdot \mathrm{d}\boldsymbol{l} = \oint_L B\cos\theta \mathrm{d}l$$

式中，$\mathrm{d}\boldsymbol{l}$ 是积分路径上任取的线元；$\boldsymbol{B}$ 是 $\mathrm{d}\boldsymbol{l}$ 处磁感应强度；θ 为 $\mathrm{d}\boldsymbol{l}$ 与 $\boldsymbol{B}$ 的夹角. 由图几何关系有 $\cos\theta\mathrm{d}l = r\mathrm{d}\varphi$，无限长直电流相距为 r 处的磁感应强度为 $B = \dfrac{\mu_0 I}{2\pi r}$，所以代入上式，可得

$$\oint_L \boldsymbol{B} \cdot \mathrm{d}\boldsymbol{l} = \int_0^{2\pi} \frac{\mu_0 I}{2\pi r} r\mathrm{d}\varphi = \mu_0 I$$

如果闭合路径 L 不在同一平面内，则对 L 每一段线元 $\mathrm{d}\boldsymbol{l}$ 都可以用通过该点并垂直于导线的平面作参考，将 $\mathrm{d}\boldsymbol{l}$ 分解为平行于平面的分量 $\mathrm{d}\boldsymbol{l}_{/\!/}$ 与垂直于平面的分量 $\mathrm{d}\boldsymbol{l}_{\perp}$，有

$$\oint_L \boldsymbol{B} \cdot \mathrm{d}\boldsymbol{l} = \oint_L \boldsymbol{B} \cdot (\mathrm{d}\boldsymbol{l}_{/\!/} + \mathrm{d}\boldsymbol{l}_{\perp}) = \int_0^{2\pi} \frac{\mu_0 I}{2\pi r} r\mathrm{d}\varphi + 0 = \mu_0 I$$

如果闭合路径 L 并未包围电流，如图 8-16 所示，则可由载流直导线与闭合路径所在平面的交点向闭合路径 L 作两条切线，并将 L 分割成 L_1 和 L_2 两部分，则

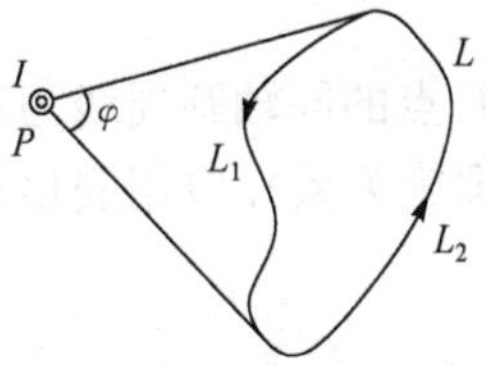

图 8-16　闭合路径不包围电流时，B 的环流

$$\oint_L \boldsymbol{B} \cdot \mathrm{d}\boldsymbol{l} = \int_{L_1} \boldsymbol{B} \cdot \mathrm{d}\boldsymbol{l}_1 + \int_{L_2} \boldsymbol{B} \cdot \mathrm{d}\boldsymbol{l}_2 = \int_{L_1} \frac{\mu_0 I}{2\pi r} r\mathrm{d}\varphi + \int_{L_2} \frac{\mu_0 I}{2\pi r} r\mathrm{d}\varphi$$

$$= \frac{\mu_0 I}{2\pi}[(-\varphi) + \varphi] = 0$$

上述结论虽是由长直导线推出的，但却是普适的，对任意形状的闭合回路都适用. 如果闭合路径包围多根电流及电流反向，读者可自行证明安培环路定理仍成立.

此外还需作如下说明：

(1) 对于环路内所包围的电流 I，当电流方向与积分路径绕行方向成右手螺旋关系时(右手四指弯曲指向回路绕行方向，拇指指向为电流方向)，规定电流为正；反之为负.

(2) 安培环路定理表达式右边的电流强度是指闭合路径所包围并穿过的电流强度，与闭合路径外的电流无关；而等号左边积分号内的 $\boldsymbol{B}$ 是指空间所有电流在积分路径元电流 $\mathrm{d}l$ 上产生的磁感应强度的合贡献，是闭合路径内外所有电流共同激发产生的.

(3) 被闭合路径包围并对环流有贡献的电流是指与闭合路径相互套连的电流. 如图 8-17 所示的套连方式，磁感应强度环流

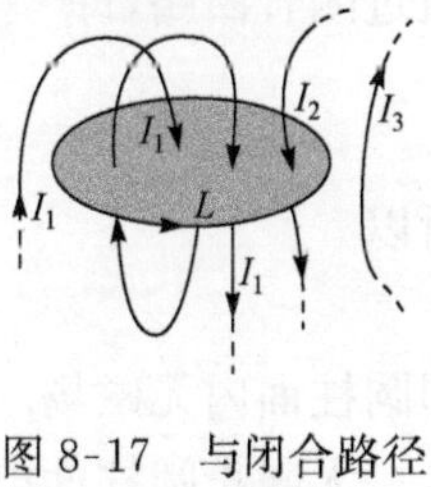

图 8-17　与闭合路径嵌套的电流

$$\oint_L \boldsymbol{B} \cdot \mathrm{d}\boldsymbol{l} = \mu_0 \sum I_{\text{in}} = \mu_0(-I_1 - I_2) = -\mu_0(I_1 + I_2).$$

(4) 真空中安培环路定理仅适用于恒定电流的恒定磁场. 对于变化电流产生的磁场，安培环路定理的形式要作修改.

8.4.2　安培环路定理的应用

正如利用高斯定律可以方便地计算某些具有特殊对称性的带电体的电场分布一样，利用安培环路定理也可以方便地计算出某些具有一定对称性的载流导线的磁场分布.

利用安培环路定理求磁场分布一般包含三步：

(1) 首先依据电流的对称性分析磁场分布的对称性；

(2) 然后根据磁场的分布对称性及特点，选择适当的闭合积分回路，以便使积分$\oint_L \boldsymbol{B} \cdot \mathrm{d}\boldsymbol{l}$中的$\boldsymbol{B}$能以标量形式从积分号内提出来；

(3) 最后再利用安培环路定理计算磁感应强度的数值及方向.

下面举几个例子.

例 8.5　无限长圆柱面的磁场分布.

设真空中有一无限长载流圆柱面，圆柱面半径为R，面上均匀分布的轴向总电流为I，求这一电流系统的磁场分布.

解　如图 8-18 所示，对于无限长载流圆柱面，由于电流分布的轴对称性，可以在圆柱导体内外空间中的磁感应线是一系列同轴圆周线. 证明此结论. 在圆柱面外任取场点P，以OP为轴，在圆柱面上取平行于轴且大小相等的无限长直电流$\mathrm{d}I$和$\mathrm{d}I'$，且使它们关于连线OP上、下对称，它们在P点产生的合场强一定沿过P点圆周线的切线方向. 整个圆柱面电流都可以做这样的对称分割. 由此可见，P点的总磁场圆柱轴线距离相同处的各点$\boldsymbol{B}$的大小相同，而且方向垂直于轴和轴到该点矢径组成的平面.

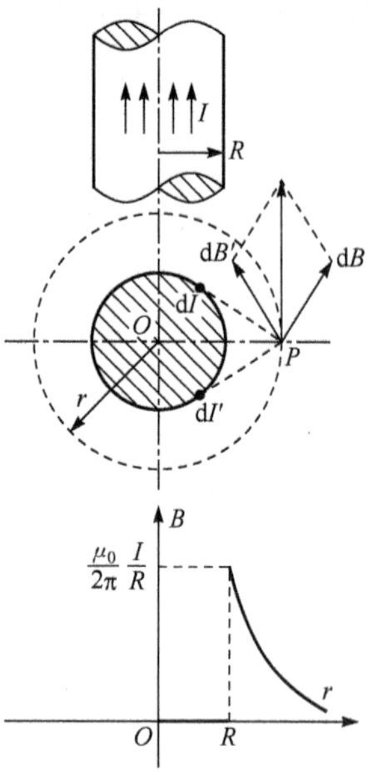

图 8-18　无限长圆柱面电流的磁场

下面根据磁场分布的对称性，选择过P点的同轴圆周线为积分回路L(回路L方向与电流方向成右手螺旋关系). 应用安培环路定理有

$$\oint_L \boldsymbol{B} \cdot \mathrm{d}\boldsymbol{l} = B2\pi r = \mu_0 I$$

所以

$$B=\frac{\mu_0 I}{2\pi r}\quad (r\geqslant R) \tag{8-23}$$

即圆柱面外一点的磁场与全部电流都集中在轴线上的一根无限长线电流产生的磁场相同的.

对于圆柱面内的场点，可用类似的处理，不过此时没有电流通过闭合回路，即

$$\oint_L \boldsymbol{B} \cdot \mathrm{d}\boldsymbol{l} = B2\pi r = 0$$

所以

$$B=0\quad (r<R) \tag{8-24}$$

即圆柱面内无磁场.

无限长圆柱面电流的磁场随r的变化情况如图 8-18 所示.

例 8.6　螺线环电流的磁场.

如图 8-19 所示，将载流导线均匀密绕在环形圆管上，则构成了螺线环. 设螺线环轴线半径为R，线圈总数为N，导线中电流为I.

解　根据电流分布的对称性，可以判断环内磁感应线为一系列与螺线环中心轴线同心的圆周线. 即同一圆周线上各点 B 的大小相等，方向沿圆周切线方向.

先看环管内的磁场分布. 设环内有一点 P,过 P 点作以 O 点为圆心,半径为 R(小 r 在图中没有标出)的圆周,并将它选作积分回路 L,使回路绕行方向与回路所包围的电流方向符合右手螺旋关系. 根据安培环路定理,则 $\boldsymbol{B}$ 在回路 L 上的环流为

$$\oint_L \boldsymbol{B} \cdot \mathrm{d}\boldsymbol{l} = B \cdot 2\pi r = \mu_0 NI$$

求得

$$B=\frac{\mu_0 NI}{2\pi r}=\mu_0 nI \quad \left(R-\frac{d}{2}<r<R+\frac{d}{2}\right) \tag{8-25}$$

式中,$n=\dfrac{N}{2\pi r}$代表单位长度线圈的匝数.

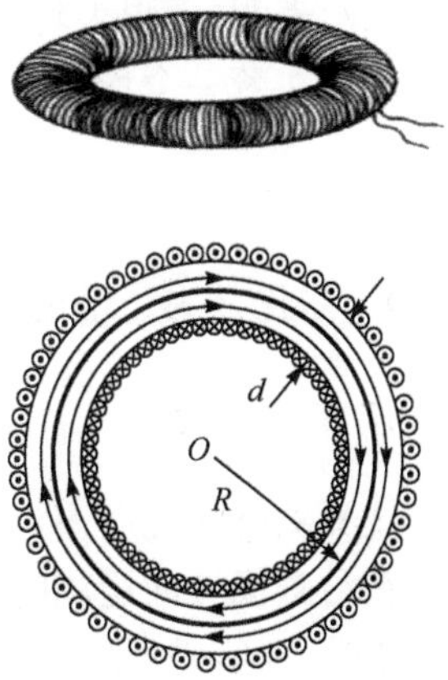

图 8-19 螺线环

再看如积分回路在螺旋环外,则通过积分回路的总电流为零,所以有

$$\oint_L \boldsymbol{B} \cdot \mathrm{d}\boldsymbol{l} = B \cdot 2\pi r = 0 \quad \left(r > R+\frac{d}{2}\right)$$

求得

$$B=0 \quad \left(r>R+\frac{d}{2}\right) \tag{8-26}$$

表示螺线环外无磁场.

例 8.7 无限大平板导体的磁场.

如图 8-20 所示,设一无限大薄导体平板均匀的通有电流,此时用电流密度来描述面电流的强弱. 若导体平板垂直纸面,电流沿平板垂直纸面向外,电流横截面方向单位宽度的电流密度为 j,试计算空间磁场的分布.

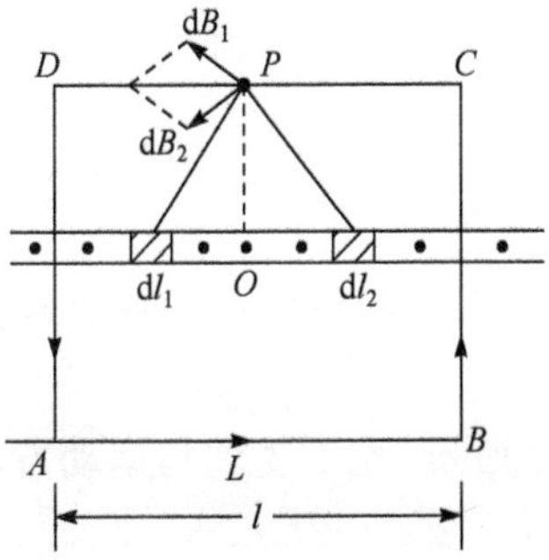

图 8-20 无限大载流薄导体平板的磁场分布

解 无限大平面电流可以看成由无限多根紧密而平行排列的长直电流组成,从任取的场点 P 向导体平板画一垂线,垂足为 O,在 O 点两侧对称位置各取一宽度为 $\mathrm{d}l_1$ 和 $\mathrm{d}l_2$ 的长直电流,它们在 P 点产生的磁感应强度的矢量和 $\mathrm{d}\boldsymbol{B}_1+\mathrm{d}\boldsymbol{B}_2=\mathrm{d}\boldsymbol{B}$ 必然平行于导体平面而指向左方. 对于整个无限大平面电流而言,相当于有无数对对称于 OP 轴的长直电流,在 P 点产生的合磁场方向最终必然平行平板指向左方. 同理,平面电流的下半部分空间 B 的方向必然平行平板而指向右方,而且可以断定在距离平板等高处各点 $\boldsymbol{B}$ 的大小是相等的.

根据空间磁场分布的分析,选择过 P 点的矩形回路 $ABCD$ 作积分回路 L,其中 AB、CD 平行导体平板,长为 l,BC、DA 垂直导体平板并被等分,回路绕行方向如图箭头指向,则根据安培环路定理有

$$\oint_L \boldsymbol{B} \cdot \mathrm{d}\boldsymbol{l} = \int_{AB} \boldsymbol{B} \cdot \mathrm{d}\boldsymbol{l} + \int_{BC} \boldsymbol{B} \cdot \mathrm{d}\boldsymbol{l} + \int_{CD} \boldsymbol{B} \cdot \mathrm{d}\boldsymbol{l} + \int_{DA} \boldsymbol{B} \cdot \mathrm{d}\boldsymbol{l} = 2Bl$$

因回路 L 包围的电流 lj,则

$$2Bl=\mu_0 lj$$

所以

$$B=\frac{\mu_0}{2}j \tag{8-27}$$

式(8-27)表明，无限大均匀平面电流两侧任意点的磁感应大小与该点离平板的距离无关，板的两侧均存在着一个均匀磁场区域，两侧磁感应强度 B 的大小相等，方向相反.

8.5　磁场对运动电荷的作用

8.5.1　洛伦兹力　带电粒子在均匀磁场中的运动

1. 洛伦兹力

在定义磁感应强度 $\boldsymbol{B}$ 时，已经了解运动电荷在外磁场中受到磁力 $\boldsymbol{F}$ 的作用，实验表明，当运动电荷沿磁场方向运动时，磁力 $\boldsymbol{F}$ 为零；如图 8-21 所示，当运动电荷的运动方向与磁场方向成 θ 角时，则所受磁场力 $\boldsymbol{F}$ 的大小为

$$F=qvB\sin\theta \tag{8-28}$$

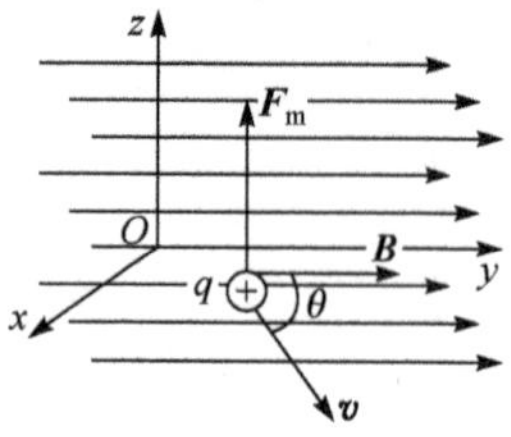

图 8-21　洛伦兹力

方向垂直于 $\boldsymbol{v}$ 和 $\boldsymbol{B}$ 组成的平面，指向由右手螺旋定则决定. 写成矢量式为

$$\boldsymbol{F}=q\boldsymbol{v}\times\boldsymbol{B} \tag{8-29}$$

式(8-29)称为洛伦兹力公式.

需要注意的几点是：

(1) 式中 $\boldsymbol{B}$ 指 q 所在处的磁感应强度，$\boldsymbol{v}$ 是电荷 q 的瞬时运动速度，而 $\boldsymbol{F}$ 是运动电荷 q 所受到的瞬间磁场力.

(2) 当 $q>0$，$\boldsymbol{F}$ 与 $\boldsymbol{v}\times\boldsymbol{B}$ 同向；当 $q<0$ 时，$\boldsymbol{F}$ 与 $\boldsymbol{v}\times\boldsymbol{B}$ 反向.

(3) 由于洛伦兹力 $\boldsymbol{F}$ 总是与速度 $\boldsymbol{v}$ 垂直，所以洛伦兹力只是改变电荷的运动方向，而不改变 $\boldsymbol{v}$ 的大小，因此表明洛伦兹力对运动电荷不做功.

2. 带电粒子在均匀磁场中的运动

设有一质量为 m，带电量为 q 的粒子以速度 $\boldsymbol{v}$ 进入均匀磁场 $\boldsymbol{B}$ 中，在忽略重力的情况下，其运动规律可分为三种情况进行讨论.

(1) 当粒子速度与磁场方向平行或反平行时，则 $\boldsymbol{F}=0$，所以粒子在磁场中做匀速直线运动，保持运动状态不变.

(2) 当初始时刻粒子运动速度与磁场方向垂直时，如图 8-22 所示，粒子受到与运动方向垂直的洛伦兹力的作用，其大小为

$$F=qvB$$

方向垂直于速度 $\boldsymbol{v}$ 和磁感应强度 $\boldsymbol{B}$. 所以粒子速度大小不变，只改变方向，带电粒子将做匀速率圆周运动，而洛伦兹力起着向心力的作用，因此

$$qvB=m\frac{v^2}{R} \tag{8-30}$$

由此可得粒子的圆形轨道半径为

$$R=\frac{mv}{qB} \tag{8-31}$$

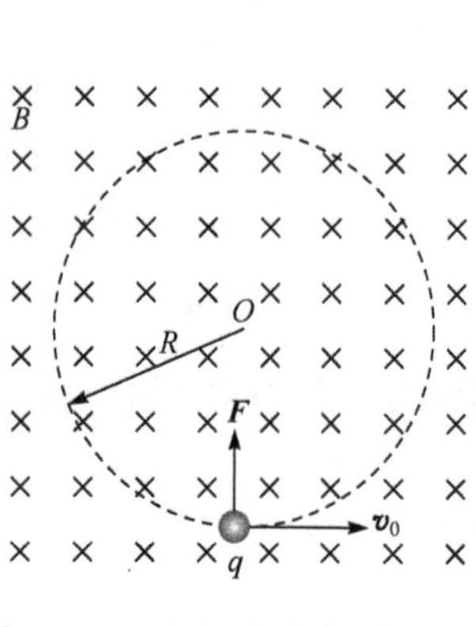

图 8-22　$\boldsymbol{v}\perp\boldsymbol{B}$ 时，电粒子的运动

带电粒子绕圆形轨道运动一周所需的时间(运动周期)为

$$T=\frac{2\pi R}{v}=2\pi\frac{m}{qB} \tag{8-32}$$

此式表明周期与带电粒子的运动速度无关.

(3) 当初始粒子时刻运动速度与磁场成 θ 角时，将粒子的速度 $\boldsymbol{v}$ 分解成平行于磁感应强度 $\boldsymbol{B}$ 的分量 $v_{/\!/}=v\cos\theta$ 和垂直于磁感应强度 $\boldsymbol{B}$ 的分量 $v_{\perp}=v\sin\theta$.

显然，带电粒子参与两个分运动，即平行磁场方向的匀速直线运动和垂直磁场方向的圆周运动. 这两种分运动合成的结果为图 8-23 所示的以磁场方向为轴的等螺距的螺旋运动. 螺旋线半径为

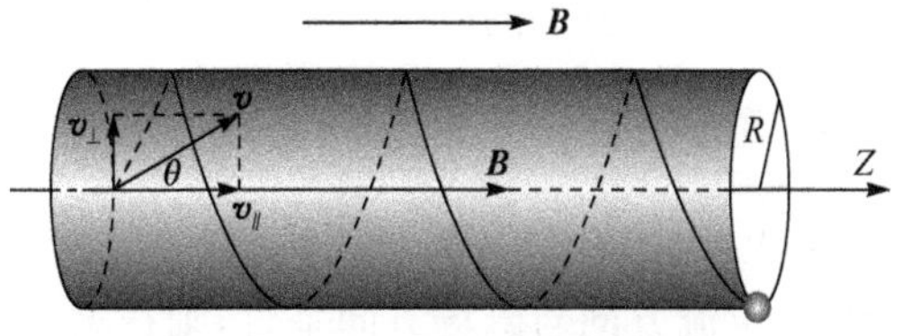

图 8-23　带电粒子的螺旋运动

$$R=\frac{mv_{\perp}}{qB}=\frac{mv\sin\theta}{qB} \tag{8-33}$$

螺旋周期为

$$T=\frac{2\pi R}{v_{\perp}}=2\pi\frac{m}{qB} \tag{8-34}$$

螺旋线的螺距 h 为

$$h=Tv_{/\!/}=\frac{2\pi m}{qB}v\cos\theta \tag{8-35}$$

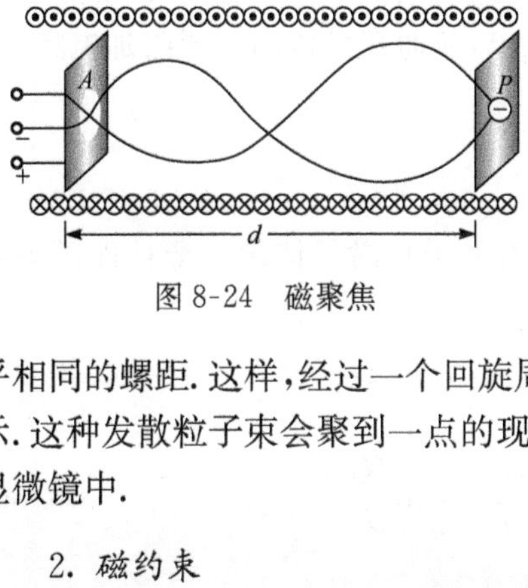

图 8-24　磁聚焦

8.5.2　带电粒子在现代电磁场技术中的应用举例

1. *磁聚焦*

如果在均匀磁场中某点 A 处，引入一发散角不太大的带电粒子束，其中粒子的速度又大致相同，则这些粒子沿磁场方向的分速度大小几乎一样，因而其轨迹有几乎相同的螺距. 这样，经过一个回旋周期后，这些粒子将重新会聚穿过另一点 P，如图 8-24 所示. 这种发散粒子束会聚到一点的现象叫做磁聚焦. 它广泛应用于电真空器件中，特别是电子显微镜中.

2. *磁约束*

用两个电流方向相同的线圈产生一个中间弱两极强的磁场. 这一磁场区域的两端就形成两个磁镜，平行于磁场方向的速度分量不太大的带电粒子将被约束在两个磁镜间的磁场内来回运动而不能逃脱. 在现代研究受控热核反应的实验中，需要把很高温度的等离子体限制在一定空间区域内. 在这样的高温下，所有固体材料都将化为气体而不能用为容器. 上述磁约束就成了达到这一目的的常用方法之一.

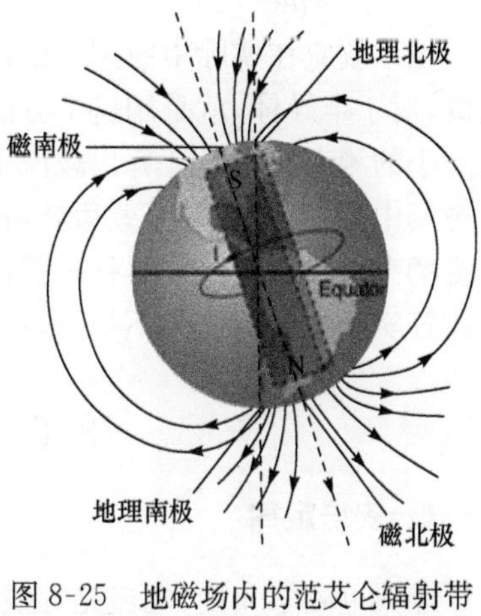

图 8-25　地磁场内的范艾仑辐射带

磁约束现象也存在于宇宙空间中，地球的磁场是一个不均匀磁场，从赤道到地磁的两极磁场逐渐增强. 因此地磁场是一个天然的磁捕集器，它能俘获从外层空间入射空

间入射的电子或质子形成一个带电粒子区域. 这一区域叫范艾仑辐射带(图 8-25). 它有两层，内层在地面上空800～4000km 处，外层在 60000km 处. 在范艾仑辐射带中的带电粒子就围绕地磁场的磁感应线做螺旋运动，而在靠近两极处被反射回来. 这样，带电粒子就在范艾仑辐射带中来回振荡，直到由于粒子间的碰撞而逐出为止. 这些运动的带电粒子能向外辐射电磁波. 在地磁两极附近由于磁感应线与地面垂直，由外层空间入射的带电粒子可直射入高空大气层内. 它们和空气分子的碰撞产生的辐射就形成了绚丽多彩的极光.

3. 霍尔效应

1879 年，霍尔(E. H. Hall)发现，在均匀磁场中放置的矩形截面的载流导体中，如图 8-26 所示，若电流方向与磁场方向垂直，则在垂直于电流又垂直于磁场的方向上，导体的上、下两表面将出现电势差. 这种现象称为霍尔效应，所产生的横向电势差称为霍尔电势差.

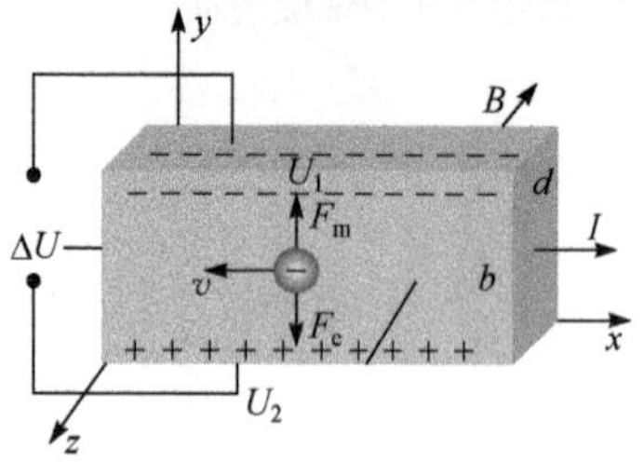

图 8-26 金属导体的霍尔效应

霍尔电势差产生的原因我们可以用经典电子理论来解释. 以金属导体为例，设其载流子为自由电子，载流子密度为 n，自由电子漂移速率为 v，则向左漂移的自由电子在磁场中受到的洛伦兹力，方向向上，大小为

$$F_m = evB$$

于是，自由电子在向左漂移的同时向上偏转，使导体上表面带负电，下表面带正电，从而在导体内形成附加电场，该电场使自由电子受向下的电场力，大小为

$$F_e = eE = e\,\frac{-\Delta U}{b}$$

自由电子所受洛伦兹力和电场力平衡时，达到稳定态，自由电子只沿导体定向漂移而不再偏转，由 $F_m = F_e$ 得

$$\Delta U = -Bbv$$

其中，$I = envdb$，所以有

$$\Delta U = U_1 - U_2 = -Bb\,\frac{I}{endb} = -\frac{1}{ne}\frac{IB}{d} = R_H\,\frac{IB}{d} \tag{8-36}$$

其中，$R_H = -\dfrac{1}{ne}$，称为霍尔系数，是仅与导体材料有关的常数.

霍尔效应在实际中应用广泛，通过实验测定霍尔系数和霍尔电势差，就可以判断载流子的正负，对于半导体，就是用这个方法判断它是 N 型(电子型)还是 P 型(空穴型). 通过对霍尔系数大小的测定还可以计算出载流子的浓度. 用霍尔半导体制成的霍尔元件，通以电流并置于待测磁场中，测得霍尔电势差后就可以求得磁感应强度 $\boldsymbol{B}$ 的大小和方向. 用这一原理制成的测量磁场大小和方向的仪器称磁强计(或高斯计). 对有些材料，如一些二价金属和半导体，霍尔系数等实验结果与之并不相符，这种现象用经典电子论无法解释，只能用量子理论加以说明.

8.6 磁场对载流导线的作用

8.6.1 安培定律

经典电磁学角度，电流是导线中的电荷定向移动形成的. 当把载流导线置于磁场中时，这些运动的电荷就要受到洛伦兹力的作用，宏观效果为载流导线受到的磁力作用，这种磁力称为安培力.

如图 8-27 所示，设导线单位体积有 n 个载流子，截面积为 S，导线上选取一段电流元 $I\mathrm{d}\boldsymbol{l}$，则该段电流元内有 $\mathrm{d}N=nS\mathrm{d}l$ 个载流子. 若每个载流子电量为 q，在外磁场 $\boldsymbol{B}$ 作用下，每个载流子受洛伦兹力为 $q(\boldsymbol{v}\times\boldsymbol{B})$，整个电流元所受安培力就是 $\mathrm{d}N$ 个载流子所受洛伦兹力的合力，即

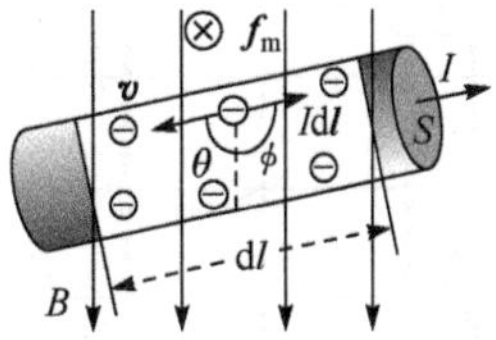

图 8-27 电流元受的安培力

$$\mathrm{d}\boldsymbol{F}=\mathrm{d}Nq(\boldsymbol{v}\times\boldsymbol{B})=nSq\mathrm{d}l(\boldsymbol{v}\times\boldsymbol{B}) \tag{8-37}$$

又由于 $nSqv=I$，即通过 $\mathrm{d}l$ 的电流强度大小，所以可得

$$\mathrm{d}\boldsymbol{F}=I\mathrm{d}\boldsymbol{l}\times\boldsymbol{B} \tag{8-38}$$

为了纪念安培总结出来的这一载流导线元受的磁力规律，故称为安培定律.

知道了一段载流导线受的磁力，就可以用积分的方法求出一段有限长载流导线 L 受的磁力

$$\boldsymbol{F}=\int_L I\mathrm{d}\boldsymbol{l}\times\boldsymbol{B} \tag{8-39}$$

式中，$\boldsymbol{B}$ 为各电流元所在处的“当地 $\boldsymbol{B}$”.

例 8.8 载流导线受磁力. 在均匀磁场 $\boldsymbol{B}$ 中有一段弯曲导线 ab，通有电流 I，如图 8-28 所示，求此段导线受到磁场力.

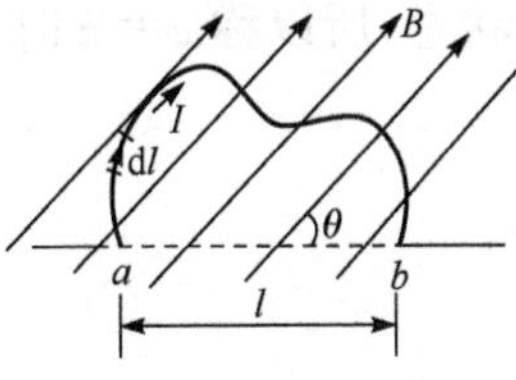

图 8-28

解 根据安培定律，所求力为

$$\boldsymbol{F}=\int_a^b I\mathrm{d}\boldsymbol{l}\times\boldsymbol{B}=I\left(\int_a^b \mathrm{d}\boldsymbol{l}\right)\times\boldsymbol{B}$$

式中，积分是各段矢量长度元的矢量和，它等于从 a 到 b 的矢量直线段 $\boldsymbol{l}$. 因此得

$$\boldsymbol{F}=I\boldsymbol{l}\times\boldsymbol{B}$$

这说明整个弯曲导线受的磁场力的总和等于从起点到终点连起的直导线通过相同的电流时受的磁场力. 在图示的情况下，$\boldsymbol{l}$ 和 $\boldsymbol{B}$ 的方向均与纸面平行，因而

$$F=IlB\sin\theta$$

此力的方向垂直纸面向外.

如果 a，b 两点重合，则 $l=0$，上式给出 $F=0$. 这就是说，在均匀磁场中的闭合载流回路整体上不受磁力.

8.6.2 磁场对平面载流线圈作用的力矩

1. 在均匀磁场中的载流线圈

设在磁感应强度为 $\boldsymbol{B}$ 的匀强磁场中，有如图 8-29 所示的刚性矩形平面载流线圈 $abcd$，边长分别为 l_1、l_2，电流强度为 I，线圈平面与磁线夹角为 θ(线圈法线方向 n 与磁场 B 夹角为 $\varphi=\frac{\pi}{2}-\theta$)，$ab$ 边和 cd 边与 $\boldsymbol{B}$ 垂直，则导线 da 与 bc 所受安培力 F_3、F_4 的大小均为

$$F_3=F_4=BIl_1\sin\theta$$

可见 da 和 bc 受力大小相等，方向相反，在同一直线上，使线圈受到张力，但由于是刚性线圈，

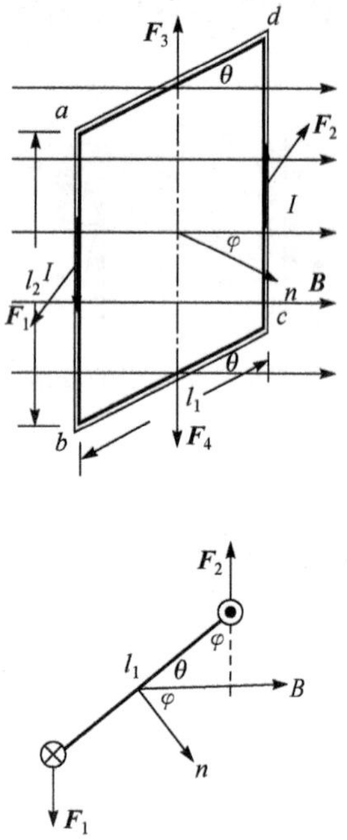

图 8-29　平面矩形线圈在匀强磁场中所受力矩

故两力可视为抵消. 而 ab 和 cd 段所受安培力 F_1、F_2 的大小均为

$$F_2=F_2=BIl_2$$

这两力的大小相等，方向相反，但不在同一直线上，故而形成一力偶，力臂为 $l_1\cos\theta$. 则磁场对线圈作用力的力矩大小为

$$M=F_2l_1\cos\theta=BIl_2l_1\cos\theta=BIS\sin\varphi$$

式中，$S=l_1l_2$ 为线圈面积.

若线圈有 N 匝，则线圈所受力矩为 $M=NBIS\sin\varphi$，考虑到线圈的磁矩为 $P_m=NISe_n$，若将线圈所受力矩写成矢量形式，有

$$\boldsymbol{M}=\boldsymbol{P}_m\times\boldsymbol{B}\tag{8-40}$$

式(8-40)对匀强磁场中任意形状的平面线圈均成立，实验证明，凡带电粒子或带电体在运动中具有磁矩，则其在均匀磁场中所受磁力矩也可由此式表达.

磁力矩对线圈的作用，将使线圈转动，使线圈磁矩方向趋向磁场方向. 由式可知，磁力矩大小为 $M=P_mB\sin\varphi$，有

(1) 当 $\varphi=0$ 时，此时线圈法线方向与磁场方向平行，$M=0$，线圈不受磁力矩作用，我们称线圈此时处于平衡状态；

(2) 当 $\varphi=\pi$ 时，此时线圈法线方向与磁场反向平行，也存在 $M=0$，但由于此时若稍有外力干扰就会使线圈磁矩方向偏离磁场方向，撤去外力后，线圈不会自动恢复到的状态，所以称 $\varphi=\pi$ 时的状态为不稳定平衡状态；

(3) 当 $\varphi=\dfrac{\pi}{2}$ 时，线圈所受的磁力矩最大，$M=P_mB$.

2. 在非均匀磁场中的载流线圈

在非均匀磁场中，载流线圈除受磁力矩作用外，还会受到一个不等于零的合力作用. 因而线圈除了做转动外还要做平动. 具体情况相对复杂些. 感兴趣可以自行讨论.

8.7　磁场中的磁介质

实际的磁场中大多存在着各种实物物质，有些物质会受磁场的作用而处于一种特殊状态，我们称为磁化状态. 磁化后的物质反过来又要对磁场产生影响，我们称这种处于磁场中能与磁场发生相互作用的实物物质为磁介质.

磁介质对磁场的影响可以通过实验观察. 若均匀磁介质处于磁感应强度为 $\boldsymbol{B}_0$ 的外磁场中，磁介质要被磁化，从而产生磁化电流. 磁化电流也要激发磁感应强度为 $\boldsymbol{B}'$ 的附加磁场，则磁介质中的总磁感应强度就是两者的矢量叠加，即

$$\boldsymbol{B}=\boldsymbol{B}_0+\boldsymbol{B}'\tag{8-41}$$

对不同的磁介质，$\boldsymbol{B}'$ 的大小和方向有差别. 为了便于讨论磁介质的分类，我们引入相对磁导率 μ_r. 当均匀磁介质充满整个磁场时，磁介质的相对磁导率定义为

$$\mu_r=\frac{B}{B_0}\tag{8-42}$$

式中，B 和 B_0 分别为总磁场和外磁场的磁感应强度的大小；μ_r 可用来描述不同磁介质磁化后对原外磁场的影响，决定磁介质本身特性的物理量，与外磁场无关. 类似于介电常数 ε 的定义，我们定义磁介质的磁导率

$$\mu=\mu_0\mu_r \tag{8-43}$$

μ 反映磁介质磁性的物理量，和真空磁导率 μ_0 的单位相同.

实验表明，根据相对磁导率 μ_r 的大小可将磁介质分为三类：

(1) 抗磁质是 $\mu_r<1$ 的磁介质，在外磁场中，其附加的磁感应强度 $\boldsymbol{B}'$ 与 $\boldsymbol{B}_0$ 方向相反，因而总磁感应强度的大小 $B<B_0$，如汞、铜、铋、氢、锌、铅等；

(2) 顺磁质是 $\mu_r>1$ 的磁介质，其附加的磁感应强度 $\boldsymbol{B}'$ 与 $\boldsymbol{B}_0$ 方向相同，因而总磁感应强度的大小 $B>B_0$，如锰、铬、铂、氧等；

(3) 铁磁质是 $\mu_r\gg1$ 的磁介质，其附加的磁感应强度 $\boldsymbol{B}'$ 与 $\boldsymbol{B}_0$ 方向相同，且 $\boldsymbol{B}'\gg\boldsymbol{B}_0$，因而总磁感应强度的大小 $B\gg B_0$，如铁、钴、镍等.

另外，还有一类物质，即处于超导态的超导材料，当它处于外磁场中并被磁化后，其所产生的附加磁场在超导材料内能完全抵消磁化它的外磁场，使超导材料内部的磁场为零. 它说明处于超导态下的物质相对磁导率 $\mu_r=0$. 超导材料的这一性质称为完全抗磁性.

习　题　8

8-1　能否由安培环路定理求有限长载流直导线的磁场？

8-2　在电子仪器中，通常把两根导线扭在一起，其目的是减弱磁场，请阐述其中的物理学原理.

8-3　有人说：“磁学的高斯定理说明通过任意闭合曲面的磁通量为零，那么闭合曲面上的每一点的磁感应强度必为零.”你认为他的说法对吗，为什么？

8-4　两根长直导线沿半径方向引到铁环上 A、B 两点，并与很远的电源相连，如图所示. 求环中心的磁感应强度.

8-5　如图所示，A 和 B 为两个正交放置的圆形线圈，其圆心相重合. A 线圈半径为 $R_A=0.2\text{m}$，$N_A=10$ 匝，通有电流 $I_A=10\text{A}$，B 线圈半径 $R_B=0.1\text{m}$，$N_B=20$ 匝，通有电流 $I_B=5\text{A}$. 求两线圈公共中心处的磁感应强度.

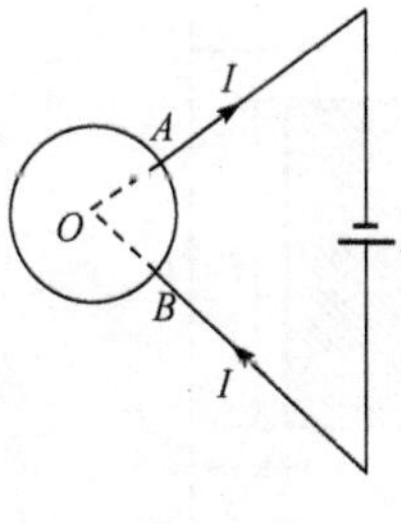

题 8-4 图

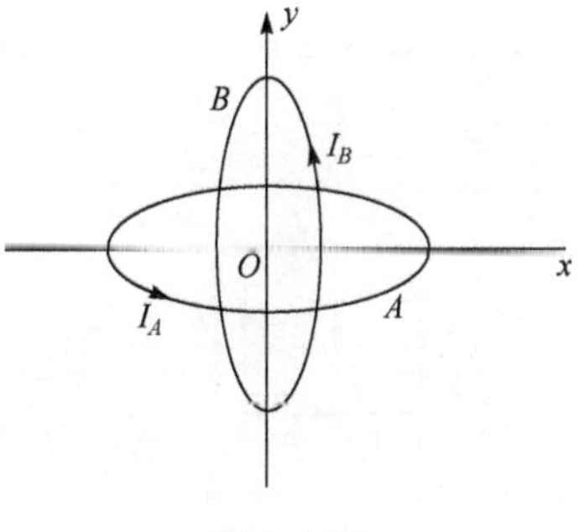

题 8-5 图

8-6　在半径 $R=1\text{cm}$ 的无限长半圆柱形金属薄片中，有电流 $I=5\text{A}$ 自下而上通过，如图所示. 试求圆柱轴线上一点 P 的磁感应强度.

8-7　一根很长的铜导线，载有电流 10A，在导线内部通过中心线作一平面 S，如图所示. 试计算通过导线 1m 长的 S 平面内的磁感应能量.

8-8　一束单价铜离子以 $1.0\times10^5\text{m/s}$ 的速率进入质谱仪的均匀磁场，转过 180°后各离子打在照相底片上，如果磁感应强度为 0.50T，试计算质量为 $63u$ 和 $65u$ 的两同位素分开的距离($1u=1.66\times10^{-27}\text{kg}$).

8-9　在霍尔效应实验中，如图所示，宽 1.0cm、长 4.0cm、厚 1.0×10^{-3} cm 的导体沿长度方向载有3.0A 的电流，当磁感应强度 $B=1.5$T 的磁场垂直地通过该薄导体时，产生 1.0×10^{-5}V 的霍尔电压(在宽度两端). 试由这些数据求：

(1) 载流子的漂移速度；

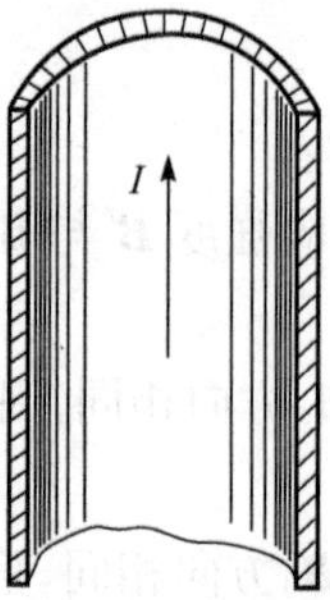

题 8-6 图

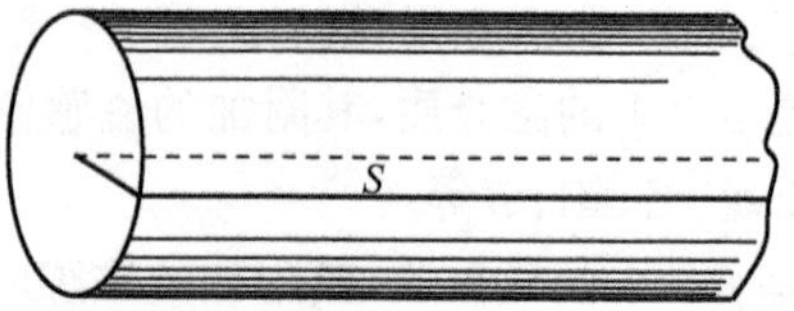

题 8-7 图

(2) 每立方厘米的载流子数；

(3) 假设载流子是电子，试就一给定的电流和磁场方向在图上画出霍尔电压的极性.

8-10　截面积为 S、密度为 ρ 的铜导线被弯成正方形的三边，可以绕水平轴转动，如图所示. 导线放在方向为竖直向上的匀强磁场中，当导线中的电流为 I 时，导线离开原来的竖直位置偏转一角度 θ 而平衡. 求磁感应强度. 如 $S=2\text{mm}^2$，$\rho=8.9\text{g/cm}^3$，$\theta=15°$，$I=10$A，B 应为多少？

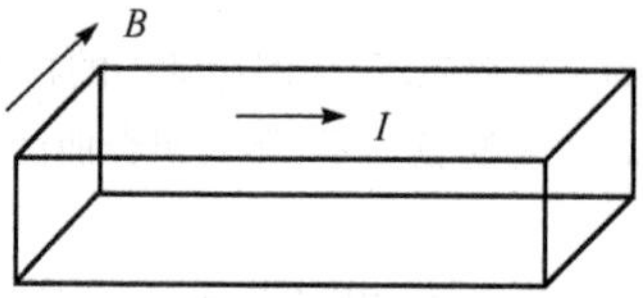

题 8-9 图

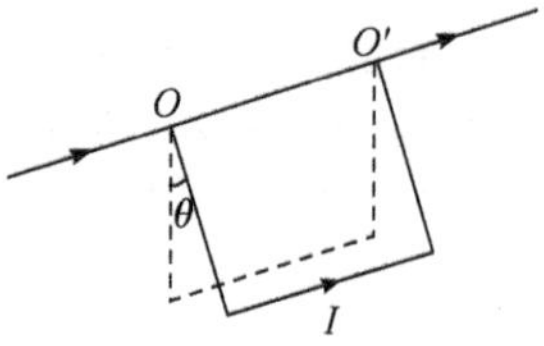

题 8-10 图

8-11　如图所示，在长直导线旁有一矩形线圈，导线中通有电流 $I_1=20$A，线圈中通有电流 $I_2=10$A. 已知 $d=1$cm，$b=9$cm，$l=20$cm，求矩形线圈上受到的合力是多少？

8-12　两平行长直导线相距 $d=40$cm，通过导线的电流 $I_1=I_2=20$A，电流流向如图所示. 求

(1) 两导线所在平面内与两导线等距的一点 P 处的磁感应强度.

(2) 通过图中斜线所示面积的磁通量($r_1=r_3=10$cm，$l=25$cm).

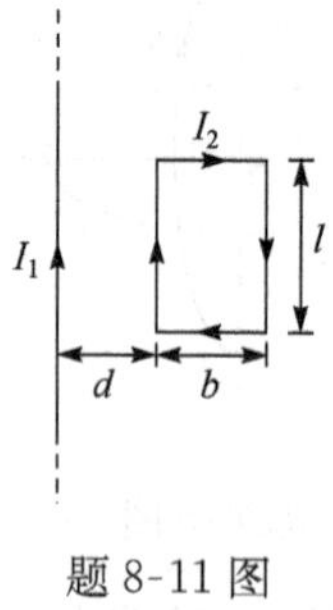

题 8-11 图

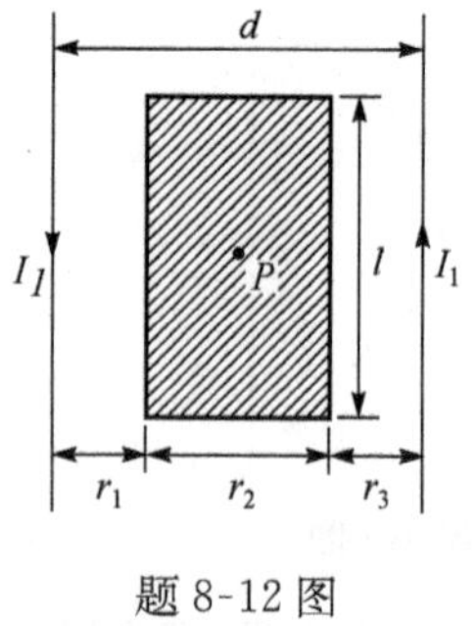

题 8-12 图

8-13　一个塑料圆盘，半径为 R，带电量 q 均匀分布于表面，圆盘绕通过圆心垂直盘面的轴转动，角速度为 ω. 试证明

(1) 在圆盘中心处的磁感应强度为 $B=\dfrac{\mu_0\omega q}{2\pi R}$；

(2) 圆盘的磁偶极矩为 $p_m=\dfrac{1}{4}q\omega R^2$.

第 9 章　电磁感应　电磁场基本方程

电磁感应是人类历史上最伟大的发现之一，人们一直研究并认为其是相互独立的电现象和磁现象，通过电磁感应的发现和进一步的研究统一起来了.

1819 年奥斯特发现了电流的磁效应. 这一发现引起许多物理学家的注意. 特别是英国物理学家法拉第深受其启发，开始研究电磁感应现象. 他在 1821 年的日记中就有“磁转化为电”的记载. 这说明法拉第不仅把电现象和磁现象联系起来，而且提出了奥斯特效应的反问题. 经过 10 年的不懈努力，法拉第终于以他精湛的实验技巧和敏锐的观察力，于 1831 年 8 月 29 日首次发现了由于磁场变化产生感应电流的现象. 进一步研究，法拉第又总结出电磁感应定律，使他成为可以和麦克斯韦并列的电磁场理论的奠基人. 现在，电磁感应现象和规律，在电工技术、电子技术、以及电磁测量等许多重大工程技术方面都有广泛的应用.

电磁感应现象的发现是人类对电磁现象认识上的一个飞跃，是物理学理论发展史上的重大突破. 在法拉第等人工作的基础上，麦克斯韦提出了两个划时代的假设——涡旋电场和位移电流的假设，从而在理论上把电场和磁场统一起来，建立了统一的电磁场理论.

麦克斯韦方程组是宏观电磁场的理论基础，是物理学发展史上中的一个重要里程碑，推动了物理学和其他技术科学的进步，发展了社会生产力，为人类创造了丰富的物质财富.

9.1　电磁感应的基本定律

9.1.1　电磁感应现象

当闭合导体回路中的磁通量发生变化时，导体回路中就产生电流，这种现象称为电磁感应，这样产生的电流称感生电流或感应电流. 电磁感应现象可通过图 9-1 所示的实验观察.

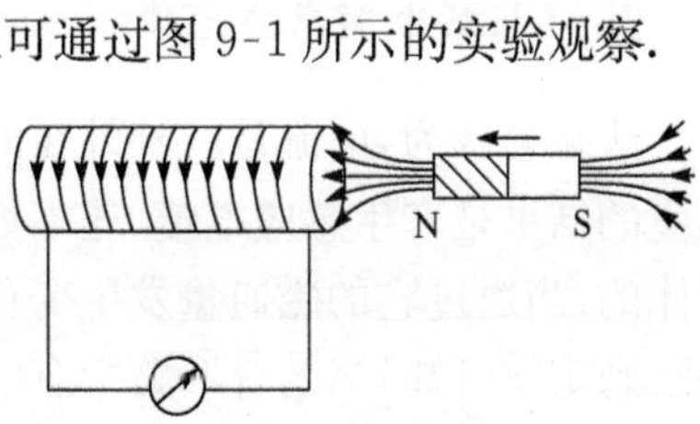

图 9-1　电磁感应现象

在图示的螺线管附近，同轴地放置一长条磁铁. 当螺线管与磁铁之间不发生相对运动时，螺线管的线圈内没有电流，检流计的指针不偏转；当螺线管与磁铁间发生相对运动时，螺线管的线圈内有电流，检流计指针发生偏转. 那么，两者之间发生和不发生相对运动有什么本质的不同呢？经法拉第的分析认为：当两者不发生相对运动时，磁铁产生的磁场虽然在螺线管的线圈产生磁通量，但这个磁通量是不变的；当两者发生相对运动时，磁铁产生的磁场通过螺线管线圈的磁通量发生了变化. 由此看来，通过线圈磁通量的变化是产生感应电流的根源. 这说明，不论在什么条件下，只要导体回路包围的曲面上磁通量发生变化，就一定产生感应电流，而且实验证明这种现象和产生磁场的方式无关. 也就是说，把图中的长条形磁铁换成载流螺线管或载流线圈，同样可以观察到电磁感应现象.

9.1.2 电磁感应的基本定律

1. 楞次定律

大量实验证明,感应电流有确定的方向.在图 9-1 所示的电磁感应实验中,若磁铁靠近螺线管时产生检流计指针向右偏转的电流,那么当磁铁远离螺线管时必然产生检流计指针向左偏转的电流.俄国物理学家楞次分析了大量实验事实之后,于 1833 年总结出判断感应电流方向的定律.楞次指出"感应电流有确定的方向.感应电流产生的磁场通过自身回路的磁通量,总是去阻止引起感应电流的磁通量的变化".这就是楞次定律.

楞次定律是能量守恒和转换定律在电磁感应上的体现,或是说能量守恒和转换定律要求感应电流必须服从楞次定律.在图 9-1 所示的实验中,当长条形磁铁靠近螺线管时,按楞次定律判断感应电流的方向应是图中箭头所示的方向.这样的感应电流通过螺线管产生的磁场也相当于一个"条形磁铁",其右端是 N 极左端是 S 极,而右端 N 极的排斥力将阻止长条形磁铁的靠近.磁铁要靠近螺线管并在螺线管的线圈中产生感应电流,必须借助外力克服排斥力做功.不言而喻,与此同时感应电流必然在螺线管的线圈中产生焦耳热、在空间形成磁场.这些热量以及磁场的能量不是创造的,是外力克服排斥力做功转换的.显然,楞次定律完全符合能量守恒和转换定律.反之,若感应电流不是图 9-1 所示的方向而是相反,即假设感应电流的方向违背楞次定律,则螺线管左端是 N 极,右端是 S 极,这样只要给磁铁一点点能量就使磁铁向螺线管靠近一下,磁铁将在螺线管右端 S 极的吸引下,加速向螺线管靠近,线圈中必然产生越来越大的感应电流.与此同时,磁铁的动能,感应电流在线圈中产生的焦耳热以及在空间建立磁场的能量也越来越多.这些不断增加的能量显然是无中生有创造出来的,完全违背了能量守恒和能量转换定律.所以,这是假设感应电流的方向违背楞次定律造成的.总之,违背楞次定律必然违背能量守恒和转换定律;违背能量守恒和转换定律也必然违背楞次定律.楞次定律与能量守恒和转换定律是一致的.

2. 法拉第电磁感应定律

法拉第认为,电流是一种外在的表现,和电流相比,电动势才是更本质的东西.与其说电磁感应的结果是产生感应电流,还不如说电磁感应产生感应电动势.事实上,若回路或线圈是非导体的,当通过它的磁通量发生变化时,将不产生感应电流,但电动势还是存在的.根据闭合回路欧姆定律可知,当闭合回路中有电流时,回路中必然相应地有电动势.也就是说,电磁感应中必然产生和感应电流方向相同的电动势.这种由于电磁感应而产生的电动势称感应电动势.

在图 9-1 所示的实验中,当长条形磁铁迅速靠近螺线管时,线圈中的感应电流就大,即感应电动势大;当缓慢靠近时,感应电流就小,即感应电动势小.所谓迅速和缓慢反应了通过螺线管磁通量随时间变化率的大小.法拉第经过多次反复实验,终于找到了感应电动势与通过线圈磁通量随时间变化率的关系.设感应电动势为 ε_i,通过线圈磁通量随时间的变化率为$\frac{\mathrm{d}\Phi}{\mathrm{d}t}$,法拉第确定

$$\varepsilon_i = -k\frac{\mathrm{d}\Phi}{\mathrm{d}t}$$

式中,k 是比例系数,其量值由式中各量的单位确定,在国际单位制中 $k=1$,则

$$\varepsilon_i = -\frac{\mathrm{d}\Phi}{\mathrm{d}t} \tag{9-1}$$

这就是著名的法拉第电磁感应定律. 它表明,闭合回路感应电动势 ε_i 等于通过该回路面积上磁通量随时间变化率的负值.

式(9-1)中的负号就是楞次定律的数学表达式. 由于感应电动势的方向总与感应电流方向相同,因此,可以用楞次定律判断感应电动势的方向.

(1) 若线圈有 N 匝,且各匝线圈上磁通量随时间的变化率不同,则每匝线圈上的感应电动势分别为

$$\varepsilon_1 = -\frac{\mathrm{d}\Phi_1}{\mathrm{d}t}$$

$$\varepsilon_2 = -\frac{\mathrm{d}\Phi_2}{\mathrm{d}t}$$

$$\cdots\cdots$$

$$\varepsilon_N = -\frac{\mathrm{d}\Phi_{2N}}{\mathrm{d}t}$$

总感应电动势是各线圈上感应电动势的代数和,即

$$\varepsilon_i = \varepsilon_1 + \varepsilon_2 + \cdots + \varepsilon_N = -\frac{\mathrm{d}\Phi_1}{\mathrm{d}t} - \frac{\mathrm{d}\Phi_2}{\mathrm{d}t} - \cdots - \frac{\mathrm{d}\Phi_N}{\mathrm{d}t}$$

即

$$\varepsilon_i = -\frac{\mathrm{d}\sum \Phi_i}{\mathrm{d}t} \tag{9-2}$$

当 $\Phi_1 = \Phi_2 = \cdots = \Phi_N = \Phi$ 时,

$$\left.\begin{aligned} \varepsilon_i &= -N\frac{\mathrm{d}\Phi}{\mathrm{d}t} \\ \text{或}\quad \varepsilon_i &= -\frac{\mathrm{d}(N\Phi)}{\mathrm{d}t} \end{aligned}\right\} \tag{9-3}$$

前两式中的 $\sum \Phi_i$ 和 $N\Phi$ 称磁通链数或总磁通.

(2) 若线圈的电阻为 R,根据闭合回路欧姆定律得感应电流为

$$I_i = \frac{\varepsilon_i}{R} = -\frac{1}{R}\frac{\mathrm{d}\Phi}{\mathrm{d}t} \tag{9-4}$$

特别是当 $R = \infty$,即线圈为非导体线圈或不形成闭合回路时,感应电流 I_i 为零,但感应电动势仍然存在.

(3) 若电磁感应是在 t_1—t_2 这段时间间隔内发生的,在这段时间内通过导体横截面的感应电量为

$$\Delta q_i = \int_{t_1}^{t_2} I \cdot \mathrm{d}t = -\frac{1}{R}\int_{\Phi_1}^{\Phi_2} \mathrm{d}\Phi = -\frac{1}{R}(\Phi_2 - \Phi_1) \tag{9-5}$$

例 9.1 如图 9-2 所示,真空中一无限长载流直导线的电流为 I 以恒定的速率 $\frac{\mathrm{d}I}{\mathrm{d}t} = C$(常量)增加. 一矩形线圈与载流直导线共面放置,求线圈中感应电动势的量值和方向.

解 根据法拉第电磁感应定律. 设某时刻 t 载流导线上的电流强度为 I,它在距离导线为

r 的 dr 处产生的磁感应强度为

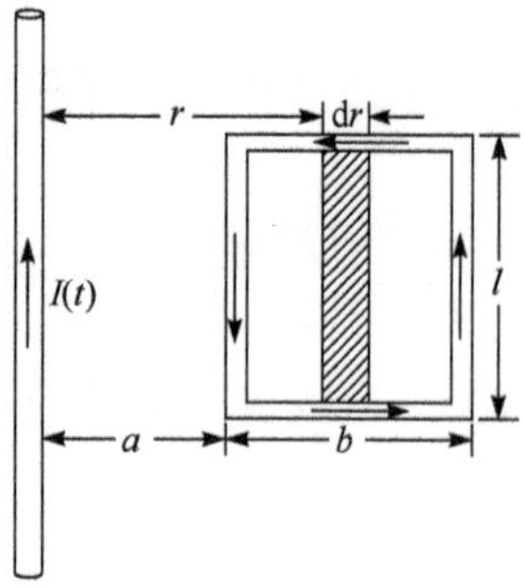

图 9-2

$$B=\frac{\mu_0 I}{2\pi r}$$

方向垂直纸面向里.

在线圈上取顺时针方向为绕行正方向，其法线方向 n_0 垂直纸面向里，即$(B,n_0)=0<\frac{\pi}{2}$这样求出的通量为正.

取面积元 $\mathrm{d}\boldsymbol{s}=l\mathrm{d}r\boldsymbol{n}_0$ 上的元通量

$$\mathrm{d}\Phi=B\cdot d=\frac{\mu_0 Il}{2\pi r}\mathrm{d}r$$

通过矩形线圈的磁通量为

$$\Phi=\int_a^{a+b}\mathrm{d}\Phi=\int_a^{a+b}\frac{\mu_0 Il}{2\pi r}\mathrm{d}r=\frac{\mu_0 Il}{2\pi}\ln\frac{a+b}{a}>0$$

根据法拉第电磁感应定律有

$$\varepsilon_i=-\frac{\mathrm{d}\Phi}{\mathrm{d}t}=-\frac{\mu_0 l}{2\pi}\ln\frac{a+b}{a}\cdot\frac{\mathrm{d}I}{\mathrm{d}t}=-\frac{\mu_0 l}{2\pi}\ln\frac{a+b}{a}<0$$

这表明 $\varepsilon_i=$的方向与我们选定的正方向相反，是逆时针的.

9.2 动生电动势

我们知道，在法拉第电磁感应定律中，对于闭合回路上磁通量的变化条件和方式是没有任何限制的. 也就是说，不论在什么条件下以什么方式，只要闭合回路上磁通量发生变化，就一定产生感应电动势. 根据磁通量的定义式

$$\Phi=\int_S B\cdot\mathrm{d}S$$

容易看出，引起磁通量变化的方式主要有两种：

(1) 闭合回路整体不运动也不变形，仅仅由于磁场随时间变化而导致的磁通量变化. 这样产生的感应电动势就是感生电动势.

(2) 磁场的分布的量值不随时间变化，由于回路整体或部分发生变形或运动导致磁通量的变化. 这样产生的感应电动势称动生电动势. 在这里我们强调的是导体的运动.

必须指出，我们把感应电动势分成感生电动势和动生电动势，绝非形式上的区分，关键是它们产生的机理不同. 以后我们会了解，感生电动势的非静电场是变化的磁场产生的涡旋电场，而动生电动势的非静电场由洛伦兹力提供的.

9.2.1 动生电动势

我们先讨论其中最简单也是最重要的情形，并以此说明动生电动势产生的本质. 如图 9-3 所示，在连有电流计的 U 形滑轨上，有一根长为 l 且能与滑轨始终保持良好接触的金属杆 ab，这样 U 形导轨与金属杆 ab 构成一闭合导体回路. 现把它置于磁感应强度为 $\boldsymbol{B}$ 的匀强磁场中. 若 $\boldsymbol{B}$ 垂直闭合回路平面，且金属杆 ab 以速度 V 向右运动，由图 9-3 所示，当某时刻 t 金属杆 ab 在 x 处时，闭合回路的面积 $S=lx$，该时刻通过 S 的磁通量为

$$\Phi = BS = Blx$$

由法拉第电磁场感应定律得动生电动势的量值为

$$\varepsilon_i = \left|\frac{d\Phi}{dt}\right| = Bl\frac{dx}{dt}$$

即

$$\varepsilon_i = BlV \tag{9-6}$$

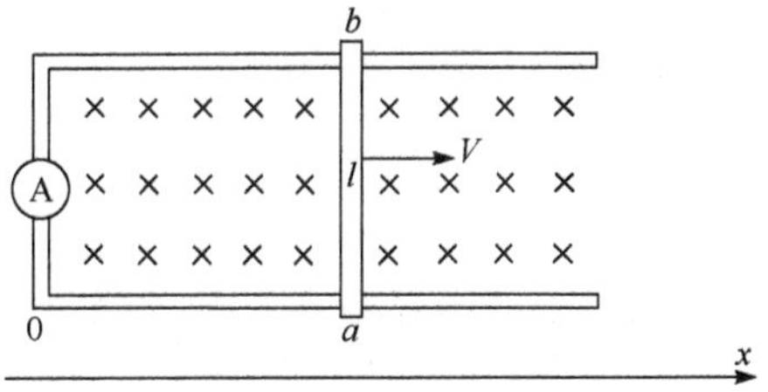

图 9-3 动生电动势

式中，lV 是金属 ab 单位时间内扫过的面积；$\boldsymbol{B}$ 是穿过单位面积上的磁感应线数. 因此，动生电动势 ε_i 等于单位时间内金属杆 ab 切割磁 $\boldsymbol{B}$ 线的数目；也可以说动生电动势等于金属杆 ab 单位时间内扫过面积上的磁通量. 由此可以判断，当金属杆不切割磁 $\boldsymbol{B}$ 线时，是不能产生动生电动势的，这和感生电动势有本质的区别.

动生电动势的方向有三种判断方式：一是用楞次定律判断，在该情况下电流的绕向为 $abAa$，如果运动的金属杆 ab 看成是电源，电动势的方向是由 a 指向 b，b 端电势高；二是用右手定则判断，将右手伸开，使拇指和其余四指直并在同一平面内，并使磁感应线穿过掌心，若拇指指向金属杆 ab 的运动方向，其余四指则指向电流的方向，也是由 a 指向 b；三是用洛伦兹力判断，正电荷受力的方向或负电荷受力的反方向就是动生电动势的方向，也是由 a 指向 b.

9.2.2 动生电动势与洛伦兹力的关系

试考察长度为 l 的金属杆在磁感应强度为 $\boldsymbol{B}$ 且垂直纸面向里的匀强磁场中以速度 $\boldsymbol{V}$ 向右运动的情形. 为方便，设 l、$\boldsymbol{V}$、$\boldsymbol{B}$ 三者相互垂直，如图 9-4 所示. 当金属杆以速度 $\boldsymbol{V}$ 运动时，金属杆上的自由电子也必随金属杆一起以速度 $\boldsymbol{V}$ 向右运动. 这样，金属杆上定向运动的电子受到一方向向下的洛伦兹力的作用.

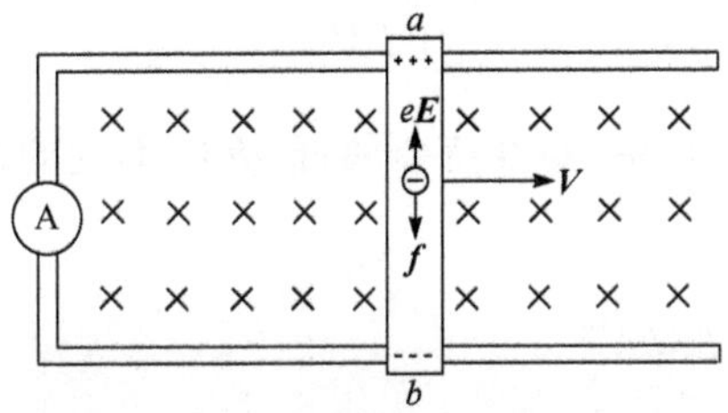

图 9-4 动生电动势与洛伦兹力

$$\boldsymbol{f} = e\boldsymbol{V}\boldsymbol{B}$$

这样就使金属杆 b 端集结电子而带负电荷，a 端则有过剩的正电荷而带正电. 正负电荷分开后，在金属杆 ab 内必然产生一个方向由 a 指向 b 的静电场 $\boldsymbol{E}$，它使电子受到一个向上的静电场力 $-e\boldsymbol{E}$. 由于电场强度 $\boldsymbol{E}$ 的量值是随着电荷的集结而增加的，相应的电场力 $-eE$ 也增加. 当电场强度增加到一定程度，使得电子受的电场力 $-eE$ 和洛伦兹力 $\boldsymbol{f}$ 平衡，即

$$eVB + (-e\boldsymbol{E}) = 0, \quad VB = \boldsymbol{E}$$

时，金属杆 ab 内电荷的集结过程结束. 根据电动势的定义可知，金属杆 ab 上的动生电动势等于单位正电荷由负极板经内部到正极板的过程中，非静电力的功为

$$\varepsilon = \int_b^a VB\,dl = BlV \tag{9-7}$$

这和用法拉第电磁感应定律所得结果完全一致.

在一般情况下，当 $\boldsymbol{B}$、$\boldsymbol{V}$、l 不垂直，甚至是曲线的情况下，有

$$\varepsilon = \int_b^a E \cdot dl = \int_b^a V \times B \cdot dl \tag{9-8}$$

容易看出，式(9-7)是式(9-8)的一个特例.

综上所述，我们看到在磁场中做切割磁力线运动的导体就是一个电源. 这可以从以下的分

析中更清楚看到. 事实上,当用导线把电源 ab 两端连接起来时,如图 7-4 所示,a 端的正电荷经外电路回到 b 端上来,使得电场强度 $\boldsymbol{E}$ 的量值变小,相应电场力也变小,从而破坏了电源内部的平衡. 这时占优势的洛伦兹力重新把正、负电荷分开,使回到 b 端(负极)的正电荷,经内部又回到 a 端(正极)上来,回到 a 端上来的正电荷又经外电路回到 b 端,洛伦兹力又使回到 b 端的正电荷经电源内部移到 a 端,如此下去才能维持电路中的电流不断地流动. 这正如我们以前讨论过的电源工作过程,完全相同. 总之,在磁场中做切割磁力线运动的导体就相当于一个电源.

从动生电动势与洛伦兹力的关系中看出,洛伦兹力就是维持电源电动势的非静电力,$\boldsymbol{E}=\boldsymbol{V}\times\boldsymbol{B}$ 就是非静电场强度. 并由此判断,动生电动势的方向是由 b 指向 a 的.

9.2.3　动生电动势与能量守恒和转换定律的关系

当闭合导体回路中产生动生电动势时,回路中必然产生电流,电流在回路的电阻上产生焦耳热及在空间激发磁场. 这些能量(即热能和磁场能)是外力克服安培力做功的结果,是能量守恒和转换定律在动生电动势中的反映.

试分析图 9-5 所示的电路,设该回路中的电阻 R 保持不变,当长度为 l 的金属杆 ab 向右运动时,杆上的动生电动势为

$$\varepsilon_i = BlV$$

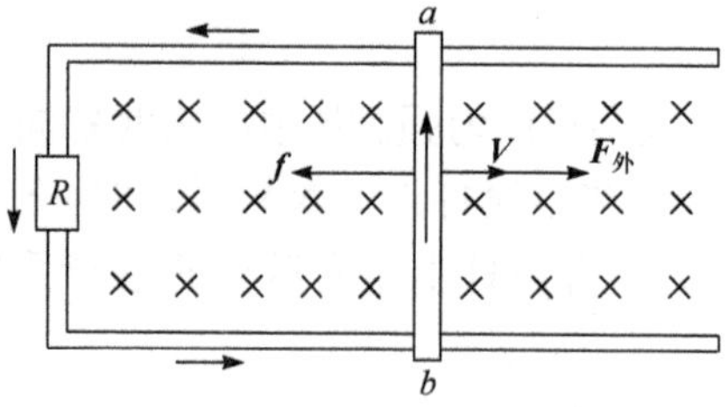

图 9-5　动生电动势与能量

回路中产生的电流为

$$I_i = \frac{\varepsilon_i}{R} = \frac{1}{R}BlV$$

由楞次定律判断电流的方向是逆时针的. 由于金属杆上有电流,必须受到安培力

$$f = BlI_i = \frac{1}{R}B^2l^2V$$

的作用,方向水平向左. 要维持金属杆 ab 以不变的速度 V 向右运动,必须有外力 $\boldsymbol{F}_{外}$ 克服安培力 $\boldsymbol{f}$ 做功,其功率为

$$P = \boldsymbol{F}_{外} \cdot = \boldsymbol{F}_{外}\ V = fV = \frac{1}{R}B^2l^2V^2$$

另外,当回路中有电流 I_i 时,电流在电阻 R 上消耗的热功率为

$$P' = I_iR = \frac{1}{R}B^2l^2V^2$$

显然 $P=P'$,即电流在回路中供应的电能,或者说消耗在电阻 R 上的焦耳热,来源于外界提供的机械能. 完全符合能量守恒和转换的规律.

这里,我们实际探讨了发电机的基本原理. 发电机是把机械能或机械功转换成电能的装置. 从力学角度分析,外力 $\boldsymbol{F}_{外}$ 做功表示外界向发电机提供机械能,由于安培力始终与金属杆 ab 运动方向相反,安培力做负功,这就表示发电机接受这分能量. 从回路的角度分析,电源能源源不断地向电路提供能量,是机械能不断地转换成电能的结果.

9.2.4　磁场中转动线圈内的动生电动势

设有匝数为 N 面积为 S 且不变形的刚性线框 $abcda$,在磁感应强度为 $\boldsymbol{B}$ 的匀强磁场中以

角速度ω绕OO'轴转动，如图9-6所示.

当线框的法线方向$\boldsymbol{n}_0$与$\boldsymbol{B}$的夹角为θ时，通过每匝线框的磁通量为

$$\Phi=BS\cos\theta$$

总磁通量为

$$N\Phi=NBS\cos\theta$$

由法拉第电磁感应定律得线框中的动生电动势为

$$\varepsilon_{\mathrm{i}}=-\frac{\mathrm{d}(N\Phi)}{\mathrm{d}t}=NBS\sin\theta\frac{\mathrm{d}\theta}{\mathrm{d}t}$$

因$\frac{\mathrm{d}\theta}{\mathrm{d}t}=\omega$，令$NBS\omega=\varepsilon_0$且称为电动势振幅，则

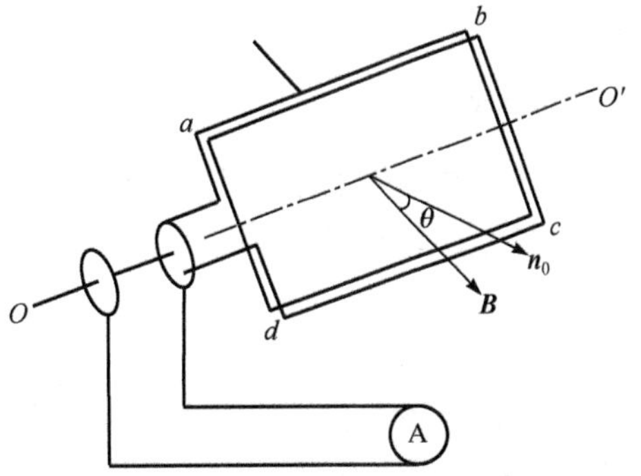

图9-6 转动线圈的动生电动势

$$\varepsilon_{\mathrm{i}}=\varepsilon_0\sin\omega t \tag{9-9}$$

若线框中的总电阻为R，则

$$I_{\mathrm{i}}=\frac{\varepsilon_i}{R}=\frac{\varepsilon_0}{R}\sin\omega t$$

令$\frac{\varepsilon_0}{R}=I_0$且称为电流振幅，则

$$I_{\mathrm{i}}=I_0\sin\omega t \tag{9-10}$$

必须指出，考虑到线框中有自感的影响，电流和电动势是不同步的，即它们之间有一相位差. 以上讨论的就是交流发电机的原理，动生电动势和电流的大小和方向都是周期性变化的.

例9.2 在均强磁场中有一长为L的铜棒ab，该铜棒可绕通过O点且垂直纸面的轴转动. 若铜棒的a端到转轴的距离为l_0，角速度$\frac{\mathrm{d}\theta}{\mathrm{d}t}=\omega$是常量，磁感应强度为$\boldsymbol{B}$且垂直纸面向外，如图9-7所示，求：(1)棒上的动生电动势；(2)ab间的电势差；(3)两点哪点电势高.

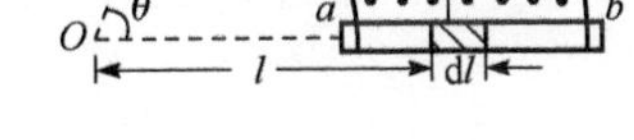

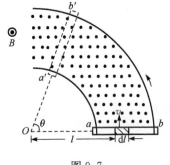

图9-7

解 (1)取离O点为l宽度为$\mathrm{d}l$的线元，$\mathrm{d}l$上各点的速度可视为相等，即

$$v=l\omega$$

$\mathrm{d}l$上产生的动生电动势为

$$\mathrm{d}\varepsilon_{\mathrm{i}}=v\times B\cdot\mathrm{d}l=B\omega l\mathrm{d}l$$

ab棒上的动生电动势为

$$\varepsilon_{\mathrm{i}}=\int_{l_0}^{l_0+L}\mathrm{d}\varepsilon_{\mathrm{i}}=\int_{l_0}^{l_0+L}B\omega l\,\mathrm{d}l=\frac{1}{2}B\omega[(l_0+L)^2-l_0^2]$$

由洛伦兹力判断电子向a端集结，动生电动势的方向由a指向b.

(2) 当电源开路时，电源电动势就等于端电压，即

$$U_{ab}=U_a-U_b=-\frac{1}{2}B\omega[(l_0+L)^2-l_0^2]$$

(3) b点电势高.

9.3　自感　互感　磁场的能量

9.3.1　自感

从所周知，磁性的根源是电荷的运动，在一定条件下，可以说一切由于磁感应强度 **B** 变化而引起磁通量变化，都可归结为由于电流的变化引起的.

1. 自感

试考察一个导体线圈，当它和电源相接构成闭合回路时，可以引起一系列的变化：①回路中产生了一个由无到有的电流；②这个变化的电流在其周围空间激发一个由无到有的磁场；③由于磁感应线和电流总是套合的，这个磁场必然在自身回路上产生一个由无到有的磁通量. 根据法拉第电磁感应定律，回路中必然产生感应电动势. 可以看出，这个感应电动势的产生源于回路中电流的变化. 这种由于回路中电流的变化而在自身回路中产生感应电动势的现象称为自感. 由于自感应而产生的感应电动势称自感电动势.

2. 自感系数

设回路中有稳定电流 I 时，通过自身回路的磁通量为 Φ，考虑到 Φ 与 **B** 成正比，**B** 与 I 成正比，Φ 必与 I 成正比，即

$$\Phi=LI \tag{9-11}$$

式中，比例系数 L 称回路的自感系数. 它由回路的形状、尺寸及周围磁介质的情况决定. 由上式可得

$$L=\frac{\Phi}{I} \tag{9-12}$$

若回路是由 N 匝线圈组成，每匝线圈的磁通量为 Φ，则

$$\left.\begin{aligned}N\Phi&=LI\\ \text{或}\ L&=\frac{N\Phi}{I}\end{aligned}\right\} \tag{9-13}$$

自感系数还可以根据法拉第电磁感应定律定义，自感电动势为

$$\varepsilon_i=-\frac{\mathrm{d}\Phi}{\mathrm{d}t}=\left(L\frac{\mathrm{d}I}{\mathrm{d}t}+I\frac{\mathrm{d}L}{\mathrm{d}t}\right)$$

在线圈的形状及周围磁介质的情况不发生变化时，L 是一个与时间无关的量，即 $\frac{\mathrm{d}L}{\mathrm{d}t}=0$ 时，有

$$\left.\begin{aligned}\varepsilon_L&=-L\frac{\mathrm{d}I}{\mathrm{d}t}\\ \text{或}\ L&=-\frac{\varepsilon_L}{\mathrm{d}I/\mathrm{d}t}\end{aligned}\right\} \tag{9-14}$$

式中的负号仍然是楞次定律的数学表示. 当电流增加 $\frac{\mathrm{d}I}{\mathrm{d}t}>0$ 时，自感电动势 $\varepsilon_L<0$，这表明自感电动势与电流的方向相反，阻止电流增加；当电流减少 $\frac{\mathrm{d}I}{\mathrm{d}t}<0$ 时，自感电动势 $\varepsilon_L>0$，这表明自感电动势与电流的方向相同，阻止电流的减少.

显然，自感有使回路保持原有电流不变的性质. 自感系数 L 大，$\frac{\mathrm{d}I}{\mathrm{d}t}=-\frac{\varepsilon_L}{L}$ 的量值小，改变回路电流就困难；自感系数 L 小，$\frac{\mathrm{d}I}{\mathrm{d}t}=-\frac{\varepsilon_L}{L}$ 的量值大，改变回路电流就容易. 自感相似于力学中物理的惯性，可称“电磁惯性”，而自感系数则是“电磁惯生”的量度.

在国际单位制中，自感系数的单位是 H(亨利). 当回路中的电流为 1A，通过自身回路的磁通量 1Wb 时，该回路的自感系数就 1H；当回路中的电流随时间的变化率为 $\frac{\mathrm{d}I}{\mathrm{d}t}=1\mathrm{A/S}$ 时，回路的自感电动势为 1V，该回路的自感系数也是 1H.

在实际应用中有时也用 mH(毫亨)和 μH(微亨)作为辅助单位：$1\mu\mathrm{H}=10^{-3}\mathrm{mH}=10^{-6}\mathrm{H}$，自感系数的量纲是 $I^{-2}\mathrm{L}^2\mathrm{MT}^{-1}$.

9.3.2 互感

互感是指两个回路或线圈接通电源流有电流时，相互之间产生的一种电磁感应现象.

试考察两个闭合导体回路(1)和(2)，如图 9-8 所示. 当(1)中通有电流 I_1 时，通过回路(2)的磁通量为 Φ_{21}；当(2)中通有电流 I_2 时，通过回路(1)的磁通量为 Φ_{12}，显然有

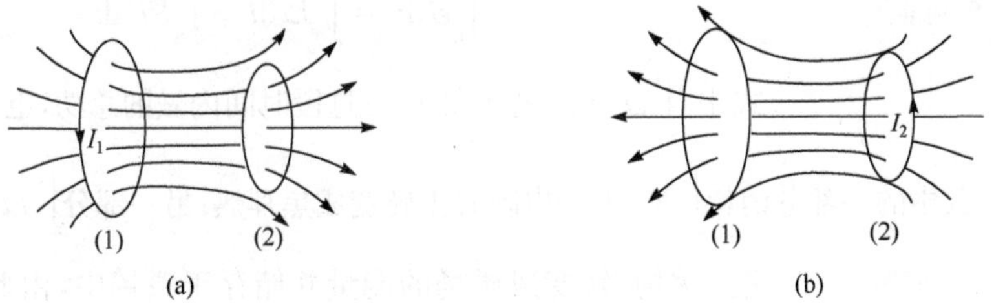

图 9-8 互感

$$\Phi_{21}=M_{21}I_1,\quad \Phi_{12}=M_{12}I_2 \tag{9-15}$$

式中，M_{21} 是回路(1)对回路(2)的互感系数；M_{12} 是回路(2)对回路(1)的互感系数.

理论和实验都证明 $M_{21}=M_{12}=M$，式(9-15)可写成

$$\Phi_{21}=MI_1,\quad \Phi_{12}=MI_2 \tag{9-16}$$

当 $I_1=I_2=1$ 时，$\Phi_{21}=\Phi_{12}=M$，可见，两个回路间的互感系数 M 在量值上等于一个回路中通有单位电流时，在另一回路上产生的磁通量.

由法拉第电磁感应定律得两回路间的互感电动势分别为

$$\left.\begin{aligned}\varepsilon_{21}&=-\frac{\mathrm{d}\Phi_{21}}{\mathrm{d}t}=-M\frac{\mathrm{d}I_1}{\mathrm{d}t}\\ \varepsilon_{12}&=-\frac{\mathrm{d}\Phi_{12}}{\mathrm{d}t}=-M\frac{\mathrm{d}I_2}{\mathrm{d}t}\end{aligned}\right\} \tag{9-17}$$

当 $\frac{\mathrm{d}I_1}{\mathrm{d}t}=\frac{\mathrm{d}I_2}{\mathrm{d}t}=1$ 时，$\varepsilon_{21}=\varepsilon_{12}=M$，即两个回路间的互感系数在量值上等于一个回路电流随时间的变化率为 1A/S 时，在另一回路中产生的感应电动势.

若回路(1)和(2)分别由 N_1 匝和 N_2 匝组成，式(9-16)和式(9-17)可分别写成

$$N_2\Phi_{21}=MI_1,\quad N_1\Phi_{12}=MI_2 \tag{9-18}$$

$$\left.\begin{aligned}\varepsilon_{21}=-N_2\frac{\mathrm{d}\Phi_{21}}{\mathrm{d}t}=-M\frac{\mathrm{d}I_1}{\mathrm{d}t}\\ \varepsilon_{12}=-N_1\frac{\mathrm{d}\Phi_{12}}{\mathrm{d}t}=-M\frac{\mathrm{d}I_2}{\mathrm{d}t}\end{aligned}\right\}\tag{9-19}$$

由式(9-18)看出，当 $I_1=I_2=1$ 时，$N_2\Phi_{21}=N_1\Phi_{12}=M$，即两线圈的互感系数在量值上等于其中的一个线圈通有单位电流时，在另一线圈上产生的磁通链数或总磁通.

9.3.3　磁场的能量

1. *磁场能量公式的推导*

磁场和电场一样，是一种特殊形式的物质. 其物质性的重要标志之一是有能量.

试考察一个纯电阻 R 和一个纯自感 L 串联的闭合回路，如图 9-9 所示. 当接通电键 K_1 时，回路中要产生自感电动势 $-L\dfrac{\mathrm{d}i}{\mathrm{d}t}$，根据闭合回路欧姆定律有

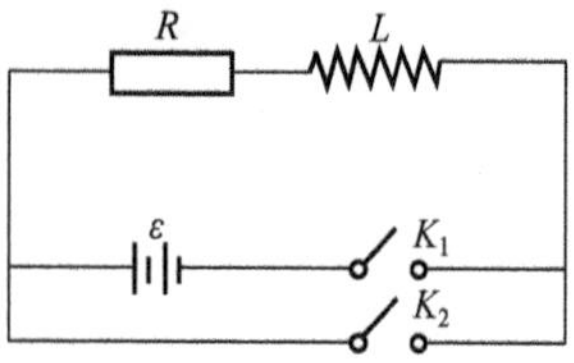

图 9-9　磁场能量

$$\varepsilon-L\frac{\mathrm{d}i}{\mathrm{d}t}=Ri$$

若 $t=0$ 时，$i=0$，t 时刻 $i=I$，前式两端同乘 $i\mathrm{d}t$ 积分得

$$\int_0^t \varepsilon i\,\mathrm{d}t=\int_0^I Li\,\mathrm{d}i+\int_0^t Ri^2\,\mathrm{d}t$$

式中，$\int_0^t \varepsilon i\,\mathrm{d}t$ 是电源在 $0\sim t$ 这段时间内做的总功，也就是电源向电路提供的能量. 其中的一部分消耗 $\int_0^t Ri^2\mathrm{d}t$ 于电阻 R 上转变成焦耳热；另一部分 $\int_0^t Li\mathrm{d}i=\frac{1}{2}LI^2$ 是电源克服自感电动势在空间建立磁场，转变成磁场的能量并储存于磁场中，由此得磁场能量公式

$$W_\mathrm{m}=\frac{1}{2}LI^2\tag{9-20}$$

式中，I 是回路稳定时的电流强度.

2. *磁场能量密度*

磁场中单位体积的能量称为磁场能量密度. 若磁场中某体积元 $\mathrm{d}V$ 中的磁场能量为 $\mathrm{d}W_\mathrm{m}$，则磁场能量密度为

$$\omega_\mathrm{m}=\frac{\mathrm{d}W_\mathrm{m}}{\mathrm{d}V}\tag{9-21}$$

为导出磁场能量密度公式，先从载流螺线管的磁场能量算起. 长度为 l，截面为 S，匝数为 N 的密绕长直螺线管中，充满磁导率为 μ 的均匀磁介质. 当通有电流 I 时，螺线管内的磁感应强度为

$$B=\mu nI=\mu\frac{N}{l}I$$

若忽略边缘效应，认为磁场均匀地分布在螺线管内，则通过自身回路一个线圈的磁通量为

$$\Phi=BS=\mu\frac{N}{l}IS$$

通过螺线管的磁通链数或总磁通为

$$N\Phi=\mu\frac{N^2}{l}IS$$

根据自感系数的定义得长直螺线管的自感系数为

$$L=\frac{N\Phi}{I}=\mu\frac{N^2}{l}S\quad 或\quad L=\mu n^2 lS \tag{9-22}$$

代入式(9-20)得长直载流螺线管内的磁场能量为

$$W_m=\frac{1}{2}LI^2=\frac{1}{2}\mu n^2 lSI^2=\frac{1}{2}\frac{B^2}{\mu}Sl=\frac{1}{2}\frac{B^2}{\mu}V$$

式中，$V=Sl$ 是螺线管的体积. 于是得磁场能量密度公式

$$\left.\begin{aligned}\omega_m&=\frac{W_m}{V}=\frac{1}{2}\frac{B^2}{\mu}\\ \omega_m&=\frac{1}{2}\mu H^2\\ \omega_m&=\frac{1}{2}BH\end{aligned}\right\} \tag{9-23}$$

式(9-23)虽然是从长直载流螺线管的特例中得到的，但它适用于非均匀磁场中的任一点. 引入磁场能量密度概念后，磁场能量可用反映磁场性质的物理量表示为

$$\left.\begin{aligned}W_m&=\int_V\omega_m\mathrm{d}V=\int_V\frac{1}{2}\frac{B^2}{\mu}\mathrm{d}V\\ W_m&=\int_V\frac{1}{2}\mu H^2\mathrm{d}V\\ W_m&=\int_V\frac{1}{2}BH\mathrm{d}V\end{aligned}\right\} \tag{9-24}$$

例 9.3 求同轴电缆单位长度的自感系数.

解 如图 9-10 所示，电缆内 P 点的磁感应强度为

$$B=\frac{\mu I}{2\pi r}$$

P 点的磁场能量量密度为

$$\omega_m=\frac{1}{2}\cdot\frac{B^2}{\mu}=\frac{1}{2\mu}\left(\frac{\mu I}{2\pi r}\right)^2=\frac{\mu I^2}{8\pi^2 r^2}$$

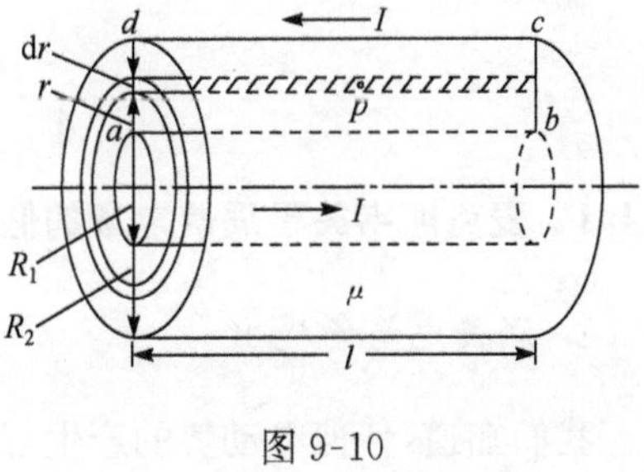

图 9-10

按图 9-10 所示，取半径为 r、厚度为 $\mathrm{d}r$、长度为 l 的圆筒体积元 $\mathrm{d}V=2\pi r\mathrm{d}rl$，$\mathrm{d}V$ 中的磁场能量为

$$\mathrm{d}W_m=\omega_m\mathrm{d}V=\frac{\mu I^2}{8\pi^2 r^2}2\pi rl\mathrm{d}r=\frac{\mu I^2}{4\pi}\cdot\frac{\mathrm{d}r}{r}$$

l 长一段电缆内的磁场能量为

$$W_m=\int_{R_1}^{R_2}\mathrm{d}W_m=\frac{\mu I^2}{4\pi}\int_{R_1}^{R_2}\frac{\mathrm{d}r}{r}=\frac{\mu I^2}{4\pi}\ln\frac{R_2}{R_1}$$

与 $W_m = \frac{1}{2}LI^2$ 比较得

$$L = \frac{\mu l}{2\pi}\ln\frac{R_2}{R_1}$$

例 9.4　如图 9-11 所示，两个线圈的自感系数分别为 L_1 和 L_2，它们之间的互感系数为 M，(1)将两线圈顺串联，如图 9-11(a)所示，求 1～4 的自感系数(即 1、4 接通电源后回路的自感)；(2)将两线圈反串联，如图 9-11(b)所示，求 1～3 之间的自感系数.

解　(1)顺串联的自感系数. 设 1、4 接通电源，电流增加时，则 L_1 和 L_2 上产生的自感和互感电动势分别为

$$\varepsilon_{11} = -L_1\frac{dI}{dt},\quad \varepsilon_{21} = -M\frac{dI}{dt}$$

$$\varepsilon_{22} = -L_2\frac{dI}{dt},\quad \varepsilon_{12} = -M\frac{dI}{dt}$$

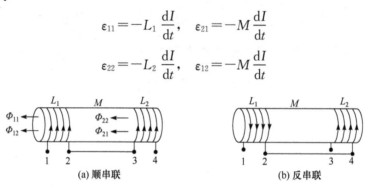

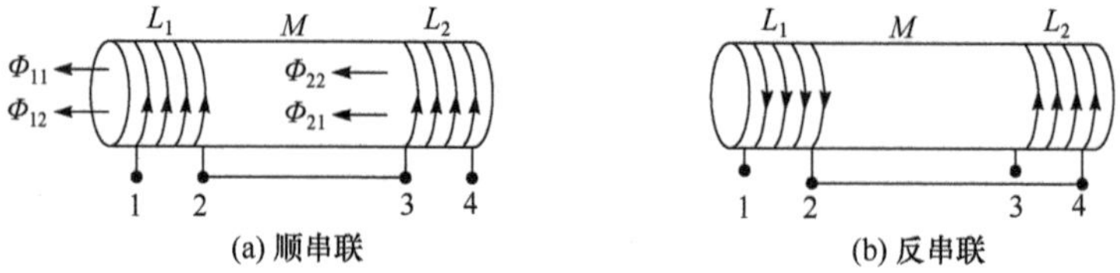

图 9-11

顺串联的总感应电动势为

$$\varepsilon = (\varepsilon_{11} + \varepsilon_{21}) + (\varepsilon_{22} + \varepsilon_{12}) = -(L_1 + 2M + L_2)\frac{dI}{dt}$$

于是得到串联自感系数为

$$L_{顺} = L_1 + 2M + L_2$$

(2) 反串联的自感系数.

设 1、3 接通电源，电流增加时，由于 L_1 和 L_2 的电流方向相反，所以 ε_{11} 与 ε_{12} 方向相反，ε_{22} 与 ε_{21} 方向相反，则反串联后的总感应电动势为

$$\varepsilon = (\varepsilon_{11} - \varepsilon_{12}) + (\varepsilon_{22} - \varepsilon_{21}) = -(L_1 - 2M + L_2)\frac{dI}{dt}$$

于是得到串联自感系数

$$L = L_1 - 2M + L_2$$

9.4　麦克斯韦的两个假设

9.4.1　麦克斯韦关于涡旋电场的假设

1. 涡旋电场的提出

我们知道，任何电动势的产生都必须相应地有非静电力或非静电场强. 化学电源电动势的非静电力来源于化学变化，动生电动势的非静电力来源于洛伦兹力. 现在我们考察另外一种情况.

如图 9-12 所示，半径为 R_1 的载流密绕长直螺线管，在空间产生垂直纸面向外的磁场. 在螺线管外有半径为 R_2 的导体线圈同心地放置. 当螺线管内的磁场按图示方向增加时，导体线圈 l 中就产生顺时针方向的感应电动势. 由于螺线管是密绕的，导体线圈所在处没有磁场，导体线圈 l 内的电荷不管是否运动都不受洛伦兹力. 即使导体线圈处有磁场中，由于导体线圈不运动，也不会受洛伦兹力，那么是什么非静电力或非静电场产生了感应电动势？

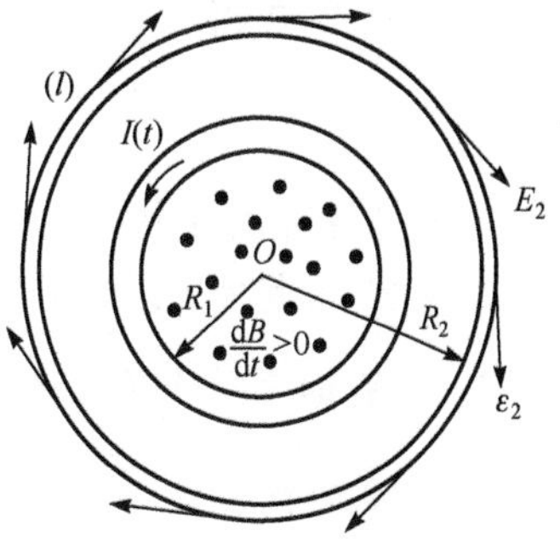

图 9-12 涡旋电场

麦克斯韦认为，电动势仍然是一外在的表现，比电动势更本质的东西是电场. 这种感应电动势是另外一种非静电场对导体线圈中自由电子作用的结果，而这种非静电场是由于变化的磁场产生的. 麦克斯韦认为，这种由于磁场变化而产生的电场称感应电场或涡旋电场. 如果把导体线圈换成非导体线圈，电流虽然显示不出来，但感应电动势是客观存在，感应电场或涡旋电场也是客观存在的. 这就是麦克斯韦关于涡旋电场院的假设.

2. 涡旋电场的性质

涡旋电场是变化的磁场产生的，它和静电场一样，对电荷有力的作用，即我们强调过的非静电力. 但是，涡旋电场的电力线是无头无尾的闭合曲线(涡旋电场就是由此而得名)，是有旋无源场；而静电场的电力线是有头有尾有非闭合曲线，是有源无旋场. 若用 $\boldsymbol{E}_1$ 和 $\boldsymbol{E}_2$(图 9-12)表示静电场和涡旋电场的强度，则两者的区别可用数学形式表示：

静电场	涡旋电场
$\oint \boldsymbol{E}_1 \cdot \mathrm{d}\boldsymbol{l} = 0$(无旋)	$\oint \boldsymbol{E}_2 \cdot \mathrm{d}\boldsymbol{l} = \varepsilon_i$(有旋)
$\oint \boldsymbol{E}_1 \cdot \mathrm{d}\boldsymbol{S} = \frac{1}{\varepsilon_0}\int_V \rho \mathrm{d}V$(有源)	$\oint \boldsymbol{E}_2 \cdot \mathrm{d}\boldsymbol{S} = 0$(无源)

3. 涡旋电场的计算

根据法拉第电磁感应定律

$$\varepsilon_{\mathrm{i}} = -\frac{\mathrm{d}\Phi}{\mathrm{d}t}$$

根据磁通量的定义

$$\Phi = \int_S \boldsymbol{B} \cdot \mathrm{d}\boldsymbol{S}$$

代入前式得

$$\varepsilon_{\mathrm{i}} = -\int_S \frac{\partial \boldsymbol{B}}{\partial t} \cdot \mathrm{d}\boldsymbol{S}$$

引入涡旋电场后，根据电动势的定义

$$\varepsilon_{\mathrm{i}} = \oint_2 \boldsymbol{E}_2 \cdot \mathrm{d}\boldsymbol{l}$$

结合上面两式，可得

$$\oint_l \boldsymbol{E}_2 \cdot \mathrm{d}\boldsymbol{l} = -\int_S \frac{\partial \boldsymbol{B}}{\partial t} \cdot \mathrm{d}\boldsymbol{S} \tag{9-25}$$

这就是计算涡旋电场强度的表达式，也是引入涡旋电场后的法拉第电磁感应定律. 式中，l 是 S 的边界，S 是所 l 限定的曲面，负号仍然是楞次定律的数学表示.

9.4.2　麦克斯韦关于位移电流的假设

1. 问题的提出

麦克斯韦关于位移电流的假设是在解决安培环路定律与电流连续性的矛盾中提出来的. 如图 9-13 所示，一个含有平板电容器的电路在充电或放电过程中，导线上必有传导电流，且同一时该电路上各处传导电流必相等. 但是，由于平板电容器极板间没有自由电荷，电容器内部是没有传导电流的. 就是说，电容器在充电或放电过程中，传导电流是不连续的.

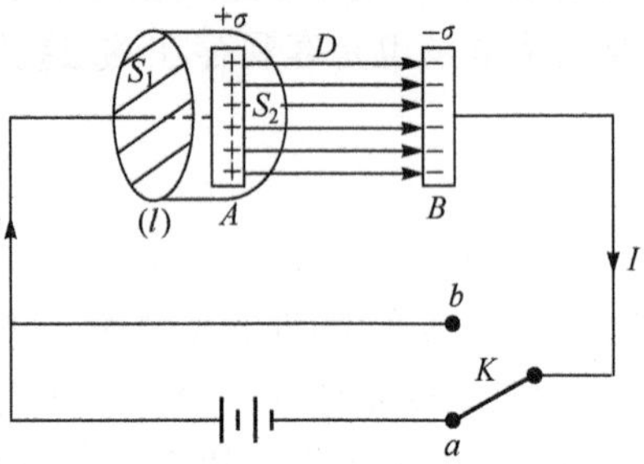

图 9-13　位移电流

设想有一个与回路套合的闭合积分路径 l，它所限定的曲面可以是与导线相交的 S_1，也可以是与导线不相交但通过电容器内部的 S_2. 现对 S_1 和 S_2 分别应用安培环路定理有

$$\text{对 } S_1: \oint_l \boldsymbol{H} \cdot \mathrm{d}\boldsymbol{l} = \int_{S_1} \boldsymbol{j} \cdot \mathrm{d}\boldsymbol{S} = I \tag{9-26}$$

$$\text{对 } S_2: \oint_l \boldsymbol{H} \cdot \mathrm{d}\boldsymbol{l} = \int_{S_2} \boldsymbol{j} \cdot \mathrm{d}\boldsymbol{S} = 0 \tag{9-27}$$

显然，以上两式是不能同时成立的. 那么问题在哪里？

2. 关于位移电流的假设

麦克斯韦认为，前述问题或矛盾的产生，其根源是电容器内部没有传导电流. 但是，在充电或放电过程中，电容器内部有变化的电位移矢量和变化的电通量. 而且任一时刻 t 导线上的传导电流恒等于电容器内部电通量随时间的变化率；极板上传导电流密度恒等于电容器内部电位移矢量随时间的变化率，即

$$\left.\begin{aligned} I &= \frac{\mathrm{d}q}{\mathrm{d}t} = \frac{\mathrm{d}(\sigma S)}{\mathrm{d}t} = \frac{\mathrm{d}(DS)}{\mathrm{d}t} = \frac{\mathrm{d}\Phi_e}{\mathrm{d}t} \\ j &= \frac{I}{S} = \frac{1}{S}\frac{\mathrm{d}q}{\mathrm{d}t} = \frac{\mathrm{d}D}{\mathrm{d}t} \end{aligned}\right\} \tag{9-28}$$

据此，麦克斯韦假设：电场中通过某一曲面的位移电流等于通过该曲面电通量随时间的变化率；电场中某一点的位移电流密度等于该点电位移矢量随时间的变化率. 这就是麦克斯韦关于位移电流的假设. 其数学表达式为

$$I_D = \frac{\mathrm{d}\Phi_e}{\mathrm{d}t}, \quad j_D = \frac{\mathrm{d}D}{\mathrm{d}t} \tag{9-29}$$

与式(9-28)比较有

$$I_D = I, \quad j_D = j \tag{9-30}$$

引入位移电流后，式(9-27)可写成

$$\oint_l \boldsymbol{H} \cdot \mathrm{d}\boldsymbol{l} = \int_{S_2} \boldsymbol{j} \cdot \mathrm{d}\boldsymbol{S} = I_D = I \tag{9-31}$$

式(9-26)和式(9-31)是完全一致的，一开始我们提出的问题就迎刃而解了.

3. 全电流定律

在一般情况下，传导电流和位移电流可通过同一个曲面. 因此麦克斯韦引入全电流概念. 他认为，通过某一曲面的全电流强度等于通过该曲面传导电流强度 I 和位移电流强度 I_D 的代数和. 引入全电流概念后，安培环路定理可写成

$$\left.\begin{aligned} &\oint_l \boldsymbol{H} \cdot \mathrm{d}\boldsymbol{l} = I + I_D \\ \text{或}\quad &\oint_l \boldsymbol{H} \cdot \mathrm{d}\boldsymbol{l} = \int_S \boldsymbol{j} \cdot \mathrm{d}\boldsymbol{S} + \int_S \boldsymbol{j}_D \cdot \mathrm{d}\boldsymbol{S} \end{aligned}\right\} \tag{9-32}$$

这就是著名的全电流定律. 传导电流可以是不连续的，位移电流也可以是不连续的，但全电流永远是连续的.

把全电流定律用在图 9-13 所示的闭合积分路径 l 上，前述两结果(9-26)、(9-27)自然地统一起来了.

4. 位移电流的磁场及其计算

麦克斯韦认为，位移电流和传导电流一样也有磁效应，位移电流也可以在空间激发磁场. 位移电流是变化的电场产生的，位移电流激发磁场本质上是变化的电场激发磁场. 再联想到麦克斯韦关于涡旋电场即变化的磁场激发电场，那么麦克斯韦的两个假设把电场和磁场完美和谐统一起来了. 电场和磁场构成了统一的电磁场.

位移电流激发的磁场可以用全电流定律计算，(要注意右端只有位移电流而没有传导电流)即用

$$\oint_l \boldsymbol{H}_2 \cdot \mathrm{d}\boldsymbol{l} = \int_S \frac{\partial \boldsymbol{D}}{\partial t} \cdot \mathrm{d}\boldsymbol{S} \tag{9-33}$$

计算. 式中，l 是 S 的边界，S 是 l 所限定的曲面.

例 9.5 半径 R=1.0m 的圆形平板电容器，以均匀的速度充电，使两极板上的电荷面密度随时间的变化率 $\dfrac{\mathrm{d}\sigma}{\mathrm{d}t}$=10C/(m² · s)，若忽略边缘效应，如图 9-14 所示，求：

(1) 极板间位移电流密度；

(2) 极板间位移电流；

(3) 离轴线 r=0.5m 处的磁感应强度 $\boldsymbol{B}_1$；

(4) 离轴线 r=1.5m 处的磁感应强度 $\boldsymbol{B}_2$.

解 根据位移电流及其磁效应求解.

(1) 位移电流密度.

根据麦克斯韦假设，电容器中任一点的位移电流密度的量值为

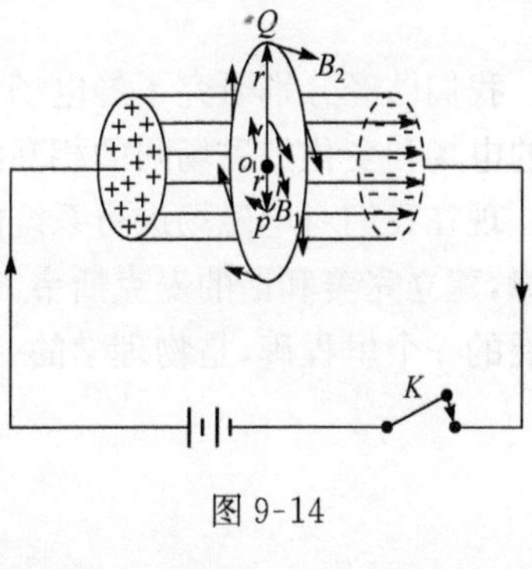

图 9-14

$$j_D = \frac{\partial D}{\partial t} = \frac{\mathrm{d}\sigma}{\mathrm{d}t} = 10\mathrm{C}/(\mathrm{m}^2 \cdot \mathrm{s})$$

若 $\boldsymbol{D}$ 的量值是增加的，$\boldsymbol{j}$ 的方向与 $\boldsymbol{D}$ 的方向相同；若 $\boldsymbol{D}$ 的量值是减少的，$\boldsymbol{j}$ 的方向与 $\boldsymbol{D}$ 的方向相反. 本例的情况下，$\boldsymbol{D}$ 的量值是增加的，$\boldsymbol{j}$ 的方向向右.

(2) 位移电流.

在电容器中取一与极板面积一样大小的圆面 S，忽略边缘效应时，通过该面积上的电通量为

$$\Phi_D = SD = \pi R^2 \sigma$$

由位移电流的假设得

$$I_D = \frac{\mathrm{d}\Phi_D}{\mathrm{d}t} = S\frac{\partial D}{\partial t} = \pi R^2 \frac{\mathrm{d}\sigma}{\mathrm{d}t} = 31.4\mathrm{A}$$

(3) 电容器内部 P 点的磁感应强度.

在电容器内取离轴线为 $r=0.5\mathrm{m}$ 的一点 P，取以 o 为圆心、r 为半径的圆周为积分路径，为方便，取从左向右看顺时针方向为正方向，由全电流定律

$$\oint_l \boldsymbol{H}_1 \cdot \mathrm{d}\boldsymbol{l} = \int_S \frac{\partial \boldsymbol{D}}{\partial t} \cdot \mathrm{d}\boldsymbol{S}$$

得

$$2\pi r H_1 = \pi r^2 \frac{\partial D}{\partial t} = \pi r^2 \frac{\mathrm{d}\sigma}{\mathrm{d}t}$$

$$H_1 = \frac{1}{2} r \frac{\mathrm{d}\sigma}{\mathrm{d}t}$$

若电容器内是真空，则

$$B_1 = \mu_0 H_1 = \frac{1}{2}\mu_0 r \frac{\mathrm{d}\sigma}{\mathrm{d}t} = 3.14\times 10^{-6}\,\mathrm{T}$$

(4) 电容器外 Q 点的磁感应强度 $\boldsymbol{B}_2$ 同前，由全电流定律得

$$2\pi r H_2 = \pi R^2 \frac{\partial D}{\partial t} = \pi R^2 \frac{\mathrm{d}\sigma}{\mathrm{d}t}$$

$$H_2 = \frac{R^2}{2r}\frac{\mathrm{d}\sigma}{\mathrm{d}t}$$

$$B_2 = \mu_0 H_2 = \frac{\mu_0 R^2}{2r}\frac{\mathrm{d}\sigma}{\mathrm{d}t} = 4.2\times 10^{-6}\,\mathrm{T}$$

根据右手螺旋法则判断，如从左向右看，$\boldsymbol{B}$ 线的绕向是顺时针的.

9.5　麦克斯韦方程组

我们已经分别研究了静电场和稳恒磁场的基本性质及它们所遵循的规律，进而讨论了变化的电场和变化的磁场间的相互激发.

现在我们对电磁场进行系统的总结，从场的观念出发更深刻地提示电磁场的基本性质和规律，建立完美和谐的麦克斯韦方程组. 麦克斯韦方程组是宏观电磁场理论的基础，是物理学发展的一个里程碑，是物理学的一个重要组成部分.

9.5.1 麦克斯韦方程组的积分形式

1. 电场的性质

设自由电荷和变化的磁场产生电场的电位移矢量分别为 $\boldsymbol{D}_1$ 和 $\boldsymbol{D}_2$，则有电介质存在时的高斯定理为

$$\oint_S \boldsymbol{D}_1 \cdot \mathrm{d}\boldsymbol{S} = \int_V \rho \mathrm{d}V \tag{9-34}$$

$$\oint_S \boldsymbol{D}_2 \cdot \mathrm{d}\boldsymbol{S} = 0 \tag{9-35}$$

在一般情况下，电场可以是自由电荷和变化的磁场同时产生的.这时总电位移矢量 $\boldsymbol{D}=\boldsymbol{D}_1+\boldsymbol{D}_2$，式(9-34)、式(9-35)两端分别相加得

$$\oint_S \boldsymbol{D} \cdot \mathrm{d}\boldsymbol{S} = \int_V \rho \mathrm{d}V \tag{9-36}$$

2. 磁场的性质

设传导电流和变化的电场产生磁场的磁感应强度分别为 $\boldsymbol{B}_1$ 和 $\boldsymbol{B}_2$，则磁场的高斯定理为

$$\oint_S \boldsymbol{B}_1 \cdot \mathrm{d}\boldsymbol{S} = 0 \tag{9-37}$$

$$\oint_S \boldsymbol{B}_2 \cdot \mathrm{d}\boldsymbol{S} = 0 \tag{9-38}$$

在一般情况下，磁场可以是由传导电流和变化的电场同时产生的，总磁感应强度 $\boldsymbol{B}=\boldsymbol{B}_1+\boldsymbol{B}_2$，式(9-37)、式(9-38)两端分别相加得

$$\oint_S \boldsymbol{B} \cdot \mathrm{d}\boldsymbol{S} = 0 \tag{9-39}$$

3. 变化的电场与磁场的关系

设传导电流和位移电流产生磁场的磁场强度分别为 $\boldsymbol{H}_1$ 和 $\boldsymbol{H}_2$，则安培环路定理为

$$\oint_l H_1 \cdot \mathrm{d}\boldsymbol{l} = \int_S \boldsymbol{j} \cdot \mathrm{d}\boldsymbol{S} \tag{9-40}$$

$$\oint_l H_2 \cdot \mathrm{d}\boldsymbol{l} = \int_S \frac{\partial \boldsymbol{D}}{\partial t} \cdot \mathrm{d}\boldsymbol{S} \tag{9-41}$$

在一般情况下，磁场可以是传导电流和位移电流同时产生的，总磁场强度 $\boldsymbol{H}=\boldsymbol{H}_1+\boldsymbol{H}_2$，以上两式两端分别相加得全电流定律

$$\oint_l \boldsymbol{H} \cdot \mathrm{d}\boldsymbol{l} = \int_S \boldsymbol{j} \cdot \mathrm{d}\boldsymbol{S} + \int_S \frac{\partial \boldsymbol{D}}{\partial t} \cdot \mathrm{d}\boldsymbol{S} \tag{9-42}$$

4. 变化的磁场与电场的关系

设自由电荷和变化的磁场产生电场的电场强度分别为 $\boldsymbol{E}_1$ 和 $\boldsymbol{E}_2$，则场强环流定理为

$$\oint_l \boldsymbol{E}_1 \cdot \mathrm{d}\boldsymbol{l} = 0 \tag{9-43}$$

$$\oint_l \boldsymbol{E}_2 \cdot \mathrm{d}\boldsymbol{l} = -\int_S \frac{\partial \boldsymbol{B}}{\partial t} \cdot \mathrm{d}\boldsymbol{S} \tag{9-44}$$

在一般情况下，电场可以是由自由电荷和变化的磁场同时产生的. 总电场强度 $\boldsymbol{E}=\boldsymbol{E}_1+\boldsymbol{E}_2$，以上两式两端分别相加得

$$\oint_l \boldsymbol{E} \cdot \mathrm{d}\boldsymbol{l} = -\int_S \frac{\partial \boldsymbol{B}}{\partial t} \cdot \mathrm{d}\boldsymbol{S} \tag{9-45}$$

式(9-36)、式(9-39)、式(9-42)、式(9-45)以数学的形式概括了电磁场的基本性质和规律，成为系统完整的方程组. 由于它们是以积分的形式出现的，故称麦克斯韦方程组的积分形式. 现把它们合写在一起

$$\left.\begin{aligned}
&\oint_S \boldsymbol{D} \cdot \mathrm{d}\boldsymbol{S} = \int_V \rho \mathrm{d}V \\
&\oint_l \boldsymbol{E} \cdot \mathrm{d}\boldsymbol{l} = -\int_S \frac{\partial \boldsymbol{B}}{\partial t} \cdot \mathrm{d}\boldsymbol{S} \\
&\oint_S \boldsymbol{B} \cdot \mathrm{d}\boldsymbol{S} = 0 \\
&\oint_l \boldsymbol{H} \cdot \mathrm{d}\boldsymbol{l} = \int_S \boldsymbol{j} \cdot \mathrm{d}\boldsymbol{S} + \int_S \frac{\partial \boldsymbol{D}}{\partial t} \cdot \mathrm{d}\boldsymbol{S}
\end{aligned}\right\} \tag{9-46}$$

9.5.2　麦克斯韦方程组的微分形式

根据数学上的高斯散度定理

$$\oint_S \boldsymbol{A} \cdot \mathrm{d}\boldsymbol{S} = \int_V \nabla \cdot \boldsymbol{A} \mathrm{d}V$$

和斯托克斯旋度定理

$$\oint_l \boldsymbol{A} \cdot \mathrm{d}\boldsymbol{l} = \int_S (\nabla \times \boldsymbol{A}) \cdot \mathrm{d}\boldsymbol{S}$$

麦克斯韦方程组的积分形式可依次写成

$$\oint_S \boldsymbol{D} \cdot \mathrm{d}\boldsymbol{S} = \int_V \nabla \cdot \boldsymbol{D} \mathrm{d}\boldsymbol{V} = \int_V \rho \mathrm{d}\boldsymbol{V}$$

$$\oint_l \boldsymbol{E} \cdot \mathrm{d}\boldsymbol{l} = \int_S (\nabla \times \boldsymbol{E}) \cdot \mathrm{d}\boldsymbol{S} = -\int_S \frac{\partial \boldsymbol{B}}{\partial t} \cdot \mathrm{d}\boldsymbol{S}$$

$$\oint_S \boldsymbol{B} \cdot \mathrm{d}\boldsymbol{S} = \int_V \nabla \cdot \boldsymbol{B} \mathrm{d}V = 0$$

$$\oint_l \boldsymbol{H} \cdot \mathrm{d}\boldsymbol{l} = \int_S (\nabla \times \boldsymbol{H}) \cdot \mathrm{d}\boldsymbol{S} = \int_a \boldsymbol{j} \cdot \mathrm{d}\boldsymbol{S} + \int_S \frac{\partial \boldsymbol{D}}{\partial t} \cdot \mathrm{d}\boldsymbol{S}$$

比较各等式两端得

$$\left.\begin{aligned}
&\nabla \cdot \boldsymbol{D} = \rho \\
&\nabla \times \boldsymbol{E} = -\frac{\partial \boldsymbol{B}}{\partial t} \\
&\nabla \cdot \boldsymbol{B} = 0 \\
&\nabla \times \boldsymbol{H} = \boldsymbol{j} + \frac{\partial \boldsymbol{D}}{\partial t}
\end{aligned}\right\} \tag{9-47}$$

或

$$\left.\begin{aligned}&\mathrm{diV}\boldsymbol{D}=\rho\\&\mathrm{rot}\boldsymbol{E}=-\frac{\partial \boldsymbol{B}}{\partial t}\\&\mathrm{diV}\boldsymbol{B}=0\\&\mathrm{rot}\boldsymbol{H}=\boldsymbol{j}+\frac{\partial \boldsymbol{D}}{\partial t}\end{aligned}\right\}\tag{9-48}$$

式(9-47)就是麦克斯韦方程组的微分形式,各式的物理意义如下:

第一式表明,电磁场中任一点电位移 $\boldsymbol{D}$ 的散度等于该点自由电荷体密度;

第二式表明,电磁场中任一点电场强度 $\boldsymbol{E}$ 的旋度等于该点磁感应强度 $\boldsymbol{B}$ 对时间一阶偏导数的负值;

第三式表明,电磁场中任一点磁感应强度 $\boldsymbol{B}$ 的散度恒等于零;

第四式表明,电磁场中任一点磁场强度 $\boldsymbol{H}$ 的旋度等于该点传导电流密度 j 与位移电流密度 $\dfrac{\partial D}{\partial t}$ 的矢量和.

综上所述,麦克斯韦方程组微分形式的重要意义在于它给出了电磁场中任一点电磁场量的关系,可以精确地描述电磁场的一般性质和规律.用麦克斯韦方程组解决具体问题时,必须注意:

(1) 考虑电介质和磁介质对电磁场的影响.这种影响就是反映电磁场性质的电磁场量与反映介质电磁学性质的 μ、ε 的关系,即

$$\left.\begin{aligned}&\boldsymbol{D}=\varepsilon\boldsymbol{E}\\&\boldsymbol{B}=\mu\boldsymbol{H}\\&\boldsymbol{j}=\gamma\boldsymbol{E}\end{aligned}\right\}\tag{9-49}$$

(2) 考虑电磁场量在非均匀介质界面上的边界条件.

(3) 考虑具体问题中电磁场量 $\boldsymbol{E}$ 和 $\boldsymbol{B}$ 的初始条件,即 $t=0$ 时它们的量值和方向.

考虑上述三个条件后,就可以根据麦克斯韦方程组求出任何时刻 t 的 $\boldsymbol{E}$ 和 $\boldsymbol{B}$,也就是确定了任何时刻 t 电磁场的空间分布,或确定了描述电磁场性质的空间点函数.当然,麦克斯韦方程组是一组偏微分程组,具体运用它解决实际问题还是很困难的.我们仅就其中最简单的情况加以讨论.

麦克斯韦方程组是宏观电磁现象中总结出来的规律,它和牛顿运动定律一样,只有在宏观实验所能达到的范围内运用.

习　题　9

9-1　在电磁感应定律 $\varepsilon_i=-\dfrac{\mathrm{d}\Phi}{\mathrm{d}t}$ 中,负号的物理意义是什么?如何根据负号来确定感应电动势的方向?

9-2　在磁场变化的空间里,没有导体存在,在该空间是否存在电场:是否存在感应电动势?

9-3　请说明电子感应加速器的工作原理,为什么只有在四分之一的周期内才能对电子起到加速作用?

9-4　AB 和 BC 两段导线,其长均为 10cm,在 B 处相接成 30°角,若使导线地均匀磁场中以速度 $v=1.5\mathrm{m/s}$ 运动,方向如图所示,磁场方向垂直纸面向内,磁感应强度为 $B=2.5\times10^{-2}\mathrm{T}$.问 A、C 两端之间的电势差为多少?哪一端电势高?

9-5　在两平行导线的平面内,有一矩形线圈,如图所示.如导线中电流 I 随时间变化,试计算线圈中的感

生电动势.

9-6　如图所示，AB 和 CD 为两根金属棒，各长 1m，放置在均匀磁场中，已知 $B=2\mathrm{T}$，方向垂直纸面向里. 当两根金属棒在导轨上分别以 $v_1=4\mathrm{m/s}$ 和 $v_2=2\mathrm{m/s}$ 的速度向左运动时，忽略导轨的电阻. 试求在两棒中动生电动势的大小和方向，并在图上标出.

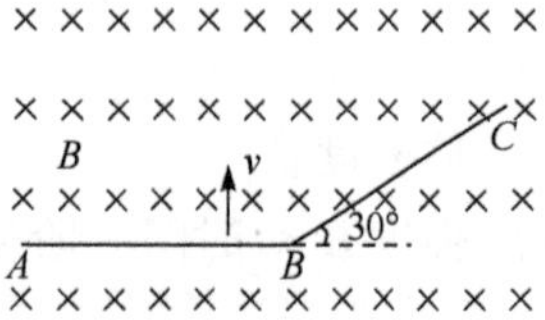

题 9-4 图

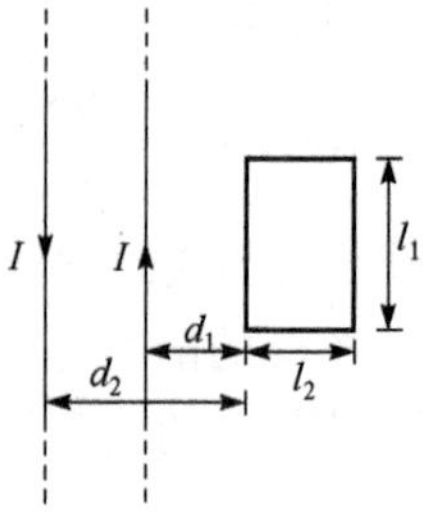

题 9-5 图

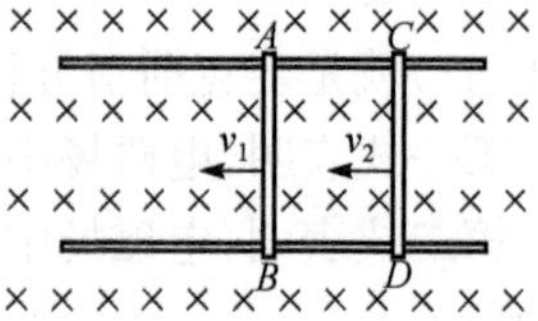

题 9-6 图

9-7　如图所示，通过回路的磁通量与线圈平面垂直，且指向图面，设磁通量依如下关系变化 $\Phi=6t^2+7t+1$ 式中 Φ 的单位为 mWb，t 的单位为 s. 求 $t=2$ 时，在回路中的感生电动势的量值和方向.

9-8　如图所示，具有相同轴线的两个导线回路，小的回路在大的回路上面距离 y 处，y 远大于回路的半径 R，因此当大回路中有电流 I 按图示方向流过时，小回路所围面积 πr^2 之内的磁场几乎是均匀的. 现假定 y 以匀速 $v=\mathrm{d}y/\mathrm{d}t$ 而变化.

(1) 试确定穿过小回路的磁通量 Φ 和 y 之间的关系；

(2) 当 $y=NR$ 时(N 为整数)，小回路内产生的感生电动势；

(3) 若 $v>0$，确定小回路内感应电流的方向.

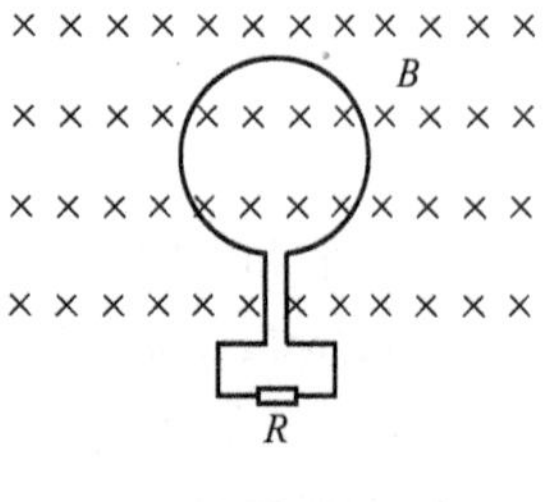

题 9-7 图

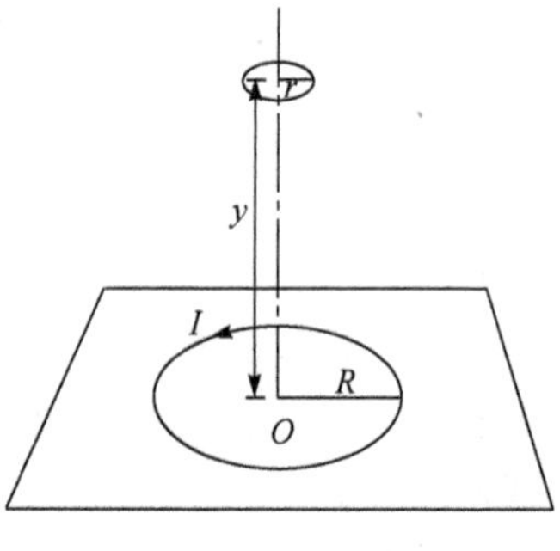

题 9-8 图

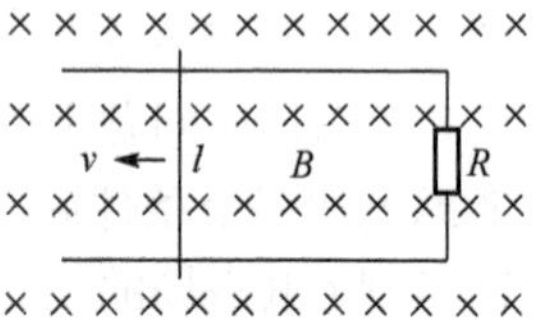

题 9-10 图

9-9　电子感应加速器中的磁场在直径为 0.50m 的圆柱区域内是匀强的，若磁场的变化率为 1.0×10^{-2} T/s. 试计算离开中心距离为 0.10m、0.50m、1.0m 处各点的感生场强.

9-10　如图所示，一开门金属框架，其中接电阻 R，框架在均匀磁场中，磁感应强度 B 垂直于框架. 现在有一质量为 m 的金属棒长为 l，以初速度 v_0 在框架上向左无摩擦滑动.

(1) 求任一时刻金属棒速度大小随时间变化的函数.

(2) 求棒从开始运动到停止的整个过程中，感应电流所做的功.

9-11　一圆形极板电容器，极板的面积为 S，两极板的间距离为 d，一根长为 d 的极细的导线在极板间沿轴线与两板相连，已知细导线的电阻为 R，两极板外接交变电压 $U=U_0\sin\omega t$，求：

(1) 细导线中的电流；

(2) 通过电容器的位移电流；

(3) 通过极板外接线中的电流；

(4) 极板间离轴线为 r 处的磁场强度(设 r 小于极板的半径).

第 10 章　气体动理论

热现象是人类在生活和生产中最早接触到的自然现象之一，它总是和表征物体冷热程度的物理量温度相联系. 当物体的温度发生变化时，物体的许多物理性质也在发生变化. 物体的物理性质随温度变化的现象称为热现象.

1. 热学的形成和发展简介

(1) 早期的热质说. 从史前时期起，人们就开始对热现象的本质进行探索，历经了近两千年的漫长岁月. 在 18 世纪初到 19 世纪中叶，一些学者根据某些片面的实验，认为热是一种没有质量的热流质，称为热质. 它不生不灭可以透入一切物质之中，一个物体是冷还是热，就看它所含热质的多少. 热质说虽然能解释有关热传导和量热学的一些实验结果，但不能解释摩擦生热、碰撞生热现象，这对热质说是个严重的挑战，引起对热的本性的争论和研究. 这为热学理论的建立做了准备.

(2) 热学理论的建立和发展. 能量转换与守恒的发现，热功当量的测定促进了热学理论的形成和发展. 卡诺通过热功转换，焦耳的电热转换实验，证明了热质说是错误的. 认识到热是物质运动的一种形式，是构成物质系统的大量微观粒子无规则热运动的宏观表现，从而建立了正确热的本质的论述. 经过众多的物理学家的研究，历时半个多世纪，逐步形成热学的系统理论. 可分三个发展阶段或层次：

① 19 世纪中叶到 70 年代末，以唯象热力学和分子运动论各自独立的形式建立和发展的热学理论，可以认为这是热学理论的基础阶段；

② 进而在 19 世纪 70 年代末到 20 世纪初出现了两种概念的结合，导致了统计热力学的产生，可以认为这是热学理论的形成阶段；

③ 从 20 世纪 30 年代起，出现了量子统计物理学和非平衡自组织理论，形成了现代理论物理学重要的领域.

2. 热学的两种理论和两种研究方法

热学有两种理论和两种研究方法.

(1) 宏观理论——热力学. 从宏观来看，温度的变化会引起物体的许多物理性质的变化，如体积、压强、导热性、内摩擦系数等物理性质发生改变. 热力学是以热力学第一、第二定律为基础的宏观理论. 热力学在研究方法上的特点，主要是从能量转化和守恒的观点来研究物质的热现象，通过实验和观察，总结有关热现象的规律性，不涉及物质的微观结构和微观粒子的相互作用.

(2) 微观理论——统计物理学. 它包括初级理论——物质动理学理论(简称气体动理论或分子运动论)和统计物理学. 在研究方法上的特点在于从物质的微观结构和微观粒子的相互作用的认识出发，建立相应的理想模型，运用力学规律和统计方法，找出宏观量与微观量的统计平均值之间的关系，从而形成提示宏观热现象的微观本质的理论——统计物理学.

可见，热力学和统计物理学的研究对象相同，研究方法不同，而结论却是一致的. 由热力学理论所得的物体宏观性质能得到实验验证，又经统计物理学的分析和说明，从微观本质上得到解释. 它们相互补充，构成了热学的理论基础.

10.1　气体动理论的基本概念

10.1.1　热力学系统

热力学系统：把由大量分子或原子所组成的物体或物质系统称为热力学系统，热力学系统必须包含极大数目的分子或原子，单个或少数分子、原子都不是热力学系统. 在系统外部，与系统发生相互作用，对系统状态产生直接影响的物质，叫做系统的外界.

我们可以按照不同的方式对系统进行分类.

(1) 按系统与外界的关系分为：

- 孤立系统：与外界既不交换物质，也不交换能量
- 非孤立系统
  - 封闭系统：与外界不交换物质，但可交换能量
  - 开放系统：与外界既交换物质，又交换能量

(2) 按照系统的组成成分分为：

- 单元系：由一种化学成分组成. 例如：氧气
- 多元系：由多种化学成分组成. 例如：空气

(3) 按系统组成的形态分为气态、液态、固态.

10.1.2　平衡态、平衡过程、理想气体状态方程

热力学系统的宏观状态，可分为平衡态和非平衡态.

1. 平衡态

孤立系统(不受外界影响的系统)最终达到所有宏观性质不随时间变化的状态叫平衡态.

2. 非平衡态

孤立系统各部分的宏观性质可以自发地发生变化的状态称为非平衡态.

例如，有一装有气体的容器，容器中的气体被隔板封装在容器的左侧，容器右边是真空如图 10-1 所示，抽去隔板后气体分子向右运动，此时系统处于非平衡态. 经过足够长的时间后，分子均匀分布在整个容器中. 气体分子有确定的体积和压强，系统处于稳定的宏观状态，此时系统处于平衡态. 再如，将一块冰放入保温瓶中，再加一些温度接近的水，开始可能有少许的冰融化，之后冰和水的比例几乎不再发生变化，冰水混合物处于稳定的宏观态，此时系统处于平衡态.

图 10-1　气体分子扩散

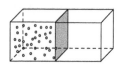

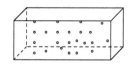

3. 稳定态

在外界影响下,系统的宏观性质长时间不发生变化的状态称为稳定态.

根据前面的定义可以知道平衡态和稳定态是有区别的.

例如,将均匀金属包一端与高温热源接触,另一端与低温热源接触,经过足够长时间,金属棒上每一点的宏观性质不会随时间变化,此时系统受外界影响,有能量传递,因此不是平衡态而是稳定态.

由于组成热力学系统的大量微观粒子处于不停顿的无规则运动状态,不可避免地会与外界发生程度不同的能量与物质传递,理想化了的平衡态是难以存在的,系统的宏观性质在不同时刻随微观粒子状态的变化出现小的涨落,不可能长时间严格精确不变,但由于系统状态的变化很微小,以致可以略去不计,因此处于平衡态的系统是动态平衡. 系统从非平衡态到平衡态所用的时间称为弛豫时间,显而易见不同系统的弛豫时间不同.

4. 状态参量 热力学坐标

处于平衡态的系统不再发生宏观变化,与一定的平衡态相对应的就有一系列的宏观物理量,可以用它们描述系统所处的状态,称这些宏观物理量为状态参量,又称热力学坐标. 对于气体系统,一般需要以下状态量.

(1) 气体的体积 V. V 是从几何性质的角度来描写气体系统的状态. 它既不是气体分子本身体积的和,也不是指所有分子占有的那个容器的体积,气体的体积指的是气体分子自由活动的空间. 在气体分子本身体积之和很小时,气体的体积才是容器的体积. 气体体积的国际单位是立方米,常用单位还有升.

$$1\text{m}^3=10^3\text{L}$$

(2) 气体的压强 P. P 是力学量,从力学的角度来描写气体的状态,是指气体分子无规则热运动不断碰撞容器壁,所表现出来的施于器壁单位面积上的平均冲力. 压强的国际单位是帕斯卡(Pa)即牛顿/米^2,常用的还有:标准大气压(atm)、工程大气压(at)、厘米汞高(cmHg).

$$1\text{cmHg}=1.3332\times10^3\text{Pa}$$

$$1\text{atm}=76\text{cmHg}=1.01325\times10^5\text{Pa}$$

$$1\text{at}=9.8\times10^4\text{Pa}$$

(3) 气体的温度 T. 温度 T 是表征系统冷热程度的物理量. 是热力学中所特有的参量,称为热学参量. 温度的严格定义是建立在热平衡定律(又称热力学第零定律)基础上的. 热平衡定律指出:处于任意状态的两个物体相互接触,这两个物体与外界无能量交换. 经历足够长的时间后两物体达到热平衡,这时描述两物体的状态参量不能任意取值,存在一个数值相等的态函数,这个态函数称为温度.

热平衡定律不仅给出了温度的定义,而且指明了比较温度的方法. 由于处于热平衡的一切物体都具有相同的温度,所以比较各个物体的温度时,只需将一个选为标准的物体分别与其他物体接触,经过一段时间,两者达到热平衡,标准物体的温度就是待测物体的温度. 这个标准的物体就是温度计. 为实现温度的测量,尚需规定温度的数值表示法——温标. 温标一般分为两大类:一类是经验温标,包括摄氏温标、华氏温标等;另一类是热力学温标,它是根据卡诺定理建立的,与测温系统性质无关的温标,所以热力学温标被规定为标准温标,通常用 T 表示. 它的国际单位是开尔文,记作“K”,规定用水的三相点温度 273.15K 作为定标点,它的分度方法

与常用以 t 表示的摄氏温标相同，它们之间的换算关系是

$$t=T-273.15 \tag{10-1}$$

(4) 气体的质量 M. 是指热力学系统所有气体分子质量的总和——系统总质量 M 为

$$M=Nm \tag{10-2}$$

其中，N 为分子总数；m 为气体分子的质量.

5. 平衡过程

当系统与外界有能量交换时，系统的状态就要发生变化. 气体由一个状态(p_1, V_1, T_1)变化到另一状态(p_2, V_2, T_2)所经历的过程，称为状态变化过程. 如果变化过程中所经历的所有中间状态都无限接近平衡状态，这样的过程称为平衡过程(或准静态过程). 在 p-V 图上，一个点表示一个平衡状态，一条曲线表示一个平衡过程. 图 10-2 中的曲线 ab，就是由平衡状态Ⅰ(p_1, V_1, T_1)变化到平衡状态Ⅱ(p_2, V_2, T_2)的平衡过程.

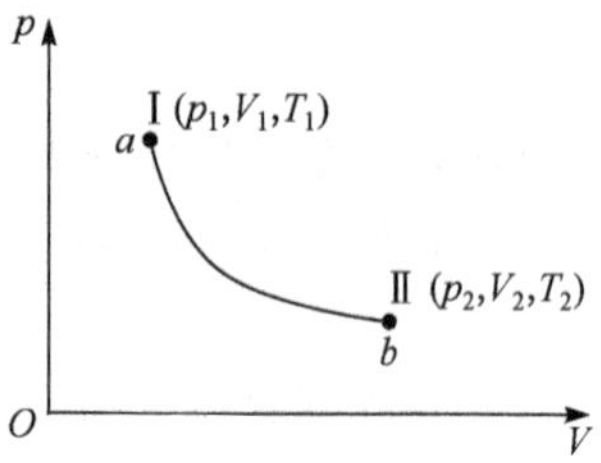

图 10-2　p-V 图上一点代表气体的一个平衡态

6. 理想气体状态方程

对于一定质量的气体，在 p、V、T 三个状态参量中，若保持一个不变研究另外两个状态参量的关系，就可以得到三条实验定律，它们是：

等温过程(T 不变)的玻意耳-马略特定律

$$p_1V_1=p_2V_2 \quad 或\ pV=C \tag{10-3}$$

等容过程(V 不变)的查理定律

$$\frac{p_1}{T_1}=\frac{p_2}{T_2} \quad 或 \quad \frac{p}{T}=C \tag{10-4}$$

等压过程(p 不变)的盖・吕萨克定律

$$\frac{V_1}{T_1}=\frac{V_2}{T_2} \quad 或 \quad \frac{V}{T}=C \tag{10-5}$$

我们知道，所有的物理定律都有一定的适用范围. 玻意耳-马略特定律、查理定律、盖・吕萨克定律都是在温度不太低、压强不太大的实验条件下得到的. 为了便于研究和抓住问题的本质，我们把任何情况下都严格遵守上述在条实验定律的气体称为理想气体. 理想气体和质点、刚体一样，是对客观气体的科学的抽象，理想化了的模型. 事实上，在温度不太低(和室温相比)，压强不太大(几个大气压)的条件下，大多数真实气体都可近似地看成是理想气体. 因此，研究理想气体各状态参量的关系，即理想气体状态方程是有重要意义的.

根据前述的实验定律，可以推导出在平衡状态时理想气体的状态方程为

$$\frac{p_1V_1}{T_1}=\frac{p_2V_2}{T_2} \quad 或 \frac{pV}{T}=C \tag{10-6}$$

根据阿伏伽德罗定律，在标准状态下($T_0=273.15\text{K}$，$p_0=1.01325\times10^5\text{Pa}$)1mol 任何理想气体的体积均为 $V_m=22.4\times10^{-3}\text{m}^3$. 对于物质的量为 υ 摩尔的理想气体处于标准状态下，其体积为 $V_0=\upsilon V_m=\dfrac{M}{M_{mol}}V_m$ 其中 M 为气体质量，M_{mol}为摩尔质量.

根据理想气体的状态方程有$\dfrac{pV}{T}=\dfrac{p_0V_0}{T_0}=\upsilon\dfrac{p_0V_m}{T_0}$，令 $R=\dfrac{p_0V_m}{T_0}=8.31\text{J/(mol·K)}$可以推

导出在平衡状态时理想气体的状态方程(克拉珀龙方程)为

$$pV=\upsilon RT=\frac{M}{M_{\mathrm{mol}}}RT \tag{10-7}$$

式中,M 为气体的质量;M_{mol} 为 1mol 气体的质量,称为摩尔质量;$\frac{M}{M_{\mathrm{mol}}}$为气体的摩尔数;$R$ 为气体普适恒量,与气体的种类无关. 在国际单位制中

$$R=8.31\mathrm{J/(mol\cdot K)} \tag{10-8}$$

在使用理想气体状态方程时,应注意以下几点:

(1) 理想气体状态方程,表示一定量的理想气体在平衡状态下各状态参量的关系,即参量 p、V、T 是对同一平衡状态而言的. 而方程$\frac{p_1V_1}{T_1}=\frac{p_2V_2}{T_2}$表示一定量的理想气体在两个平衡状态时状态参量 p_1、V_1、T_1与 p_2、V_2、T_2之间的关系. 这两个状态既密切相关,又有所区别.

(2) 方程$\frac{pV}{T}=\frac{M}{M_{\mathrm{mol}}}R$ 只适用理想气体的平衡状态. 当理想气体处于非平衡状态时,则不能运用该方程进行计算.

理想气体状态方程继续推导可以得到压强与温度之间的关系. 根据式(10-2),气体的摩尔质量 $M_{\mathrm{mol}}=N_{\mathrm{A}}m$,带入理想气体状态方程有

$$pV=\upsilon RT\Rightarrow P=\frac{N}{N_{\mathrm{A}}}\frac{RT}{V}=\frac{N}{V}\frac{R}{N_A}T=nKT \tag{10-9}$$

其中,$n=\frac{N}{V}$为分子数密度;$K=\frac{R}{N_{\mathrm{A}}}=1.38\times10^{-23}\mathrm{J/K}$,$K$ 称为玻尔兹曼常量.

10.2 理想气体状态方程的微观解释

10.1 节采用宏观方法引入了状态函数,并给出了理想气体状态方程的具体形式. 本节我们建立理想气体状态方程的微观理论,即从分子运动论的观点出发,导出理想气体的压强公式、温度公式和能量公式. 从微观的角度看,我们对于理想气体分子做以下假设.

1. 力学假设

(1) 因为气体分子本身的大小与分子之间的平均距离相比可以忽略不计,因此可以把气体分子视为质点.

(2) 除碰撞瞬时外,分子之间以及分子与器壁之间都没有相互作用,且忽略重力的影响.

(3) 分子之间以及分子与器壁之间的碰撞是完全弹性的,即碰撞过程中分子动能损失为零,且服从牛顿运动定律.

2. 统计假设

(1) 平衡态时,气体分子在容器中的空间分布平均来说是均匀的,在容器内任何一处,分子数密度 n 相等,$n=\frac{\Delta N}{\Delta V}$.

(2) 平衡态时,气体分子的速度按方向分布是各向均匀的,所以分子的平均速度应该为零.

$$\bar{V}_x=\frac{\sum_{i=1}^{N}V_{ix}}{N}=0,\quad \bar{V}_y=\frac{\sum_{i=1}^{N}V_{iy}}{N}=0,\quad \bar{V}_z=\frac{\sum_{i=1}^{N}V_{iz}}{N}=0 \tag{10-10}$$

若定义速度分量的平方平均值为

$$\overline{V_x^2}=\frac{\sum_i V_{ix}^2}{N},\quad \overline{V_y^2}=\frac{\sum_i V_{iy}^2}{N},\quad \overline{V_z^2}=\frac{\sum_i V_{iz}^2}{N} \tag{10-11}$$

由于速度按方向分布是各向均匀的,哪个方向都不占有优势,因此

$$\overline{V_x^2}=\overline{V_y^2}=\overline{V_z^2} \tag{10-12}$$

又因为

$$\overline{V_x^2}+\overline{V_y^2}+\overline{V_z^2}=\frac{\sum_i (V_{ix}^2+V_{iy}^2+V_{iz}^2)}{N}=\frac{\sum_i V_i^2}{N}=\overline{V^2} \tag{10-13}$$

因此

$$\overline{V_x^2}=\overline{V_y^2}=\overline{V_z^2}=\frac{V^2}{3} \tag{10-14}$$

上面的两条假设是统计结果,只对大量分子组成的气体才适用. 分子数越多,准确度越高.

10.2.1 理想气体压强公式

由力学假设和统计假设构成了理想气体微观模型. 它是由德国物理学家克劳修斯首先提出的. 他认为气体对容器壁的压强是大量分子对容器壁碰撞的平均效果,下面我们用气动理论的观点,从微观角度分析理想气体的压强.

如果我们的耳朵不是像今天这样迟钝,而是灵敏到可以听见每一个分子对耳鼓膜的撞击声,那么我们可能会不断听到大气分子对耳鼓膜的轰鸣声. 大量气体分子的撞击形成了对耳鼓膜的压强,使我们可以真实地感受到这一压强的存在. 例如,飞机着陆时耳朵的不适是因为高空和地面大气压强不同造成的.

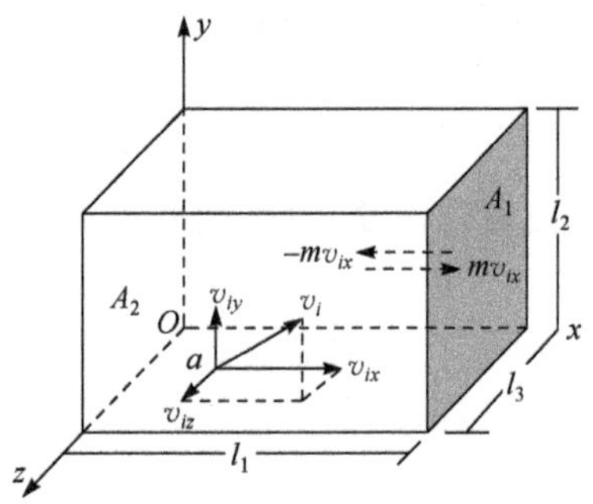

图 10-3 气体动理论的压强公式的推导

为使问题简单化,设一容器为长方体,如图 10-3 所示,含有处于平衡态的理想气体,其体积为 V,边长分别为 l_1、l_2、l_3,容器内理想气体的一个分子质量为 m,分子数为 N. 首先考虑一个分子,它的速度为 $\boldsymbol{V}_i=V_{ix}\boldsymbol{i}+V_{iy}\boldsymbol{j}+V_{iz}\boldsymbol{k}$.

(1) 考察气体中任一分子 a,与器壁 A_1 碰撞一次施于器壁的冲量.

设分子 a 的速度为 v_i,速度分量为 v_{ix}、v_{iy}、v_{iz}. 由于碰撞是完全弹性的,在 x 方向上的速度分量由 v_{ix} 变为 $-v_{ix}$. 这样,分子与器壁 A_1 碰撞前后动量增量为 $\Delta p_{ix}=-mv_{ix}-mv_{ix}=-2mv_{ix}$. 根据动量定理,分子的这一动量增量等于器壁 A_1 施于分子 a 的冲量. 由牛顿第三定律可知,分子 a 施于器壁 A_1 的冲量为 $2mv_{ix}$.

(2) 考察单位时间内,器壁获得的冲量.

分子 a 从 A_1 面弹回,飞向 A_2 面,与 A_2 面碰撞后又回到 A_1 面. 由于分子 a 与 A_1 面相继两次碰撞之间,其 v_{ix} 的大小不变,且在 x 方向所经过的的路程是 $2l_1$,单位时间内,分子 a 与 A_1

面的碰撞次数为$\frac{v_{ix}}{2l_1}$. 可见,单位时间内分子 a 给予 A_1 面上的冲量总值为 $2mv_{ix}\cdot\frac{v_{ix}}{2l_1}=\frac{mv_{ix}^2}{l_1}$,这是对任一分子都成立的.

(3) 考察作用于 A_1 面的作用力.

每一个分子对器壁的碰撞以及作用于器壁上的冲量是间歇和连续的. 但是,由于容器内分子总数 N 很大,容器内所有分子对 A_1 面的作用,无论是时间上还是空间上,都是均匀地遍及整个 A_1 面,其总的作用效果是使器壁受到一个均匀连续的压强. 根据力的冲量的定义可知,单位时间内分子给予 A_1 面的冲量,就是作用于 A_1 面的作用力

$$\overline{F}=\sum_{i=1}^{N}\frac{mv_{ix}^2}{l_1}=\frac{m}{l_1}\sum_{i=1}^{N}v_{ix}^2 \tag{10-15}$$

根据压强的定义得 N 个分子作用于 A_1 面的压强为

$$p=\frac{\overline{F}}{l_2l_3}=\frac{m}{l_1l_2l_3}\sum_{i=1}^{N}v_{ix}^2=m\frac{N}{l_1l_2l_3}\cdot\frac{v_{1x}^2+v_{2x}^2+\cdots+v_{Nx}^2}{N} \tag{10-16}$$

式中,$\frac{N}{l_1l_2l_3}$是单位体积内的分子数 n,称为分子密度或分子数密度;

$\frac{v_{1x}^2+v_{2x}^2+\cdots+v_{Nx}^2}{N}=\overline{v_x^2}$是容器内 N 个分子沿 x 方向速度平方的平均值. 于是得压强

$$p=nm\overline{v_x^2} \tag{10-17}$$

根据式(10-14)有

$$p=\frac{1}{3}nm\overline{v^2} \tag{10-18}$$

若引入分子的平均平动动能

$$\overline{\varepsilon_t}=\frac{1}{2}m\overline{v^2} \tag{10-19}$$

则式(10-17)还可表示为

$$p=\frac{2}{3}n\left(\frac{1}{2}m\overline{v^2}\right)=\frac{2}{3}n\overline{\varepsilon_t} \tag{10-20}$$

以上算出了 N 个分子对器壁 A_1 面的压强,对其他各面也得到同样的结果. 式(10-18)和式(10-20)就是理想气体的压强公式,是气体分子运动论的基本公式之一. 理想气体压强公式给出了第一个宏观量 p 与微观量$\overline{v^2}$或$\overline{\varepsilon_t}$的定量关系.

从压强公式的推导过程看出,气体在宏观上施于器壁的压强,等于所有分子单位时间内施于单位面积器壁的冲量,这就是压强的微观本质. 压强 p 与单位体积内的分子数 n 和气体分子的平均平动动能$\overline{\varepsilon_t}$成正比. 从分子运动论的观点看,n 大,则单位时间内与单位面积器壁碰撞的次数多,压强 p 就大; $\overline{\varepsilon_t}$大,分子的无规则运动加剧,一方面分子往返频繁,分子每秒钟与单位面积器壁的碰撞次数增多,另一方面分子每次碰撞施于器壁的冲量增大. 这两方面的因素都导致压强的增加. 在导出压强公式时,不但使用了力学定律,也使用了统计的方法. 因此,压强公式反映的不仅是单纯的力学规律,也是一个统计规律.

10.2.2 理想气体分子的平均平动动能与温度的关系

我们已经从理想气体的微观模型导出了压强公式. 另外,根据理想气体状态方程得到的压

强公式. 两者应该是等价的. 由理想气体状态方程式(10-7)有

$$p=\frac{1}{V}\frac{M}{M_{\text{mol}}}RT$$

因为 $M=Nm, M_{\text{mol}}=N_0 m$, 则

$$p=\frac{N}{V}\cdot\frac{R}{N_0}T$$

式中, $\frac{N}{V}=n$, 是单位体积内的分子数; $\frac{R}{N_0}=k=\frac{8.31}{6.022\times10^{23}}=1.38\times10^{-23}\text{J/K}$, 称为玻尔兹曼常量, 则

$$p=nkT \tag{10-21}$$

比较式(10-20)和式(10-21)得

$$\frac{1}{2}m\overline{v^2}=\frac{3}{2}kT \tag{10-22}$$

这就是理想气体的温度公式. 由此看出:

(1) 气体分子的平均平动动能与温度成正比. 气体的温度是分子平均平动动能的量度. 因此, 温度标志着气体(也包括液体和固体)分子无规则运动的程度, 温度越高, 表示分子热运动越剧烈. 温度公式阐明了温度的微观本质, 也是从分子运动论对温度的定义.

(2) 如果两种气体的温度相等, 也就是两种气体分子的平均平动动能相等, 反之亦然. 如果使这种气体接触, 这两种气体间将没有宏观的能量传递, 两种气体将处于同一热平衡状态. 因此, 温度是表征气体处于热平衡状态的物理量. 因此推知, 一切互为热平衡的系统都具有相同的温度.

(3) 温度公式提示了宏观量 T 和微观量 $\frac{1}{2}m\overline{v^2}$ 的关系. 由于温度是大量分子平均平动动能的量度, 所以温度是大量分子热运动的集体表现, 也是具有统计意义的物理量. 对于个别分子或少数分子, 说它具有多高温度是完全没有意义的.

(4) 由温度公式可直接求出在任何温度下, 任何种类理想气体分子的方均根速率.

$$\sqrt{\overline{v^2}}=\sqrt{\frac{3kT}{m}}=\sqrt{\frac{3RT}{M_{\text{mol}}}} \tag{10-23}$$

容易看出, 对于不同种类的理想气体, 温度相同时, 具有相同的平均平动动能, 但方均根速率却不同.

10.3　能量按自由度均分原理

10.3.1　分子运动的自由度

我们在推导理想气体的压强公式, 把分子看成是质点, 即只考虑分子的平动而没有考虑其他的运动形态, 这对单原子分子, 如氦、氩等气体是适用的. 但是, 对于双原子分子和多原子分子, 只考虑平动是不够的, 还必须考虑转动、振动等其他的运动形态. 换言之, 分子平动有动能, 分子的其他运动形态也对应有动能. 由于大量分子之间不间断地相互碰撞, 各种运动形态也相互转换, 任何一种运动形态都不比别的更占优势. 按统计规律, 能量也应按运动形态分配. 能量按自由度均分定理, 提示了能量按运动形态分配的关系.

所谓某一物体的自由度，就是决定这一物体空间位置所需要的独立坐标的数目. 分子运动的自由度就是决定分子空间位置所需要的独立坐标数目. 为方便计算，我们只考虑刚性分子，即分子内各原子之间的相对位置保持不变的分子，或不考虑分子内部原子的振动. 对于单原子分子来说，它仍可视为质点，它不存在转动问题. 决定它在空间位置的独立坐标数目是3，即 x、y、z. 所以单原子分子有3个平动自由度. 用 t 表示平动自由度，则 $t=3$.

对于刚性双原子分子，它相当于一根细杆. 决定它的质量中心在空间的位置的独立坐标数目是3，即 x、y、z，所以它的平动自由度 $t=3$. 反映它在空间方位的独立坐标数目，是 α、β、γ 中的任何两个，所以它有两个转动自由度. 用 s 表示转动自由度，则 $s=2$.

对于刚性多原子分子，它相当于一个刚体，如图10-4所示. 决定刚体质心 C 在空间位置的独立坐标数目为3，即 x、y、z；经过质心 C 的轴线 CA 在空间方位的独立坐标，是 α、β、γ 中的任何两个；刚体绕轴线 CA 转动尚需一独立坐标 θ，所以刚体即刚性多原子分子有6个自由度，即 $t=3$，$s=3$.

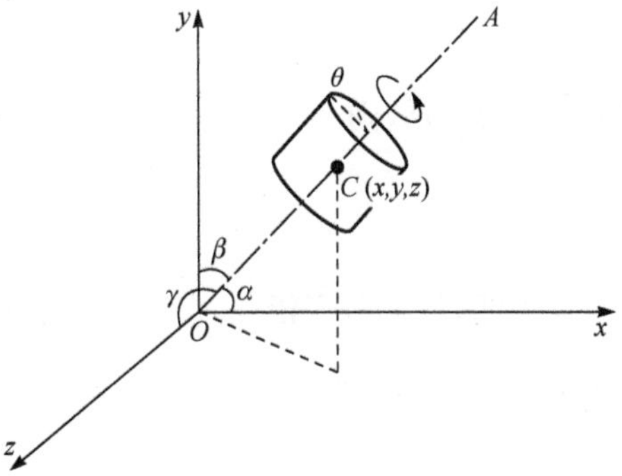

图10-4 气体分子自由度

气体分子的自由度用 i 表示，对刚性气体分子而言，一般地有 $i=t+s$；

对于单原子分子(如氦、氖、氩等)$t=3$，$s=0$，则 $i=t=3$；

对于双原子分子(如氢、氧、一氧化碳等)$t=3$，$s=2$，则 $i=t+s=3+2=5$；

对于多原子分子(如水、甲烷等)$t=3$，$s=3$，则 $i=t+s=3+3=6$.

图10-5(a)～(c)给出几种气体分子的模型

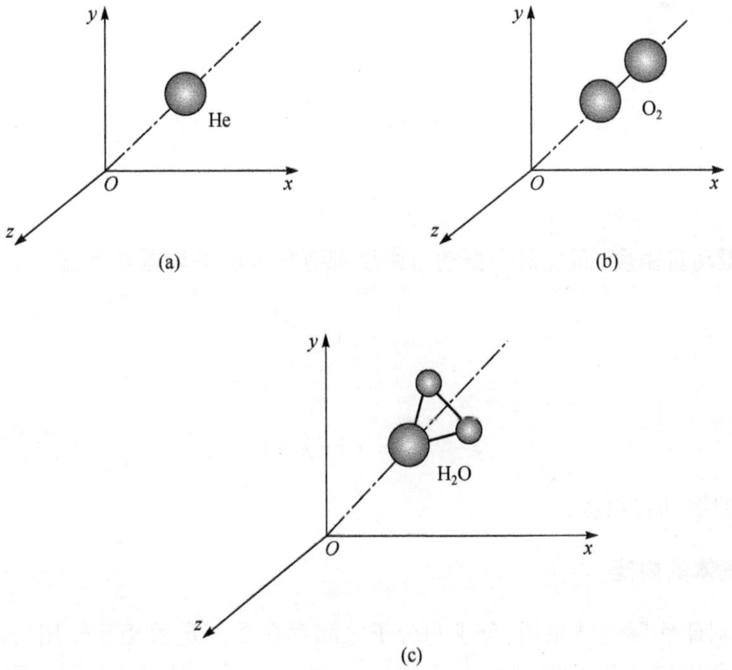

图10-5 三种气体分子模型

值得注意的是，对于非刚性的双原子分子和多原子分子，还必须考虑振动自由度；对于双原子分子来说，有一个振动自由度；对于由 n 个原子构成的多原子分子来说，最多可有 $3n-6$ 个振动自由度. 在这里不作深入讨论.

10.3.2 能量均分定理

理想气体的温度公式(10-22)可写成

$$\frac{1}{2}m\overline{v_x^2}+\frac{1}{2}m\overline{v_y^2}+\frac{1}{2}m\overline{v_z^2}=3\cdot\frac{1}{2}kT$$

因为$\overline{v_x^2}=\overline{v_y^2}=\overline{v_z^2}$，则

$$\frac{1}{2}m\overline{v_x^2}=\frac{1}{2}m\overline{v_y^2}=\frac{1}{2}m\overline{v_z^2}=\frac{1}{2}kT$$

这表明，气体分子沿 x、y、z 三个方向的平均平动动能都相等，且都等于$\frac{1}{2}kT$. 因为在温度公式中的分子是视为质点的，是单原子分子，它有三个平动自由度. 也就是说，每个分子的平均平动动能为 $3\cdot\left(\frac{1}{2}kT\right)$，均匀地分配给每个自由度，每个平动自由度上都有$\frac{1}{2}kT$ 的能量.

由于气体分子的无规则运动，当气体处于平衡状态时，气体分子的任何一种运动都不会比另一种运动占优势. 每一运动的自由度，都应该具有$\frac{1}{2}kT$ 的能量. 也就是说，气体分子的能量均匀地分配给每个自由度，其大小都是$\frac{1}{2}kT$. 这个定理称为能量均分定理. 如果用 $\bar{\varepsilon}_t$ 表示气体分子的平均动能，对于单原子分子、双原子分子和多原子分子分别为

$$\left.\begin{aligned}\bar{\varepsilon}_t&=\frac{i}{2}kT=\frac{3}{2}kT\\ \bar{\varepsilon}_t&=\frac{i}{2}kT=\frac{5}{2}kT\\ \bar{\varepsilon}_t&=\frac{i}{2}kT=\frac{6}{2}kT\end{aligned}\right\}\tag{10-24}$$

如果考虑振动自由度，而且每个振动自由度都有相等的平均振动动能和平均振动势能，则总自由度为

$$i=t+s+2\gamma$$

总平均能量为

$$\bar{\varepsilon}=\frac{1}{2}(t+s+2\gamma)kT$$

式中，γ 是分子的振动自由度.

10.3.3 理想气体的内能

实验证明，对于实际气体来说，分子与分子之间存在着一定的相互作用力，气体分子间具有一定的势能. 所以气体分子的动能、分子与分子之间相互作用势能的总和，称为气体的内能. 但是，对于理想气体来说，由于不考虑分子与分子之间的相互作用力，所以理想气体的内能只是气体分子各种动能的总和.

设气体的质量为 M,有 N 个分子,处于平衡状态时的温度为 T,则理想气体的内能为

$$E=N\frac{i}{2}kT=\frac{i}{2}\cdot\frac{N}{N_0}RT$$

则有

$$E=\frac{M}{M_{\mathrm{mol}}}\cdot\frac{i}{2}RT \tag{10-25}$$

由此可知,一定质量的理想气体的内能只取决于分子的自由度 i 和温度 T,与气体的体积和压强无关. 所以,对于给定量的理想气体来说,内能是温度 T 的单值函数. 由此得内能的增量为

$$\Delta E=\frac{M}{M_{\mathrm{mol}}}\cdot\frac{i}{2}R\Delta T \tag{10-26}$$

例 10.1 一容器内贮有氧气,其压强 $p=1\mathrm{atm}$,温度为 $t=27℃$. 求:

(1) 单位体积内的分子数;

(2) 氧气的密度;

(3) 氧分子的质量;

(4) 分子间的平均距离;

(5) 氧分子的平均平动动能和平均转动动能;

(6) 若氧分子是刚性双原子分子,单位体积内氧气的内能是多少?

解 (1) 根据公式 $p=nKT$ 得单位体积的分子数

$$n=\frac{p}{KT}=\frac{1.013\times10^5}{1.38\times10^{-23}\times(273+27)}=2.45\times10^{25}\text{个}/\mathrm{m}^3$$

(2) 根据密度的定义 $\rho=\frac{M}{V}$ 和理想气体状态方程 $pV=\frac{M}{M_{\mathrm{mol}}}RT$ 得

$$\rho=\frac{M_{\mathrm{mol}}p}{RT}=\frac{32\times10^{-3}\times1.013\times10^5}{8.31\times(273+27)}=1.30\mathrm{kg/m^3}$$

(3) 氧分子的质量

$$m=\frac{M_{\mathrm{mol}}}{N_0}=\frac{32\times10^{-3}}{6.02\times10^{23}}=5.31\times10^{-26}\mathrm{kg}$$

(4) 设分子间的平均距离为 l,因为平均说来每个分子占据的自由活动空间大小为 $\frac{V}{N}$,这一空间相当于边长 l 为的正方体,即 $l^3=\frac{V}{N}$,所以

$$l=\left(\frac{V}{N}\right)^{\frac{1}{3}}=\left(\frac{1}{n}\right)^{\frac{1}{3}}=(2.45\times10^{25})^{-\frac{1}{3}}=3.45\times10^{-9}\mathrm{~m}$$

(5) 分子的平均平动动能和平均转动动能分别为

$$\bar{\varepsilon}_{\mathrm{t}}=\frac{3}{2}kT=\frac{3}{2}\times1.38\times10^{-23}\times(273+27)=6.21\times10^{-21}\mathrm{~J}$$

$$\bar{\varepsilon}_{\mathrm{s}}=\frac{2}{2}kT=1.38\times10^{-23}\times(273+27)=4.14\times10^{-21}\mathrm{~J}$$

(6) 单位体积内氧气的内能

$$E=n(\bar{\varepsilon}_t+\bar{\varepsilon}_s)=2.45\times10^{25}\times(6.21\times10^{-21}+4.14\times10^{-21})=2.54\times10^5\mathrm{J}$$

10.4　麦克斯韦速率分布

10.4.1　气体分子速率分布函数

根据公式可以计算出不同气体在相同温度的气体的方均根速率，如在 0℃时，氦气、氧气和二氧化碳气体分子的方均根速率分别为 1305m/s，461m/s 和 393m/s 等. 但是，方均根速率 $\sqrt{\overline{v^2}}$ 仅是分子运动速率的一种统计平均值，并非气体分子都以方均根速率运动. 实际上，处于平衡状态下的任何一种气体，各个分子各以不同的速率，沿着各个方向运动着，有的分子速率大于方均根速率，有的小于方均根速率，任何分子其速率均可以从零到无限大；而且由于分子间的互相碰撞，对于每一个分子来说，速度的大小和方向都在不断地发生变化. 因此，个别分子的运动情况是偶然的. 然而从大量分子的整体来说，在平衡状态下，分子的速率却遵循着一个完全确定的统计性分布规律，这又是必然的. 1859 年麦克斯韦(Maxwell)应用统计理论的方法，导出了气体分子的速率分布规律.

设 N 为气体的总分子数，ΔN 为速率区间 $v\sim v+\Delta v$ 内的分子数，则 $\frac{\Delta N}{N}$ 就是在这一速率区间内的分子数占总分子数的百分率或气体中任一分子具有的速率恰好在 $v\sim v+\Delta v$ 区间内的概率，而 $\frac{\Delta N}{N\Delta v}$ 就是在 v 附近单位速率区间内的分子数占总分子数的百分率或气体分子中任一分子具有的速率恰好在 v 附近单位速率区间的概率. 我们通常就是用这一百分率或概率来说明气体分子按速率分布的规律.

(1) 在任一速率区间 $v\sim v+\mathrm{d}v$ 上，取以分布函数 $f(v)=\frac{\mathrm{d}N}{N\mathrm{d}v}$ 的量值为高，以速率间隔 $\mathrm{d}v$ 为宽的窄条，该窄条面积(图 10-6 中打阴影的小长方形)为 $\frac{\mathrm{d}N}{N\mathrm{d}v}\mathrm{d}v=\frac{\mathrm{d}N}{N}$，就是分布在该区间内的分子数占总分子数的百分比，或任一分子的速率恰在该区间的概率. 而积分

$$\int_{v_1}^{v_2} f(v)\mathrm{d}v=\frac{\Delta N}{N} \tag{10-27}$$

表示分布在 $v_1\sim v_2$ 速率范围内的分子数占总分子数的百分率，或任一分子的速率恰在 $v_1\sim v_2$ 速率范围内的概率，如图 10-6 所示.

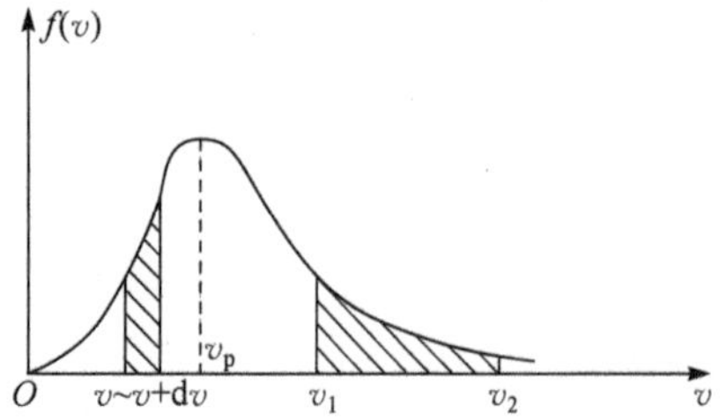

图 10-6　分子速率分布情况

(2) 和分布曲线极大值对应的速率称为最概然速率，用 v_p 表示，如图 10-6 所示. 最概然速率的物理意义是，在一定温度下，对相同的速率间隔来说，分布在所在速率区间内的分子数占总分子数百分率最大，或任一分子的速率恰在所在速率区间内的概率最大. 从曲线中看出，具有很大速率和很小速率分子的百分率很小.

(3) 速率分布曲线下的总面积，表示各个速率区间内分子数百分率的总和，它应该等于 1，即

$$\sum \frac{\mathrm{d}N}{N}=1 \quad 或 \quad \int_0^{\infty} f(v)\mathrm{d}v=1 \tag{10-28}$$

称为分布函数的归一化条件. 可见，函数 $f(v)$应该是单值、连续、有界和归一的.

$f(v)$称为分子速率分布函数，其 $f(v)\sim v$ 曲线如图 10-7 所示.

分子速率分布函数 $f(v)$即分子速率在 v 附近单位速率区间内的分子数占总分子数的百分率，或气体分子中任一分子其速率恰在 v 附近单位速率区间内的概率. 所以，$f(v)$的大小定量地反映了给定气体分子在温度 T 时按速率分布的具体情况.

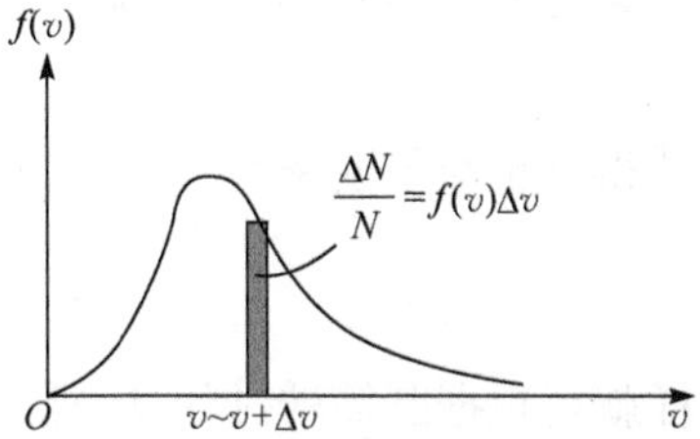

图 10-7　$f(v)$与 v 的关系曲线

10.4.2 麦克斯韦分子速率分布律

1. 研究分子速率分布的方法和实验测定

研究分子速率分布的方法与研究一般的分布问题类似，需要把速率分成若干相等的区间. 例如，可以分成 0～100m/s 为一个区间，100～200m/s 为次区间，……；也可以分成 0～10m/s 为一个区间，10～20m/s 为次区间，……. 所谓研究分子速率分布情况，就是要知道气体在平衡状态分布在各个速率区间的分子数，各占气体总分子数的百分率为多少，以及大部分分子分布在哪一个区间等. 不言而喻，所取区间越小，有关分布的情况越详细，对分布情况的描述也就越精细. 表 10-1 给出了 0℃时，氧气分子速率的分布情况.

表 10-1　0℃时氧气分子速率的分布情况

速率区间(m/s)	分子数的百分率 $\left(\frac{\Delta N}{N}\right)$
100 以下	1.4
100～200	8.1
200～300	16.5
300～400	21.4
400～500	20.6
500～600	15.1
600～700	9.2
700～800	4.8
800～900	2.0
900 以上	0.9

1920 年，施特恩首次用实验测定和证实了气体分子按速率分布的规律. 继施特恩之后，测定分子速率分布的实验装置又有了不少改进. 如图 10-8 所示，我国物理学家葛正权用银原子进行了相同的实验测量，银原子蒸发炉蒸发的银原子经过狭缝 S_1 和 S_2 准直后，进入带有狭缝 S_3 的转动的圆筒 B 内，圆筒上附有弯曲的玻璃板 P_1、P_2，整个装置放在真空中. 当圆筒以角速度 ω 转动时，进入狭缝 S_3 的原子会按飞行速度从大到小依次落在 P_1 和 P_2 之间，具有相同飞行速度的银原

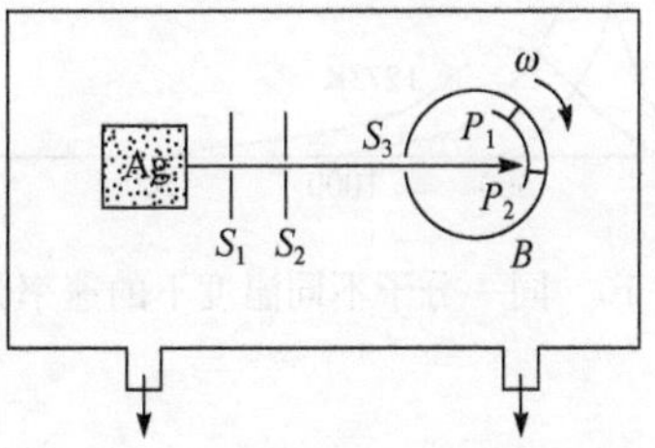

图 10-8　测量分子速率分布的实验装置

子每次落在玻璃上的同一位置，银原子在玻璃板上的位置分布反映了银原子的飞行速度分布，而银原子的数量可通过玻璃板上的黑度分布确定，从而最终得到从银原子蒸发炉蒸发小孔逸出的银原子的速率分布函数. 可以在理论上证明，这些逸出原子的速率分布函数与蒸发炉中处在平衡态的银原子的速率分布函数有关系，最终可以验证麦克斯韦速率分布律.

若设圆筒的直径为 D，圆筒转过的角度为 θ，银原子的速度为 v，则有如下关系：

$$D=vt,\quad \theta=\omega t$$

由此得到银原子速率与圆筒的角速度关系，即

$$v=\frac{\omega}{\theta}D \tag{10-29}$$

这样就可根据圆筒转过的 θ 测量银原子的速率，从而得到分子速率分布规律. 实验证明，分子速率分布在不同区间内的分子数是不同的，但在实验条件（如射线强度、温度等）不变的情况下，分布在各个区间内分子数的相对比值是完全确定的. 尽管个别分子的速率大小是偶然的，但就大多数分子整体来说，其速率的分布遵循着一定的规律. 这个规律就是气体分子速率分布律.

图 10-9 是从实验结果中得到的汞分子在100℃时速率分布的情况. 其中一块块矩形长条面积就是分布在各速率区间内的相对分子数.

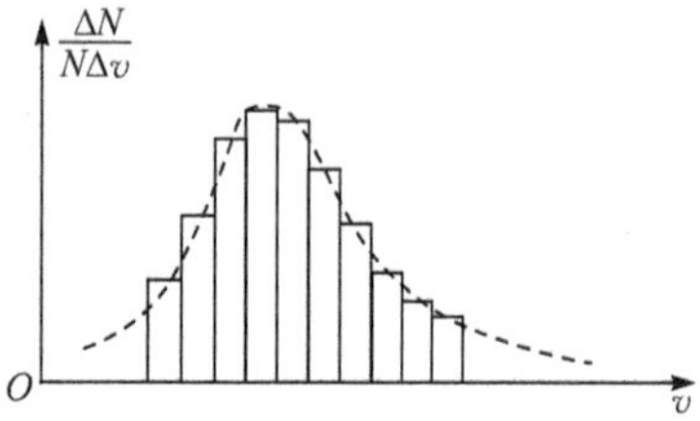

图 10-9　汞分子在 100℃时的速率分布情况

2. 麦克斯韦分子速率分布定律

麦克斯韦根据统计的理论和方法证明，在热力学温度 T 时，处于平衡状态的给定气体中，分子速率分布在 $v\sim v+\Delta v$ 区间内的百分率 $\frac{\Delta N}{N}$，当 Δv 很小时可表示为

$$\frac{\Delta N}{N}=4\pi\left(\frac{m}{2\pi kT}\right)^{\frac{3}{2}}\mathrm{e}^{-\frac{mv^2}{2kT}}v^2\Delta v=f(v)\Delta v \tag{10-30}$$

式中，m 是该气体分子的质量；k 是玻尔兹曼常量；而函数为 $f(v)$ 为

$$f(v)=4\pi\left(\frac{m}{2\pi kT}\right)^{\frac{3}{2}}\mathrm{e}^{-\frac{mv^2}{2KT}}v^2 \tag{10-31}$$

式(10-31)为麦克斯韦分子速率分布定律.

气体的温度 T 和分子的质量 m 是速率分布函数的两个参量，分布曲线的形状由这两个参量决定. T 相同，m 不同时，曲线的形状不同；m 相同，T 不同时，曲线的形状也不同. 图 10-10 给出了同一种气体不同温度时的曲线情况. 容易看出，温度越高，分子速率大的分子数占总分子数百分比越大，反之亦然.

麦克斯韦分子速率分布定律是一个统计规律，它只对由大量分子组成的且处于平衡状态下的气体才成立. 当气体处于非平衡状态或分子数很少时，分子速率的分布不满足麦克斯韦分子速率分布定律.

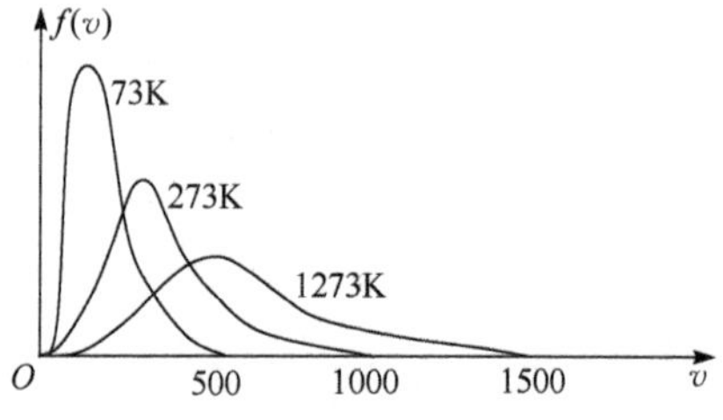

图 10-10　同一分子不同温度下的速率分布

10.4.3 三种统计速率

1. 最概然速率 v_p

麦克斯韦分布函数 $f(v)$有一个极大值，与之对应的速率 v，就是最概然速率. 由

$$\frac{\mathrm{d}}{\mathrm{d}v}f(v)=\frac{\mathrm{d}}{\mathrm{d}v}\left[4\pi\left(\frac{m}{2\pi kT}\right)^{3/2}\cdot \mathrm{e}^{-\frac{mv^2}{2kT}}v^2\right]=4\pi\left(\frac{m}{2\pi kT}\right)^{3/2}\left(-\frac{m}{2kT}\cdot 2v^3+2v\right)\mathrm{e}^{-\frac{mv^2}{2kT}}=0$$

即

$$-\frac{m}{kT}\cdot v^3+2v=0$$

得

或

$$\left.\begin{aligned}v_\mathrm{p}&=\sqrt{\frac{2kT}{m}}\\ v_\mathrm{p}&=\sqrt{\frac{2RT}{M_\mathrm{mol}}}\end{aligned}\right\}\tag{10-32}$$

在讨论速率分布时，要用最概然速率.

2. 平均速率 $\bar{v}$

我们知道，$f(v)\mathrm{d}v$ 是分子的速率恰在 v 附近 $\mathrm{d}v$ 区间内的概率，由平均值的定义得

$$\bar{v}=\int_0^\infty vf(v)\mathrm{d}v=4\pi\left(\frac{m}{2\pi kT}\right)^{3/2}\cdot\int_0^\infty \mathrm{e}^{-\frac{mv^2}{2kT}}v^3\mathrm{d}v$$

积分后得

或

$$\left.\begin{aligned}\bar{v}&=\sqrt{\frac{8kT}{\pi m}}\\ \bar{v}&=\sqrt{\frac{8RT}{\pi M_\mathrm{mol}}}\end{aligned}\right\}\tag{10-33}$$

在讨论分子的相互碰撞及计算分子运动的平均距离时，要用到平均速率.

3. 方均根速率 $\sqrt{\overline{v^2}}$

我们根据理想气体的温度公式已经求得了气体分子的方均根速率. 现在我们用麦克斯韦速率分布定律求解.

由平均值的定义得

$$\overline{v^2}=\int_0^\infty v^2f(v)\mathrm{d}v=4\pi\left(\frac{m}{2\pi kT}\right)^{3/2}\cdot\int_0^\infty \mathrm{e}^{-\frac{mv^2}{2kT}}v^4\mathrm{d}v$$

积分后得

$$\overline{v^2}=\frac{3kT}{m}$$

即

或

$$\left.\begin{aligned}\sqrt{\overline{v^2}}&=\sqrt{\frac{3kT}{m}}\\ \sqrt{\overline{v^2}}&=\sqrt{\frac{3RT}{M_{\text{mol}}}}\end{aligned}\right\}\tag{10-34}$$

在计算分子的平均平动动能时,要用到方均根速率.

例 10.2　计算气体分子热运动速率介于 $v_p-\frac{v_p}{100}$ 与 $v_p+\frac{v_p}{100}$ 之间的分子数占总分子数的百分比.

解　根据麦克斯韦速率分布定律,在 $v\sim v+\Delta v$ 内的分子数占总分子数的百分率为

$$\frac{\Delta N}{N}=4\pi\left(\frac{m}{2\pi kT}\right)^{3/2}\mathrm{e}^{-\frac{mv^2}{2kT}}v^2\Delta v$$

按题意

$$v=v_p-\frac{v_p}{100}=\frac{99}{100}v_p$$

$$\Delta v=\left(v_p+\frac{v_p}{100}\right)-\left(v_p-\frac{v_p}{100}\right)=\frac{v_p}{50}$$

而

$$v_p=\sqrt{\frac{2kT}{m}}$$

将 v、Δv、v_p 代入前式得

$$\frac{\Delta N}{N}=4\pi\left(\frac{m}{2\pi kT}\right)^{3/2}\mathrm{e}^{-\frac{m}{2kT}\left(\frac{99}{100}v_p\right)^2}\left(\frac{99}{100}v_p\right)^2\cdot\frac{v_p}{50}=1.66\%$$

10.5　气体分子的平均自由程和碰撞频率

10.5.1　气体分子平均碰撞频率

气体分子一直在做永不停息的热运动,在热运动过程中,分子之间经常发生碰撞,这种碰撞极其频繁.就个别分子来说,它与其他分子在何地发生碰撞,单位时间内与其他分子会发生多少次碰撞,每连续两次碰撞之间可自由运动多长的路程等,这些都是偶然的、不可预测的,但对大量分子而言,分子之间的碰撞却遵从确定的统计规律.

单位时间内,分子与其他分子发生碰撞的平均次数,称为分子平均碰撞频率,用 $\bar{z}$ 表示.

根据方均根速率 $\sqrt{\overline{v^2}}=\sqrt{\frac{3kT}{m}}$,当知道温度和气体分子质量时,很容易算出该气体分子的方均根速率.表 10-2 列举了几种气体分子的方均根速率.

表 10-2 几种气体分子的方均根速率

气体	M_{mol}/(kg/mol)	$\sqrt{\overline{V^2}}$/(m/s)
H_2	2×10^{-3}	1912
He	4×10^{-3}	1352
H_2O	18×10^{-3}	637
N_2	28×10^{-3}	511
O_2	32×10^{-3}	478
CO_2	44×10^{-3}	408

在室温下,气体分子的方均根速率一般都在数百甚至上千,有人会怀疑气体分子速率是否真有这么快.因为要是真这样的话,为什么在间隔数米远的地方打开一瓶香水,香水分子不会立刻传到我们的鼻子里,而是要过一段时间才能闻到?克劳修斯首先回答了这个问题,他认为这是因为分子的运动并不是畅通无阻的,而是频繁地受到其他分子的碰撞,致使其路程变得迂回曲折造成的.

为了确定分子的碰撞频率 $\bar{z}$,我们跟踪了一个运动分子 A.为了简化问题,假定每个分子都可以看成直径为 d 的弹性小球,分子间的碰撞完全是弹性的.在大量分子中,我们假设被考察的分子 A 以平均速率 $\bar{v}$ 运动,其他分子都看成静止不动.显然在分子 A 的运动过程中,由于碰撞,其球心的轨迹将是一条折线,如图 10-11 所示,在时间 Δt 内分子走过的平均路程为 $\bar{v}\cdot\Delta t$.

在运动的过程中,由于 A 分子不断与其他分子碰撞,它的球心轨迹是条折线.如图 10-11 所示.以折线为轴线,以分子的有效直径 d 为半径作曲折的圆柱体.显然,只有分子球心在该圆柱面内的分子才能与分子 A 发生碰撞.分子的横截面积 πd^2 叫做分子的碰撞截面,用 σ 表示.我们可以把这个曲折的圆柱体折合成一个直圆柱体(体积不变).由于在 Δt 时间运动分子平均走过的路程为 $\bar{v}\cdot\Delta t$,相应的圆柱体的体积为 $\sigma\cdot\bar{v}\cdot\Delta t$.设分子数密度为 n,则此圆柱体内的总分子数为 $n\cdot\sigma\cdot\bar{v}\cdot\Delta t$.在 Δt 时间内这些分子会与 A 分子发生碰撞,因此单位时间平均碰撞次数应为

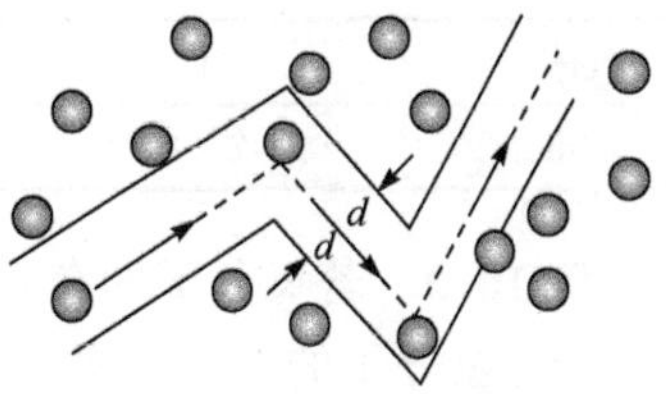

图 10-11 分子碰撞次数的计算

$$\overline{Z}=\frac{n\pi d^2\bar{v}\Delta t}{\Delta t}=n\pi d^2\bar{v} \tag{10-35}$$

这个结论是假定在大量分子中,只有被考察的分了以平均速度 $\bar{v}$ 运动,其他分子静止不动得到的结果.考虑到所有分子实际上都在运动,而且各个分子的运动速度并不相同,因此式中的平均速率 $\bar{v}$ 应改为平均相对速率 $\bar{u}$.根据麦克斯韦速率分布定律,可以证明,气体分子的平均相对速率 $\bar{u}$ 与平均速率 $\bar{v}$ 之间的关系为 $\bar{u}=\sqrt{2}\bar{v}$,所以

$$\overline{Z}=\sqrt{2}\pi d^2\bar{v}n \tag{10-36}$$

上式表明,分子的平均碰撞频率 $\overline{Z}$,与单位体积中的分子数 n、分子的平均速率 $\bar{v}$ 成正比,也与分子的有效直径的平方成正比.

10.5.2 分子的平均自由程

气体分子每发生一次碰撞,分子速率的大小和方向都会发生变化,分子运动轨迹为折线.分子连续两次碰撞间所经过的自由路程的长短具有偶然性,这一路程的平均值成为分子平均

自由程，用 $\bar{\lambda}$ 表示.

由于在时间 Δt 内分子平均走过的距离为 $\bar{v}\cdot\Delta t$，而在这过程中分子平均经过了 $\bar{Z}\cdot\Delta t$ 次碰撞，根据定义平均自由程为

$$\bar{\lambda}=\frac{\bar{v}\Delta t}{\bar{Z}\Delta t}=\frac{1}{\sqrt{2}\pi d^2 n} \tag{10-37}$$

平均自由程与分子有效直径 d 的平方及分子数密度 n 成反比，与平均速率无关. 当分子大小和分子数密度一定时，平均自由程是确定的. 上式表明，当气体处于温度为 T 的平衡态时，由于

$$p=nkT,\quad n=\frac{p}{kT}$$

则

$$\bar{\lambda}=\frac{kT}{\sqrt{2}\pi d^2 p} \tag{10-38}$$

此式表明：当温度恒定时，平均自由程与压强成反比，压强越小，气体越稀薄，分子的平均自由程越长.

在标准状态下，各种气体分子的平均碰撞频率 $\bar{Z}$ 的数量级约为 $10^9\,\mathrm{s}^{-1}$，平均自由程 $\bar{\lambda}$ 的数量级约为 $10^{-7}\sim10^{-8}\,\mathrm{m}$，在常温常压下，一个分子在 1s 内平均要碰撞几十亿次，所以其平均自由程是非常短的. 表 10-3 列出了几种气体分子在标准状态下的平均自由程.

表 10-3 标准状态下几种气体分子的 $\bar{\lambda}$

气体	氧	氮	氢	空气
$\bar{\lambda}$/m	0.647×10^{-7}	0.599×10^{-7}	1.123×10^{-7}	7×10^{-8}

例 10.3 若氢分子的有效直径 $d=2\times10^{-10}\,\mathrm{m}$，设温度为 0℃，求：

(1) 氢分子的平均速率；

(2) 单位体积内的分子数；

(3) 平均碰撞次数；

(4) 平均自由程.

解 (1) 由气体分子平均速率公式

$$\bar{v}=\sqrt{\frac{8kT}{\pi m}}$$

得

$$\bar{v}=\sqrt{\frac{8\times8.31\times273}{3.14\times2\times10^{-3}}}=1.7\times10^3\,(\mathrm{m/s})$$

(2) 由公式 $p=nkT$，得

$$n=\frac{p}{kT}=\frac{1.013\times10^5}{1.38\times10^{-23}\times273}=2.69\times10^{23}\,(\text{个}/\mathrm{m}^3)$$

(3) 由公式 $\bar{Z}=\sqrt{2}\pi d^2\bar{v}n$，得

$$\bar{z}=1.41\times3.14\times(2\times10^{-10})^2\times1.7\times10^3\times2.69\times10^{23}=8.10\times10^9\,(\text{次}/\mathrm{s})$$

(4) 由公式 $\bar{\lambda}=\dfrac{1}{\sqrt{2}\pi d^2 n}$，得

$$\bar{\lambda}=\frac{1}{1.41\times3.14\times(2\times10^{-10})^2\times2.69\times10^{23}}=2.10\times10^{-7}(\text{m})$$

10.6 内迁移 范德瓦耳斯方程

10.6.1 气体内的迁移现象

前面我们所讨论的，都是气体在平衡状态下的一些性质. 而许多实际问题都涉及气体在非平衡状态下的过程. 例如，当气体各部分的密度不均匀时要发生扩散过程；气体内各部分的温度不均匀时要发生热传导过程；气体各层的定向速度不同时要发生内摩擦或黏液滞现象等，都是气体的内迁移现象. 这些过程的共同特点是，气体内各部分的物理性质，如密度、温度、流速等，原来是不均匀的，由于气体分子永不停息杂乱无章地运动，以及频繁不断地相互碰撞和掺和，使分子之间相互交换能量和动量，使气体内各部分物理性质最后趋于均匀一致. 可见，气体内的迁移现象实质是气体从非平衡状态向平衡状态的变化过程.

气体内的迁移现象包括内摩擦、热传导和扩散三种现象，它们大多数是同时发生的，为简便我们将分别讨论.

1. 内摩擦(黏滞)现象

设想在流动的气体内部，把气体沿流速(定向速度)方向分成若干气体薄层，如果各气体层的流速不相等，则在任意相邻两层之间的接触面上，将产生一对阻碍两层气体相对运动的等值反向的相互作用力，称为内摩擦力. 气体的这种性质称为黏滞性. 例如，用管道输送气体，气体在管道中流动时，紧靠管壁的气体分子附着于管壁，流速为零，稍远一些的气体分子流速较小，离管壁较远的气体层有较大的流速，管道中间部分的气体流速最大. 这一事实说明从管壁到中心各层气体之间有内摩擦力的作用.

如图 10-12 所示，设想有某种气体被限止在两个无限大的平行平板 A、B 之间. 平板 B 所在处取为坐标原点，是静止的，而坐标为 h 的平板 A 以速度 u_0 沿 x 轴方向运动. 现把气体分为许多平行平板的薄层. 其中底层和顶层气体分别附着在静止的 B 板和运动的 B 板上. 由于相邻气体层之间的内摩擦力作用，紧靠 A 板的气体层受到向右的拉力，并由上向下依次对各层施加向右的拉力. 这样，从上到下的各层气体将逐层被带动，以各种不同的速度沿 x 轴向右运动. 容易看出，沿 y 轴从上到下流速是逐层递减的，直至流速为零.

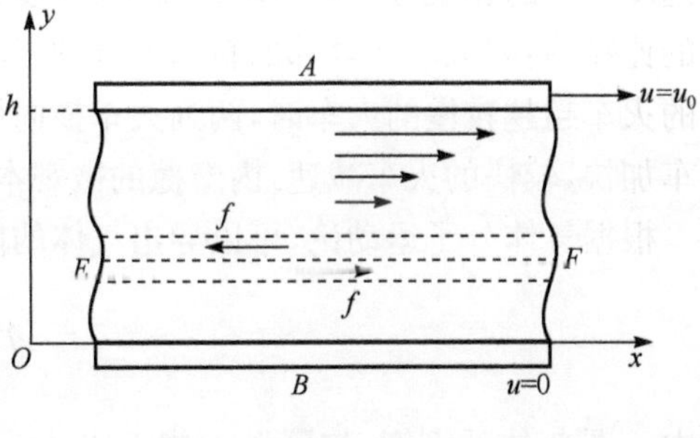

图 10-12

我们把沿 y 轴方向出现的流速的空间变化率 $\frac{du}{dy}$ 称为流速梯度，即流速在 y 方向单位长度上的增量. 流速梯度是矢量，其方向指向流速变化最大的方向. 由于沿 y 轴正向流速的变化最大，所以流速梯度的方向指向 y 轴正方向.

设两相邻气层的接触面间相互作用的摩擦力为 f，接触面的面积为 ΔS，接触面处的流速

梯度为$\frac{du}{dy}$,实验证明,牛顿黏滞定律为

$$f=\eta\frac{du}{dy}\Delta S \tag{10-39}$$

即摩擦力 f 与接触面的面积及接触面处的速度梯度成正比,比例系数 η 称为气体的内摩擦系数或黏滞系数. η 的单位是 kg/(m·s),其数值与气体的性质和状态有关.

图 10-13 给出了测定气体内摩擦系数的实验装置的简图. A 和 B 是两个同轴圆筒,圆筒 A 装在铅直的转轴上,圆筒 B 用细线 C 悬着. A、B 之间充满某种待测气体. 当圆筒 A 绕转轴转动时,由于 A、B 两圆筒间气体的内摩擦力作用,圆筒 B 也将绕悬线 C 扭转. 达到稳定后,圆筒 A 保持恒定的转速,圆筒 B 也相应地扭转一定的角度,其转角的大小可由附在悬线上的反射镜 M 所反射的光线测得. 根据悬线 C 的扭力矩大小,可求出气体层之间的相互作用力矩,从而求出各气层间的摩擦力,最后根据流速梯度、气层面积 ΔS,求出内摩擦系数. 实验测得,在 0℃ 时,空气的内摩擦系数为 1.80×10^{-5} Pa·s. 氢气的内摩擦系数为 8.6×10^{-6} Pa·s,氧气的内摩擦系数为 1.87×10^{-5} Pa·s.

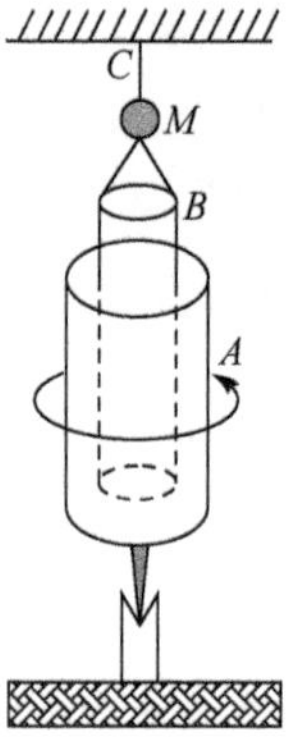

图 10-13

现在根据气体分子运动论的观点,定性地说明气体内摩擦现象的微观本质. 如图 10-12 所示,设气体的密度和温度都是均匀的,但气体中任意相邻两气层中的分子的定向速度不同,在气体中,任选一平 EF,且与 A 或 B 板平行,来自这一平面上、下两侧的分子都可以穿过这一平面进入另一侧. 由于分子密度相等,在同一时间内自上而下和自下而上穿过 EF 面的分子数目是相等的,这些分子除了带着它们的热运动动量外,同时还带着它们的定向运动的运量. 由于上侧的流速速大于下侧的流速,所以上、下两侧分子交换的结果,是每秒钟内有定向动量从上面气层向下层气层的净迁移. 也就是说,上面气层定向动量减少,下面气层定向动量等量地增加. 因此,在宏观上这一效应就表现为上层对下层作用一个沿 x 方向的摩擦力. 可见,气体内摩擦或黏滞的根源在于,沿着速度梯度的相反方向,气体分子的与梯度方向成垂直的定向动量的迁移. 这里有一个形象生动的比喻:两列火车在紧邻的轨道上分别以不同的速度均速同向行驶,正当两列火车并行且较快的火车超越较慢的火车时,两列火车横向(与火车运动方向垂直)相互投掷包裹,结果较慢的火车加快,较快的火车减速. 内摩擦的微观本质就是分子的定向运动动量的迁移.

根据气体分子运动论,可以导出气体的内摩擦系数为

$$\eta=\frac{1}{3}\rho\overline{v}\overline{\lambda} \tag{10-40}$$

式中,ρ 是气体的密度,与压强 p 成正比;$\overline{\lambda}=\frac{kT}{\sqrt{2}\pi d^2 p}$为平均自由程,与压强 p 成反比;$\overline{v}$ 为分子的平均速率,和压强无关. 所以 $\rho\overline{v}\overline{\lambda}$ 是一个与压强 p 无关的量. 因此得到结论:在温度一定时,气体的内摩擦系 η 与气体的压强 p 无关. 实验证明,在压强不太低时,如在 133Pa 以上,上述结论是正确的. 但是,在压强低于 13.3Pa 时,η 与 p 有关,且随压强的降低而减小. 这是因为在压强很低时,分子平均自由程的增大将受到容器线度的限制,式(10-40)已不再成立.

2. 热传导现象

设气体内部压强是均匀的,但各处的温度不同,这时将有热量从温度较高处向温度较低处

传递,这种现象称为热传导.

热传导现象的宏观规律,可由实验确定,设气体的温度沿 y 轴变化,$\frac{\mathrm{d}T}{\mathrm{d}y}$表示气体中温度沿 y 轴方向的空间变化率,称为温度梯度. 若 ΔS 为垂直于 y 轴的某一指定平面的面积,实验证明,单位时间内,从温度较高的一侧通过 ΔS 向温度较低的一侧传递的热量$\frac{\mathrm{d}Q}{\mathrm{d}t}$,与这平面积 ΔS 和温度梯度成正比,即

$$\frac{\mathrm{d}Q}{\mathrm{d}t}=-k\frac{\mathrm{d}T}{\mathrm{d}y}\Delta S$$

式中,比例系数 k 称为热传导系数或导热系数;负号表示热量传递的方向从温度较高处传至温度较低处,即与温度梯度的方向相反.

在国际单位制中,热传导系数的单位是瓦特/(米·开尔文)(W/(m·K)). 实验测得,在0℃时,氢气的热传导系数为 15.9×10^{-2} W/(m·K);氧气的热传导系数为 2.33×10^{-2} W/(m·K);空气的热传导系数为 2.23×10^{-2} W/(m·K);氦气的热传导系数为 13.9×10^{-2} W/(m·K).

由此看来,气体的热传导系数是很小的,在对流不存在的情况下,气体是很好的绝热物质,棉毛织品之所以能保暖,就是因为在棉毛中充满着空气.

现在根据气体分子运动,定性地说明热传导的微观本质. 在 ΔS 面积上边的气体,温度较高,分子动能较大,ΔS 面积下边的气体,温度较低,分子动能较小,由于 ΔS 面积上、下动能不同的分子相互碰撞,相互掺合,温度较高的气层向温度较低的气层有热运动能量的净迁移,使气体内部各部分温度差别逐渐缩上,最后达到气体内部各部分的温度平衡. 也就是说,当气体内各部分温度不同时,将发生热运动能量从高温处向低温处的迁移,热传导是分子能量的迁移.

根据气体分子运动论,可以导出气体的热传导系数,即

$$k=\frac{1}{3}\frac{C_V}{M_{\mathrm{mol}}}\rho\bar{v}\bar{\lambda} \tag{10-41}$$

式中,C_V是定容摩尔热容,即 1mol 质量的气体,在容积不变的条件下,温度升高(或降低)1K 时吸收(或放出)的热量.

由式(10-41)容易看出,热传导系数 k 和内摩擦系数 η 一样,与压强无关. 但是,当压强很低时,气体的平均自由程 $\bar{\lambda}$ 受容器线度的限制,热传导系数 k 将随压强降低而减少. 所以,在线度很小的容器中的高度稀薄的气体,几乎是不导热的. 我们日常生活中使用的保温瓶或杜瓦瓶,就是根据这个道理制成的. 保温瓶的两层玻璃间的距离很小,并抽成真空,从而使 $\bar{\lambda}$ 增大,使其中空气的热传导系数充分降低,以保证瓶的保温作用.

3. 扩散现象

如果容器中各部分的气体种类不同,或同一种气体内各部分的密度不同,则气体分子将从密度较大的地方向密度较小的地方迁移,这种现象称为扩散. 单就一种气体来说,在温度均匀的情况下,密度的不均匀将导致压强的不均匀,从而产生宏观气流. 这样,气体内部发生的过程就不单纯是扩散现象了. 我们现在讨论的是单纯的扩散现象.

我们考虑两种分子质量比较相近的气体,如氮气(N_2)和一氧化碳(CO),开始时,把它们

分别储存在一个容器的两个分开的部分 A、B 里，并使它们的总密度、总压强和温度等都相同，如图 10-14(a)所示，现在把容器中间的隔板 C 抽出，则两种气体将按着本身密度的不均匀性各自进行单纯的扩散. 现在，我们以一氧化碳(CO)为例加以讨论.

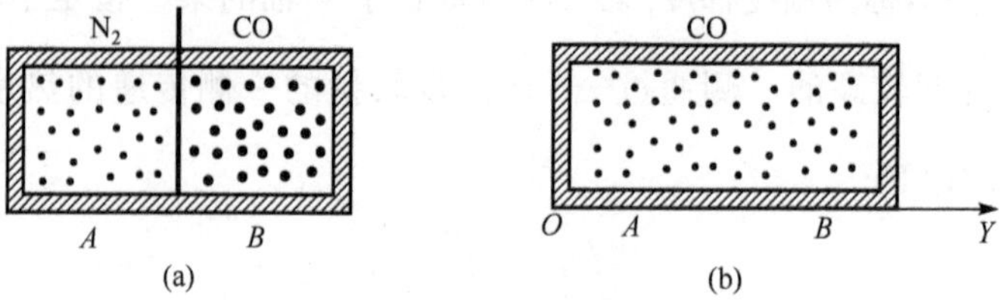

图 10-14

扩散现象的宏观规律，也可由实验确定. 设一氧化碳的的沿 y 轴正方向逐渐增加，如图 10-14(b)所示. $\frac{d\rho}{dy}$是一氧化碳的密度沿 y 轴方向的空间变化率，称为密度梯度. 若 ΔS 是垂直于 y 轴的某一确定的平面的面积，实验证明，单位时间内，从密度较大的右侧通过该平面，向密度较小的左侧扩散的质量，各这平面的面积、平面所在处的密度梯度成正比，即

$$\frac{dM}{dt}=-D\frac{d\rho}{dy}\Delta S \tag{10-42}$$

式中，比例系数 D 称为扩散系数；负号表示气体的扩散是从密度较大处向密度较小处进行. 即与密度梯度方向相反.

在国际单位制中扩散系数的单位是米^2/秒(m^2/s).

现在，从分子运动论的观点出发，定性地说明扩散现象. 我们知道，分子沿各方向运动的机会是均等的，由于密度较大处分子数目多，密度较小处分子数目少，因此，从密度较大的气层向密度较小的气层运动的分子数，要比密度较小的气层向密度较大的气层运动的分子多. 经达任意一段时间后，将有一定质量的气体由气体密度较大处通过 ΔS 平面向密度较小处迁移，从而逐渐缩小整个气体的密度差别，最后达到气体内部各处密度均匀为止. 气体的扩散现象的本质是质量的迁移.

根据气体分子运动论，可以导出气体的扩散系数

$$D=\frac{1}{3}\overline{v\lambda} \tag{10-43}$$

由 $\bar{v}=\sqrt{\frac{8kT}{\pi m}}$，$\bar{\lambda}=\frac{kT}{\sqrt{2}\pi d^2 P}$可知，气体的扩散系数 D 与 $T^{\frac{3}{2}}$ 成正比，与气体的压强 P 成反比. 因此，温度越高和压强越低时，扩散过程进行得越快. 这就是因为，温度高时气体分子的平均速率 $\bar{v}$ 大，压强小时，分子的平均自由程 $\bar{\lambda}$ 大，两个因素共同导致 D 变大. 值得注意的是，对于两种不同摩尔质量的气体分子来说，它们的平均速率 $\bar{v}$ 和气体的摩尔质量的平方根成反比，即

$$\frac{\overline{v_1}}{\overline{v_2}}=\sqrt{\frac{M_{2mol}}{M_{1mol}}}=\sqrt{\frac{m_2}{m_1}}$$

也就是平均速率 $\bar{v}$ 与分子质量的平方根成反比. 由此结合式(10-28)可知，分子量大的气体扩散慢，分子量小的气体扩散快. 在化学上，常根据这一规律来分离同位素. 例如，在分离铀的同位素时，先将 U_{92}^{235} 和制成氟化铀(UF_6)，氟化铀在室温下是气体，把它们进行多次扩散以后，便可将 U_{92}^{238} 和 U_{92}^{235} 分离.

表 10-4 列出了几种气体的内摩擦系数、热传导系数和扩散系数.

表 10-4 几种气体的 η、k 和 D

气体	$\eta\times10^6\times$(300K)Pa·s	$k\times10^4\times$(273K)W/(m·K)	$D\times10^5\times$(273K)m²/s
Ne	31.73	46.5	4.52
O_2	20.71	25.0	1.87
CO_2	14.93	15.1	0.97
CH_4	11.16	31.6	2.06
Xe	22.64	51.5	0.93

10.6.2 真实气体 范德瓦耳斯方程

1. 真实气体的等温线

我们曾指出，只有在温度不太低、压力不太高的情况下，真实气体才遵守理想气体的状态方程. 在 p-V 图上，理想气体的等温线是等轴双曲线. 但是，在温度较低或压强较高的情况下，真实气体的等温线就不再是双曲线，二氧化碳气体就是一个突出的例子.

1869 年，安德鲁对二氧化碳气体进行系统地实验研究，其等温线如图 10-15 所示，我们先看13℃等温线，在曲线 GA 部分体积随压强增大而减小，与理想气体相似. 在从 A 到 B 的液化过程中，体积虽在减小，但压强都保持不变，AB 是一条平直线，在 B 点处二氧化碳全部液化. 通常把开始液化的气体称为蒸气. 等温线平直部分就是气液共存的状态. 在这范围内的汽体称为饱和蒸气，相应的压力称为饱和蒸气压. 从等温线上看出，在一定的温度下饱和蒸气压的量值与蒸汽原体积无关. 从 B 点到 D 点的 BD 线几乎与压强轴平行，这表示压强虽然不断增加，但体积却减少不多，这说明了液体是不易压缩的. 显然，在这种情况下完全不遵守理想气体状态方程.

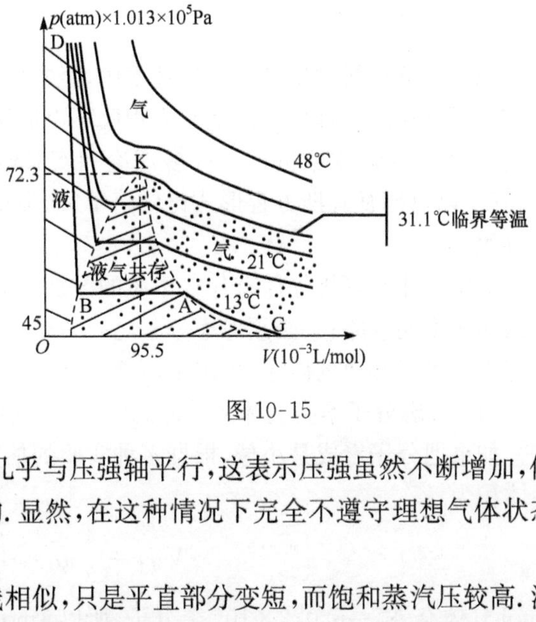

图 10-15

现在看21℃等温线，其形式与13℃等温线相似，只是平直部分变短，而饱和蒸汽压较高. 温度不断升高时，等温线平直部分逐渐缩短，相应的饱和蒸汽压逐渐升高. 可见，饱和蒸汽压的量值虽然与体积无关，但和温度有关，当温度升高到31℃时，等温线的平直部分缩成一点，在气体压强与体积的关系上出现一个拐点. 如果温度继续升高，那么压强不论多么大，二氧化碳也不可能液化. 同时又看出，温度越高，相应的等温线越接近等轴双曲线. 48.1℃的等温线与等轴双曲线相差无几. 由此可见，二氧化碳的温度高于48.1℃时，近似地遵守理想气体状态方程. 其他的真实气体也都有类似的情况.

当等温线平直部分正好缩成一拐点时的温度，称为临界温度，并用 T_K 表示；与临界温度相对应的等温线称为临界等温线，临界等温线上的拐点称为临界点；临时工界点处的压强称为临界压强，用 p_k 表示，相应的体积称为临界体积，用 V_k 表示. 上述三个临界物理量自称为临界恒量. 实验证明，不同的气体具有不同的临界物理量. 表 10-5 列出了几种气体的临界恒量.

表 10-5　几种气体的临界恒量

气体	沸点 T_B/K	p_k/大气压	T_k	ρ_k/(kg/m^2)
He	4.2	2.26	5.3	69
H_2	20.4	12.8	33.3	31
Ne	27.2	25.9	44.5	481
N_2	77.3	33.5	126.1	331
O_2	90.1	49.7	154.4	430
CO_2	194.6	72.3	304.3	460
SO_2	263.0	77.7	430.4	520
H_2O	273.1	217.7	647.2	400

必须指出，临界等温线把 p-V 图分成上下两个不同区域，上面只可能有汽体状态，下面又分成三个子区域. 不同等温线上开始液化和液化终了的各点，可以连成虚线 AKB. 虚线 AK 的右边完全是气体状态，在 AKB 虚线内是气液共存的区域，虚线 BK 左边完全是液体状态.

2. 范德瓦耳斯方程

我们知道在科学研究和工程技术中，经常要处理在高压或低温条件下的各种有关气体问题. 在这种情况下，理想气体状态方程已不再适用，必须寻找和建立适合真实气体的状态方程. 在这方面，不少科学家进行了许多理论和实验研究工作，找到了很多有关真实气体的状态方程. 其中以范德瓦耳斯方程形式比较简单，物理意义比较清楚，是公认的较好的真实气体的状态方程.

真实气体与理想气体有什么本质的区别呢? 从微观上看主要有两点：①真实气体分子本身的体积不能忽略；②必须考虑分子之间的相互作用. 基于这两点，范德瓦耳斯对理想气体的状态方程进行必要的修正，得出了范德瓦耳斯方程.

(1) 考虑分子本身的体积不能忽略，对气体体积进行修正.

如果把分子看成是小球，根据多种实验的估算，分子的半径的数量级为 10^{-10}m，一个分子的体积为

$$V_{分子}=\frac{4}{3}\pi r^3\approx 4.2\times 10^{-30}\,\text{m}^3$$

1mol 气体有 $N_0=6.022\times 10^{23}$ 个分子，所以 1mol 气体分子的总体积为

$$V_{分子}=6.022\times 10^{23}\times 4.2\times 10^{-30}=2.5\times 10^{-6}(\text{m}^3)$$

在标准状态下，1mol 气体的体积为 $22.4\times 10^{-3}\,\text{m}^3$，可见，分子本身的总体积约占气体体积的万分之一. 在这种情况下分子本身的总体积完全可以忽略不计. 但是当压强增加到 2000atm 时，如果理想气体状态方程仍能适用，则 1mol 气体在标准状态下将被压缩到这时分子本身的总体积和气体的体积已经是同数量级，这时，再忽略气体分子本身的体积，就完全脱离实际了. 因此，理想气体状态方程中的体积是必须修正的.

$$\frac{22.4\times 10^{-3}}{2000}=11.2\times 10^{-6}(\text{m}^3)$$

1mol 的理想气体的状态方程为

$$pV_0=RT \tag{10-44}$$

式(10-44)中 V_0 是 1mol 气体的体积，这个体积应该是气体可以被压缩的空间. 考虑到真实气体分子本身的体积不能忽略，也不能被压缩，就是说，真实气体可被压缩的空间或每个分子可以自由活动的空间将小于 V_0，所以，对真实气体，式(10-29)中的 V_0 应减去一个和分子本身体积有关的常量 b. 因此，当考虑到气体分子本身的体积时，气体的状态方程应修正为

$$p(V_0-b)=RT \tag{10-45}$$

式(10-45)中 b 为一个恒量，其数值可用实验方法测定，不同种类的气体 b 的量值不同. 应当指出，修正量 b 并非分子本身体积的总和，理论和实验都能证明，b 的量值等于 1mol 气体分子本身总体积的 4 倍.

(2) 考虑气体分子间相互作用力不能忽略，对气体压强 p 进行修正.

一切物体的分子之间都有力的作用. 在气体中，分子力随分子间的距离 r(即两分子质量中心的距离)的变化情形，大致如图 10-16 所示. 图中用实线画出的曲线表示分子间的引力和斥力的合力，虚线分别表示引力斥力随时距离变化的情形. 从图中可以看出，当分子间距离等于某一数值 r_0 时，斥力和引力互相抵消，合力为零. 这个位置称为平衡位置. 在平衡位置以外，即 $r>r_0$ 处，分子力表现为引力或引力占优势，而且随距离增大趋近于零. 所以，当气体的压强很低时，分子间的距离很大，这种引力很微弱，完全可以忽略不计. 在平衡位置以内，即分子间的距离 $r<r_0$ 时，分子力表现为斥力或斥力占优势，而且斥力随距离减小急剧增大. 所谓分子本身有体积，不能无限地压缩，正反映了这个斥力的存在.

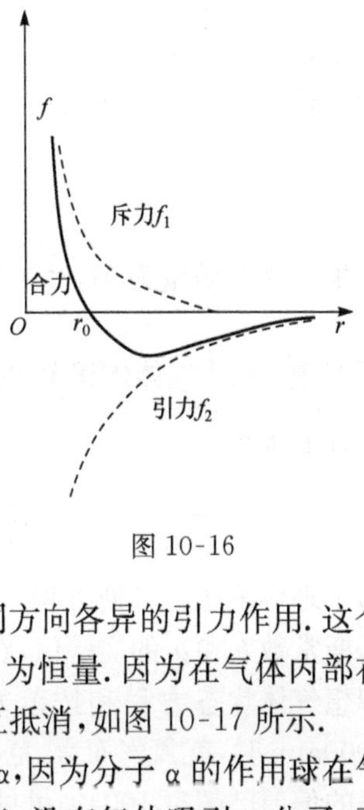

图 10-16

现在研究气体分子间的引力对气体压强的影响.

在容器中的气体内部任取一分子 β，显然分子 β 要受到其周围分子的引力作用，以分子 β 为中心，取分子间的引力等于零的距离 r 为半径作一球面，这个球面内的分子都对分子 β 有大小不同方向各异的引力作用. 这个球称为分子作用球，r 称为分子力的作用半径，对于给定的气体，r 为恒量. 因为在气体内部在作用球内的其他分子对 β 是对称分布的，因此对分子 β 的引力相互抵消，如图 10-17 所示.

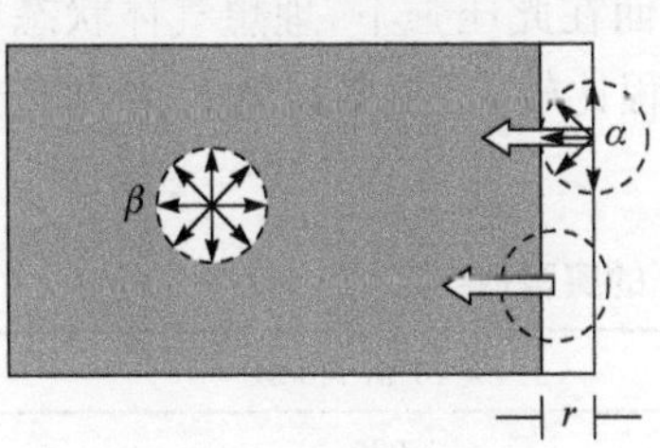

图 10-17

现在考察靠近器壁的分子 α，因为分子 α 的作用球在气体内外各居一半. 在外面的一半，没有气体吸引 α 分子，而在里面半个作用球内的气体分子，都对 α 分子有引力作用，这种引力的合力与外界面垂直，且指向气体内部，如图中大箭头所示. 这样，在靠近边界面处，如果取厚度为 r 的分子层，那么，在这个分子层中所有分子都与分子 α 一样，受到里面气体分子的作用，每个分子所受的引力都指向气体内部. 当分子从气体内部进入这个分子层中时，就要受到指向内部的引进力作用，因而削弱了碰撞器壁时的动量，也就削弱了施予器壁的压强. 当不考虑分子的引力作用时，由式(10-45)得

$$p=\frac{RT}{V_0-b}$$

当考虑分子间的引力时，分子施予器壁的压强应减一个量值 P_i，即

$$p=\frac{RT}{V_0-b}-p_i$$

或

$$(p+p_i)\cdot(V_0-b)=RT \tag{10-46}$$

式中，p_i表示真实气体表面层的单位面积上所受内部分子的引力，常被称为内压强.

内压强 p_i一方面与器壁附近单位面积上和器壁碰撞的分子数 n 成正比，而这部分分子数则与容器内单位体积的分子数成正比；另一方面，内压强 p_i又与气体内部在相应的引力范围内的分子数成正比，而这部分分子数也和容器中单位体积的分子数 n 成正比. 因此，气体的内压强 p_i与 n^2 成正比. 但是，对于一定质量的气体来说，n 与气体的体积 V_0成反比，所以内压强 p_i与气体体积的平方成反比，即

$$p_i\propto\frac{1}{V_0^2}$$

写成等式则有

$$p_i=\frac{a}{V_0^2} \tag{10-47}$$

式中，a 为比例系数，a 的量值与气体的性质有关，一般可由实验测定.

将内压强 p_i代入式(10-31)中，则得 1mol 真实气体的范德瓦耳斯方程

$$\left(p+\frac{a}{V_0^2}\right)\cdot(V_0-b)=RT \tag{10-48}$$

如果气体的质量为 M，摩尔质量为 M_{mol}，则因同温度同压强的条件下，摩尔数为$\frac{M}{M_{mol}}$的气体体积 V 和 1mol 气体体积 V_0的关系为 $V=\frac{M}{M_{mol}}V_0$，代入式(10-48)得适用于任意质量 M 的范德瓦耳斯方程

$$\left(p+\frac{M^2}{M_{mol}^2}\cdot\frac{a}{V^2}\right)\cdot\left(V-\frac{M}{M_{mol}}b\right)=\frac{M}{M_{mol}}RT \tag{10-49}$$

为了理解范德瓦耳斯方程，并说明它的准确程度，我们在表 10-6 中列出了几种气体的范德瓦耳斯常数 b 和 a 的实验值，在表 10-7 中列出了一定量的氮气(N_2)在 0℃时，在不同压强下按理想气体状态方程和按范德瓦耳斯方程所得数据的比较. 从表 10-7 中看出，当压强达到 1000atm 时，就氮气而言，范德瓦耳斯方程的偏差不超过 2%；而在此压强下，理想气体状态方程的偏差已超过 100%. 可见，范德瓦耳斯方程和理想气体方程比较，已能较好地反映真实气体的客观实际.

表 10-6　几种气体的范德瓦耳斯常数 b 和 a 的实验值

气体	$a/(\times10^6\text{atm}\cdot\text{m}^6/\text{mol}^2)$	$b/(\times10^3\text{m}^3/\text{mol})$
氢气	0.25	0.030
氧气	1.35	0.032
氩气	1.34	0.032
水	5.46	0.030
二氧化碳	3.59	0.043

表 10-7 氮气在 0℃ 时两种理论值的比较

压强 p/atm	pV/(atm · m³)	$\left(p+\frac{M^2}{M_{mol}^2}\cdot\frac{a}{V^2}\right)\cdot\left(V-\frac{M}{M_{mol}}b\right)$/(atm · m³)
1	1.0000	1.000
100	0.9941	1.000
200	1.0483	1.009
500	1.3900	1.014
1000	2.0685	0.983

当然，范德瓦耳斯方程并不是尽善尽美的. 后来不少人从不同角度的假设出发或与实验相比较，对这一方程进行了修正，得到了一些半经验性的公式.

例 10.4 试估算在标准状态下，氢气的内摩擦系数 η、热传导系数 k 和扩散系数 d.

解 因为氢分子的质量 $m=3.33\times10^{-27}$ kg，氢分子的直径 $d=2.24\times10^{-10}$ m，所以，在标准状态下

$$n=\frac{p}{kT}=\frac{1.013\times10^5}{1.38\times10^{-23}\times273}=2.68\times10^{25}(\text{个}/\text{m}^2)$$

$$\bar{v}=\sqrt{\frac{8kT}{\pi m}}=\sqrt{\frac{8\times1.38\times10^{-23}\times273}{3.14\times3.33\times10^{-27}}}=1.69\times10^3(\text{m/S})$$

$$\bar{\lambda}=\frac{1}{\sqrt{2}\pi d^2 n}=\frac{1}{1.41\times3.14\times(2.24\times10^{-10})^2\times2.68\times10^{25}}=1.68\times10^{-7}(\text{m})$$

则(1)内摩擦系数为

$$\eta=\frac{1}{3}\rho\bar{v}\bar{\lambda}=\frac{1}{3}nm\bar{v}\bar{\lambda}=\frac{1}{3}\times2.68\times10^{25}\times3.33\times10^{-27}\times1.69\times10^3\times1.68\times10^{-7}$$

$$=8.47\times10^{-6}\text{N}\cdot\text{m}^{-2}\cdot\text{S}(\text{或 Pa}\cdot\text{S})$$

(2) 热传导系数

我们将在热力学基础中得到，对于双原子分子氢气来说 $C_V=\frac{5}{2}R$

$$k=\frac{1}{3}\cdot\frac{5}{2}R\cdot\frac{\rho\bar{v}\bar{\lambda}}{M_{mol}}=\frac{5R}{2M_{mol}}\eta=\frac{5\times8.31\times8.47\times10^{-6}}{2\times0.002}=8.80\times10^{-2}\text{W}/(\text{m}\cdot\text{K})$$

(3) 扩散系数

$$D=\frac{1}{3}\bar{v}\bar{\lambda}=\frac{1.69\times10^3\times1.68\times10^{-7}}{3}=9.46\times10^{-5}(\text{m}^2/\text{S})$$

习 题 10

10-1 为什么说温度具有统计意义？说一个气体分子有多少温度有意义吗？

10-2 如果某个气体分子的自由度为 i，能否说每个气体分子的能量都等于 $\frac{i}{2}kT$？

10-3 常温常压下的气体分子的平均速率可达每秒几百米，可是为什么在房间里打开酒精瓶塞后，不能马上闻到酒精味呢？

10-4 一体积为 1.0×10^{-3} m³ 容器中，含有 4.0×10^{-5} kg 的氦气和 4.0×10^{-5} kg 的氢气，它们的温度为 30℃，试求容器中的混合气体的压强.

10-5 求：(1) 速度大小在 0 与 v_p 之间的气体分子的平均速率；

(2) 速度大小比 v_p 大的气体分子的平均速率.

10-6　设 N 个粒子系统的速率分布函数为

$$dN_v = K dv \quad (v>0, K \text{ 为常量})$$
$$dN_v = 0 \quad (v>0)$$

(1) 画出分布函数;(2)用 N 和 v 定出常量 K;(3)用 v 表示出算术平均速率和方均根速率.

10-7　1mol 氢气,在温度为 27℃时,它的分子的平动动能和转动动能各为多少?

10-8　求压强为 1.013×10^5 Pa,质量为 2×10^{-3} kg,容积为 1.54×10^{-3} m^3 的氧气的分子平均平动动能.

10-9　(1)有一带有活塞的容器中盛有一定量的气体,如果压缩气体并对它加热,使它的温度从 27℃升到 177℃、体积减少一半,求气体压强变化多少?

(2) 这时气体分子的平均平动动能变化了多少? 分子的方均根速率变化了多少?

10-10　某些恒星的温度可达到约 1.0×10^8 K,这是发生聚变反应(也称热核反应)所需的温度.通常在此温度下恒星可视为由质子组成.求:(1)质子的平均动能是多少? (2)质子的方均根速率为多大?

10-11　一容器内贮有氧气,测得其压强为 1atm,温度为 300K.求:(1)单位体积内的氧分之数.(2)氧气的密度.(3)氧分子的质量.(4)氧分子的平均平动动能.

10-12　已知 $f(v)$是气体速率分布函数.N 为总分子数,n 为单位体积内的分子数,v_p 为最概然速率.试说明以下各式的物理意义.

(1) $Nf(v)dv$　(2) $f(v)dv$　(3) $\int_{v_1}^{v_2} Nf(v)dv$　(4) $\int_{v_0}^{\infty} Nf(v)dv$　(5) $\int_0^{v_p} f(v)dv$

10-13　电子管的真空度在 27℃时为 1.0×10^{-5} mmHg,求管内单位体积的分子数及分子的平均自由程和碰撞频率.设分子的有效直径 $d=3.0\times10^{-10}$ m.

第 11 章　热力学基础

热力学是研究物质热现象与热运动规律的一门科学，它的观点与采用的方法与物质分子运动理论中的观点和方法很不相同. 在热力学中，并不考虑物质的微观结构和过程，而是以观测和实验事实为依据，从能量观点出发，分析研究热力学系统状态变化中有关热功转换的关系与条件. 现代社会人们越来越注意能量的转换方式和能源的利用效率，其中涉及的范围极广的技术问题，都可用热力学的方法进行研究，其实用价值很高. 热力学的理论基础是热力学第一定律和热力学第二定律. 热力学第一定律其实是包括热现象在内的能量转换与守恒定律. 热力学第二定律则是指明过程进行的方向与条件的另一基本定律. 人们发现，热力学过程包括自发过程和非自发过程，都有明显的单方向性，都是不可逆过程. 但从理想的可逆过程入手，引进熵的概念以后，就可以从熵的变化来说明实际过程的不可逆性. 因此，在热力学中，熵是一个十分重要的概念. 热力学所研究的物质宏观性质，经过气体动理论的分析，才能了解其本质；气体动理论，经过热力学的研究而得到验证. 它们两者相互补充，不可偏废.

11.1　热力学第一定律

11.1.1　内能、功和热量

1. 内能

在以前已涉及内能的概念，即内能是系统内部运动及相互作用所具有的能量. 更狭义的是指系统分子无规则运动的能量及分子间相互作用势能. 由于关心的是内能的变化，而不是内能的绝对大小，因而可以不计分子中的原子能量、原子内部、核内部、电子、核子内部的能量，因为在一般的热力学过程中，这部分能量不发生变化.

在一定状态下，物体的内能只有一个数值. 例如，一定量气体，只要状态参量(压强 p、体积 V 和温度 T)确定了，它的内能就只有一个数值. 或者说，内能是系统状态的单值函数. 内能的变化仅取决于系统初、末两个状态，而与变化的过程无关. 内能是一个状态量.

2. 功

在力学中，力对物体做的功定义为力与位移的点乘积，$\mathrm{d}A=\boldsymbol{F}\cdot\mathrm{d}\boldsymbol{l}$，力矩的功则为 $\mathrm{d}A=\boldsymbol{m}\cdot\mathrm{d}\boldsymbol{\theta}$. 在热学中研究的最多的是气体的准静态过程. 例如，封闭在气缸内的气体，其体积可通过活塞来改变，如图 11-1 所示. 设活塞面积为 S，气体压强为 p，气体经准静态过程而膨胀，使活塞移动一微小距离 $\mathrm{d}l$，则气体做功

$$\mathrm{d}A=F\mathrm{d}l=pS\mathrm{d}l=p\mathrm{d}V \tag{11-1}$$

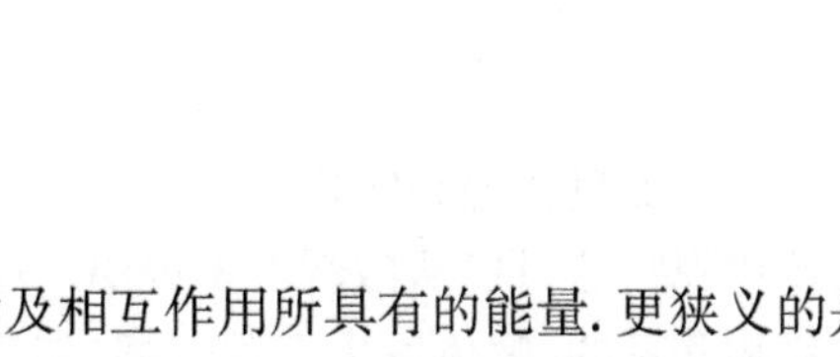

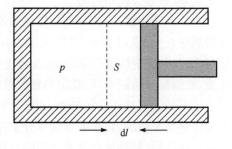

图 11-1　气体做功示意图

式中，$F=pS$ 是作用于活塞的压力；$\mathrm{d}V=S\mathrm{d}l$ 是气体体积的变化. 显然，如果气体膨胀，$\mathrm{d}A>0$，气体对外界做正功；如果气体被压缩，$\mathrm{d}A<0$，气体对外界做负功，

或说外界对系统做正功.

如果气体经一有限的准静态过程,使体积从 V_1 变为 V_2,则此过程中,气体做功为

$$A=\int_{V_1}^{V_2} p\mathrm{d}V \tag{11-2}$$

式(11-2)就是准静态过程中气体做功的计算式.由于在不同的过程中,压强随体积 V 的变化规律不同,式(11-2)的积分值不同,因而功 A 是一个过程量,它的值与过程有关.只有当初末两态以及过程都确定之后,功 A 才有确定的值.由积分的几何意义,用式(11-2)求出的功的大小等于 p-V 图上过程曲线下的面积,如图 11-2 所示.

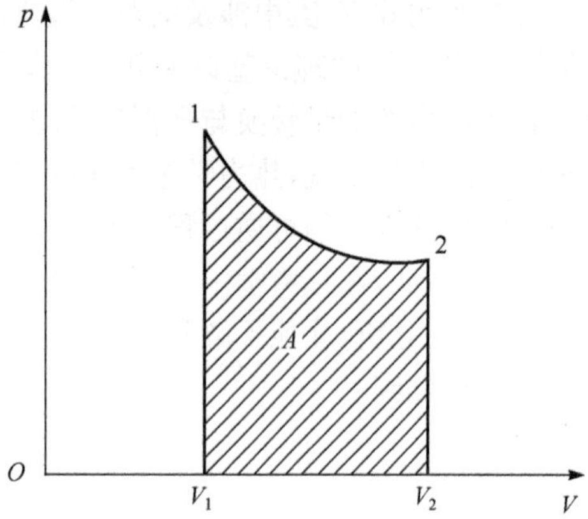

图 11-2　功的图示

功的概念还可以扩充到其他领域,例如,在直流电路中,电流 $I=U/R$ 通过电阻 R,在 $\mathrm{d}t$ 时间内搬运电荷 $\mathrm{d}q=I\mathrm{d}t$,在此过程中的电功为

$$\mathrm{d}A=U\mathrm{d}q=IR\cdot I\mathrm{d}t=I^2R\mathrm{d}t$$

这就是著名的焦耳定律.其他一些非机械功,如电极化功、磁化功等,就不一一列举了.

把上述 F、p、U 等强度量看成"广义力",记为 Y,把 $\mathrm{d}l$、$\mathrm{d}\theta$、$\mathrm{d}q$、$\mathrm{d}V$ 等广延量(广延量与系统中物质的量成正比,是可相加的;强度量则与系统中物质的量无关,是非相加的)看成"广义位移",记做 $\mathrm{d}X$,则广义功可概括地写为

$$\mathrm{d}A=Y\mathrm{d}X \tag{11-3}$$

功是能量传递和转化的度量.在系统由于做功发生的状态变化过程中,有什么能量的传递和转化呢? 这可以从微观上来说明."摩擦功"和"体积功"都是机械功,它们总是和物体的宏观位移相联系的.物体发生宏观位移(如活塞运动)时,其中所有分子都将发生相同的位移.这就是说,所有分子在无规则运动的基础上,又具有共同的运动,后者称为有规则运动.在做功过程中,通过分子间的碰撞(如活塞的分子和缸内气体分子的碰撞或者相互摩擦的物体接触面两侧的分子的碰撞),使这种有规则运动转变为无规则运动,或者相反.物体分子有规则运动能量宏观上表现为机械能.物体分子无规则运动能量的总和在宏观上表现为物体的内能.因此,做机械功的过程是通过分子间的碰撞发生的宏观机械能和内能的转化和传递过程.

3. 热量

不通过做功也能改变系统的内能.例如,把一壶冷水放到火炉上,水的温度逐渐升高而改变了状态.这种方式叫传热.

对于系统内能的改变来说,做功和传热具有相同的效果.传热过程中所传递的能量的多少叫做热量,一般以 Q 表示,其单位也为 J.精确的实验指出:4.186J 的功能使系统增加的内能恰好与 1cal(非法定热量单位)的热量传递所增加的内能相同,这就是热功当量,即1cal=4.186J.注意,在国际单位制中,已规定热量的单位用 J,而不再用 cal.

以上是说明热和功相当的一面,但它们的本质是有区别的.前已阐明,做功是通过物体间宏观位移来完成的,它是外界物体分子有规则运动能量与系统内分子无规则运动能量之间的转换;而传递热量是通过微观分子的相互作用来完成的,是外界物体分子无规则热运动的能量和系统内分子无规则热运动能量之间的转换,是以系统和外界温度不同为条件的.系统和外界

的温度不同表示它们的分子无规则热运动的平均动能不同,温度高的平均动能大,温度低的平均动能小.温度不同的物体相互接触时,通过分子之间无规则运动相互碰撞进行能量传递,平均动能大的分子会把无规则运动能量传给平均动能小的分子,因此说传热是传递能量的微观方式.这种无规则运动能量的传递在宏观上就引起物体内能的改变.

热量是一个过程量,它的值不仅与系统的初末两个状态有关,而且与状态变化的过程有关.

热量是一个传递量,仅在两个系统之间存在能量传递时,热量才有意义.说某一系统具有多少热量,是没有任何物理意义的.

11.1.2 热力学第一定律

从实践中人们认识到,热力学系统的状态可以通过外界对系统的作用来改变.传递热量和做功是对系统作用的两种方式,这两种方式的效果相同.也就是说,系统从某一平衡态变化到另一平衡态,既可以通过外界对系统做功的方式实现,也可以通过只向系统传热的方式实现,还可以做功与传递热量两者皆有的方式来实现.从大量的实践过程中发现,只要系统的始末两个状态是确定的,那么,不论采用哪种方式和经过什么样的过程,过程中外界对系统做的功与向系统传递的热量的总和是一定的.即外界对系统做功与传递热量的总和只由系统的始末两个状态决定,而与中间经过什么样的路径及外界的作用方式无关.热力学第一定律就是包括热现象在内的能量守恒和转换定律.热力学第一定律指出:系统从外界吸收的热量,一部分使系统的内能增加,一部分用于系统对外界做功.

对于一微小过程,热力学第一定律的数学表达式为

$$\mathrm{d}Q=\mathrm{d}E+\mathrm{d}A \tag{11-4}$$

而对于一有限过程,有

$$Q=\Delta E+A \tag{11-5}$$

式(11-5)规定:系统从外界吸热 $Q(\mathrm{d}Q)$ 为正,系统向外界放热 $Q(\mathrm{d}Q)$ 为负;系统对外界做功 $A(\mathrm{d}A)$ 为正,外界对系统做功 $A(\mathrm{d}A)$ 为负;$\Delta E=E_2-E_1$ 是内能的增量,即末态内能减去初态内能.

在准静态过程中,热力学第一定律可以写为

$$\mathrm{d}Q=\mathrm{d}E+p\mathrm{d}V \tag{11-6}$$

或

$$Q=\Delta E+\int_{V_1}^{V_2}p\mathrm{d}V \tag{11-7}$$

历史上有人试图制造一种机器,使系统状态经过变化后,又回到原状态($E_2=E_1$),如此继续不停地对外做功,而无需外界提供能源来向它传递能量.这种机器叫第一类永动机.这类永动机尝试的失败导致热力学第一定律的发现.热力学第一定律明确指出,功不能无中生有地产生出来,必须由能量转变而获得.很明显,第一类永动机是违反热力学第一定律的,因此是不可能实现的.

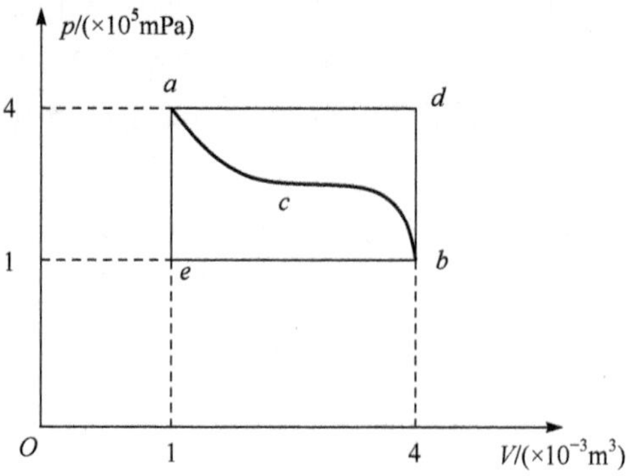

图 11-3

应该指出，热力学第一定律适用于任何系统的任何过程，无论这一过程是否是准静态过程，只要系统的初、末两态是平衡态即可.

例 11.1　如图 11-3 所示，一定量的理想气体经历 acb 过程时吸热 200J，则经历 $acbda$ 过程时，吸热多少?

解　由图可知，$T_a = T_b$，所以 $E_a = E_b$，即 $\Delta E_{ab}=0$ 在过程 bda 中，由热力学第一定律有

$$Q_{bda} = E_{ab} + A = 0 + \int_{4\times10^{-3}}^{1\times10^{-3}} 4\times10^5 \mathrm{d}V = -1200(\mathrm{J})$$

所以在过程 $acbda$ 中系统吸收的热量为

$$Q=Q_{acb}+Q_{bda}=200-1200=-1000(\mathrm{J})$$

11.2　理想气体的等值过程

等值过程是指系统的某个状态量不变化的过程. 对于气体系统，等值过程包括等容过程、等压过程和等温过程. 这些过程是讨论其他热力学过程的基础. 这里我们主要讨论理想气体系统在等值过程中功、内能变化及热量的计算.

11.2.1　等容过程

如果在变化过程中，气体的体积保持不变，即 V=恒量，$\mathrm{d}V=0$，那么这种过程就叫做等容过程. 在 p-V 图中，如图 11-4 所示，等容线是平行于 p 轴的直线. 由查理(J. A. C. charles，1787 年)定律，等容过程的特征方程是

$$p/T=\text{恒量(一定量气体)}$$

在等容过程中，由于系统的体积不变，从而 $\mathrm{d}A=0$，系统与外界无功的交换. 由热力学第一定律

$$\mathrm{d}Q_V=\mathrm{d}E$$

其中，下标 V 表示等容过程. 对于一定量理想气体，设分子为刚性的，其自由度为 i，则有

$$E=\frac{M}{M_{\mathrm{mol}}}\cdot\frac{i}{2}RT$$

所以

$$\mathrm{d}Q_V=\frac{M}{M_{\mathrm{mol}}}\cdot\frac{i}{2}R\mathrm{d}T \tag{11-8}$$

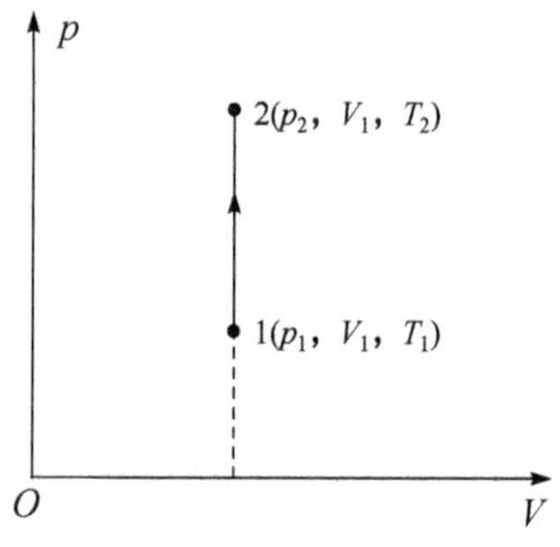

图 11-4　等容过程 p-V 图

根据理想气体状态方程，并注意到 $V=V_1$ 为常数，上式又可写成

$$\mathrm{d}Q_V=\frac{i}{2}V_1\mathrm{d}p \tag{11-9}$$

对于有限的过程，则有

$$Q_V=E_2-E_1$$

如果系统由刚性分子理想气体组成，则有

$$Q_V=\frac{M}{M_{\mathrm{mol}}}\cdot\frac{i}{2}R(T_2-T_1)=\frac{i}{2}V_1(p_2-p_1) \tag{11-10}$$

上式就是在等容过程中，理想气体所吸收(或放出)的热量与初、末状态参量间的关系式.

理想气体定容摩尔热容量. 单位摩尔的物质，在等容过程中，温度升高(或降低)1K 时吸收(或放出)的热量叫做定容摩尔热容量.

设有质量为 M，摩尔质量为 M_{mol} 的理想气体，在等容过程中吸收热量 $\mathrm{d}Q_V$，相应的温度升高 $\mathrm{d}T$，按定义，其定容摩尔热容量 c_V 为

$$c_V=\frac{\mathrm{d}Q_V}{\mathrm{d}T}\Big/\frac{M}{M_{\mathrm{mol}}} \tag{11-11}$$

上式可以改写为

$$\mathrm{d}Q_V=\frac{M}{M_{\mathrm{mol}}}c_V\mathrm{d}T \tag{11-12}$$

或

$$Q_V=\frac{M}{M_{\mathrm{mol}}}c_V(T_2-T_1) \tag{11-13}$$

由此可求得内能的变化

$$\Delta E=\frac{M}{M_{\mathrm{mol}}}c_V(T_2-T_1) \tag{11-14}$$

由于内能是状态量，故上述求内能变化的公式适用于任何过程. 只要理想气体初态温度为 T_1，末态温度为 T_2，无论气体经什么过程从初态变到末态，其内能的增量都由式(11-14)决定.

对于一微小过程，有

$$\mathrm{d}E=\frac{M}{M_{\mathrm{mol}}}c_V\mathrm{d}T \tag{11-15}$$

将式(11-8)与式(11-15)比较，对于刚性分子理想气体，有

$$c_V=\frac{i}{2}R \tag{11-16}$$

由此可见，理想气体定容摩尔热容量是一个只与分子自由度有关而与气体温度无关的量.

11.2.2 等压过程

如果在变化过程中，气体的压强保持不变，即 $p=$恒量，$\mathrm{d}p=0$，那么这种过程叫做等压过程. 在 p-V 图中，等压线是一条平行 V 轴的直线，如图 11-5 所示. 根据盖-吕萨克(J. L. Gay-Lussac，1778～1850 年)定律. 等压过程的特征方程为

$$V/T=\text{恒量(一定量气体)}$$

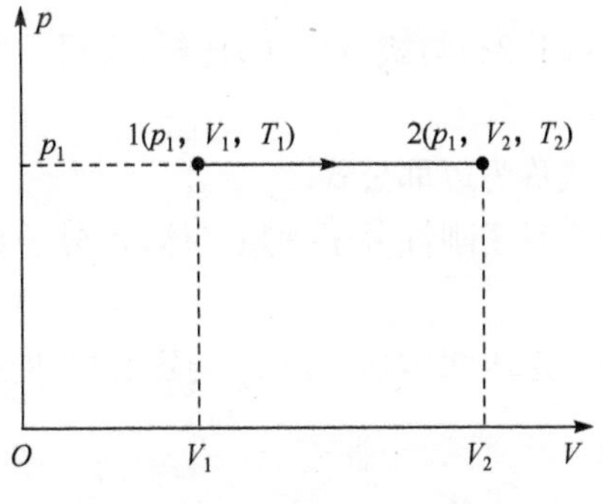

图 11-5 等压过程 p-V 图

在一微小的等压过程中，气体做的功 $\mathrm{d}A_p$，内能的变化 $\mathrm{d}E$ 以及吸收的热量 $\mathrm{d}Q_p$ 分别为

$$dA_p = p_1 dV = \frac{M}{M_{mol}} R dT \tag{11-17}$$

$$dE = \frac{M}{M_{mol}} c_V dT$$

$$dQ_p = dE + dA_p = \frac{M}{M_{mol}} c_V dT + p_1 dV$$

或

$$dQ_p = \frac{M}{M_{mol}} (c_V + R) dT \tag{11-18}$$

对于一个有限的等压过程，有

$$A_p = p_1 (V_2 - V_1) = \frac{M}{M_{mol}} R (T_2 - T_1) \tag{11-19}$$

$$\Delta E = \frac{M}{M_{mol}} c_V (T_2 - T_1)$$

$$Q_p = \frac{M}{M_{mol}} (c_V + R)(T_2 - T_1) \tag{11-20}$$

式中，下标 p 表示压强不变.

理想气体定压摩尔热容量. 单位摩尔的物质，在等压过程中，温度升高(或降低)1K 时吸收(或放出)的热量叫做**定压摩尔热容量**.

设有质量为 M，摩尔质量为 M_{mol} 的理想气体；在等压过程中吸热 dQ_p，相应的温度升高 dT，其定压摩尔热容量为

$$c_p = \frac{dQ_p}{dT} \Big/ \frac{M}{M_{mol}} \tag{11-21}$$

式(11-21)可以改写为

$$dQ_p = \frac{M}{M_{mol}} c_p dT \tag{11-22}$$

对于有限等压过程，有

$$Q_p = \frac{M}{M_{mol}} c_p (T_2 - T_1) \tag{11-23}$$

式(11-23)与式(11-20)比较，可得

$$c_p = c_V + R \tag{11-24}$$

上式称为迈耶公式.

对于刚性分子理想气体，若分子自由度为 i，则有

$$c_p = (i+2)R/2 \tag{11-25}$$

定压摩尔热容量 c_p 与定容摩尔热容量 c_V 之比称为摩尔热容比

$$\gamma = c_p / c_V$$

11.2.3　等温过程

如果在变化过程中，气体的温度保持不变，即 T=恒量，$dT=0$，那么这种过程叫做等温过程. 在 p-V 图中，等温线是一条双曲线，如图 11-6 所示.

根据玻意耳(R. Boyle, 1662)定律，等温过程的特征方程

$$pV=\text{恒量(一定量气体)}$$

在等温过程中，$\mathrm{d}T=0$，故内能是不变的(对理想气体而言). 由热力学第一定律

$$\mathrm{d}Q_T=\mathrm{d}A_T=(p\mathrm{d}V)_T$$

式中，下标 T 表示温度不变.

对于有限等温过程，有

$$Q_T=A_T=\int_{V_1}^{V_2}p\mathrm{d}V \tag{11-26}$$

上式说明，气体等温膨胀对外做功消耗的能量，必须从外界源源不断地吸热予以补充；气体被等温压缩时，外界对它做功会使内能增加，故需源源不断地向外放出热量，才能保证内能不变.

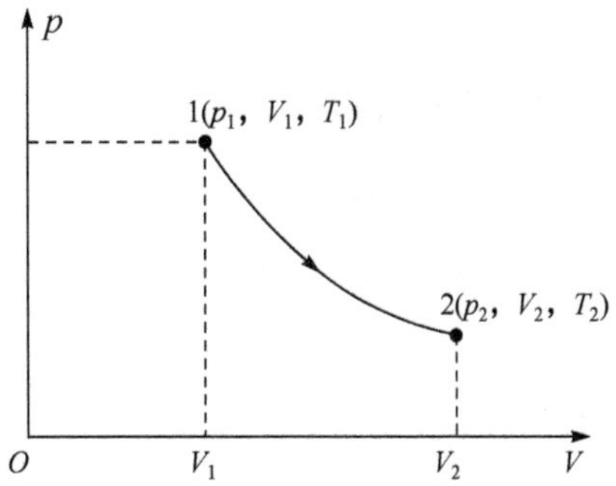

图 11-6 等温过程 p-V 图

将理想气体状态方程代入式(11-26)积分，有

$$Q_T=A_T=\int_{V_1}^{V_2}\frac{M}{M_{\mathrm{mol}}}\frac{RT_1}{V}\mathrm{d}V=\frac{M}{M_{\mathrm{mol}}}RT_1\ln\frac{V_2}{V_1}=\frac{M}{M_{\mathrm{mol}}}RT_1\ln\frac{p_1}{p_2} \tag{11-27}$$

在实际应用中，常用 p_1V_1 或 p_2V_2 取代式中的$\frac{M}{M_{\mathrm{mol}}}RT_1$.

例 11.2 定量的某种理想气体，开始时处于压强、体积、温度分别为 $p_0=1.2\times10^6\,\mathrm{Pa}$，$V_0=8.31\times10^{-3}\,\mathrm{m}^3$，$T_0=300\mathrm{K}$ 的初态，后经过一等容过程，温度升高到 $T_1=450\mathrm{K}$，再经过一等温过程，压强降到 p_0 的末态，已知该理想气体的比热容比 $\gamma=5/3$，求系统内能的增量、对外做的功和吸收的热量.

解 由 $\gamma=\frac{c_p}{c_V}=\frac{5}{3}$和 $c_p=c_V+R$，可求得

$$c_p=\frac{5}{2}R,c_V=\frac{3}{2}R$$

该气体是单原子分子理想气体. 该气体的摩尔数为 $\nu=\frac{p_0V_0}{RT_0}=4\mathrm{mol}$

(1) 在整个过程(全过程)中，气体内能的增量为

$$\Delta E=\nu c_V(T_1-T_0)=4\times\frac{3}{2}R\times(450-300)=7.48\times10^3(\mathrm{J})$$

(2) 全过程中气体对外做的功为

$$A=A_V+A_T=A_T=\nu RT\ln\frac{p_1}{p_0}$$

将等容过程中的关系式 $p_1/p_0=T_1/T_0$ 代人上式，有

$$A=\nu RT_1\ln\frac{T_1}{T_0}=4\times8.31\times450\times\ln\frac{450}{300}=6.06\times10^3(\mathrm{J})$$

(3) 由热力学第一定律，全过程中气体从外界吸收的热量为

$$Q=A+\Delta E=1.35\times10^4\mathrm{J}$$

11.3　理想气体的绝热过程和多方过程

11.3.1　绝热过程

在准静态变化过程中，如果系统不和外界交换热量 $dQ=0$，那么叫该过程为准静态绝热过程. 在绝热过程中，由于 $dQ=0$，故由热力学第一定律，系统对外界做功为

$$dA_Q=-dE$$

或写为

$$p dV=-\frac{M}{M_{mol}}c_V dT \tag{11-28}$$

对于有限绝热过程，有

$$A_Q=-\frac{M}{M_{mol}}c_V(T_2-T_1)=\frac{M}{M_{mol}}c_V(T_1-T_2)=E_1-E_2 \tag{11-29}$$

上式说明绝热过程中当气体膨胀对外做功时，消耗了系统的内能，使温度降低，即 A_Q 为正，$T_2<T_1$；反之，外界压缩气体做功，使气体的内能增加，温度升高，即 A_Q 为负，$T_2>T_1$.

将理想气体状态方程 $pV=\frac{M}{M_{mol}}RT$ 求微分，得

$$p dV+V dp=\frac{M}{M_{mol}}R dT$$

将式(11-28)代入上式，有

$$p dV+V dp=-Rp dV/c_V$$

用迈耶公式 $c_p=c_V+R$ 化简上式，则有

$$\frac{dP}{P}=-\gamma\frac{dV}{V}$$

两边积分得

$$\ln p=-\gamma\ln V+A'$$

或

$$\ln pV^{\gamma}=A'$$

式中，常数 A' 为积分恒量. 若令恒量 $A_1=e^{A'}$，上式可化为

$$pV^{\gamma}=A_1 \tag{11-30}$$

上式称为泊松公式.

由状态方程，分别将 $V=\frac{MRT}{M_{mol}p}$ 和 $p=\frac{MRT}{M_{mol}V}$ 代入式(11-30)，可得

$$p^{\gamma-1}T^{-\gamma}=A_2 \tag{11-31}$$

$$V^{\gamma-1}T=A_3 \tag{11-32}$$

其中，A_1，A_2 和 A_3 为常量. 上述两式与式(11-30)都称为绝热方程. 显然，这三个方程中仅有一个是独立的.

由泊松公式，在 p-V 图上绘得绝热线，如图 11-7 所示. 有共同交点的绝热线和等温线，绝热线与要比等温线陡一些. 等温线($pV=$恒量)和绝热线($pV^{\gamma}=$恒量，虚线)在交点 A 处的斜率$\left(\frac{dp}{dV}\right)$可分别求出等温线

$$\left(\frac{dp}{dV}\right)_T=-p_A/V_A$$

绝热线

$$\left(\frac{dp}{dV}\right)_Q=-\gamma p_A/V_A$$

由于 $\gamma>1$,故在两线的交点处 A,有

$$\left|\left(\frac{dp}{dV}\right)_Q\right|>\left|\left(\frac{dp}{dV}\right)_T\right|$$

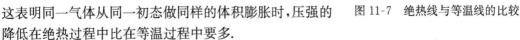

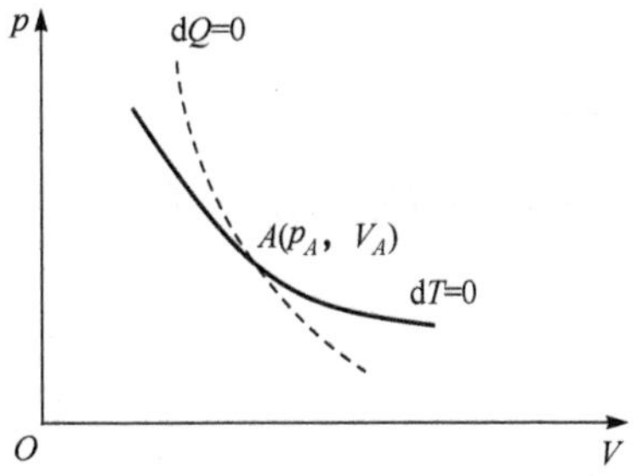

图 11-7 绝热线与等温线的比较

这表明同一气体从同一初态做同样的体积膨胀时,压强的降低在绝热过程中比在等温过程中要多.

当气体状态由 1 变到 2 时,可以利用泊松公式直接计算绝热过程的功

$$A_Q=\int_{V_1}^{V_2}p\mathrm{d}V=A_1\int_{V_1}^{V_2}\frac{\mathrm{d}V}{V^\gamma}=\frac{A_1}{1-\gamma}(V_2^{1-\gamma}-V_1^{1-\gamma})$$

将 $A_1=p_1V_1^\gamma=p_2V_2^\gamma$ 代入上式,可得

$$A_Q=(p_1V_1-p_2V_2)/(\gamma-1) \tag{11-33}$$

例 11.3 1mol 刚性多原子分子理想气体,原来的压强为 1.0atm,温度为 27℃,若经过一绝热过程,使其压强增加到 16atm(1atm=101325Pa),试求:

(1) 气体内能的增量;

(2) 该过程中气体做的功;

(3) 终态时,气体分子数密度.

解 (1)因为是刚性多原子分子,所以 $i=6,\gamma=(i+2)/i=4/3$.

由绝热方程 $p_2^{\gamma-1}T_2^{-\gamma}=p_1^{\gamma-1}T_1^{-\gamma}$,求得

$$T_2=T_1\ (p_2/p_1)^{(\gamma-1)/\gamma}=600\mathrm{K}$$

$$\Delta E=\frac{M}{M_{\mathrm{mol}}}c_V(T_2-T_1)=1\times\frac{i}{2}R(T_2-T_1)=7479\mathrm{J}$$

(2)
$$A=-\Delta E=-7479\mathrm{J}$$

这里负号表示外界对系统做功.

(3) 由于 $p_2=nkT_2$,所以

$$n=p_2/kT_2=1.96\times10^{26}\ 个/\mathrm{m}^3$$

例 11.4 汽缸内的刚性双原子分子理想气体,着经过准静态绝热膨胀后气体的压强减少了一半,则变化前后气体的内能之比 $E_1:E_2$ 为多少?

解 由 $E=\dfrac{M}{M_{\mathrm{mol}}}\dfrac{i}{2}RT$ 和状态方程 $pV=\dfrac{M}{M_{\mathrm{mol}}}RT$,可得

$$E=\frac{i}{2}pV$$

变化前后的内能分别为

$$E_1=\frac{i}{2}p_1V_1,\quad E_2=\frac{i}{2}p_2V_2$$

对绝热过程,有 $p_1V_1^\gamma=p_2V_2^\gamma$,即

$$(V_1/V_2)^{\gamma}=p_2/p_1$$

由题意 $p_2=\frac{1}{2}p_1$，则$(V_1/V_2)^{\gamma}=1/2$.

对刚性双原子分子，有 $\gamma=7/5=1.4$，则

$$V_1/V_2=\left(\frac{1}{2}\right)^{5/7}$$

$$E_1/E_2=\frac{i}{2}p_1V_1/\frac{i}{2}p_2V_2=\frac{p_1V_1}{p_2V_2}=2\times\left(\frac{1}{2}\right)^{5/7}$$

$$E_1/E_2=2^{2/7}=1.22$$

11.3.2　多方过程

气体中实际进行的往往既非等温，也非绝热，而是介于两者之间的过程. 实用中常用多方过程描述：

$$pV^n=C_1 \tag{11-34}$$

式中，C_1、n 为恒量，常数 n 为多方指数. 利用理想气体状态方程，上式可以改写为

$$p^{n-1}V^{-n}=C_2 \tag{11-35}$$

$$TV^{n-1}=C_3 \tag{11-36}$$

满足上述公式的过程称为多方过程. $n=1$ 的多方过程是等温过程，$n=\gamma$ 的过程是绝热过程. 取 $1<n<\gamma$，可内插等温、绝热两种过程之间的各种过程. 其实多方指数 n 的数值也可不限于 1 和 γ 之间，取 $n=0$ 就是等压过程，$n=\infty$就是等容过程. 可见，多方过程是相当广的一类过程的概括.

在多方过程中，气体对外界做功为

$$A_n=\int_{V_1}^{V_2}p\mathrm{d}V=\frac{1}{n-1}(p_1V_1-p_2V_2)=\frac{1}{n-1}\frac{M}{M_{\mathrm{mol}}}R(T_1-T_2) \tag{11-37}$$

可以证明，多方过程的摩尔热容量为

$$c_n=c_V\left(\frac{\gamma-n}{1-n}\right) \tag{11-38}$$

11.4　循环过程和卡诺循环

热力学的发展是与人们改进热机的实践密切联系的过程. 在各种热机中，工作物质所经历的过程是循环过程.

11.4.1　循环过程

如果一系统由某一状态出发，经过任意的一系列过程，最后又回到原来的状态，这样的过程称为循环过程. 如果组成一循环过程的每一步都是准静态过程，则此循环过程可在 p-V 图上用一闭合曲线表示，如图 11-8 所示. 如果 p-V 图中的循环过程是顺时针的(即 $ABCDA$)，称为正循环，反之称逆循环.

完成图 11-8 所示的正循环过程，在膨胀过程 ABC 段，系统对外做功为 A_1，它是正的，数值与面积 $ABCNMA$ 相等；在压缩过程 CDA 段，系统对外做功为 A_2，它是负的，其大小

$(-A_2)$与面积 $CDAMNC$ 相等. 这两段功的代数和，就是一个循环过程中系统对外界做的净功：$A=A_1+A_2=A_1-(-A_2)=ABCDA$ 面积. 对于正循环，A 是正的；对于逆循环，A 是负的. 将热力学第一定律应用于循环过程，可以认识到循环过程的热力学特征. 设 E_A 和 E_C 分别表示在 A、C 两态系统的内能，并设在 ABC 段系统吸热为 Q_1，则有热力学第一定律：$Q_1=E_C-E_A+A_1$.

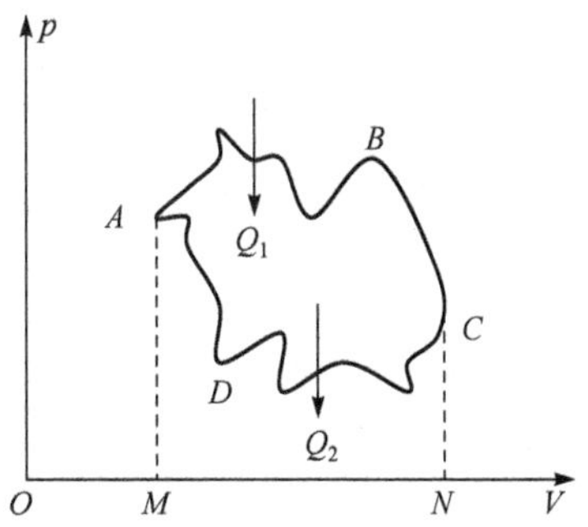

图 11-8　循环过程

同理，若设 CDA 压缩段系统放出热量 Q_2（吸热 $-Q_2$），有

$$-Q_2=E_A-E_C+A_2 \quad (A_2\text{ 是负的})$$

两式相加，可得

$$Q_1-Q_2=A_1-(-A_2)=A$$

上式左边是一循环中传入系统的净热量，右边是一循环中系统对外界做的净功. 该式说明循环过程中系统对外做的净功，等于循环过程中传入系统的净热量. 若将热力学第一定律直接用于整个循环过程，也可以得到同样的结论. 这个结论就是循环过程的热力学特征，它是一切热机的工作原理.

11.4.2 热机和效率

如果系统作正循环，在膨胀过程中系统吸入较多的热量 Q_1，在压缩阶段放出较少的热量 Q_2，其差 Q_1-Q_2 转变为一循环中系统对外所做的功. 能完成这种任务的机器称为热机. 热机就是将热量转变为功的机器. 热机的物理实质就是热力学系统作正循环的过程中，不断地把热量变为功.

热机效能的重要标志之一是它的效率，即吸收来的热量有多少转化为有用的功. 热机效率（或循环效率）定义为

$$\eta=\frac{A}{Q_1}=\frac{Q_1-Q_2}{Q_1}=1-\frac{Q_2}{Q_1} \tag{11-39}$$

在工程中，常把由上式定义的表达式称为热力学第一定律效率（简称效率）. 不同的热机其循环过程不同，因而效率不同.

11.4.3 制冷机及制冷系数

逆循环过程反映了制冷机的工作过程. 系统作逆循环时，A_2 为正，A_1 为负，而且 $|A_1|>A_2$，所以一循环中系统对外所做的功 $A=A_1+A_2$ 为负，即一循环中外界对系统做了正功. 又在膨胀阶段由低温热源吸收较少的热量 $|Q_2|$，在压缩阶段向高温热源放出较多的热量 $|Q_1|$，而一循环中系统放出的净热量为 $|Q_1|-|Q_2|=|A|$. 设外界对系统做功 A'，$A'=-A$，设 Q_1 和 Q_2 分别为逆循环系统向外界放热和从外界吸热的大小，则

$$A'=Q_1-Q_2 \quad \text{或} \quad Q_1=Q_2+A'$$

上式说明，在一逆循环中，外界对系统做功 A' 的结果，是使系统在低温热源吸收 Q_2 的热量连同功 A' 转变而成的热量，一并成为 Q_1 的热量在高温热源放出. 其效果是将热量 Q_2 从低温热源输送到高温热源，这就是制冷机（或者热泵）的工作原理.

制冷机的效能可用制冷系数 ω 表示，其定义为

$$\omega = Q_2 / A' = Q_2 / (Q_1 - Q_2) \tag{11-40}$$

即外界对系统做功 A' 的结果，使热量（Q_2）由低温热源输送到高温热源去了.

11.4.4　卡诺循环

为了从理论上研究热机的效率，卡诺提出一种理想的热机，并证明它具有最高的效率.

假设工作物质只与两个恒温热源（恒定温度的高温热源和恒定温度的低温热源）交换能量，即没有散热、漏气等因素存在. 这种热机称为卡诺热机，如图 11-9 所示. 卡诺热机所进行的循环过程叫卡诺循环. 如果热机的工作物质由理想气体组成，其循环的每一步都是准静态过程，则卡诺循环由两条等温线和两条绝热线组成，如图 11-10 所示. 因此，也可以说，由两个等温过程和两个绝热过程所构成的循环叫卡诺循环.

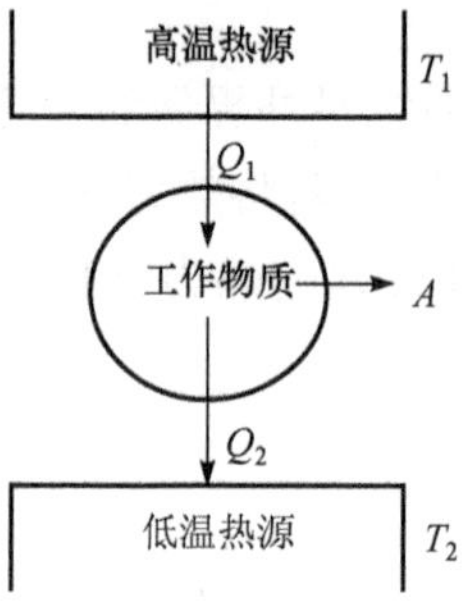

图 11-9　卡诺热机热功示意图

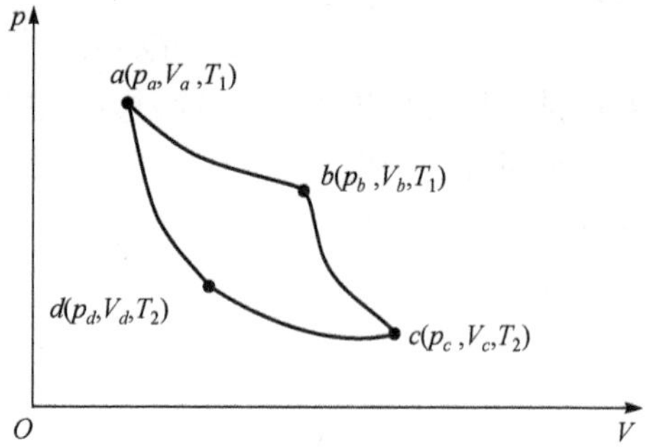

图 11-10　卡诺正循环

对于卡诺正循环，工作物质从状态 a 开始等温膨胀到状态 b，然后绝热膨胀到状态 c，再等温压缩到状态 d，最后经绝热压缩回到状态 a.

设工作物质为理想气体，则四个过程中能量转化的情况如下.

(1) 状态 a 到状态 b——等温（T_1）膨胀过程.

$$E_b - E_a = 0$$

$$Q_1 = A_1 = \frac{M}{M_{\text{mol}}} R T_1 \ln \frac{V_b}{V_a}$$

(2) 状态 b 至状态 c——绝热膨胀过程.

$$A_2 = -(E_c - E_b) = \frac{M}{M_{\text{mol}}} C_V (T_1 - T_2)$$

$$Q_{bc} = 0$$

(3) 状态 c 至状态 d——等温（T_2）压缩过程.

$$(-Q_2) = -(A_3) = -\frac{M}{M_{\text{mol}}} R T_2 \ln \frac{V_c}{V_d}$$

$$E_d - E_c = 0$$

此处 A_3 和 Q_2 分别为等温压缩过程中外界对系统做的功和系统向外界放出的热量（$A_3 > 0, Q_2 > 0$）大小，则

$$Q_2 = A_3 = \frac{M}{M_{\text{mol}}} R T_2 \ln \frac{V_c}{V_d}$$

(4) 状态 d 至状态 a——绝热压缩过程.

外界压缩气体做功全部转换为工作物质的内能.

$$Q_{da}=0$$

$$(-A_4)+(E_a-E_d)=0$$

或

$$A_4=\frac{M}{M_{\text{mol}}}C_V(T_1-T_2)$$

整个循环工作物质对外做的净功为

$$A=A_1+A_2+(-A_3)+(-A_4)=A_1-A_3=Q_1-Q_2$$

$$A=\frac{M}{M_{\text{mol}}}RT_1\ln\frac{V_b}{V_a}-\frac{M}{M_{\text{mol}}}RT_2\ln\frac{V_c}{V_d}$$

卡诺循环的热效率 η,可由定义求出

$$\eta_c=\frac{Q_1-Q_2}{Q_1}=\frac{T_1\ln\frac{V_b}{V_a}-T_2\ln\frac{V_c}{V_d}}{T_1\ln\frac{V_b}{V_a}}$$

由于状态 b 和状态 c 以及状态 d 和状态 a 分别处于两条绝热线上,由绝热方程,有

$$T_1V_b^{\gamma-1}=T_2V_c^{\gamma-1}$$

$$T_2V_d^{\gamma-1}=T_1V_a^{\gamma-1}$$

即

$$\left(\frac{V_b}{V_c}\right)^{\gamma-1}=\frac{T_2}{T_1}=\left(\frac{V_a}{V_d}\right)^{\gamma-1}$$

故有

$$\frac{V_b}{V_a}=\frac{V_c}{V_d}$$

由此,可将卡诺循环的效率 η_c(下标 c 表示卡诺循环)写为

$$\eta_c=\frac{T_1-T_2}{T_1}=1-\frac{T_2}{T_1} \tag{11-41}$$

需要指出的是,上式仅对卡诺循环成立. 对其他类型的循环,其热效率需由式(11-39)求出.

卡诺循环是一种理想循环,它指出了提高热机效率的途径. 要制成一个热机,至少应有两个热源,一个高温热源供系统吸热之用,一个低温热源供系统放热之用. 降低低温热源的温度,提高高温热源的温度,是提高热机效率的有效方法. 在热力工程实际中,由于降低低温热源的温度受到环境的限制,故通常采用提高高温热源温度的方法来提高热机效率. 由于低温热源的温度不可能为绝对零度,高温热源温度不可能为无穷大,故热机的效率不可能达到 100%. 目前,性能最好的热机效率已达 40%以上,远远大于 19 世纪初 5%左右的效率. 另外,式(11-41)是理想热机所能达到的效率的极限. 实际上由于存在着漏气、摩擦、散热等不可逆能量耗散,热机的效率远达不到这个极限. 因此,如何减少这些不必要的能量损耗也是提高热机效率的途径,并且是目前热力工程界的主要任务之一.

如果使卡诺循环逆向进行,即图 11-10 中循环按 $adcba$ 方向进行,则在 $d\to c$ 过程工作物质从低温热源吸热 Q_2,对外界做功 A_3;在 $c\to b$ 过程工作物质被绝热压缩,外界对系统做功 A_2;在 $b\to a$ 过程工作物质向高温热源等温放热 Q_1,外界对系统做功 A_1;在 $a\to d$ 过程工作物质绝热膨胀,对外界做功 A_4,在整个逆向循环中,外界对工作物质做净功

$$A'=A_1-A_3=Q_1-Q_2$$

上述过程就是卡诺制冷机的工作原理. 由以上分析,可知卡诺制冷机的制冷系数为

$$\omega_c=\frac{Q_2}{A'}=\frac{Q_2}{Q_1-Q_2}=\frac{T_2}{T_1-T_2}=\frac{1}{\eta}-1 \tag{11-42}$$

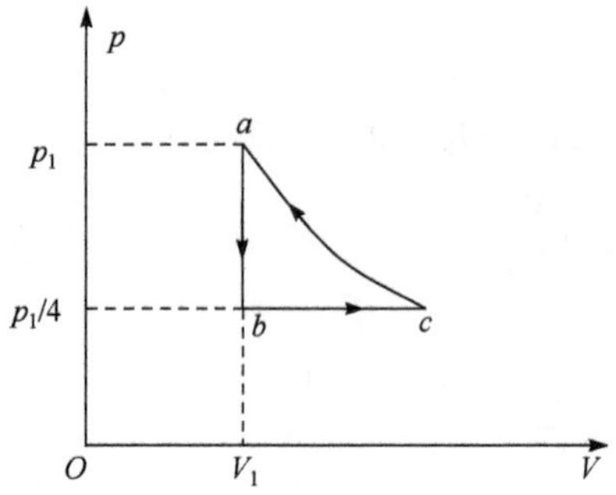

图 11-11

例 11.5 如图 11-11 所示,有一定量理想气体,从初态 $a(p_1, V_1)$ 开始,经过一个等容过程达到压强为 $p_1/4$ 的态 b,再经一个等压过程达到状态 c,最后经等温过程而完成一个循环,求该循环过程中系统对外做的功 A 和所吸收的热量 Q.

解 因为状态 a 和状态 c 处于同一等温线上,所以

$$p_1V_1=\frac{p_1}{4}V_c, \quad V_c=4V_1$$

过程 $a\to b$ 等容

$$A_{ab}=0$$

过程 $b\to c$ 等压

$$A_{bc}=\frac{p_1}{4}(V_c-V_1)=\frac{3}{4}p_1V_1$$

过程 $c\to a$ 等温

$$A_{ca}=p_1V_1\ln\frac{V_1}{V_c}=-p_1V_1\ln 4$$

所以

$$A=A_{ab}+A_{bc}+A_{ca}=\left(\frac{3}{4}-\ln 4\right)p_1V_1$$

由热力学第一定律,可得

$$Q=A=\left(\frac{3}{4}-\ln 4\right)p_1V_1$$

例 11.6 设高温热源的热力学温度是低温热源热力学温度的 n 倍,则理想气体在一次卡诺循环中,传给低温热源的热量是从高温热源吸取的热量的多少倍?

解 已知 $T_1/T_2=n$,对于卡诺循环,有

$$\eta=1-\frac{T_2}{T_1}=1-\frac{1}{n}$$

根据 η 的普遍定义,有

$$\eta=1-\frac{Q_2}{Q_1}$$

所以

$$\frac{Q_2}{Q_1}=\frac{1}{n}$$

例 11.7 刚性双原子分子理想气体作如图 11-12 所示循环. 其中 $a\to b$ 为等压过程,$b\to c$ 为等容过程,$c\to a$ 为等温过程. 已知 a 点压强为 $p_a=4.15\times10^5\,\text{Pa}$,体积为 $V_a=2\times10^{-2}\,\text{m}^3$,$b$ 点体积为 $V_b=3\times10^{-2}\,\text{m}^3$,求:

(1) 各过程中的热量、内能变化及与外界交换的功;

(2) 循环效率.

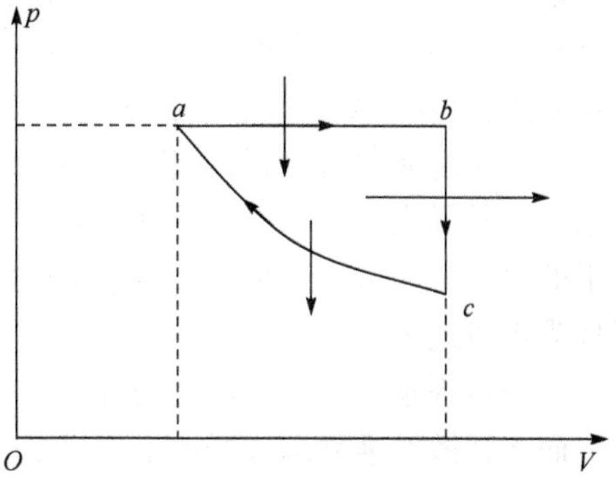

图 11-12

解　(1)$a\to b$ 等压过程：

$$A_{ab}=p_a(V_b-V_a)=4.15\times10^3\,\text{J}$$

$$Q_{ab}=\frac{M}{M_{\text{mol}}}c_p(T_b-T_a)=\frac{M}{M_{\text{mol}}}\frac{7}{2}R(T_b-T_a)$$

由理想气体状态方程有

$$\frac{M}{M_{\text{mol}}}RT_b=p_aV_b,\quad \frac{M}{M_{\text{mol}}}RT_a=p_aV_a$$

所以

$$Q_{ab}=\frac{7}{2}p_a(V_b-V_a)=\frac{7}{2}A_{ab}=1.45\times10^4\,\text{J}>0$$

$$\Delta E_{ab}=E_b-E_a=Q_{ab}-A_{ab}=1.04\times10^4\,\text{J}$$

$b\to c$ 等容过程：

$$A_{bc}=0$$

$$Q_{bc}=\Delta E_{bc}=E_c-E_b=\frac{M}{M_{\text{mol}}}c_V(T_c-T_b)=\frac{M}{M_{\text{mol}}}\frac{5}{2}R(T_a-T_b)$$

同上 $Q_{bc}=\Delta E_{bc}=\frac{5}{2}p_a(V_a-V_b)=-1.04\times10^4\,\text{J}<0$

负号表示该过程系统向外界放热，放热量大小为 $Q_V=1.04\times10^4\,\text{J}$

$c\to a$ 等温过程：

$$\Delta E_{ca}=0$$

$$Q_{ca}=A_{ca}=\frac{M}{M_{\text{mol}}}RT_a\ln\frac{V_a}{V_b}=p_aV_a\ln\frac{V_a}{V_b}=-3.37\times10^3\,\text{J}$$

负号表示该过程中系统向外界放热，放热量大小为

$$Q_T=3.37\times10^3\,\text{J}$$

(2) 在整个循环中，系统从外界吸热为

$$Q_1=Q_{ab}=1.45\times10^4\,\text{J}$$

系统向外界放热为

$$Q_2=Q_V+Q_T=1.38\times10^4\,\text{J}$$

所以循环效率为

$$\eta=1-\frac{Q_2}{Q_1}=4.8\%$$

11.5　热力学第二定律的表述

11.5.1　可逆过程与不可逆过程

自然界发生的过程都是有方向性的. 落叶永离，覆水难收；破镜不能重圆；人生易老，返老还童仅为幻想；生米煮成熟饭，无可挽回. 自然现象，历史人文，都是不可逆的. 故夫子在川上有"逝者如斯"之叹.

什么叫"不可逆"？不是可以把自然膨胀了的气体压缩回去吗？冰箱不是可以把热量从低温处泵回高温处吗？在一定条件下我们不是也可以让氧化反应逆向进行吗？但压缩气体需要

外界做功,冰箱需要耗电,强制的逆向反应也需要能源.因此,上述哪些原过程都是自发进行的,而逆过程却要外界付出代价,不能自发地进行.外界付出了代价,外界的状态就发生了变化,不能再自发地复原.或者说,系统的逆过程对外界产生了不能消除的影响.

一个系统演化时,由某一状态出发,经过某一过程达到另一状态,如果存在另一过程,它能使系统和外界完全复原(即系统回到原来的状态,同时消除了系统对外界引起的一切影响),则原来的过程称为可逆过程;反之,如果用任何方法都不能使系统和外界完全复原,则原来的过程称为不可逆过程.

可逆过程是一个非常苛刻的过程.一般来说,只有理想的无耗散准静态过程是可逆的.

而无耗散的准静态过程严格来说是不存在的,它是一个理想的过程,因而自然界发生的过程都是不可逆的.例如,固体之间的摩擦、材料的非弹性形变、流体的黏滞、介质的电阻、磁滞现象等都是一种耗散因素,与它们相联系的一切宏观过程,都是不可逆过程.此外,非平衡系统自发进行的过程也是不可逆的.

由可逆过程组成的循环过程,称为可逆循环,如果一循环由若干段过程组成,其中只要有一段不可逆,就是不可逆循环.可逆循环的正循环和逆循环,在对应部分所做的功和吸收的热量,都等值而异号.

既然实际过程都是不可逆的,这是否意味着研究可逆过程就没有意义呢?不对.人们在认识自然的过程中,总是在一定条件下,抓住它的主要矛盾.只有经过科学的抽象,略去一些次要因素,才能更好地抓住事物的本质联系.可逆过程和准静态过程一样,都是科学的抽象.

11.5.2　热力学第二定律的表述

按热机的效果,它在高温热源吸取 Q_1 的热量,把它的一部分 Q_1-Q_2 转变为功,剩下的热量 Q_2 在低温热源放出,其热效率为 $\eta=1-Q_2/Q_1$.当吸热 Q_1 一定时,放热 Q_2 越小,效率越高,热机越好.如果 Q_2 为0,即不放热量给低温热源,其效率表面上可达100%.第一类永动机被热力学第一定律否定后,历史上有一些人曾试图设计另一种热机,它能从海洋或空气中吸取热量,让它们的温度降低,并将这些热量全部转变为功,不放任何热量给低温热源,因而 $Q_2=0$,$Q_1=A$,$\eta=1$.由于海洋和空气储备的内能极为丰富,可被吸取的热量极多,这种热机事实上起到了永动机的作用,称为第二类永动机.它并不违反热力学第一定律,所以和第一类永动机有本质的区别.但长期实践无例外地证明,谁想设计制造这种热机,等着他们的只能是失败,从而得出结论:第二种永动机是不可能实现的.

热力学第二定律是关于自然界的一切自发过程具有不可逆性这种实践经验的总结.由于自然界各种不可逆过程存在着内在联系,所以每一类不可逆过程都可作为表述热力学第二定律的基础.因此,热力学第二定律有许多等价的不同表达形式.其中典型的表述有克劳修斯表述(Clausius statement)和开尔文表述(Kelvin statement).

克劳修斯表述(1850年):不可能把热量从低温物体传到高温物体而不引起其他变化.

克劳修斯表述并不是笼统地否定自然界中能发生将热量从低温物体传到高温物体的现象.它所否定的只是在不引起其他变化的情况下,发生将热量从低温物体传到高温物体的过程.换句话说,热量不能自动地从低温物体传到高温物体.事实上,制冷机就是将热量从低温物体传到高温物体.不过,这时却引起了其他的变化,那就是外界的功转变成了热,外界的状态发生了不可逆变化.因此,制冷机的过程不违反热力学第二定律.

开尔文表述(1851年):不可能从单一热源吸收热量,使之完全变为有用的功而不产生其他影响.

开尔文表述也并不是笼统地否定自然界中能发生从单一热源吸热做功的现象.它所否定的只是那些在不产生其他影响(不引起其他变化)的情况下,所发生的从单一热源吸热做功的过程.实际上,理想气体等温膨胀就是一种从单一热源吸热并全部转变为功的过程.不过,这时却产生了其他的影响,即理想气体发生了膨胀.可见,并不是热量不能完全变成功,而是在不产生其他影响的情况下,将热量全部变为有用功是不可能的.

这两种表述都是和过程的不可逆性联系在一起的.前者揭示了热传导过程的不可逆性,后者揭示了功热转换的不可逆性.需要再次指出的是:这两种表述中的"不引起其他变化","不产生其他影响",其实质都是不可逆过程定义中的体系和外界都恢复原状的同义语.

热力学第一定律指出了自然界能量转化的数量关系;热力学第二定律指出了自然界能量转化过程进行的方向,说明了满足能量守恒与转换关系的过程并不一定都能实现.这两条定律互不抵触,也不相互包含,是两条独立的定律.

上述两种表述是完全等价的,我们可以用反证法予以证明.也就是说,如果克劳修斯表述不成立,则开尔文表述也不成立;反之,如果开尔文表述不成立,则克劳修斯表述也不成立.

设克劳修斯的表述不成立,如图 11-13 所示,热量 Q_2 可以通过某种方式由低温热源向高温热源传递而不产生其他影响.那么,我们就可以使一个卡诺热机工作于高温热源 T_1 和低温热源 T_2 之间,它在一循环中从高温热源吸热 Q_1,向低温热源放热 Q_2,对外做功 $A=Q_1-Q_2$.这种卡诺热机不违反热力学第一定律和热力学第二定律,是可以实现的.这样,对于整个系统,总的结果是:低温热源没有任何变化,只是从单一的高温热源处吸取热量 Q_1-Q_2,并把它全部用来对外做功,这是违反热力学第二定律的开尔文表述的.这就说明,如果克劳修斯表述不成立,那么开尔文表述也不成立.

如果开尔文表述不成立,即在图 11-14 中,有一部热机,可以从高温热源吸热 Q_1,将它全部变成功 $A=Q_1$,而不产生其他影响.那么,可以利用这个功来驱动一部可逆的卡诺制冷机,使它从低温热源吸收 Q_2 的热量,连功 A 一起传递给高温热源,即向高温热源放热 Q_1+Q_2.这两部机器联合的总效果是:高温热源净得热量 Q_2,低温热源放出热量 Q_2,除此之外无其他影响.即热量 Q_2 自动地从低温热源传到了高温热源,这是违反热力学第二定律的克劳修斯表述的.因此,如果开尔文表述不成立,那么克劳修斯表述也不成立.

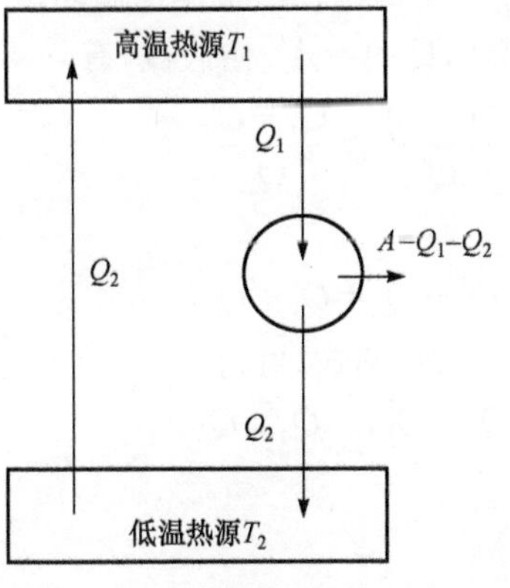

图 11-13　克劳修斯表述不成立示意图

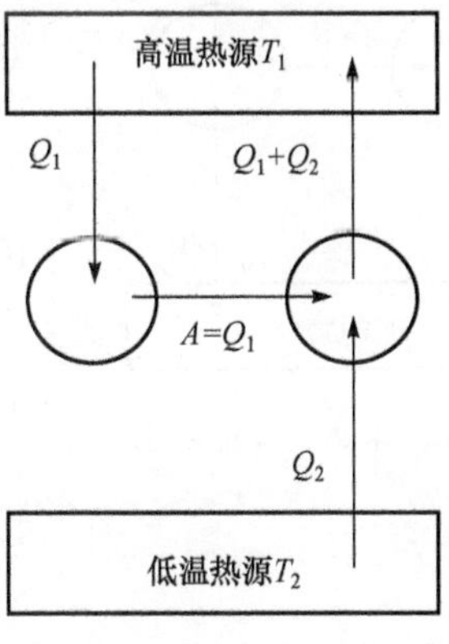

图 11-14　开尔文表述不成立示意图

从上面关于两种表述的等价性的证明中,可以看到自然界中各种不可逆过程都是相互关联的. 所以可以利用各种曲折复杂的办法把两个不同的不可逆过程联系起来,从一个过程的不可逆性对另一个过程的不可逆性做出证明. 不论热力学第二定律具体表述方法如何,它的实质在于:一切与热现象有关的实际宏观过程都是不可逆的.

11.6　卡诺定理

卡诺定理是在研究怎样提高热机效率的过程中形成的,主要是说明可逆热机与不可逆热机的效率问题.

所谓**可逆热机**,就是工作物质作可逆循环的热机;反之,是**不可逆热机**.

11.6.1　卡诺定理的内容

1824 年,卡诺提出如下定理.

(1) 在相同的高温热源和相同的低温热源之间工作的一切可逆热机,其效率 η 都相等,与工作物质无关.

(2) 在相同的高温热源和相同的低温热源之间工作的一切不可逆热机,其效率 η 都不大于可逆热机的效率 η.

在卡诺定理中,相同的高、低温热源指温度分别为 T_1 和 $T_2(T_2<T_1)$的恒温热源.

从卡诺定理可知,可逆卡诺循环的效率 $\eta=1-T_2/T_1$ 是一切实际热机效率的上界,卡诺定理指出了热机效率的界限以及提高热机效率的方向.

就过程而论,应使实际过程尽量接近可逆过程,如减小摩擦、漏气、热损失等;就热源而论,应提高高温热源温度,降低低温热源温度. 在实际工作中,主要是提高高温热源温度.

11.6.2　卡诺定理的证明

用热力学第二定律来证明卡诺定理. 设在两恒温热源 T_1 和 $T_2(T_1>T_2)$之间工作有甲、乙两部可逆的卡诺热机,如图 11-15 所示. 甲机在作正循环时,从高温热源吸热 Q_1,向低温热源放热 Q_2,对外做功 A';当它作逆循环时,则反之. 设两机工作物质不同,则它们应具有不同的效率. 如果有 $\eta_乙>\eta_甲$,则让乙机作正循环,并让乙机的功 A'驱动甲机作逆循环,即 $A=A'$. 由假设,有

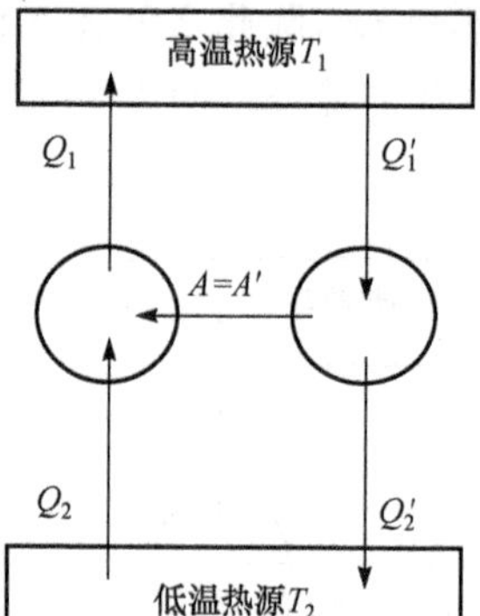

图 11-15　卡诺定理证明用图

$$\frac{Q_1'-Q_2'}{Q_1'}>\frac{Q_1-Q_2}{Q_1} \tag{11-43}$$

因为 $A'=A$,故有

$$Q_1'-Q_2'=Q_1-Q_2 \tag{11-44}$$

联立式(11-43)和式(11-44)两式,可得

$$Q_1>Q_1',\quad Q_2>Q_2'$$

以及

$$Q_1-Q_1'=Q_2-Q_2'$$

现将甲、乙两机作为联合机使用. 该联合机作一次循环时,工作物质恢复原状,外界除热量 Q_2-Q' 自动地从低温热源传至高温热源外,无其他影响. 这显然是违反热力学第二定律的,故 $\eta_乙$ 不能大于 $\eta_甲$. 因此,可以确认 $\eta_甲=\eta_乙$.

上面证明了卡诺定理的第一部分.下面简单地证明一下卡诺定理的第二部分.

如果乙机不是可逆的卡诺机,而是一般的热机,则它不能作逆循环机,因此只能证明 $\eta_{乙}$ 不能高于 $\eta_{甲}$.也就是说,利用相同的高、低温热源来工作的热机效率,不可能高于可逆卡诺机的效率 η_c.

11.6.3 热力学温标

卡诺定理给出了一个热力学温标.在待测温物体与某固定物质的平衡态(如水的三相平衡点)之间,放置一可逆卡诺热机,如图 11-16 所示.由于一切可逆卡诺机效率都相同,与工作物质无关,所以,如果规定了固定平衡态的温度 T_2 后,待测物的温度 T 将完全由卡诺机的循环吸、放热量 Q_1 和 Q_2 的测定值确定,即

$$T_1=\frac{Q_1}{Q_2}T_2=\frac{T_2}{1-\eta} \tag{11-45}$$

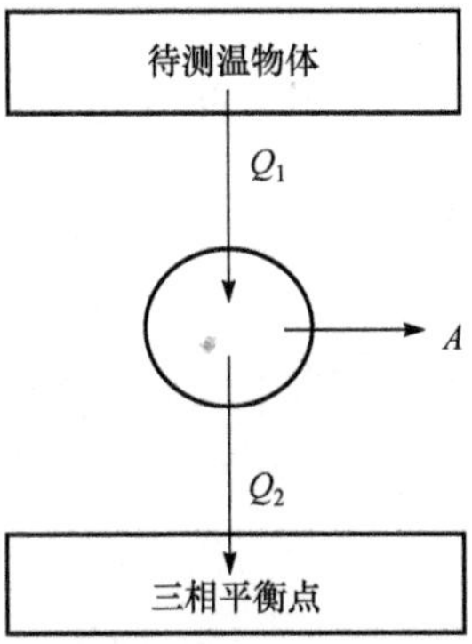

图 11-16 热力学温标

11.7 熵和熵增加原理

11.7.1 克劳修斯等式

根据卡诺定理,工作于高温热源 T_1 和低温热源 T_2 间的一切可逆卡诺热机,其效率均为 η 且有

$$\eta=1\quad\frac{Q_2}{Q_1}-1-\frac{T_2}{T_1}$$

上式可改写为

$$\frac{Q_1}{T_1}-\frac{Q_2}{T_2}=0$$

若取吸热为正,放热为负,考虑到 Q_2 自身的符号,可将上式写为

$$\frac{Q_1}{T_1}+\frac{Q_2}{T_2}=0 \tag{11-46}$$

由于绝热过程中,$Q=0$,故上式可以理解为:在整个可逆卡诺循环中,量 $\frac{Q}{T}$ 之和为零.由 11.4 节(**循环过程与卡诺循环**)可知,可逆卡诺循环中两个绝热过程中的功等值而异号,即两个绝热过程的总效果是系统与外界无功的交换.

因此,对于一个任意的可逆循环,可以采用所谓的克劳修斯分割,即认为循环是许多个可逆卡诺循环之和. 对于每一微小的可逆卡诺循环,都具有式(11-46)的关系,故对于被分割成 n 个微小的可逆卡诺循环的任一可逆循环来说,有

$$\sum_{i}^{2n} \frac{\Delta Q_i}{T_i} = 0$$

因为每一小循环有两项,n 个小循环共有 $2n$ 项. 令 $n \to \infty$,上式成为

$$\oint \frac{\mathrm{d}Q}{T} = 0 \tag{11-47}$$

上式对于任意可逆循环成立,被称为**克劳修斯等式**. 它说明,对任一系统,沿任意可逆循环一周,$\frac{\mathrm{d}Q}{T}$的积分值为零.

11.7.2　熵

在克劳修斯等式中,若将$\frac{1}{T}$看成"广义力",$\mathrm{d}Q$ 看成是"力"作用下的"广义位移",则在形式上,式(11-47)与保守力沿闭合路径做功相似. 于是,同保守力中引入势能函数相似,我们引入一个热力学的熵函数 S.

$$\mathrm{d}S=\left(\frac{\mathrm{d}Q}{T}\right)_{\text{可逆}}=\left(\frac{\mathrm{d}Q}{T}\right)_R \tag{11-48}$$

下标 R 表示过程是可逆的.

显然,熵函数的增量

$$S_2 - S_1 = \int_1^2 \left(\frac{\mathrm{d}Q}{T}\right)_R \tag{11-49}$$

与积分路径无关. 上式称为**克劳修斯熵公式**.

熵 S 是一个状态量,它的单位是 J/K. 系统处于态 2 和态 1 的熵差,等于沿着 1、2 之间的任一可逆过程的积分$\int_1^2 \left(\frac{\mathrm{d}Q}{T}\right)_R$ 的值. 实际上,式(11-49) 只给出了熵变,并没有给出熵的绝对大小. 正如在讨论内能 E 时一样,我们关心的是 S 的改变量而不是它的绝对量. 此外,熵是一个广延量,系统的熵等于组成该系统的各个子系统的熵之和. 值得注意的是,熵 S 与$\int \left(\frac{\mathrm{d}Q}{T}\right)_R$ 是不同的,S 是状态的单值函数,与过程无关. 而$\int \left(\frac{\mathrm{d}Q}{T}\right)_R$ 是过程量,仅当过程是可逆过程时,$\int \left(\frac{\mathrm{d}Q}{T}\right)_R$ 与熵 S 在数量上相等. 在可逆的绝热过程中,$\mathrm{d}S = \frac{\mathrm{d}Q}{T} = 0$,所以可逆绝热过程是等熵过程.

熵是一个异常复杂的物理概念,对整个热力学进行深入的了解和思考,有助于理解熵的物理含义. 对于无限小的可逆过程,由式(11-48),有

$$\mathrm{d}Q = T\mathrm{d}S$$

将上式代入热力学第一定律中,有

$$T\mathrm{d}S=\mathrm{d}E+p\mathrm{d}V \tag{11-50}$$

上式是综合了热力学第一定律和热力学第二定律的微分方程,称做热力学基本关系或热力学

定律的基本微分方程.

例 11.8 试计算质量为 8.0g 氧气(刚性分子理想气体),在由温度 $T_1=80℃$、体积 $V_1=10L$ 变成温度 $T_2=300℃$、体积 $V_2=40L$ 的过程中熵的增量为多少?

解 过程中熵的增量

$$S_2-S_1=\int_1^2\frac{dQ}{T}$$

由热力学第一定律

$$dQ=\frac{M}{M_{mol}}c_V dT+p dV$$

以及状态方程

$$p=\frac{M}{M_{mol}}RT/V$$

可得

$$S_2-S_1=\int_{T_1}^{T_2}\frac{M}{M_{mol}}\frac{c_V dT}{T}+\int_{V_1}^{V_2}\frac{M}{M_{mol}}\frac{R dV}{V}$$

$$S_2-S_1=\frac{M}{M_{mol}}\cdot\frac{5}{2}R\ln\frac{T_2}{T_1}+\frac{M}{M_{mol}}\log R\ln\frac{V_2}{V_1}=5.4 J/K$$

11.7.3 熵增加原理

对于一个工作在两恒温热源间的不可逆卡诺热机,由卡诺定理,其效率为

$$\eta=1-\frac{Q_2}{Q_1}\leqslant 1-\frac{T_2}{T_1}$$

实际上,其中等号只适用于可逆循环.

把 Q 规定为代数量,且认为吸热为正,放热为负,则上式可改写为

$$\frac{Q_1}{T_1}+\frac{Q_2}{T_2}\leqslant 0$$

与式(11-46)类似,由上式可以认为,在整个不可逆卡诺循环中,量 $\frac{Q}{T}$ 之和不大于零. 对于任一不可逆循环,可认为是许多个微小的不可逆卡诺循环构成的. 因此,可得

$$\oint\frac{dQ}{T}\leqslant 0 \tag{11-51}$$

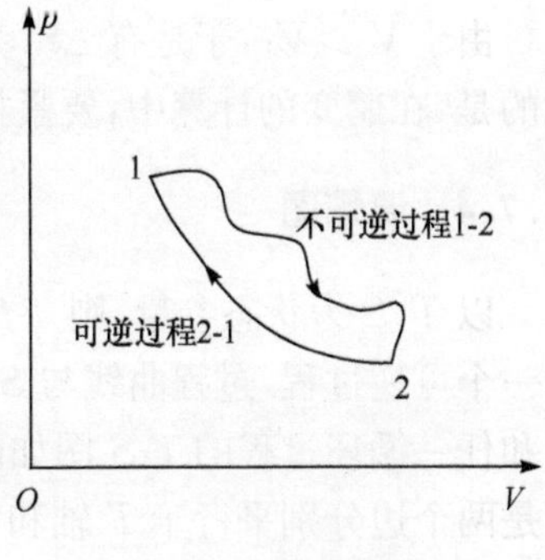

图 11-17 可逆过程与不可逆过程示意图

其中,等号对应于任意可逆循环,不等号对应于任意不可逆循环. 上式称为**克劳修斯不等式**. 对于一个由态 1 至态 2 的不可逆过程,设想一个可逆过程使系统从态 2 变回到态 1 而构成一个循环. 显然,该循环过程是一个不可逆循环过程,如图 11-17所示. 由式(11-51),对此循环过程有

$$\int_1^2\frac{dQ}{T}+\int_2^1\left(\frac{dQ}{T}\right)_R\leqslant 0$$

根据式(11-49)

$$\int_2^1\left(\frac{dQ}{T}\right)_R=S_1-S_2$$

所以

$$\int_1^2 \frac{\mathrm{d}Q}{T} \leqslant S_2 - S_1 \tag{11-52}$$

这是一个任意的过程所应遵从的关系式. 其中等号对应于可逆过程,不等号对应于不可逆过程. 将式(11-52)应用于微分过程,有

$$\mathrm{d}S \geqslant \frac{\mathrm{d}Q}{T} \tag{11-53}$$

其中等号与不等号的意义同前.

如果过程是绝热的,$\mathrm{d}Q=0$,则有

$$\Delta S = S_2 - S_1 \geqslant 0 \tag{11-54}$$

式(11-54)是所谓**熵增加原理**的数学表达式. 它指出:**当热力学系统从一平衡态到达另一平衡态,它的熵永不减少**. 如果过程是可逆的,则熵的数值不变,如果过程是不可逆的,则熵的数值增大.

熵增加原理常用的表述为:一个孤立系统的熵永不减少.

这个结论是显然的. 因为孤立系统与外界没有热量的交换. 孤立系统内部自发进行的过程必是不可逆过程,将导致熵增大. 当孤立系统达到平衡态时,熵具有极大值.

式(11-52)和式(11-54),被称为是热力学第二定律的数学表达式.

例 11.9　利求理想气体自由膨胀的熵增.

解　绝热容器内的理想气体体积由 V_1 膨胀到 V_2 时,如图 11-18 所示,终态温度与初态温度相同. 这是一个发生于孤立系统的不可逆过程. 由于熵是态函数,熵变 ΔS 与过程无关. 为了计算熵的变化,可以设想理想气体经历一个温度为 T 的可逆等温过程,体积由 V_1 变为 V_2. 气体的熵变为

$$\Delta S = \int \left(\frac{\mathrm{d}Q}{T}\right)_{\text{可逆等温}} = \frac{Q}{T} = \frac{M}{M_{\mathrm{mol}}} R \ln \frac{V_2}{V_1}$$

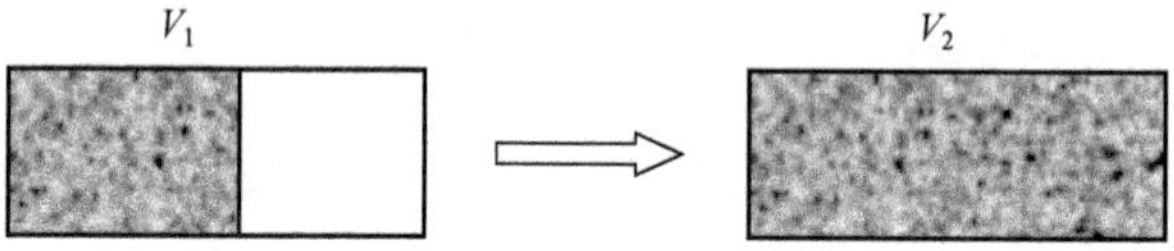

图 11-18

由于 $V_2 > V_1$,于是有 $\Delta S > 0$. 说明孤立系统发生的不可逆过程使系统的熵增加了. 值得注意的是,在熵变的计算中,要紧扣熵是状态量这个概念,寻找一个方便的积分过程.

11.7.4　温熵图

以 T,S 为状态参量,则 T-S 图(温熵图)上任一点表示系统的一个平衡态,任一条曲线表示一个可逆过程. 过程曲线与 S 轴所围面积,代表该过程中系统吸收的热量. 任一过程的 T-S 图和任一循环过程的 T-S 图如图 11-19 和图 11-20 所示. 显然,对于可逆卡诺循环,在 T-S 图中是两个边分别平行于 T 轴和 S 轴的矩形.

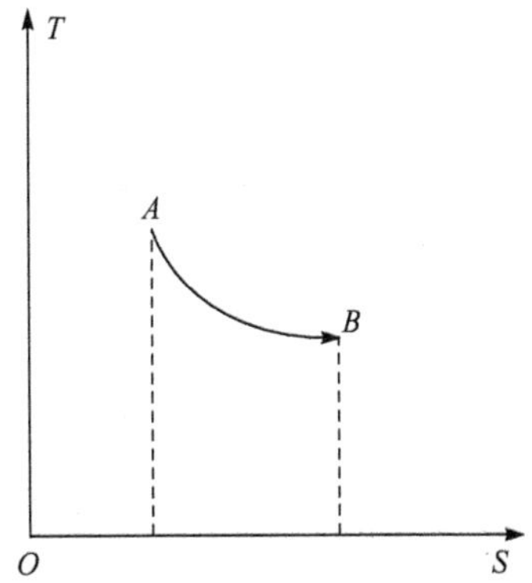

图 11-19 任意过程的 T-S 图

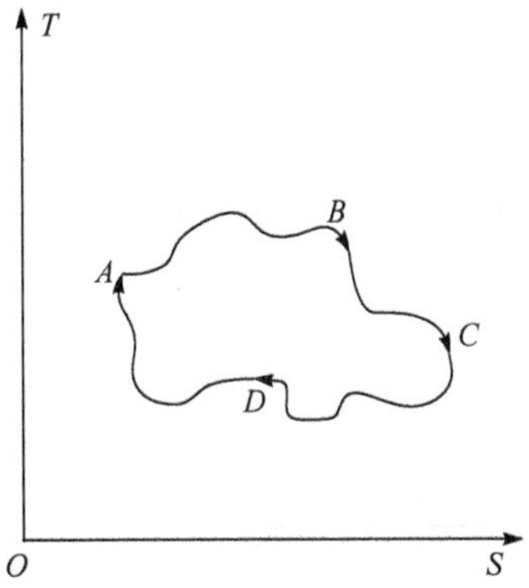

图 11-20 任意循环的 T-S 图

11.8 热力学第二定律的统计意义

11.8.1 理想气体自由膨胀不可逆性的统计意义

设想一绝热容器用一隔板分成左右两半,左边储有气体,右边为真空. 当抽开隔板后,左边气体就向右边自由膨胀,最终均匀分布于整个容器,如图 11-18 所示.

显然,上述理想气体绝热自由膨胀的过程是一个不可逆过程,因为相反的过程,即气体自动返回原态,仅只占据左边的过程是不可能自动发生的. 上述过程的不可逆性也可根据热力学第二定律从理论上严加证明.

上述不可逆过程的微观本质究竟是什么呢? 下面我们看看在容器中分子位置的分布.

设容器中有两个分子 a、b,它们在无规则运动中任一时刻可能处于左边或右边任意一边. 这个由两个分子组成的任意一个微观状态指出这个或那个分子各处于左或右一边. 而宏观描述无法区分各个分子,所以宏观状态只能指出左、右边各有几个分子. 见表 11-1. 对于 3 个分子和 4 个分子的情形,分别见表 11-2 和表 11-3.

表 11-1 两个分子的位置分布

微观状态		宏观状态	一种宏观状态对应的微观状态 Ω	所有分子位于左边的概率
左	右			
a	b	左 1　右 1	2	$\frac{1}{4}=\frac{1}{2^2}$
b	a			
a, b	无	左 2　右 0	1	
无	a, b	左 0　右 2	1	

表 11-2 3 个分子的位置分布

微观状态		宏观状态	一种宏观状态对应的微观状态 Ω	所有分子位于左边的概率
左	右			
a	b, c	左 1　右 2	3	$\frac{1}{8}=\frac{1}{2^3}$
b	a, c			
c	a, b			

续表

微观状态		宏观状态	一种宏观状态对应的微观状态 Ω	所有分子位于左边的概率
左	右			
a，b	c	左 2　右 1	3	$\frac{1}{8}=\frac{1}{2^3}$
b，c	a			
a，c	b			
a，b，c	0	左 3　右 0	1	
0	a，b，c	左 0　右 3	1	

表 11-3　4 个分子的位置分布

微观状态		宏观状态	一种宏观状态对应的微观状态 Ω	所有分子位于左边的概率
左	右			
a,b,c,d	0	左 4　右 0	1	$\frac{1}{16}=\frac{1}{2^4}$
a,b,c	d	左 3　右 1	4	
b,c,d	a			
c,d,a	b			
d,a,b	c			
a,b	c,d	左 2　右 2	6	
a,c	b,d			
a,d	b,c			
b,c	a,d			
b,d	a,c			
c,d	a,b			
a	b,c,d	左 1　右 3	4	
b	c,d,a			
c	d,a,b			
d	a,b,c			
0	a,b,c,d	左 0　右 4	1	

相应的计算表明，如果共有 N 个分子，则全部分子都位于左边的概率为$\frac{1}{2^N}$. 由于气体中所含分子数 N 是如此之大，以至于这些分子全部位于左边的概率为$\frac{1}{2^N}\approx 0$，实际上是不会实现的. 所以

自由膨胀的不可逆性实质上是反映了这个系统内部发生的过程总是由概率小的宏观状态向概率大的宏观状态进行，也即由包含微观状态数目少的宏观状态向包含微观状态数目多的宏观状态进行. 这一结论对于孤立系统中进行的一切不可逆过程，如热传导、热功转化等过程都是成立的. 不可逆过程实质上是一个从概率较小的状态到概率较大的状态的变化过程.

在上面的分析中，实际上已用到了统计物理中的一个基本假设，即等概率假设：孤立系统各个微观状态出现的可能性(或概率)是相同的.

热力学第二定律的实质就是关于包括热现象的过程的可逆不可逆问题,因此,根据上面的分析,指出热力学第二定律的统计意义是:不受外界影响的系统,其内部发生的过程,总是由概率小的宏观状态向概率大的宏观状态进行,由包含微观状态数目少的宏观状态向包含微观状态数目多的宏观状态进行.

11.8.2 热力学概率和玻尔兹曼熵公式

在统计物理中,热力学概率的定义是:与任一给定的宏观状态相对应的微观态数,称为该宏观状态的热力学概率,用 Ω 表示. 根据上面的讨论,当引入热力学概率之后,可以得出下述结论.

(1) 对孤立系统,在一定条件下的平衡态对应于 Ω 为极大值的宏观状态.

(2) 若系统的宏观初态的微观态数 Ω 不是极大值,则系统的初态为非平衡态. 系统将随着时间向 Ω 增大的宏观状态演化,直到达到 Ω 极大值的宏观状态.

从表 11-1、表 11-2 和表 11-3 等可知,Ω 值大,对应着分子均匀分布,即分子分布的无序性(或混乱度)大. 因此,热力学概率 Ω 是分子运动无序性的一种量度.

由于气体内分子数 N 很大,故一般热力学概率是非常大的,为了便于理论上的处理,1887 年玻尔兹曼给出了 S 与系统无序性的关系,即

$$S \propto \ln\Omega$$

1990 年,普朗克引入比例系数 k,即玻尔兹曼常量,上式写为

$$S = k\ln\Omega \tag{11-55}$$

式(11-55)称为玻尔兹曼熵公式. 和 Ω 一样,S 的微观意义是系统内分子热运动的无序性的一种量度. 因此,熵增加原理实际上指出:孤立系统发生的一切自然过程总是沿着无序性增大的方向进行.

11.8.3 热力学第二定律的适用范围

热力学第二定律是适用于宏观过程的规律,它具有统计上的深刻意义. 若处理的事件数目(或粒子数)很大,统计结果和观测结果相一致;但若涉及的事件数目(或粒子数)小,就会有显著偏差. 所以热力学第二定律只有在大数分子组成的宏观系统才有意义,不能用于少数分子的集合体.

习 题 11

11-1 作功和热传递都可以增加系统的内能,两者在本质上有差异吗?

11-2 有人说:“在任意的绝热过程中,只要系统和外界之间没有热量传递,系统的温度就不会变化.”这种说法对吗? 为什么?

11-3 香水分子在空气中扩散是可逆过程还是不可逆过程? 能找到日常生活中的不可逆过程的例子和可逆过程的实例吗?

11-4 1mol 单原子理想气体从 300K 加热到 350K,(1)体积保持不变;(2)压强保持不变. 问在这两过程中各吸收了多少热量? 增加了多少内能? 对外做了多少功?

11-5 2mol 氮气,在温度为 300K,压强为 1.0×10^5 Pa 时,等温地压缩到 2.0×10^5 Pa,求气体的放热量.

11-6 1mol 氢,在压强为 1.0×10^5 Pa,温度为 20℃时,其体积为 V_0,今使它经以下两种过程达同一状态:

(1)先保持体积不变,加热使其温度升高到 80℃,然后令它作等温膨胀,体积变为原体积的 2 倍;

(2) 先使它作等温膨胀至体积的 2 倍,然后保持体积不变,加热到 80℃.

试分别计算以上两种过程中吸收的热量，气体对外作的功和内能的增量；并作出 P-V 图.

11-7　(1)有 $10^{-6}\,m^3$ 的 373K 的纯水，在 $1.013\times10^5\,Pa$ 的压强下加热，变成 $1.67\times10^{-3}\,m^3$ 的同温度的水蒸气. 水的汽化热是 $2.26\times10^6\,J/kg$. 问水变汽后，内能改变多少？(2)在标准状态下 $10^{-3}\,kg$ 的 273K 的冰化为同温度的水，试问内能改变多少？标准状态下水与冰的比体积各为 $10^{-3}\,m^3/kg$ 与 $1.1\times10^{-3}\,m^3/kg$. 冰的熔解热为 $3.34\times10^5\,J/kg$.

11-8　设某理想气体的摩尔热容随温度按 $C=\alpha T$ 的规律变化，α 为一常数，求此理想气体 1mol 的过程方程式.

11-9　设有一以理想气体为工作物质的热机循环，如图所示，试证明其效率为

$$\eta=1-\gamma\frac{\left(\dfrac{V_1}{V_2}\right)-1}{\left(\dfrac{P_1}{P_2}\right)-1}$$

11-10　一热机在 1000K 和 300K 的两热源之间工作. 如果(1)高温热源提高到 1100K，(2)低温热源降到 200K，求理论上的热机效率各增加多少？为了提高热机效率哪一种方案更好？

11-11　有 25mol 的某种气体，如图所示循环过程(ac 为等温度过程). $p_1=4.15\times10^5\,Pa$，$V_1=2.0\times10^{-2}\,m^3$，$V_2=3.0\times10^{-2}\,m^3$. 求：(1)各过程中的热量、内能改变以及所做的功；(2)循环的效率.

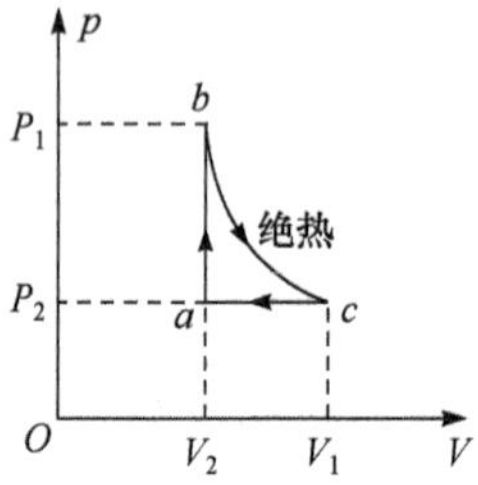

题 11-9 图

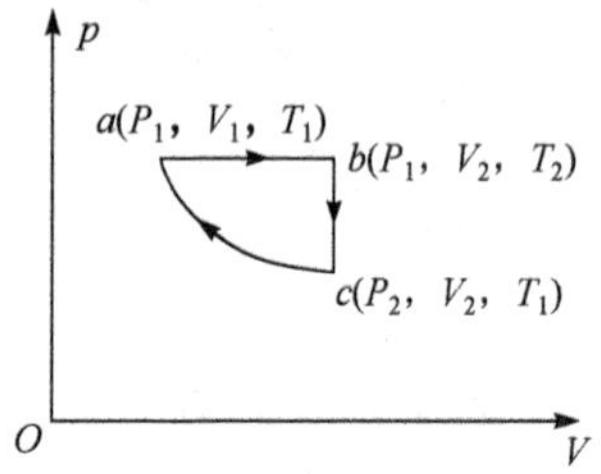

题 11-11 图

11-12　一绝热容器被铜片分成两部分，一边盛 80℃的水，另一边盛 20℃的水，经过一段时间后，从热的一边向冷的一边传递了 4186J 的热量，问在这个过程中的熵变是多少？假定水足够多，传递热量后的温度没有明显变化.

11-13　两个体积相同的容器盛有不同的理想气体，一种气体质量为 M_1，摩尔质量为 M_{m_1}；另一种气体质量为 M_2，摩尔质量为 M_{m_2}，它们的压强与温度都相同. 两者相互连通起来，开始了扩散，求这个系统总的熵变.

第12章 波动光学

12.1 光的电磁理论

12.1.1 电磁学理论

19世纪70年代,麦克斯韦发展了电磁理论,从而导致了电磁波的发现．电磁波在不同介质的界面上会发生反射和折射现象,在传播中会出现干涉、衍射和偏振现象,而根据当时已有的知识,光波也具有完全相似的干涉、衍射和偏振等现象,它们之间有什么联系呢?电磁波在真空中的速度

$$c=\frac{1}{\sqrt{\varepsilon_0\mu_0}} \tag{12-1}$$

在实验误差范围以内,这个常数 c 与已测得的光速相等．于是麦克斯韦得出这样的理论:光是某一波段的电磁波,c 就是光在真空中的传播速度．

介质中电磁波的速度为

$$u=\frac{c}{\sqrt{\varepsilon_r\mu_r}} \tag{12-2}$$

折射率为

$$n=\frac{c}{u}$$

则

$$n=\sqrt{\varepsilon_r\mu_r} \tag{12-3}$$

$\boldsymbol{E}$ 和 $\boldsymbol{H}$ 都垂直 $\boldsymbol{u}$,电磁波是横波．维纳实验证明,对人的眼睛或感光仪器起作用的是电场强度 $\boldsymbol{E}$,所以光波中的振动矢量是指电场强度 $\boldsymbol{E}$.

电磁波中能为人眼所感受的波长在400～760nm,对应的频率范围为 $7.5\times10^{14}\sim4.1\times10^{14}$ Hz. 在可见光的范围内,不同的频率引起不同的颜色感觉．表12-1给出了各单色光的频率或真空中的波长和颜色之间的对应关系．

表12-1 可见光的范围

颜色	中心频率/Hz	中心波长/nm	波长范围/nm
红	4.5×10^{14}	660	760～622
橙	4.9×10^{14}	610	597～622
黄	5.3×10^{14}	570	577～597
绿	5.5×10^{14}	550	492～577
青	6.5×10^{14}	460	450～492
蓝	6.8×10^{14}	440	435～450
紫	7.3×10^{14}	410	400～435

人眼的视网膜或物理仪器所检测到的光的强弱是由能流密度的大小来决定的(单位时间

内通过与波的传播方向相垂直的单位面积的能量)，而任何波动所传递的能流密度与振幅的平方成正比，所以，光的强度或光照度(即平均能流密度)为

$$\bar{I}\propto A^2(A\text{ 为电场强度}) \tag{12-4}$$

在波动光学中，主要是讨论光波所到之处的相对光照度，因而通常只需计算光波在各处的振幅的平方值，而不需要计算各处的光照度的绝对值.

12.1.2　相干光

若两束光满足相干光的条件，即只要这两束光在相遇区域内，振动方向相同，振动频率相同，相位相同或相位差保持恒定，那么在两束光相遇的区域内就会产生干涉现象.

光源处

$$\boldsymbol{A}_{10}\cos(\omega_1 t+\varphi_{01})$$

$$\boldsymbol{A}_{20}\cos(\omega_2 t+\varphi_{02})$$

到达P点

$$\begin{aligned}\boldsymbol{E}_1(\boldsymbol{r}_1,t)&=\boldsymbol{A}_1\cos\left[\omega_1\left(t-\frac{r_1}{u_1}\right)+\varphi_{01}\right]\\&=\boldsymbol{A}_1\cos\left(\omega_1 t-\frac{2\pi r_1}{T_1u_1}+\varphi_{01}\right)\\&=\boldsymbol{A}_1\cos(\omega_1 t-k_1r_1+\varphi_{01})\\\boldsymbol{E}_2(\boldsymbol{r}_2,t)&=\boldsymbol{A}_2\cos(\omega_2 t-k_2r_2+\varphi_{02})\end{aligned}$$

如果$\boldsymbol{E}_1$和$\boldsymbol{E}_2$同向，则t时刻P点的光矢量为

$$\boldsymbol{E}(t)=\boldsymbol{E}(\boldsymbol{r}_1,t)+\boldsymbol{E}_2(\boldsymbol{r}_2,t)$$

$$\boldsymbol{E}(t)=A_1\cos(\omega_1 \mathrm{t}-k_1r_1+\varphi_{01})+A_2\cos(\omega_2 t-k_2r_2+\varphi_{02})$$

如果ω_1与ω_2相同，则

$$\begin{aligned}E(t)&=A_1\cos(\omega_1 t-k_1r_1+\varphi_{01})+A_2\cos(\omega_2 t-k_2r_2+\varphi_{02})\\&=A\cos(\omega t+\varphi)\end{aligned}$$

其中

$$A^2=A_1^2+A_2^2+2A_1A_2\cos(\varphi_2-\varphi_1)$$

$$\tan\varphi=\frac{A_1\sin\varphi_1+A_2\sin\varphi_2}{A_2\cos\varphi_1+A_2\cos\varphi_2}$$

$$I=I_1+I_2+2\sqrt{I_1I_2}\cos(\varphi_2-\varphi_1)$$

实际观察到的总是在较长时间内的平均强度，在某一时间间隔τ内，合振动的平均相对强度为

$$\begin{aligned}\bar{I}&=\frac{1}{\tau}\int_0^\tau[A_1^2+A_2^2+2A_1A_2\cos(\varphi_2-\varphi_1)]\mathrm{d}t\\&=I_1+I_2+2\sqrt{I_1I_2}\,\frac{1}{\tau}\int_0^\tau\cos(\varphi_2-\varphi_1)\mathrm{d}t\end{aligned} \tag{12-5}$$

如$\varphi_2-\varphi_1$与时间无关，则

$$I=I_1+I_2+2\sqrt{I_1I_2}\cos(\varphi_2-\varphi_1)$$

当$\varphi_2-\varphi_1=2k\pi,k=0,1,2,\cdots$时，

$I=I_1+I_2+2\sqrt{I_1I_2}$，强度最大

当$\varphi_2-\varphi_1=(2k+1)\pi,k=0,1,2,\cdots$时，

$I=I_2+I_1-2\sqrt{I_1 I_2}$，强度最小

这种现象称为干涉现象，$2\sqrt{I_1 I_2}\cos(\varphi_2-\varphi_1)$ 称为干涉项．若 $\varphi_2-\varphi_1$ 随时间而变，则 $\frac{1}{\tau_1}\int_0^{\tau}\cos(\varphi_2-\varphi_1)\mathrm{d}\tau=0$，则 $I=I_1+I_2$.

这就是通常两灯同时照射的情况．

根据光源的发光机理，当原子中大量的原子(分子)受外来激励而处于激发状态，处于激发状态的原子是不稳定的，它要自发地向低能级状态跃迁，并同时向外辐射电磁波．当这种电磁波的波长在可见光范围内时，即为可见光．原子的每一次跃迁时间很短(10^{-8} s)．由于一次发光的持续时间极短，所以每个原子每一次发光只能发出频率一定、振动方向一定而长度有限的一个波列．由于原子发光的无规则性，同一个原子先后发出的波列之间，以及不同原子发出的波列之间都没有固定的相位关系，且振动方向与频率也不尽相同，这就决定了两个独立的普通光源发出的光不是相干光，因而不能产生干涉现象．即使是同一光源的不同部分发出的光，也不满足光的相干条件．根据惠更斯原理，如果我们能够从光源发出的同一波列的波面上取出两个次波源，或者把同一波列的波分为两束光波，则由于是同一光波列，所以满足频率相同，振动方向相同，相遇过程中有恒定的相位差的相干条件．在叠加的区域，能观察到稳定的干涉图样．

12.2 分波面的干涉实验

12.2.1 杨氏双缝干涉实验

英国物理学家托马斯·杨，在 1801 年首次用实验方法观察到光的干涉现象．杨氏双缝干涉实验装置如图 12-1 所示，光源 L 发出的光照射到单缝 S 上，在单缝 S 的前面放置两个相距很近的狭缝 S_1、S_2，S 到 S_1、S_2 的距离很小并且相等．按照惠更斯原理，S_1、S_2 是由同一光源 S 形成的，满足振动方向相同，频率相同，相位差恒定的相干条件，故 S_1、S_2 是相干光源．这样由 S_1、S_2 发出的光在空间相遇时，将会产生干涉现象．

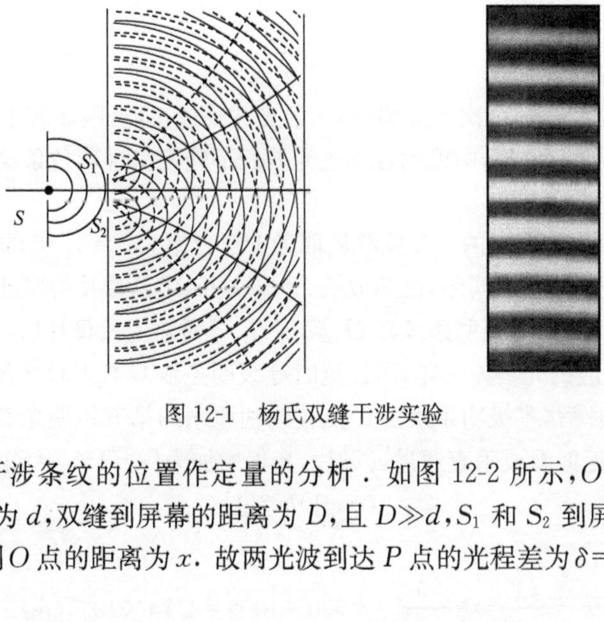

图 12-1 杨氏双缝干涉实验

下面对屏幕上干涉条纹的位置作定量的分析．如图 12-2 所示，O 为屏幕中心，$OS_1=OS_2$．设双缝的间距为 d，双缝到屏幕的距离为 D，且 $D\gg d$，S_1 和 S_2 到屏幕上 P 点的距离分别为 r_1 和 r_2，P 点到 O 点的距离为 x．故两光波到达 P 点的光程差为 $\delta=r_2-r_1$．由几何关系可得

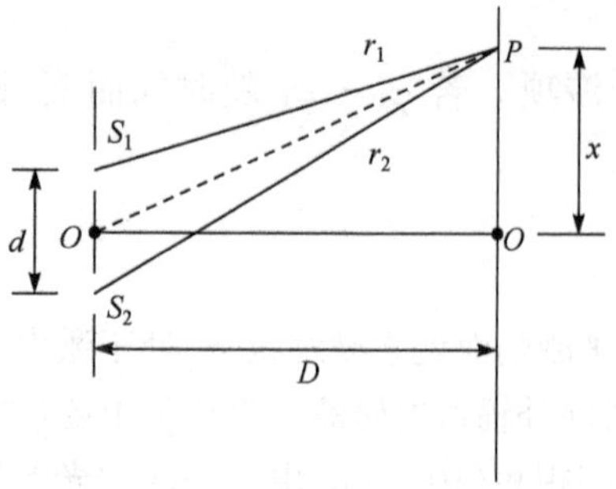

图 12-2 杨氏双缝干涉实验的计算

$$r_1^2=D^2+(x-d/2)^2$$
$$r_2^2=D^2+(x+d/2)^2$$

得

$$r_2^2-r_1^2=2dx$$

即

$$(r_2-r_1)(r_2+r_1)=2dx$$

因为 $D\gg d$，且在屏幕中心两侧能观察到的干涉条纹的范围是有限的，所以有 $r_2+r_1=2D$，故光程差为

$$\delta=r_2-r_1=\frac{d}{D}x \tag{12-6}$$

(1) 明条纹：$\delta=\frac{d}{D}x=\pm k\lambda, x=\pm k\frac{D}{d}\lambda$

中心位置：
$$x=\pm k\frac{D}{d}\lambda,\quad k=0,1,2,\cdots \tag{12-7}$$

式中，正负号表示干涉条纹在 O 点两侧，呈对称分布．当 $k=0$ 时，$x=0$，表示屏幕中心为零级明条纹，对应的光程差为 $\delta=0$，$k=1,2,3,\cdots$的明条纹分别称为第一级、第二级、第三级，…明条纹．

(2) 暗条纹：$\delta=\frac{d}{D}x=\pm(2k+1)\frac{\lambda}{2}, x=\pm(2k+1)\frac{D}{d}\frac{\lambda}{2}$

中心位置：
$$x=\pm(2k+1)\frac{D}{d}\cdot\frac{\lambda}{2}, k=0,1,2,\cdots \tag{12-8}$$

式中，正负号表示干涉条纹在 O 点两侧，呈对称分布，$k=1,2,3,\cdots$的暗条纹分别称为第一级、第二级、第三级，……暗条纹．

(3) 条纹间距：相邻明纹中心或相邻暗纹中心的距离称为条纹间距，它反映干涉条纹的疏密程度．明纹间距和暗纹间距均为

$$\Delta x=\frac{D}{d}\lambda \tag{12-9}$$

式 12-9 表明条纹间距与级次 k 无关，与入射光波长成正比，因而若用白光照射，则除中央区域因各色光重叠仍为白色外，两侧因各单色光波长不同而呈现彩色条纹，同一级明条纹形成一个由紫到红的彩色条纹．

例 12.1 当双缝干涉装置的一条狭缝后面盖上折射率为 $n=1.58$ 的云母片时，观察到屏幕上干涉条纹移动了 5 个条纹间距，已知波长 $\lambda=550\text{nm}$，求云母片的厚度．

解 没有盖云母片时，零级明条纹在 O 点；当 S_1 缝后盖上云母片后，光线 1 的光程增大．由于零级明条纹所对应的光程差为零，所以这时零级明条纹只有上移才能使光程差为零．依题意，S_1 缝盖上云母片后，零级明条纹由 O 点移动到原来的第五级明条纹位置 P 点，当 $x\ll d$ 时，S_1 发出的光可以近似看成垂直通过云母片，光程增加为$(n-1)b$，从而有

$$(n-1)b=k\lambda$$

所以

$$b=\frac{k\lambda}{n-1}=\frac{5}{1.58-1}\times550\times10^{-9}=4.74\times10^{-6}(\text{m})$$

12.2.2　菲涅耳双面镜

在双缝实验中，当小孔或缝很小时，才能在屏上出现清晰的干涉条纹，可是这样会使通过狭缝的光太弱，因而干涉条纹不够明亮．菲涅耳采用了双镜的办法解决了这一问题．如图 12-3所示，光源 S 发出的波振面被两块夹角很小的平面镜 M_1、M_2 反射，分成 W_1 与 W_2 两部分，它们是相干光，在重叠区域可以产生干涉现象．S_1、S_2 分别为 S 在 M_1、M_2 镜中所成的像，因而反射的两束光可以看成是由光源 S_1 和 S_2 发出的．把相位相同的虚光源 S_1 和 S_2 比作杨氏双缝干涉装置中的两条狭缝，那么杨氏双缝干涉公式就可以用于双面镜干涉．

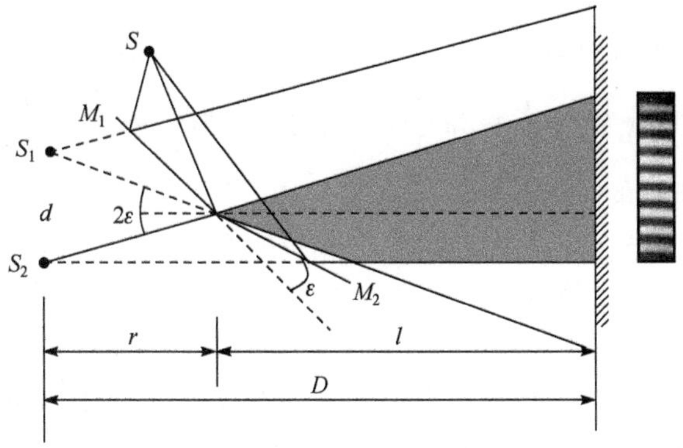

图 12-3　菲涅耳双面镜干涉实验

12.2.3　劳埃德镜实验

如图 12-4 所示，MB 为一背面涂黑的玻璃片，用它作反射镜，从狭缝 S_1 射出的光，一部分直接射到屏幕 P 上，另一部分经过玻璃片反射后到达屏幕，反射光可以看成是由虚光源 S_2 发出的，S_1、S_2 构成一对相干光源，在屏幕上可以看到明、暗相间的干涉条纹．

劳埃德镜干涉也可以用杨氏干涉公式来计算．

将屏幕移到镜面 B 端，观察屏和反射镜接触，在接触点，入射光与反射光的光程是相等的，这时在该处应出现明条纹，但是在实验中观察到的却是暗条纹．这表明，直接射到屏幕上的光与由镜面反射出来的光在 B 处的相位相反．进一步实验表明，当光从光速较大(折射率较小)的介质射向光速较小(折射率较大)的介质时，反射光的相位较之入射光的相位发生了 π 跃变，这就相当于反射光与入射光之间有了 $\lambda/2$ 的光程差．有时把这种因为相位跃变 π 而产生的 $\lambda/2$，叫做“半波损失”．

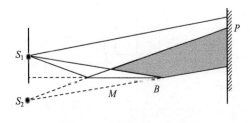

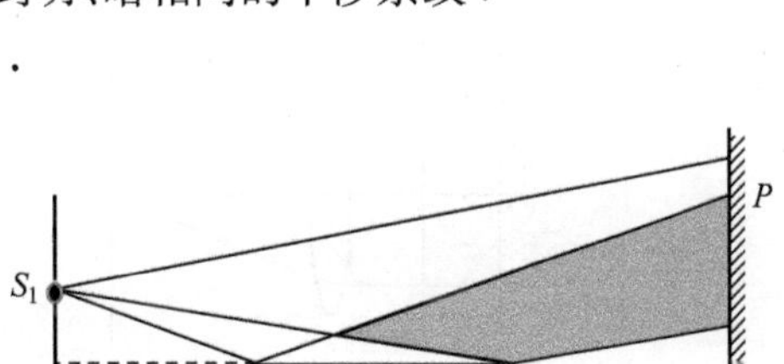

图 12-4　劳埃德镜干涉实验

12.3　分振幅干涉

12.3.1　光程　光程差

光在同一种介质中传播时，只要计算出两相干光到达某一点的波程差，就可以计算出相位

差 $\Delta\varphi=2\pi\dfrac{\Delta r}{\lambda}$. 对于光在不同介质中的传播，则不能用上式进行计算，为此引入光程的概念．设有一波长为 λ 的单色光，在折射率为 n 的介质中传播时，波速为 $v=\dfrac{c}{n}$，波长为 $\lambda_n=\lambda/n$. 由于 $n>1$，因此同一光波在介质中的波长比在真空中的波长要短．光波在传播过程中的相位变化，与介质的性质以及传播距离有关．无论是在真空中还是在介质中，光波每传播一个波长的距离，相位都要改变 2π，如果光波要通过几种不同的介质，由于折射率(波长)的不同，相位的变化也就不同，因而给相位变化的计算增加了麻烦．不过引入光程概念以后，这种麻烦就可以克服．

例如，真空中波长为 λ 的单色光，在折射率为 n 介质中传播时，波长变为 $\lambda_n=\lambda/n$，，通过长为 l 的路程后，相位改变量为 $2\pi\dfrac{l}{\lambda_n}=2\pi\dfrac{nl}{\lambda}$，所用的时间为 $\dfrac{l}{v}=\dfrac{l}{c/n}=\dfrac{nl}{c}$，与光在真空中通过 nl 的路程的相位改变和所用的时间相等．

上面的讨论说明，光波在介质中传播时，其相位的变化不仅与光波传播的几何路程和真空中的波长有关，而且还与介质的折射率有关．光在折射率为 n 的介质中通过几何路程 L 所发生的相位变化为 $\Delta\varphi$，相当于光在真空中通过 nL 的路程所发生的相位变化．因此把折射率 n 和几何路程 L 的乘积 nL 定义为光程．有了光程的概念，可以方便地把不同介质中传播的路程都折算为该单色光在真空中传播的路程．

在干涉和衍射实验中，常需用薄透镜将平行光线会聚在一点，尽管光线从这些点到焦平面的几何路程并不相等，但是它们的光程却是相等的．如图 12-5 所示，平行光线波面上各点(图 A、B、C 各点)的相位相同，到达焦面后相位仍相同，虽然光线从这些点到点 F 的几何路程并不相等，但是它们的光程却是相等的．对于斜入射的平行光，会聚于焦面的 F'，也可知它们的光程是相等的．因此，薄透镜具有等光程性．当用透镜或透镜组成的光学仪器观测干涉时，观测仪器不会带来附加的光程差．

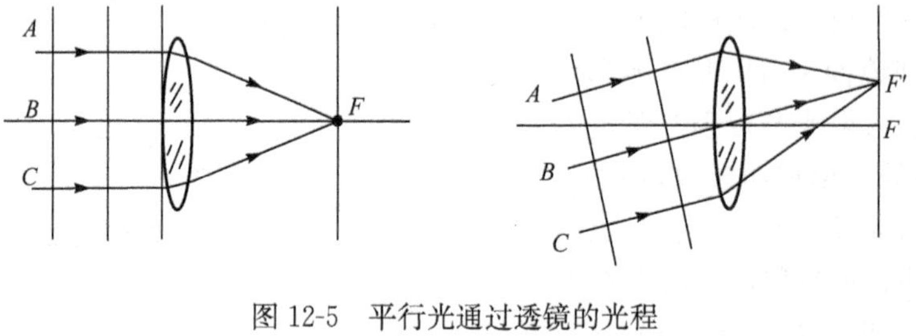

图 12-5　平行光通过透镜的光程

12.3.2　薄膜干涉

薄膜干涉属于分振幅法产生相干光的干涉现象，日常在太阳光下见到的肥皂膜和水面上的油膜所呈现的彩色都是薄膜干涉的实例．如图 12-6 所示就是肥皂膜的干涉．由薄膜两表面反射(或透射)光产生的干涉现象，叫做薄膜干涉．

在折射率为 n_1 的均匀介质中，有一折射率为 n_2 的薄膜($n_2>n_1$)，薄膜厚度为 d，由单色面光源上点 S 发出的光线 1，以入射角 i 投射到分界面 M_1 上的点 A，一部分由点 A 反射，另一部分折射进入薄膜并在分界面 M_2 上反射，再经界面 M_1 折射而去，显然这两光线 2、3 是平行的，经透镜 L 会聚于 P 点，2、3 是相干光，可在 P 点产生干涉条纹．2、3 光线之间的光程差可由下面的公式计算.

设 $CD\perp AD$,则 CP 与 DP 之间的光程相等,由图 12-7 可知,光 3、光 2 之间的光程差为

图 12-6　肥皂膜的干涉

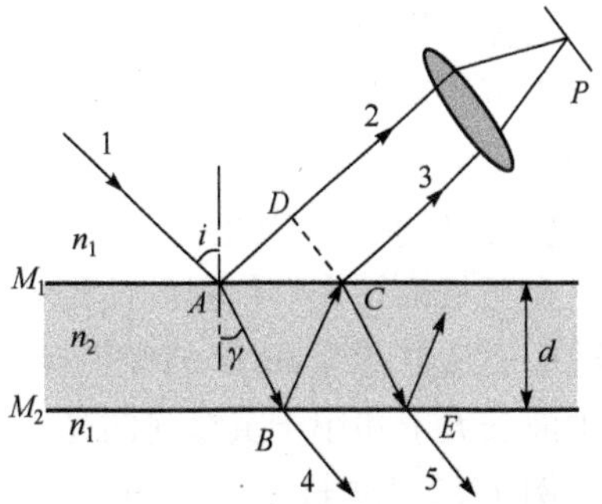

图 12-7　薄膜干涉

$$\delta'=n_2(AB+BC)-n_1AD$$

由于

$$AB=BC=\frac{d}{\cos\gamma}$$

$$AD=AC\sin i=2d\tan r\sin i$$

故

$$\delta'=2\frac{d}{\cos\gamma}(n_2-n_1\sin\gamma\sin i)$$

由折射定律

$$\delta'=\frac{2d}{\cos\gamma}n_2[1-\sin^2\gamma]=2n_2d\cos\gamma$$

$$=2n_2d\sqrt{1-\sin^2\gamma}=2d\sqrt{n_2^2-n_1^2\sin^2 i}$$

考虑附加的光程差,总的光程差为

$$\delta=2d\sqrt{n_2^2-n_1^2\sin^2 i}+\frac{\lambda}{2} \tag{12-10}$$

于是,干涉条件为

$$\delta=2d\sqrt{n_2^2-n_1^2\sin^2 i}+\frac{\lambda}{2}=\begin{cases}k\lambda, & k=1,2,3,\cdots,\text{明纹}\\(2k+1)\dfrac{\lambda}{2}, & k=0,1,2,\cdots,\text{暗纹}\end{cases} \tag{12-11}$$

当垂直入射($i=0$)时,有

$$\delta=2n_2d+\frac{\lambda}{2}=\begin{cases}k\lambda, & k=1,2,3,\cdots,\text{明纹}\\(2k+1)\dfrac{\lambda}{2}, & k=0,1,2,\cdots,\text{暗纹}\end{cases} \tag{12-12}$$

不仅反射光存在干涉现象,而且透射光也存在干涉现象. 图 12-7 中,4 光线和 5 光线就满足相干条件,只不过亮度较低,且与反射光明暗情况正好相反. 其光程差为

$$\delta=2d\sqrt{n_2^2-n_1^2\sin^2 i}$$

显然,这是能量守恒定律在薄膜干涉中的表现形式.

在实际应用中，利用薄膜干涉原理可以制造增透膜．在光学仪器中，常需要用几块透镜来构成一个透镜组．在每个分界面上都会反射掉4%～5%的能量，光经过多次反射后，能量将会损失很多．为了减少入射光能量在透镜元件的玻璃表面上反射所引起的损失，常在镜面上镀一层厚度均匀的透明薄膜，当薄膜的厚度适当时，可使照射的单色光在薄膜的两个表面上的反射光因干涉而相互抵消，从而使透射光增强．这种使透射光增强的薄膜称为增透膜．另外，在镜面上镀上透明薄膜后，能使某些波长反射光因干涉而增强，从而使更多该波长光能得到反射，这种使反射光增强的薄膜称为增反膜．

在照相机等光学仪器的镜头表面镀上 MgF_2 薄膜后，能使对人眼视觉最灵敏的黄绿光反射减弱而透射增强，这样的镜头在白光照射下，其反射光常给人以蓝紫色的视觉，这是因为白光中波长大于和小于黄绿光的光不完全满足干涉条件的缘故．

例 12.2　波长 $\lambda=500\text{nm}$ 黄绿光对人眼和照相底片最敏感．要使照相机对此波长反射小，可在照相机镜头表面镀一层 MgF_2 薄膜，已知 MgF_2 薄膜的折射率 $n=1.38$，求 MgF_2 薄膜的最小厚度．

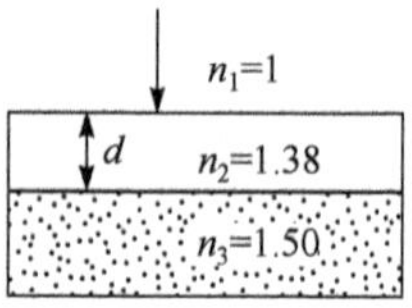

图 12-8　增透膜

解　如图 12-8 所示，因为 MgF_2 薄膜的折射率介于空气和玻璃之间，所以光在 MgF_2 薄膜的上、下表面反射时均有半波损失现象．因此两条反射光之间的光程差为

$$\delta=2nd=(2k+1)\frac{\lambda}{2},k=0,1,2,\cdots$$

取 $k=0$，得 MgF_2 薄膜的最小厚度为

$$d=\frac{\lambda}{4n}=\frac{550}{4\times1.38}=99.64(\text{nm})$$

1．等倾干涉

由图 12-9 可知，干涉图样定域在无穷远处．如果有透镜观察，则在透镜的焦平面处可以观察到干涉图样．入射倾角相同的光线经透镜会聚后在焦平面上会聚，从而产生同一干涉条纹，这种干涉现象称之为等倾干涉．

2．等厚干涉

当一束平行光入射到厚度不均匀的透明介质薄膜上，在薄膜表面上也可以产生干涉现象．上面讨论了薄膜厚度均匀时的干涉现象，若薄膜厚度不均匀，由干涉公式可知，在入射角，薄膜折射率及周围介质确定后，对某一波长来说，两相干光的光程差仅取决于薄膜的厚度，因此薄膜厚度相同处的反射光将有相同的光程差，产生同一干涉条纹，或者说，同一干涉条纹是由薄膜上厚度相同处所产生的反射光形成的，这样的条纹称为等厚干涉条纹，这样的干涉称为等厚干涉．下面以劈尖的干涉和牛顿环的干涉为例来讨论等厚干涉．

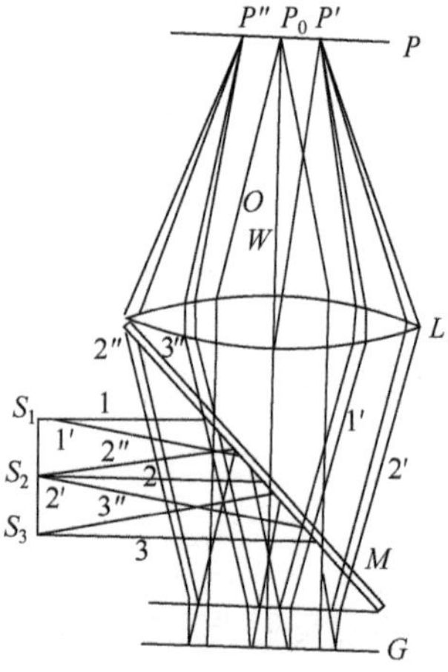

图 12-9　等倾干涉实验图

1）劈尖

图 12-10(a)为劈尖干涉的实验装置，从单色光源 S 发出的光经过光学系统成为平行光束，经反射镜 M 反射后垂直入射到

空气劈尖上，由劈尖上下表面反射的光束进行相干叠加，形成干涉条纹，通过显微镜 T 进行观察和测量．另外，也可用眼睛直接观察到．下面定量讨论劈尖的干涉．

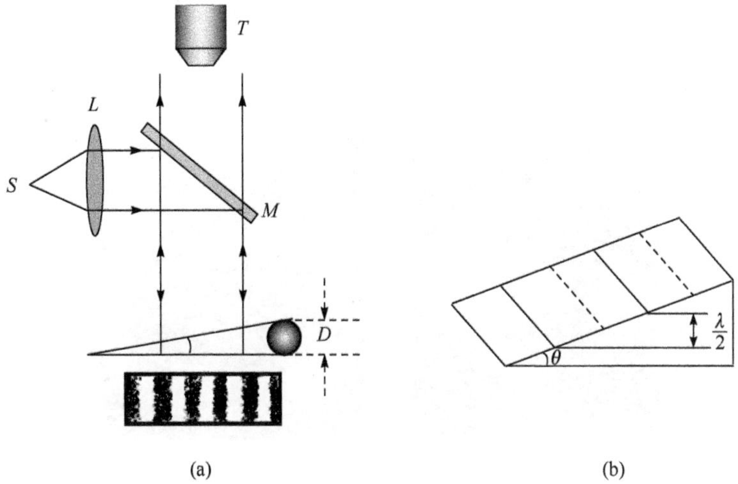

图 12-10 劈尖干涉实验装置

根据图 12-10 可知，光垂直入射到劈尖上，上下表面的光程差为

$$\delta=2nd+\frac{\lambda}{2}$$

且有

$$\delta=2nd+\frac{\lambda}{2}=\begin{cases}k\lambda, & k=1,2,\cdots,\text{明条纹}\\(2k+1)\dfrac{\lambda}{2}, & k=0,1,\cdots,\text{暗条纹}\end{cases}$$

则第 $k+1$ 级明条纹满足

$$2nd_{k+1}+\frac{\lambda}{2}=(k+1)\lambda$$

第 k 级明条纹满足

$$2nd_k+\frac{\lambda}{2}=k\lambda$$

两式相减得相邻明条纹(或暗条纹)对应的空气厚度差都为

$$\Delta d=d_{k+1}-d_k=\frac{\lambda}{2n} \tag{12-13}$$

即相邻明(或暗)条纹所对应的空气层的厚度差等于半个波长．从图 12-10(b)可得

$$\Delta d=l\sin\theta\approx l\theta$$

显然，明纹或暗纹之间间距 l 为

$$l=\frac{\Delta d}{\theta}=\frac{\lambda}{2n\theta} \tag{12-14}$$

从式(12-14)可以看出，劈尖的夹角越小，条纹间距越大，条纹分布越疏，越清晰；反之夹角越大，条纹分布越密，当夹角大到一定程度，干涉条纹将无法分辨．如果已知劈尖的夹角，并且测出干涉条纹的间距 l，就可以测出单色光的波长；反过来波长已知就可测出微小的角度．

由于劈尖的等厚线与棱边平行，如果劈尖的上下表面都是理想平面，则等厚条纹是一组平行的、等间距的、明暗相间的干涉条纹．需要指出的是，空气劈尖存在半波损失，劈尖的棱边对应的是暗条纹．

由于每一条明纹(或暗纹)都代表一条等厚线，所以劈尖干涉可用来检测光学表面的平整度．如图 12-11 所示，图(a)表示的是理想劈尖形成的干涉图样，图(b)表示的是待测工件和理想光学平面形成的非理想劈尖形成的干涉图样．

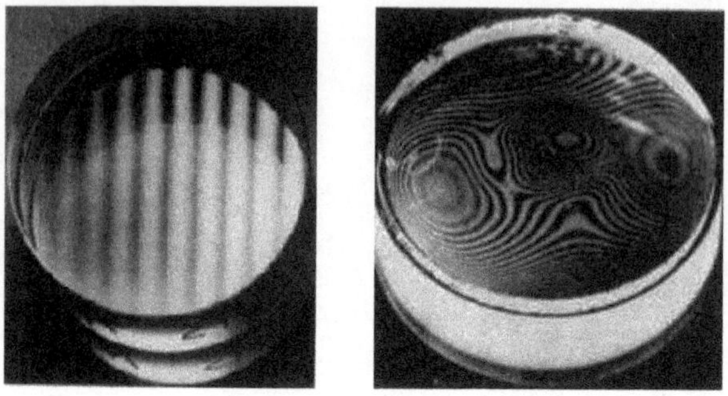

(a)　　(b)

图 12-11　检测光学表面的平整度

例 12.3　一玻璃劈尖，折射率 $n=1.52$. 波长 $\lambda=589.3\text{nm}$ 的钠光垂直入射，测得相邻条纹间距 $l=5.0\text{mm}$，求劈尖夹角．

解　由 $l=\dfrac{\Delta d}{\theta}=\dfrac{\lambda}{2n\theta}$ 可得

$$\theta=\frac{\Delta d}{l}=\frac{\lambda}{2nl}=\frac{589.3\times10^{-9}}{2\times1.52\times5.0\times10^{-3}}=3.9\times10^{-5}\text{rad}=8''$$

2) 牛顿环

如图 12-12(a)所示，将一曲率半径很大的凸透镜的曲面与一平板玻璃接触，其间形成一层平凹球面形的薄膜，显然，这种薄膜厚度相同处的轨迹是以接触点为中心的同心圆，因此，若以单色平行光垂直投射到透镜上，则会在反射光中观察到一系列以接触点为中心点的明暗相间的同心圆环，如图 12-12(b)所示，这种等厚干涉条纹称为牛顿环．

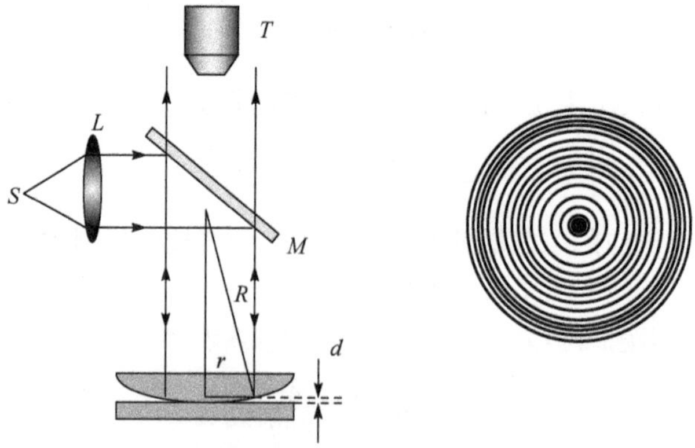

(a) 实验装置　　(b) 干涉图样

图 12-12　牛顿环

下面对牛顿环进行定量计算，设平凸透镜的曲率半径为 R，环形干涉条纹的半径为 r，入

射光的波长为 λ. 根据前面的知识可得如下关系

$$(R-d)^2+r^2=R^2$$

由于 $R\gg d$,将上式展开后略去高阶小量 d^2 可得

$$d=\frac{r^2}{2R}$$

上式说明,d 和 r 的平方成正比,所以离开中心越远,光程差越大,圆条纹间距越小,即越密. 所以光程差为

$$\delta=2nd+\frac{\lambda}{2}=\frac{nr^2}{R}+\frac{\lambda}{2}$$

代入相干条件可得反射光的明环和暗环的半径分别为

$$r=\begin{cases}\sqrt{(k-1/2)R\lambda}, & k=1,2,\cdots,\text{明纹}\\ \sqrt{kR\lambda}, & k=0,1,2,\cdots,\text{暗纹}\end{cases}\tag{12-15}$$

在生产上,牛顿环常用来检验透镜的质量,测定平凸透镜的曲率半径.

例 12.4　用 He-Ne 激光器发出的 $\lambda=0.633\mu m$ 的单色光,在牛顿环实验时,测得第 k 个暗环半径为 5.63mm,第 $k+5$ 个暗环半径为 7.96mm,求平凸透镜的曲率半径 R.

解　由暗纹公式,可知

$$r_k=\sqrt{kR\lambda}$$

$$r_{k+5}=\sqrt{(k+5)R\lambda}$$

故

$$5R\lambda=r_{k+5}^2-r_k^2$$

所以

$$R=\frac{r_{k+5}^2-r_k^2}{5\lambda}=\frac{(7.96^2-5.63^2)\times10^{-6}}{5\times6.33\times10^{-10}}=10.0(\mathrm{m})$$

12.4　迈克耳孙干涉仪

干涉仪是根据光的干涉原理制成的精密测量仪器,在科学技术方面有着十分重要的应用. 干涉仪的种类很多,本章只介绍在科学发展史上扮演过重要角色的迈克耳孙干涉仪.

迈克耳孙干涉仪的工作原理如图 12-13 所示,M_1、M_2 为两垂直放置的平面反射镜,分别固定在两个垂直的臂上. P_1、P_2 平行放置,与 M_2 固定在同一臂上,且与 M_1 和 M_2 的夹角均为 45°. M_1 由精密丝杆控制,可以沿臂轴前后移动. P_1 的第二面上涂有半透明、半反射膜,能够将入射光分成振幅几乎相等的反射光 $1'$和透射光 $2'$,所以 P_1 称为分光板(又称为分光镜). $1'$光经 M_1 反射后由原路返回再次穿过分光板 P_1 后成为 $1''$光,到达观察点 E 处;$2'$光到达 M_2 后被 M_2 反射按原路返回,在 P_1 的第二面上形成 $2''$光,也被返回到观察点 E 处. 由于 $1'$光在到达 E 处之前穿过 P_1 三次,而 $2'$光在到达 E 处之前穿过 P_1 一次,为了补偿两光的光程差,便在 M_2 所在的臂上再放一个与 P_1 的厚度、折射率严格相同的 P_2 平面玻璃板,满足了 $1'$、$2'$两光在到达 E 处时无光程差,所以称 P_2 为补偿板. 由于 $1'$、$2'$光均来自同一光源 S,在到达 P_1 后被分成 $1'$、$2'$两光,所以两光是相干光.

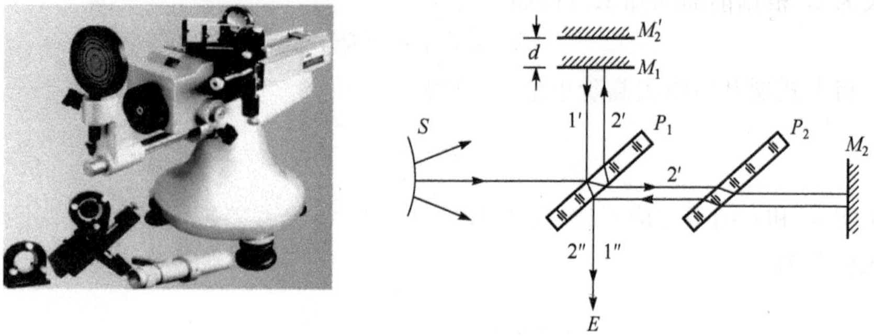

图 12-13　迈克耳孙干涉仪

综上所述，光线 $2'$ 是在分光板 P_1 的第二面反射得到的，这样使 M_2 在 M_1 的附近(上部或下部)形成一个平行于 M_1 的虚像 M_2'，因而，在迈克耳孙干涉仪中，自 M_1 和 M_2 的反射相当于自 M_1 和 M_2' 的反射．也就是说，在迈克耳孙干涉仪中产生的干涉相当于厚度为 d 的空气薄膜所产生的干涉，可以等效为距离为 $2d$ 的两个虚光源 S_1 和 S_2' 发出的相干光束．M_1 和 M_2' 反射的两束光的光程差可以用式(12-11)进行计算．

当 M_1 和 M_2 不严格垂直时，则 M_1 和 M_2' 之间的空气层就形成一个劈尖．此时所观察到的干涉条纹是等间距的等厚干涉图样．如果 M_1 向前或向后移动 $\frac{\lambda}{2}$ 的距离时，就可看到干涉图样中有一条条纹“涌出”或“陷入”，所以在实验时只要数出“涌出”或“陷入”的条纹个数 N，读出 d 的改变量 Δd，就可以计算出光波波长 λ 的值．满足下式

$$d=N\frac{\lambda}{2} \tag{12-16}$$

需要指出的是，在迈克耳孙干涉仪实验中，采用普通光源时，当 M_1 和 M_2' 之间距离超过一定限度后，就无法观察到干涉现象．这是由于光源所发出的光波列有一定的长度，如果两光路的光程差太大，则由同一波列分解出来的两波列不再重叠，而相互重叠的却是不同的光波列，所以不能产生干涉现象．也就是说，两光路之间的光程差超过了光波列的长度．在物理学上把两个分光束产生干涉现象的最大光程差称为该光源所发射的光的相干长度．与相干长度所对应的时间为

$$\Delta t=\frac{L}{c} \tag{12-17}$$

相干长度和相干时间常用来评价光源相干性的好坏．一般地，普通光源的相干长度只有几毫米，最多不超过米的量级，时间相干性较差．随着激光技术的发展，在光学实验中常采用激光作为光源，普通激光器的相干长度可达到 10^2 的量级．

12.5　光的衍射

12.5.1　光的衍射现象

我们现在已经知道光是电磁波．让一束光通过狭缝投射在屏上，在影的中央，应该是最暗的地方，实际观察到的却是亮的．光通过狭缝，甚至经过任何物体的边缘，在不同程度上都有类似的情况．这种光绕过障碍物偏离直线传播而进入几何阴影区，并在屏幕上出现光强不均

匀的分布现象,叫做光的衍射. 图 12-14(a)~(c)给出了几种衍射图样.

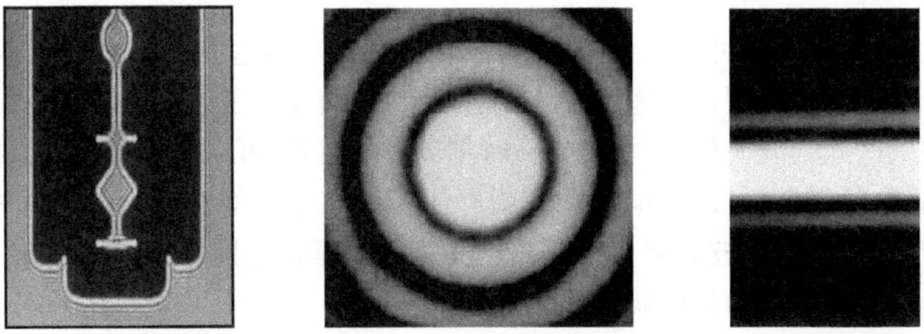

(a) (b) (c)

图 12-14 光的衍射

衍射现象的出现与否,主要决定于障碍物线度和波长大小的对比,只有在障碍物线度和波长可以比拟时,衍射现象才明显地表现出来.

光的衍射现象其实很常见. 如果我们五指并拢,使指缝与日光灯平行,通过指缝看发光的日光灯,在指缝间及指缝外的阴影区,会看到明暗相间的衍射条纹;如果我们在晚上眯起眼睛,看远处的路灯,会看到向上向下扩展很长的光芒,这也是光在视网膜上形成的衍射图像产生的感觉. 光的衍射现象虽然常见,但并不十分明显,这是由于只有当障碍物(缝、孔)的尺寸与波的波长相差不多时,衍射现象才明显,而光波的波长很短(400~760nm),一般障碍物的尺寸都比它大得多,故而生活中,光的衍射现象不明显,只有在实验室的特殊装置下,才能清晰观察到光的衍射. 与之相比较,声波的波长可达几米至几十米,利用日常生活中的孔径,如门、窗等都很容易观察到声波的衍射现象,(隔墙有耳).

12.5.2 衍射现象的分类

依照光源、衍射缝(或孔)、观察屏三者之间的距离,可以把衍射现象分为两类:

一类如图 12-15(a)所示,光源和观察屏与衍射缝(或孔)之间的距离都为有限远,或其中之一为有限远,这类衍射称为近场衍射或菲涅耳衍射.

另一类如图 12-15(b)所示,光源和观察屏与衍射缝(或孔)之间的距离都为无限远,这类衍射称为远场衍射或夫琅禾费衍射. 在实验室中,通常通过两个透镜来实现,将光源 S 放在透镜 L_1 的焦点上,将光屏 E 放在透镜 L_2 的焦平面上,由点光源 S 发出的光经 L_1 变成平行光入射,平行的衍射光经 L_2 会聚于焦平面上一点, 这样两个透镜分别使入射光和衍射光成为来自无限远和射向无限远的平行光,从而能观察到夫琅禾费衍射. 在实际场合,若光源和观察屏与衍射缝(或孔)的距离远远大于衍射缝(或孔)的尺寸,也可以近似看成夫琅禾费衍射.

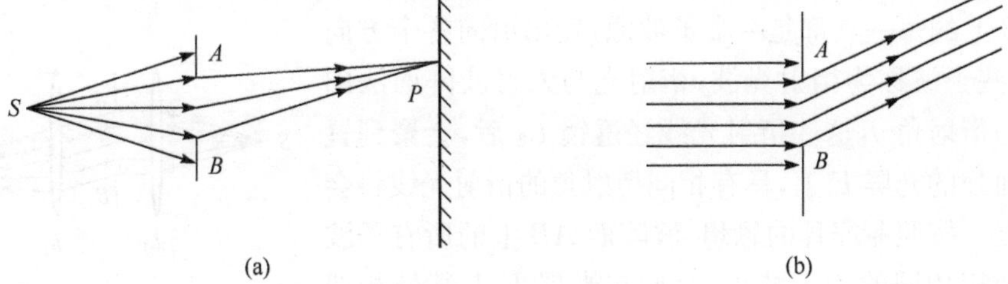

(a) (b)

图 12-15 衍射的分类

12.5.3　惠更斯-菲涅耳原理

在研究波的传播时,总可以找到同位相各点的几何位置,这些点的轨迹是等相面,叫做波面．惠更斯曾提出次波的假设来阐述波的传播现象,从而建立了惠更斯原理．根据这个原理,可以从某一时刻已知的波面位置,求出另一时刻波面的位置,可以解释光的直线传播、反射、折射,还可解释晶体的双折射现象,但不能说明有明暗相间条纹的出现．菲涅耳根据惠更斯的“次波”假设,补充了描述次波的基本特征——位相和振幅的定量表示式,并增加了“次波相干叠加”的原理,从而发展成为惠更斯-菲涅耳原理．

设某时刻的波形为 S,则空间任意点 P 的光振动可由波面 S 上每个面元 $\mathrm{d}S$ 发出的次波在 P 点叠加后的合振动来表示．菲涅耳假设次波在 p 点处所引起的振动的振幅与 r 成反比,从面积元 $\mathrm{d}S$ 所发出的次波在 P 点处的振幅正比于 $\mathrm{d}S$ 的面积,且与倾角 θ 有关,振幅随 θ 的增大而减小,如图 12-16 所示,C 点光振动取决于 S 面上所有面元发出的子波在该点的相干叠加,假定:

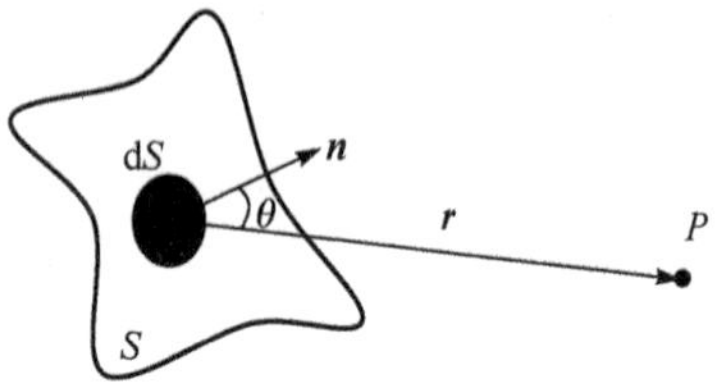

图 12-16　惠更斯-菲涅耳原理

(1) 面元 $\mathrm{d}S$ 发出的子波在 P 点引起的光振动的振幅,与 $\mathrm{d}S$ 大小成正比,与 $\mathrm{d}S$ 到 P 点的距离 r 成正比,并与 r 和面元 $\mathrm{d}S$ 法线方向 n 夹角 θ 有关,θ 越大振幅越小;

(2) 因波阵面 S 是同相面,所以任一面元 $\mathrm{d}S$ 在 P 点引起的光振动相位由 r 决定．即

$$\mathrm{d}E=C\frac{K(\theta)}{r}\cos\left(\omega t-\frac{2\pi}{\lambda}r\right)\mathrm{d}S$$

其中,$K(\theta)$为倾斜因子．

C 点合振动——菲涅耳积分

$$E=\iint_S C\frac{K(\theta)}{r}\cos(\omega t-\frac{2\pi}{\lambda}r)\mathrm{d}S \tag{12-18}$$

具体运用惠更斯-菲涅耳原理计算衍射问题时,需要考虑每个子波波源发出的子波的振幅和相位与传播距离和传播方向的关系．相对而言,夫琅禾费衍射比菲涅耳衍射简单得多,且有许多重要的实际应用,因此,我们主要讨论夫琅禾费衍射．

12.6　单缝夫琅禾费衍射

单缝夫琅禾费衍射的实验装置如图 12-17 所示．单缝线光源 S 置于透镜 L_1 的焦点,经透镜 L_1 后成为平行光,并垂直照射在与线光源平行的狭缝 AB 上,缝宽为 a,通过狭缝后将发生衍射现象,入射光被狭缝阻挡后,只有处于狭缝 AB 间的波阵面可以通过．根据惠更斯原理,波阵面 AB 上的每一点都是一个子波源,发出射向各个方向的子波,这些子波称为衍射光波,衍射光与入射波阵面法向的夹角称为衍射角 θ,这些衍射光线经透镜 L_2 后,会聚到置于其焦平面处的光屏 E 上,具有相同衍射角的衍射光线将会聚于同一点．按照菲涅耳的思想,波阵面 AB 上的所有子波波源都是初相相同的相干波源,它们在光屏 E 上某处相遇时,会发生干涉,由于在相遇处所经历的光程各不相同,因此

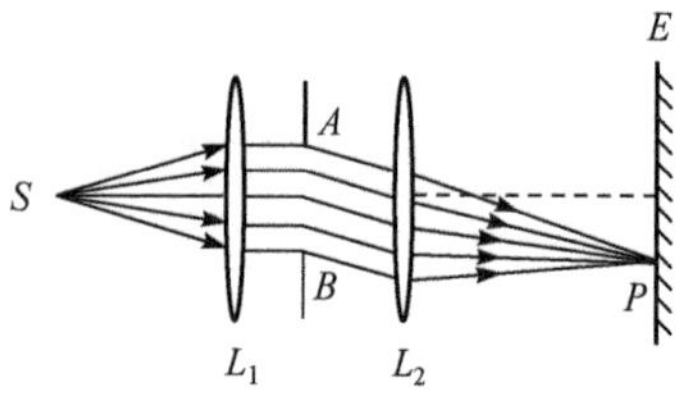

图 12-17　单缝夫琅禾费衍射

在光屏上会形成明暗相间的干涉条纹，即衍射条纹，如图 12-17所示．

显然，光屏上某位置 P 处的光振动取决于到达 P 点的所有子波的光程差．考虑衍射角为 θ 的一束光线，如图 12-18 所示，作平面 $AC\perp BC$，则 AC 为衍射光线的一个波阵面，而透镜又不会引起附加的光程差，因此 AB 面上各点发出的光，到达会聚点的光程差等于它们到达 AC 面的光程差．各点之间的光程差显然不同，其中，单缝上下两个端点 A、B 发出的两条光线之间的光程差最大，为

$$BC=a\sin\theta \tag{12-19}$$

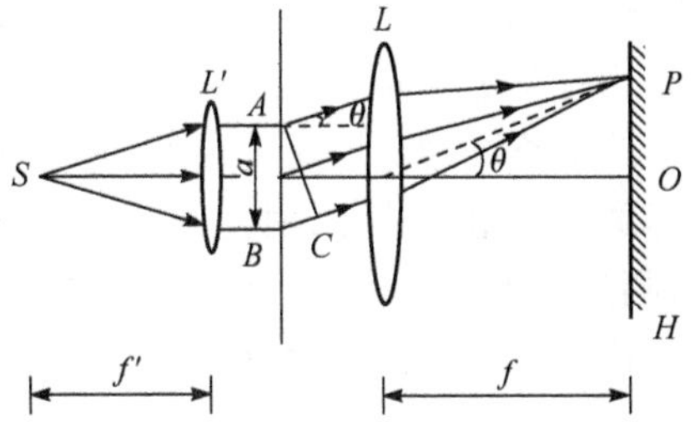

图 12-18　单缝夫琅费衍射试验光路

作一些平行于 AC 的平面，使相邻两平面之间的距离等于入射光波长的一半，即 $\lambda/2$．这些平面把 BC 分割的份数与把入射波阵面 AB 分割的条数相等，而相邻两个条带的对应点发出的子波到达会聚点的光程差均为 $\lambda/2$，因此将这些条带称为半波带．光程相差 $\lambda/2$，意味着相位差为 π，因此，相邻两半波带所发出的子波在会聚点将会互相抵消．由此可见，对于某个衍射角 θ，若 BC 等于半波长的偶数倍，则入射波阵面 AB 被分成偶数个半波带，所有半波带的作用成对抵消掉，在会聚点 P 将会出现暗纹；对于另外的衍射角，若 BC 为半波长的奇数倍，则入射波阵面 AB 被分成奇数个半波带，这些半波带的作用成对抵消后，还剩下一个半波带的光束未被抵消，未被抵消的光束在会聚点 P 将会出现明纹．

上述结果可表示为：

当 θ 满足

$$a\sin\theta=\pm 2k\cdot\lambda/2=\pm k\lambda,k=1,2,\cdots \tag{12-20}$$

时，对于暗纹中心；当 θ 满足

$$a\sin\theta=\pm(2k+1)\cdot\lambda/2,k=1,\ 2,\cdots \tag{12-21}$$

时，对于明纹中心．式中，k 称为衍射条纹的级数，正、负号表示每一级明纹或暗纹都有两条，在两个第一级暗纹之间的区域为中央明纹，即 $-\lambda<a\sin\theta<\lambda$，中央明纹对应的衍射角为 $\theta=0$. 由于实验能观察到的衍射条纹的衍射角都很小，$\sin\theta\approx\theta$，因此，中央明纹对应的角宽度为 $\Delta\theta=\theta_1-\theta_{-1}=2\lambda/a$.

所以，第一级暗条纹的衍射角为

$$\theta_1=\pm\lambda/a$$

中央明纹的线宽度为：

$$\Delta x_0=f\cdot\Delta\theta_0=2f\cdot\lambda/a \tag{12-22}$$

式中，f 是 L_2 的焦距.

同理可得，第 k 级明纹的角宽度应由第 $k+1$ 级暗纹和第 k 级暗纹对应的衍射角之差得到

$$\Delta\theta_k=\theta_{k+1}-\theta_k=\lambda/a \tag{12-23}$$

第 K 级明纹的线宽度为

$$\Delta x_k=f\cdot\Delta\theta_k=f\cdot\lambda/a \tag{12-24}$$

由此可见，中央明纹的宽度是其他各级明纹宽度的 2 倍．

对于一般的衍射角 θ，AB 不能被分成整数个半波带，此时，衍射光经透镜聚焦后，在光屏上形成介于最亮和最暗之间的中间区域，

单缝衍射的光强如图 12-19 所示，其特点是：中央明纹最宽，也最亮，其他明纹的亮度随级次增大而迅速减小，明暗条纹的分界越来越不明显．这是由于在中央明纹区，所有子波都有贡献，而其他各级明纹都是相邻半波带的作用成对抵消后，剩下的一个半波带的子波产生的．显然，衍射角 θ 越大，入射波阵面被分成的半波带个数越多，未能抵消的一个半波带的作用就越小，所产生的明纹亮度也越小．

由式(12-20)可知，当入射光波长 λ 一定时，随缝宽 a 的减小，各级衍射条纹对应的衍射角 θ 增大，衍射效应增强；反之，随缝宽 a 的增大，各级衍射条纹对应的衍射角 θ 减小，衍射效应减弱．当缝宽达到 $a \geqslant \lambda$ 时，各级条纹的衍射角都趋于 0，各级衍射条纹都并入中央明纹而呈现单一的明条纹，此时，光可视为线性传播，因此，光的衍射现象与光的直线传播理论并不矛盾．当缝宽 a 一定时，随入射光波长 λ 的增大，各级衍射条纹对应的衍射角都变大，如果是白光入射，则除中央明纹为各单色光重叠在一起仍呈现白色外，其他各级明纹都形成由紫到红的向两侧对称排列的彩色条纹，称为衍射光谱．

例 12.5　有一宽度为 $a=0.6\text{mm}$ 单缝，其后放置一焦距为 $f=40\text{cm}$ 的会聚透镜，用光线垂直照射单缝，在屏上距中心为 $x=1.4\text{mm}$ 处看到某一等级明纹，求：(1)入射光的波长及此衍射明纹的级数；(2)对此明纹来说，缝面被分成的半波带个数．

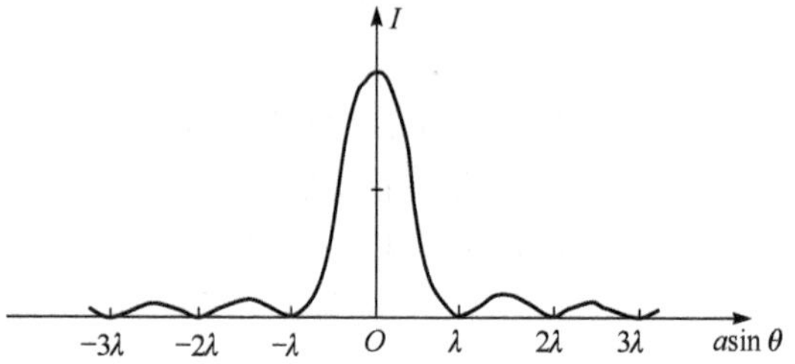

图 12-19　单缝衍射的光强分布

解　由单缝衍射的明纹条件

$$a\sin\theta=\pm(2k+1)\cdot\lambda/2, k=1, 2\cdots$$

由于 θ 角很小，所以

$$\sin\theta\approx\tan\theta=x/f$$

联立两式，得

$$\lambda=2ax/(2k+1)f=(4.2\times10^{-3})/(2k+1)\text{mm}=(4.2\times10^{3})/(2k+1)\text{nm}$$

当 $k=1$ 时，$\lambda_1=1400\text{nm}$；

当 $k=2$ 时，$\lambda_2=840\text{nm}$；

当 $k=3$ 时，$\lambda_3=600\text{nm}$；

当 $k=4$ 时，$\lambda_4=466.7\text{nm}$；

当 $k=5$ 时，$\lambda_5=381.8\text{nm}$.

考虑到波长必须在可见光范围内，即 400～760nm 所以取 $k=3$ 和 $k=4$.

当 $k=3$ 时，缝面被分成的半波带个数为 7 个$(2k+1)$；

当 $k=4$ 时，缝面被分成的半波带个数为 9 个$(2k+1)$.

12.7　圆孔衍射和光学仪器的分辨本领

12.7.1　圆孔夫琅禾费衍射

在单缝夫琅禾费衍射的实验装置中，若用一小圆孔代替缝，如图 12-20 所示，仍以单色平行光垂直入射，则在透镜焦平面处的光屏上将出现中央为圆形亮斑，周围为明暗相间的环形衍射图样，如图 12-21 所示．中心位置处的光斑比较亮，称为艾里斑，其光强占入射光强的 84% 左右．设圆孔的直径为 D，入射单色光波长为 λ，透镜焦距为 f，艾里斑直径为 d，则由衍射理论计算可得，艾里斑对透镜光心所张开的半角宽度 θ 为

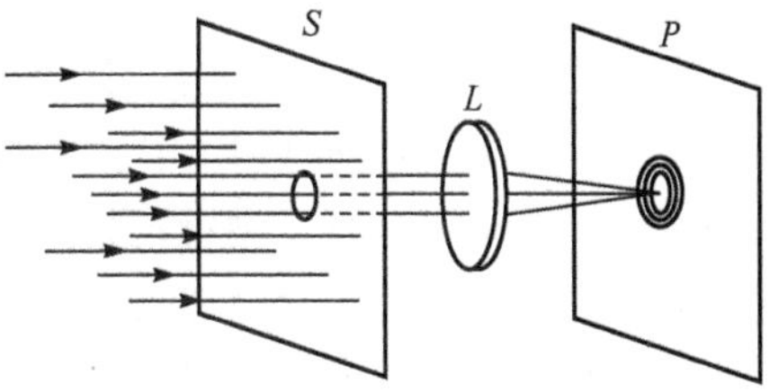

图 12-20

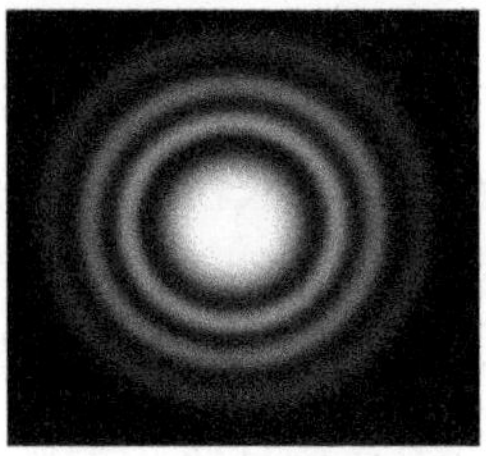

图 12-21　夫琅禾费圆孔衍射图

$$\theta = d/2f = 1.22\lambda/D \tag{12-25}$$

艾里斑的直径为

$$d = 2.44 f\lambda/D \tag{12-26}$$

将此式与单缝衍射中央明纹的线宽度相比较，二者只有系数不同，在定性上是一致的，由式(12-26)可知：当圆孔直径一定时，入射光波长越长，艾里斑越大，衍射越明显；当入射光波长一定时，圆孔直径越大，艾里斑越小，衍射越不明显；当圆孔直径大到 $D \geqslant \lambda$ 时，衍射图样将向中心靠拢，缩成一个亮斑，这就是圆孔的几何像，此时衍射现象可忽略．

12.7.2　光谱仪器的分辨本领

光谱仪器中的透镜、光阑以及人眼的瞳孔等都相当于一个透光的小圆孔．按照几何光学的观点，物体通过光学仪器成像时，每一个物点对应一个像点，任何两个有一定距离的物点所形成的两个像点都是可以分辨出来的．但实际上，由于光波衍射现象的存在，使得物点像并非严格的几何像点，而是一个有一定大小的艾里斑，因而，对于相距很近的两个物点，它们形成的两个艾里斑就会互相重叠，甚至无法分辨出两个物点．因此，光学仪器的分辨本领受到光的衍射现象的限制．

图 12-22 是两个物点通过透镜时所形成的两个艾里斑．图(a)中，两个艾里斑相距足够远，则两斑虽然有重叠但也能分辨．在图(c)中，两个艾里斑相距很近，以致于大部分互相重叠，无法分辨出两个物点．那么，在能分辨与不能分辨之间，就存在一个临界位置，叫恰能分辨，恰能分辨的数据是由德国物理学家瑞利提出的，称之为瑞利判据．其内容是：对于两个强度相同的物点形成的两个艾里斑，若一个艾里斑的中心刚好与另一个艾里斑的边缘第一暗纹的中心相重合，则这两个物点恰能被光学仪器所分辨．如图(b)所示．恰能分辨时，合光强的极小约为极大的 80%，大多数正常人眼刚好能分辨出这种光强的差别．恰能分辨时，两个物点对透镜光心的张角叫最小分辨角，用 $\delta\theta$ 表示，显然有

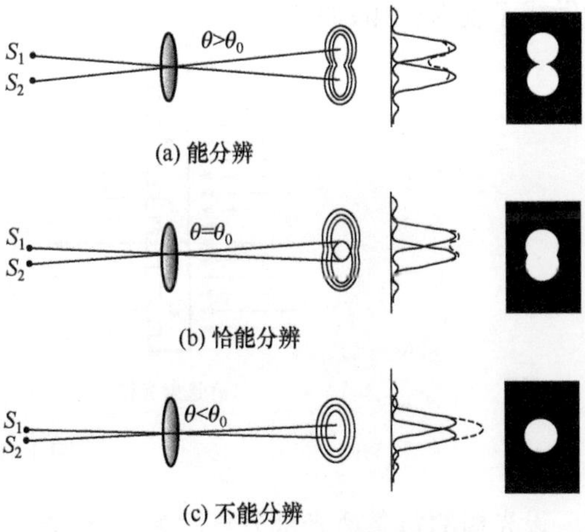

图 12-22　光学仪器的分辨本领

$$\delta\theta = 1.22\lambda/D$$

最小分辨角的倒数称为光学仪器的分辨本领(分辨率)，用 R 表示．

$$R=1/\delta\theta=D/1.22\lambda \tag{12-27}$$

可见，光学仪器的分辨率与仪器孔径成正比，与入射光波长成反比，我们可以通过增大透镜直径或减小光波波长的办法来提高仪器的分辨率．因此，在天文观测上，望远镜的物理直径设计得尽量大，哈勃望远镜主镜的直径达 2.4m，而研究物质结构的显微镜，常采用电子显微镜，这是由于电子所对应的物质波波长比可见光波长小得多，相差 3～4 个数量级．因此，电子显微镜的分辨本领比普通光学显微镜(放大率最高为 1000 倍左右)的分辨本领要大数千倍，其放大率可达几万乃至几百万倍．

例 12.6 通常亮度下，人眼瞳孔直径约为 3mm，在人眼最敏感的黄绿光($\lambda=550$nm)照射下，人眼的最小分辨角是多大？若在黑板上画一间隔为 2mm 的黄绿色等号，那么，坐在距黑板 8m 左右的同学能否看清？

解 由式(19-10)可得，人眼的最小分辨角为

$$\delta\theta=1.22\lambda/D=1.22\times550\times10^{-9}/3\times10^{-3}=2.24\times10^{-4}(\text{rad})$$

设人离开黑板距离为 S，等号的两条平行线间距为 L，则人眼对瞳孔的张角为

$$\theta=L/S=2\times10^{-3}/8\approx2.57\times10^{-4}(\text{rad})$$

由于 $\theta>\delta\theta$，因此距黑板 8m 左右的同学能看清等号．

12.8 光栅衍射

12.8.1 光栅

由许多等宽的狭缝等距离的排列形成的光学元件叫光栅，光栅一般分为透射光栅和反射光栅．在一块很平的玻璃上用金刚石刀尖或电子束刻出一系列等宽等同距的平行刻痕，其中刻痕处由于漫反射而不大透光，相当于不透光部分；而未刻的部分相当于透光的夹缝，这样就做成了透射光栅，如图 12-23(a)所示．在光洁度很高的金属表面刻一系列等间距的平行细槽，就做成了反射光栅，如图 12-23(b)所示．

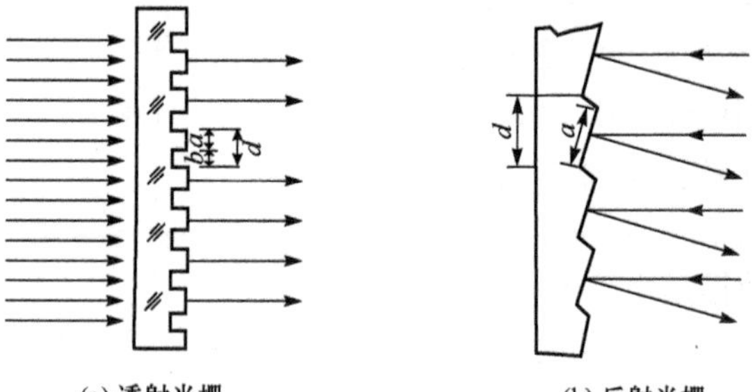

(a) 透射光栅　　(b) 反射光栅

图 12-23　光栅

设光栅的每条透光部分宽度为 a，不透光部分宽度为 b，则二者之和 $a+b$ 为相邻两缝间的距离，称为光栅常数，用 d 表示，它是光栅的一个重要参数．实际的光栅，在 1cm 内可以刻几千条甚至几万条刻痕，所以，光栅常数的数量级约在 $10^{-5}\sim10^{-6}$m.

当一束平行单色光垂直入射光栅(将夫琅禾费衍射实验中的单缝替换为光栅)，每一条狭缝都会发生衍射，且各狭缝的衍射光都是相干光，它们之间又会发生干涉．经透镜会聚后，在位于焦平面的光屏上会呈现一些相互平行的直线条纹，这就是光栅衍射条纹．衍射条纹的特

点与光栅上狭缝的数目有关．图 12-24 所示给出了不同数目的狭缝对应的衍射条纹，可以看出，随狭缝数目的增多，衍射条纹变细变亮，更清晰也更易分辨．

当用白光照射时，由于入射光中包含着各种不同的波长成分，每一波长的光都会形成各自的光强分布，从而形成衍射光谱．由于每条谱线都细而明亮，易于分辨，使得衍射光栅成为一种重要的分光元件，在实验中常利用它对光波波长和其他微小的量作精确测量．

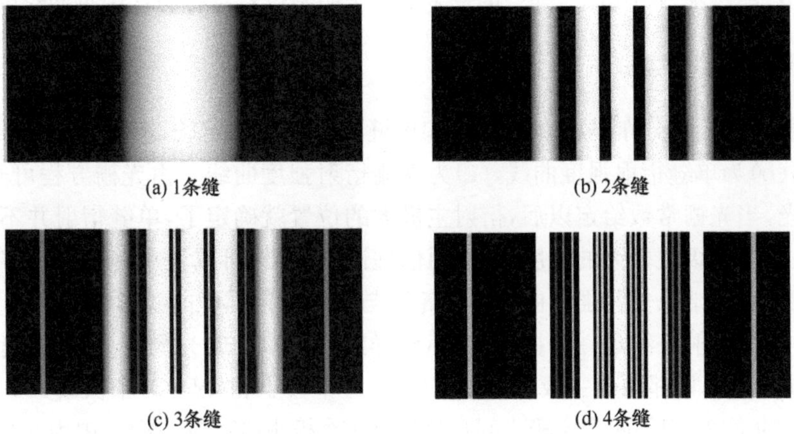

图 12-24 不同数目狭缝的衍射图样

12.8.2 光栅方程

单色平行光垂直入射光栅后，光栅中的每一条狭缝都会由于衍射，而在屏幕上呈现衍射图样；另外，由于各狭缝发出的衍射光都是相干光(从入射光的同一波阵面上分出)，所以还会产生缝与缝间的干涉效应．因此，光栅衍射条纹是单缝衍射和多缝干涉的综合效果．

下面来说明各狭缝间出射的衍射光是如何形成明暗条纹的．

由于各个狭缝的衍射图样都会完全相同，位置完全一致，因此，每个狭缝衍射为暗纹的位置，叠加之后仍为暗纹，即夫琅禾费衍射的暗纹位置与狭缝数目无光．而每个狭缝衍射为明纹的位置，叠加之后却不一定为明纹，这要取决于各狭缝发出的相干光相遇时的位相差或光程差．

如图 12-25 所示，各狭缝发出的衍射角为 θ 的光经透镜会聚于光屏的 P 点，由于各狭缝

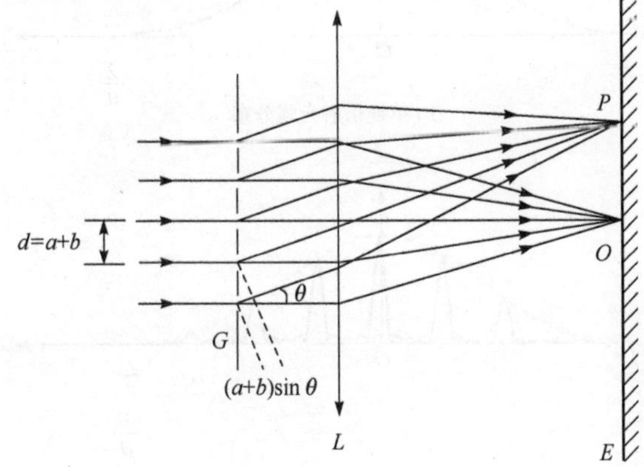

图 12-25 光栅衍射

都等宽等间距，所以光栅从上到下，相邻两个狭缝的对应点发出的光到达 P 点的光程差都是相等的，均为 $(a+b)\sin\theta$，当它等于入射光波长整数倍时，由干涉规律可知，这些光在 P 点互相加强形成明纹．因此，光栅衍射形成明条纹的条件是

$$(a+b)\sin\theta=\pm k\lambda,\quad k=0,1,2,\cdots \tag{12-28}$$

此式称为光栅方程，k 为明纹的级次，对应于 $k=0$ 的明纹叫中央明纹，$k=1,2,\cdots$ 的明纹分别叫第一级，第二级，……明纹，正、负号表示各级明条纹对称分布在中央明纹的两侧．

12.8.3 光栅衍射的光强分布

光栅衍射的总光强分布是由多缝干涉和单缝衍射共同决定的，图 12-26 中，(a)为多缝干涉强度曲线，(b)为单缝衍射强度曲线，(c)为光栅衍射强度曲线．由光栅方程可知，对于确定波长的入射光，当光栅常数给定以后，衍射主极大的位置就确定了，单缝衍射并不改变主极大的位置，只是改变各级主极大的强度，借助通信理论的术语，可以说单缝衍射对多缝干涉的各主极大起调制作用，结果使其强度曲线外部轮廓与单缝衍射强度曲线形状一致．

其次，由光栅衍射条纹条件分析(这里不作详细分析)可知，光栅中 N 个狭缝相互干涉的结果，是光强曲线中相邻两个主极大间出现 $(N-1)$ 个极小和 $(N-2)$ 个次极大．若将杨氏双缝视作 $N=2$ 的多缝，相邻两个主极大间自然只有 1 个极小(暗纹)，图(c)中为 5 缝光栅的衍射光强分布，两个相邻主极大间存在 4 个极小和 3 个次极大．可见，随狭缝数目 N 的增多，次极大和极小的数目也增多，这样在相邻两个主极大间形成一个暗区．N 越大，暗区越宽，明纹越窄，光能集中在窄小区域里，使主极大(明条纹)变得又细又亮，从而形成"细"、"亮"、"疏"的光栅衍射条纹．

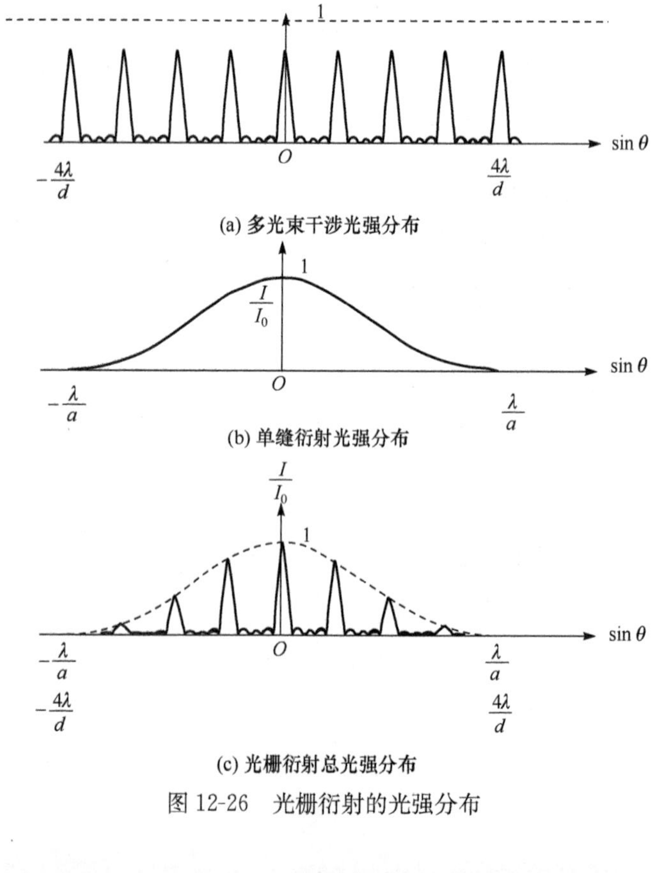

图 12-26 光栅衍射的光强分布

另外，由图 12-26(c)中可以看到，缺失了一些主极大，如 $k=\pm3,\pm6$ 等，它们应该出现的位置是在单缝衍射的极小处，称此现象为缺级现象．这是由于每个单缝衍射为暗纹的位置叠加之后仍为暗纹，而如果对于这些位置，按多缝干涉又会出现某些级的主极大时，这些主极大将会消失，所以缺级现象是衍射调制的特殊结果．在出现缺级的位置，应该同时满足光栅衍射主极大和单缝衍射极小的条件，即

$$(a+b)\sin\theta=\pm k\lambda,\quad k=0,1,2,\cdots$$

和

$$a\sin\theta=\pm k'\lambda,\quad k'=1,2,\cdots$$

由上面两式可得缺级条件

$$k=\pm[(a+b)/a]k',\quad k'=1,2,\cdots \tag{12-29}$$

k 为所缺的明纹级次．

可见，图 12-26(c)中 $a+b/a=3$，在可观察范围内，级次为 3 的整数倍的主极大都不会出现，即 $k=\pm3,\pm6,\cdots$为缺级．由缺级条件还可判断：此光栅的 $b=2a$，即不透光部分的宽度是透光部分宽度的 2 倍．

12.8.4 光栅光谱

由光栅方程可知，当光栅常数一定时，各级明条纹所对应的衍射角度随波长的增大而增大，中央明纹与波长无关，如果用白光入射光栅，则中央明纹由各种波长的单色光混合仍呈白色，其两侧的各级明纹都为由紫色到红色排列起来的彩色光带，这些彩色光带称为光栅光谱．某一级光谱中的一条彩线，称为该级光谱的一条谱线，在同一级光谱中，波长较短的紫光谱线(用 V 表示)靠近中央，波长较长的红光谱线(用 R 表示)远离中央，如图 12-27 所示，这就是光栅的分光作用．同一级光谱中，各谱线间距离随光谱级次的增加而增大，因而高级次的光谱彼此会有重叠．

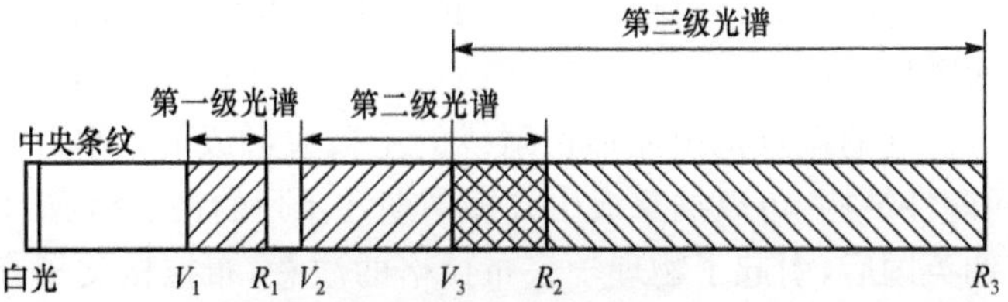

图 12-27　衍射光谱

可见光入射时，当某一级次的红光位置$\geqslant$ 下一级次的紫光位置，即发生重叠

$$k\lambda\geqslant(k+1)\lambda'\quad(\text{其中 }\lambda=760\text{nm},400\text{nm})$$

可得　$k\geqslant1.1$．因此，只有第 1 级光谱是独立的．

由于各种元素都有其特定的光谱，所以由谱线的成分，可以分析出物质中所含的元素或化合物；由谱线的强度还可以定量的分析出元素的含量，这种分析方法叫做光谱分析．可以用于研究物质结构，光谱分析是现代物理学研究的重要手段，在工程技术中也广泛地应用于分析、鉴定等方面．

例 12.7　波长为 600nm 的单色光垂直入射在一光栅上，其透光部分和不透光部分的宽度比为 1∶3，第二级主极大出现在 $\sin\theta=0.2$ 处．问：

(1) 光栅上狭缝的宽度是多少？

(2) 光栅上相邻两缝间距离是多少？

(3) 在$-90°<\theta<90°$范围内，呈现的全部明条纹的级数有哪些?

解　根据题意知

$$a:b=1:3$$

由光栅方程

$$(a+b)\sin\theta=\pm k\lambda$$

代入数值

$$\sin\theta=0.2, k=2, \lambda=600\text{nm}$$

计算可得

$$a+b=6\times10^{-6}\text{m}$$

于是可求得

$$a=1.5\times10^{-6}\ \text{m}$$

即狭缝宽度为 1.5×10^{-6} m，相邻两缝间距离是 6×10^{-6} m.

由于$(a+b)/a=4$,故光栅衍射的第 4 级衍射明条纹不出现,它处在单缝衍射的第 1 级暗纹处. 因而屏幕上呈现的全部明条纹的级次为:0 级,±1 级,±2 级,±3 级.

12.9　X 射线衍射

X 射线是伦琴于 1895 年发现的，在当时是前所未知的一种射线,故称为 X 射线. 也称为伦琴射线(伦琴为此获得了 1901 年度,首届诺贝尔物理学奖). X 射线是在高速电子撞击某些固体时产生的一种波长很短、穿透本领很强的电磁波,可以透过许多对可见光不透明的物质,使照相底片感光,它还可以使空气电离,使一些固体物质(如闪锌矿等)发出荧光.

作为一种电磁波，X 射线当然也有干涉和衍射现象,但由于其波长太短，在 0.01～10nm 之间,所以用普通的光栅观察不到 X 射线的衍射. 1912 年德国物理学家劳厄利用天然晶体作为三维空间光栅，第一次获得了 X 射线射图样，证实了 X 射线的波动性质. 图 12-28 是 X 射线通过晶体后的衍射图样.

这些具有某种对称性的斑点是由晶体衍射线的主极大形成的，称为劳厄斑,此衍射图样还表明,晶体具有同期性结构,可以抽象成由许多同期性排列的格点组成的点阵.

劳厄的发现传到英国后,引起了物理学家布拉格的注意,布拉格父子在 1913 年提出了一种简明有效的解释 X 射线在晶体上衍射现象的方法. 想象晶体是由一系列平行的原子层(称为晶面)所构成,如图 12-29 所示,晶面间距为 d. 当一束平行的 X 射线以掠射角(入射方向与晶

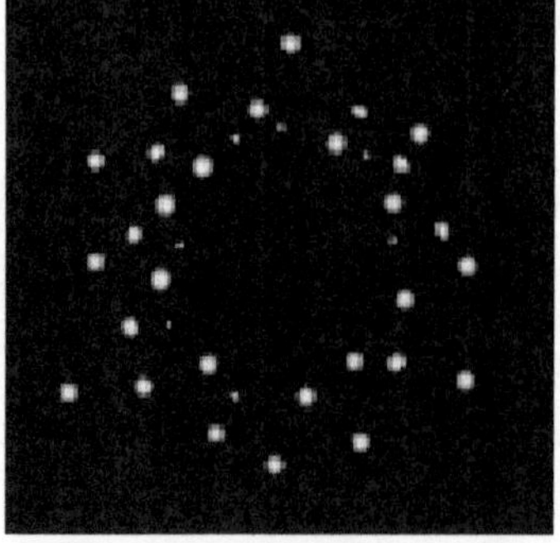

图 12-28　劳厄斑

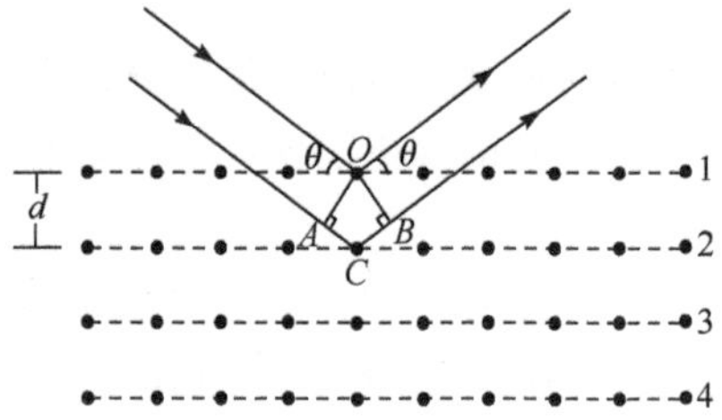

图 12-29　X 射线的晶体

面间夹角)θ 入射到晶面上时,每一个原子都可以视为子波波源,它们向各个方向发射散射波.对于同一晶面,各原子散射线只有沿符合反射定律的方向强度最大,对于不同晶面,散射的 X 射线彼此间会发出相干叠加,其强度的大小由相邻两原子层所发出的光程差决定.

由图 12-29 可知,此光程差为

$$\delta = AC + CB = 2d\sin\theta$$

显然,当 $\delta = k\lambda$,即

$$2d\sin\theta = k\lambda, k = 1, 2, 3, \cdots \tag{12-30}$$

各层晶面的反射线都相互加强而形成亮点.

式(12-30)就是著名的布拉格公式(也称布拉格条件).

实际上,在一个晶格点阵中,晶面的取向并不是唯一的,如图 12-30 所示,aa,bb 和 cc 分别为不同取向的晶面族,它们的晶面间距各不相同,对同一束入射的 X 射线,掠射角也不同,但只要满足布拉格条件的晶面族,都能形成劳厄斑点.

布拉格公式是 X 射线衍射的基本规律,它的应用有很多.比如:若已知晶面间距 d,就可以由掠射角 θ 算出 X 射线的波长,从而研究 X 射线谱,进而研究原子结构;反之,若已知 X 射线的波长 λ,则可以由掠射角 θ 算出晶面间距,从而确定晶体结构,进而研究材料性能.这些研究在科学和工程技术上都是很重要的.比如:著名的脱氧核糖核酸(DNA)的双螺旋结构,就是在 1953 年由科学家对样品的 X 射线衍射图样的分析而得到的.为此,英国科学家威尔金斯、沃森和克里克荣获了 1962 年度诺贝尔生物和医学奖.

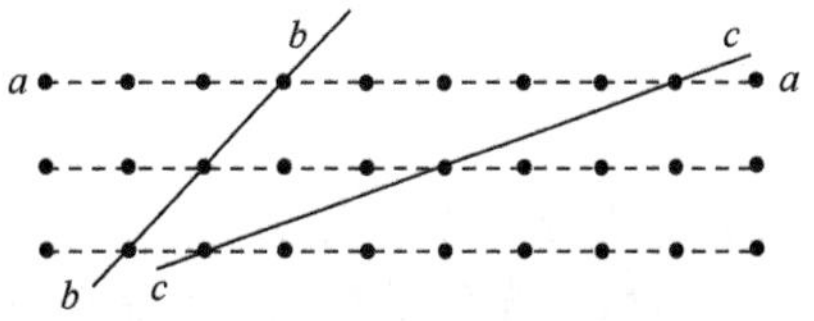

图 12-30 晶体的不同晶面

12.10 光的偏振

光的干涉、衍射现象揭示了光具有波动性,但是不能说明光是横波还是纵波.横波具有偏振现象,而纵波没有此现象,如图 12-31 所示.光的偏振性直接证明光是横波,也为光是电磁波提供了进一步的证据.

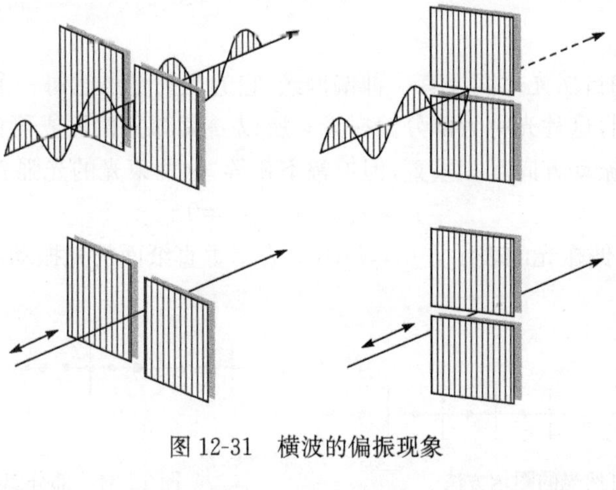

图 12-31 横波的偏振现象

12.10.1　光的偏振　线偏振光和自然光

光的电磁理论指出光是电磁波，其振动矢量(或光矢量 $\boldsymbol{E}$)与其传播方向垂直．但是在与光传播方向垂直的平面内，光矢量有各种不同的振动状态，这种振动状态被称为光的偏振．本节主要讨论线偏振光、自然光以及部分偏振光．

1. 线偏振光

在光的传播过程中，如果光矢量始终保持在一个确定的平面内，这样的光称为平面偏振光，光矢量振动所在的平面称为偏振面．在与光传播方向垂直的平面内，平面偏振光的偏振面表现为一条直线，所以平面偏振光也称为线偏振光或者完全偏振光．可以用图 12-32 中的短线和点分别表示在纸面和垂直于纸面的光矢量振动方向．

图 12-32　线偏振光的图示方法

2. 自然光

普通光源的光是大量原子集体跃迁的结果，单个原子跃迁发出的光持续时间非常短，约为 10^{-8}s，虽然其光矢量有确定的振动方向和初相位，但不同的原子在同一时刻发出的光或同一原子在不同时刻发出的光的光矢量振动方向不同，初相位也不同，所以普通光源发出的光矢量包含一切可能的振动方向．它们的振动取向是随机的，在垂直于光传播方向的任何一个方向上，没有哪个方向的振动占优势，即任何一个方向光振动的振幅都相等．此光在传播方向上任意一点的光矢量既有空间分布的均匀性，又有时间分布的均匀性，我们称这样的光为自然光．

由于每个光矢量都可以看成是互相垂直的两个光矢量叠加，因此自然光可以看成是两个振动方向垂直、无恒定相位关系的独立光矢量的叠加，它们的振幅相等，光强都占总光强的一半，所以一束自然光可以分解为两束不相干的线偏振光，但是它们振幅相等，振动方向互相垂直，如图 12-33 所示，这两束光的光强为

$$I_x = I_y = \frac{1}{2} I_0 \tag{12-31}$$

3. 部分偏振光

介于线偏振光和自然光之间还有一种偏振光，它的光矢量虽然每一个方向都有，但不同方向上的振幅大小不同，这种光称为部分偏振光．所以一束部分偏振光可以分解为两束不相干的线偏振光，它们的振动方向互相垂直，但振幅不相等，这两束光的光强满足下列关系：

$$I_x \neq I_y, \quad I_x \cdot I_y \neq 0 \tag{12-32}$$

图 12-34 是部分偏振光的表示方法，其中(a)表示垂直纸面的光振动占优势，(b)表示在纸面内的振动占优势．

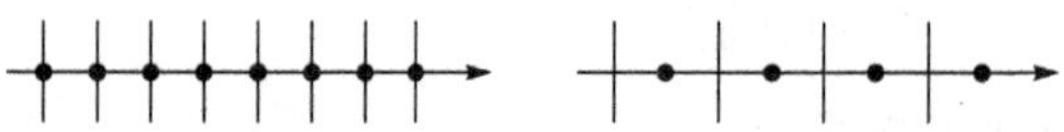

图 12-33　自然光的图示方法

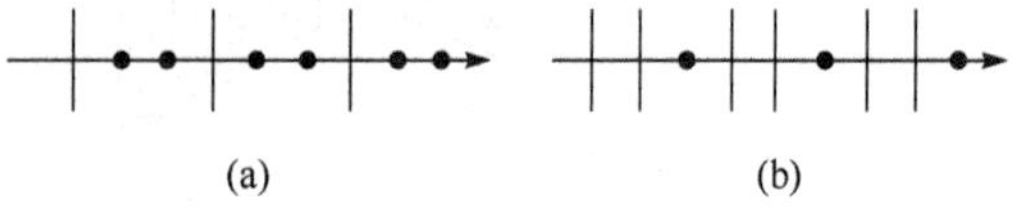

图 12-34　部分偏振光的图示方法

部分偏振光可以看成自然光和线偏振光的混合，其中线偏振光的光强为

$$I=|I_x-I_y| \tag{12-33}$$

如果 $I_x>I_y$，自然光的光强为

$$I'_x=I'_y=I_y \tag{12-34}$$

如果 $I_x<I_y$，自然光的光强为

$$I'_x=I'_y=I_x \tag{12-35}$$

12.10.2 偏振片 起偏和检偏

如果将自然光一个方向的振动成分去掉，而保留另一个振动成分，就可以得到线偏振光，简称偏振光．从自然光中获得偏振光的过程称为起偏，产生起偏作用的光学元件称为起偏器．检验一束光是否是偏振光的过程称为检偏，能检验是否是偏振光的光学元件称为检偏器．

硫酸碘奎宁晶体、电气石晶体等能有选择地吸收一个方向的光振动，而让与此方向垂直的光振动通过．如果把这类物质的细微晶体涂在透明薄片上，并使晶粒定向排列就可以制成偏振片，它是最常见的起偏器和检偏器．偏振片所允许通过的光振动方向称为该偏振片的偏振化方向，通常在偏振片上用“↕”标出．

偏振片既可以作为起偏器，也可以作为检偏器，如图 12-35 所示，两个平行放置的偏振片 M 和 N，一束自然光通过偏振片 M 后就变为线偏振光，所以偏振片 M 就是起偏器．以光的传播方向为轴线旋转偏振片 N，当两个偏振化方向夹角 α 为零时，通过偏振片 N 的出射光最强（最明），然后开始逐渐减弱；当 $\alpha=\pi/2$ 时，出射光的光强为零（最暗）．再继续旋转偏振片 N，则出射光光强逐渐变大，直到最明，然后再变弱，直到最暗．所以通过偏振片 M 的光是线偏振光，偏振片 N 所起的作用是检偏．

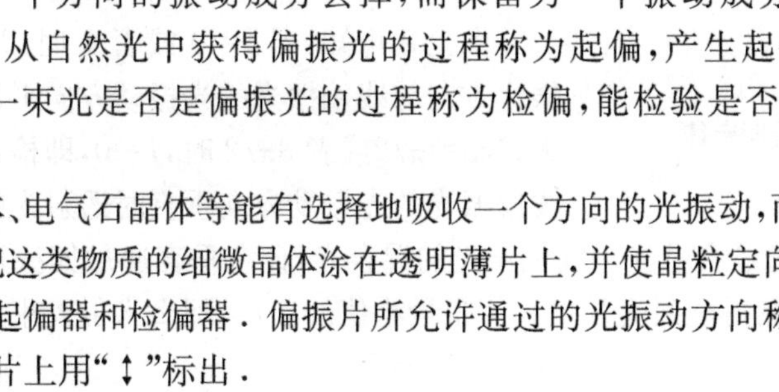

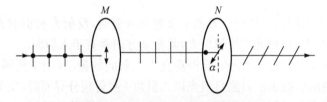

图 12-35 偏振光的产生与检测

很明显，在用偏振片检偏时，以光的传播方向为轴线使偏振片旋转 360°，如果出射光出现两明两暗且最小光强为零，则入射光为线偏振光；如果出射光的光强始终不改变，则入射光为自然光；如果出射光出现两明两暗，但最小光强不为零，则入射光是部分偏振光．

12.10.3 马吕斯定律

1809 年，法国工程师马吕斯(E. L. Malus)由实验发现，在不考虑光的吸收时，强度为 I_0 的线偏振光通过检偏器后的强度为

$$I=I_0\cos^2\alpha \tag{12-36}$$

其中，α 是线偏振光的振动方向与检偏器的偏振化方向的夹角．上式被称为马吕斯定律，证明如下：

如图 12-36 所示，OM 表示入射的线偏振光的光振动方向，ON 表示检偏器的偏振化方向，

α 是这两个方向的夹角．自然光通过偏振片 M 后，其光矢量的振动方向沿着 OM 方向，设其值为 A_0．将 A_0 沿 ON 和垂直于 ON 的方向分解为 $A_0\cos\alpha$ 和 $A_0\sin\alpha$，由于检偏器只允许沿 ON 方向的分量通过，所以从检偏器投射出来的光的振幅为

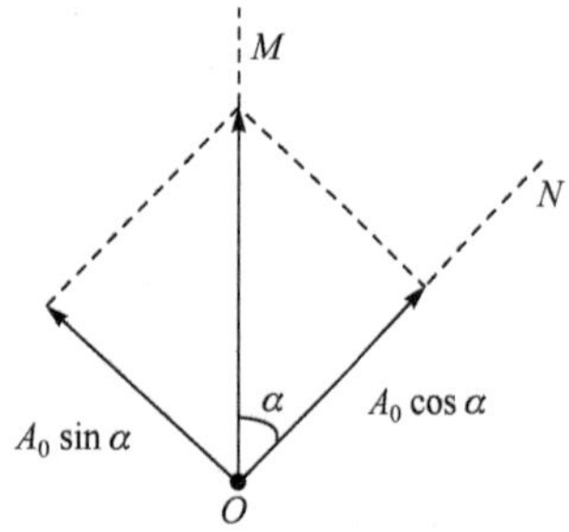

图 12-36　马吕斯定律

$$A=A_0\cos\alpha \tag{12-37}$$

由于光强与振幅的平方成正比，所以透射光的光强与入射光的光强之比为

$$I/I_0=A^2/A_0^2=\cos^2\alpha$$

即

$$I=I_0\cos^2\alpha \tag{12-38}$$

由上式可知，当 $\alpha=0$ 或者 π 时，$I=I_0$，即检偏器的偏振化方向与线偏振光的光振动方向平行时透射光的光强最大；当$\alpha=\pi/2$或者 $3\pi/2$ 时，$I=0$，即检偏器的偏振化方向与线偏振光的光振动方向垂直时透射光的光强最弱．

例 12.8　一束光是自然光和线偏振光的混合光，让它垂直通过偏振片．如果以此入射光束为轴旋转偏振片，测得透射光强最大值是最小值的 5 倍，那么入射光束中自然光与线偏振光的光强之比是多少？

解　设自然光和线偏振光的光强分别为 I_1 和 I_2，则透射光的光强为

$$I=I_1/2+I_2\cos^2\theta$$

所以

$$\frac{I_{\max}}{I_{\min}}=\frac{I_1/2+I_2}{I_1/2}=5\Rightarrow I_1/I_2=1:2$$

12.10.4　反射光和折射光的偏振

自然光在两种各向同性介质的分界面上反射和折射时，反射光和折射光一般都变为部分偏振光．在特定情况下，反射光为线偏振光，其振动方向垂直于入射面．

如图 12-37 所示，我们把自然光分解为垂直于入射面的振动（图中用圆点表示）和平行于入射面的振动（图中用短线表示），当自然光以入射角 i 照射到分界面时，反射光中垂直入射面的振动占优势，折射光中平行入射面的振动占优势．当入射角与折射角之和为 90°时，反射光中只有垂直入射面的振动，即变为线偏振光，折射光仍然是部分偏振光．此入射角（i_B）是由两种介质的折射率决定的，其关系如下

$$\tan i_B=n_2/n_1 \tag{12-39}$$

式中，n_1 是第一种介质的折射率；n_2 是第二种介质的折射率．此关系是布儒斯特（D. B. Brewster）在 1812 年通过实验得出的，被称为布儒斯特定律，i_B 称为起偏角或布儒斯特角．

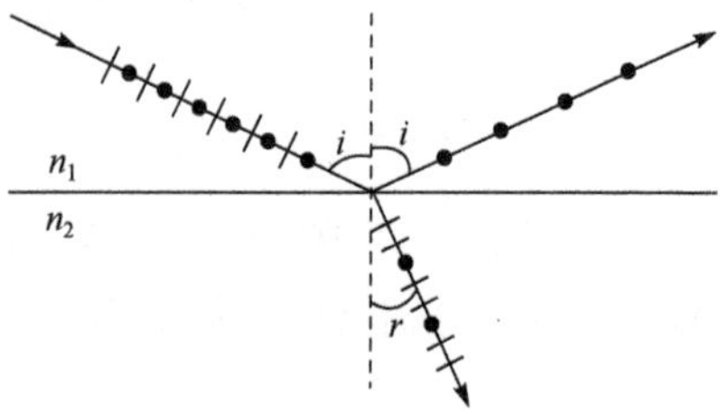

图 12-37　反射和折射的偏振现象

当自然光以布儒斯特入射时，由折射定律和入射角与折射角之和为 90°得

$$n_1\sin i_B=n_2\sin r=n_2\cos i_B$$

所以，$\tan i_B=n_2/n_1$ 成立．

虽然利用反射可以获得线偏振光，但是在经过一次反射、折射后，反射光的光强很弱（约占

入射光光强的 15%），而折射光的光强虽然较强，但只是部分偏振光．在实际应用中，为了增强反射光的强度和折射光的偏振化程度，可以把玻璃片叠起来，如图 12-38 所示，称为玻璃片堆．由于各个界面上的反射光都是垂直于入射面的线偏振光，所以只要玻璃片堆的层数足够多，入射光的中绝大部分垂直入射面的振动都被反射了，这样可以大大加强反射光的强度，而从玻璃片堆透射出的光也几乎只有平行于入射面的偏振光．

12.10.5 双折射引起的偏振现象

我们知道，当一束光在两种各向同性的介质的分界面上发生反射时，只能产生一束折射光，并且折射线在入射面内，遵从通常的折射定律

$$\sin i/\sin\gamma = \text{折射率 } n\text{（恒量）}$$

可是，在 1669 年，巴托里斯发现了一种特殊的折射现象：当一束光射到各向异性（光学性质随方向而异）的介质中时，能产生两束折射光，其中一束折射光遵守通常的折射定律，称为寻常光，简称 o 光（ordinary light）；另外一束折射光不遵守通常的折射定律，$\sin i/\sin\gamma$ 不为常数，并且这束折射光一般不在入射面内，称为非常光，简称 e 光（extraordinary light）．当入射角 i 为 0 时，o 光沿原方向前进，而 e 光一般不沿原方向前进；若以入射角为轴转动晶体，则 o 光不动而 e 光绕轴旋转．这种一束入射光折射后分成两束的现象称为光的双折射现象（图 12-39）．

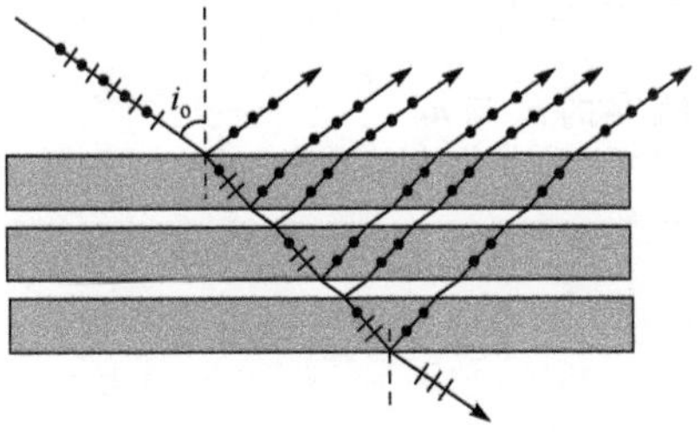

图 12-38 玻璃片堆产生线偏振光

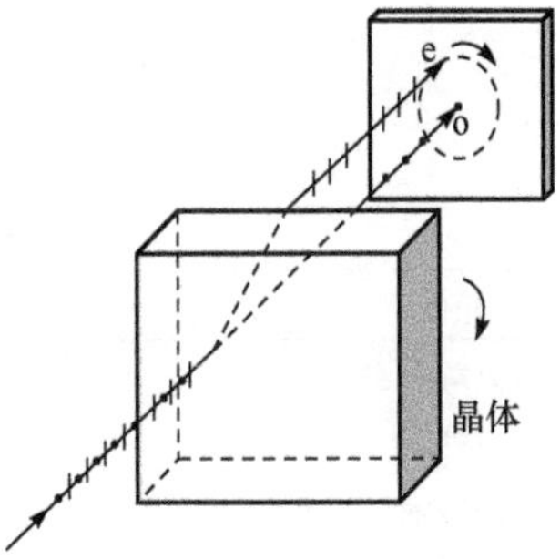

图 12-39 双折射现象

除了属于立方系的晶体（如岩盐晶体）外，一般的透明晶体都会产生双折射现象．比如，把一块透明的方解石（$CaCO_3$）晶片放到有字的纸上，透过晶片看到的不再是一个字成一个像，而是一个字呈现双像，这就是由于光进入方解石后发生的双折射所致．

若改变入射光的方向，会发现在晶体内部有一个特殊的方向，当光沿着这个方向传播时不产生双折射现象，这个特殊方向称为晶体的光轴．晶体的光轴不是某一确定的直线，而是晶体的一个固定方向，晶体中所有平行于此方向的直线都是光轴．有些晶体中只有一个光轴，称为单轴晶体，如方解石、石英、红宝石等；而有些晶体中有两个光轴，称为双轴晶体，如云母、硫磺和蓝宝石等．晶体中光轴与任一光线组成的平面称为该光线的主平面，o 光与光轴组成的平面，为 o 光的主平面，e 光与光轴组成的平面，为 e 光的主平面．用检偏器检验表明：o 光和 e 光都是线偏振光，即完全偏振光，二者的振动方向不同，o 光的振动方向垂直于其主平面，而 e 光的振动方向则在其主平面内，一般来说，o 光和 e 光的主平面是不重合的，它们的光振动方向也不互相垂直．实际应用时，通常有意选择入射光的方向，使光轴位于入射面内，此时，晶体内 o 光和 e 光的主平面重合，o 光和 e 光的振动方向也互相垂直．当然，o 光和 e 光都是针对晶体而言的，当它们从晶体射出后，在各向同性的介质中传播时，就成为传播速度相等、振动方向不同的两束偏振光，无所谓 o 光和 e 光．

根据折射率的定义，晶体对 o 光的折射率 $n_0=c/u_0$，由于 o 光沿各方向的传播速度相同，其波阵面为一球面，所以 n_0 是常数，与方向无关；而 e 光在晶体内沿各方向的传播速度不同，所以晶体对 e 光的折射率与方向有关．我们把光速 c 与 e 光沿垂直于光轴方向的传播速度(最大速度)u_e 之比，称为 e 光的主折射率：$n_e=c/u_e$，在其他方向上，e 光的折射率介于 n_0 和 n_e 之间，其波阵面为一旋转椭球面．对于 $n_e>n_0(u_e<u_0)$ 的晶体，称为正晶体，如图 12-40(a)；对于 $n_e<n_0(u_e>u_0)$ 的晶体，称为负晶体．如图 12-40(b)．表 12-2 中列出一些双折射晶体的折射率．由表中可见，石英为正晶体，方解石、电气石、硝酸钠为负晶体，冰也是一种双折射晶体，只是其 n_e 和 n_0 的值非常接近，所以人眼一般观察不到它的双折射现象．

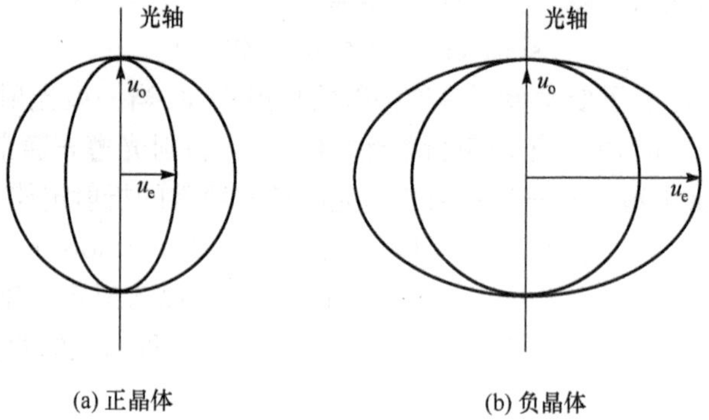

图 12-40 正晶体和负晶体

表 12-2 几种双折射晶体的 n_o 与 n_e

晶体	n_o	n_e
方解石	1.658	1.486
电气石	1.640	1.620
硝酸钠	1.585	1.332
石英	1.543	1.552
冰	1.309	1.310

利用双折射晶体可以制成各种偏振器件，如偏振棱镜，其基本原理是设法将双折射晶体中的 o 光和 e 光彼此分开，或者将其中之一利用全反射去掉，从而获得线偏振光．实验中常用的尼科耳棱镜、沃拉斯顿棱镜等都是从自然光中获得纯度很高的线偏振光．

12.10.6 散射引起的偏振现象

拿一块偏振片放在眼前，向天空望去，若我们旋转偏振片，会发现透过它的光忽明忽暗，这说明我们看到的“天光”是一种偏振光．

这种偏振光是大气中的微粒或分子对太阳光散射引起的，当一束光照射到一个微粒或分子上时，会使其中的电子在电场矢量的作用下发生振动，振动的电子向四面八方发射同频率的电磁波，即光，这就是光的散射现象．当清晨的第一缕阳光照进黑暗的屋子时，我们能看到太阳光束中有许多灰尘在飞舞；当观看大型晚会时，我们也能看到彩色的激光射线，都是由于光的散射作用．

分子或微粒中的电子振动时，发出的光是线偏振光，但实际上，我们看到的“天光”是由许多微粒或分子从不同方向散射来的光，或者是经过若干次散射后射来的光，而且散射光的强度也会受到微粒或分子的大小影响，因而我们看到的“天光”是一种部分偏振光．

另外，由于散射光的强度与其频率的四次方成正比，所以太阳光中频率较高的蓝色光成分相比较频率较低的红色光成分来说，散射得更厉害，因此，天空呈现蓝色．而早晨或傍晚的时候，太阳光沿地平线射来，在大气中传播的距离较长，其中的蓝色光成分基本都被散射掉了，剩下的进入人眼的主要是红色光成分了，因而朝阳或夕阳呈现红色．

习 题 12

12-1 将杨氏双缝装置中的一条缝遮住，在两缝的垂直平分线上放置一平面镜，其它条件不变，在观察屏上还能看到干涉条纹吗？

12-2 在空气中的肥皂泡，为什么会出现彩色条纹，当肥皂泡破碎时，为什么会在破裂处出现黑色？请利用物理学原理加以解释.

12-3 单色光垂直照射介质劈尖，观察到的条纹宽度为 $b=\frac{\lambda}{2n\theta}$，问相邻两明纹处劈尖的厚度差是多少？相邻两暗纹的厚度差又为多少？其干涉图样的特点是什么？

12-4 为什么人的眼睛不能看到水中的微生物？不借助助视仪器看不清楚月亮环形山的形貌.

12-5 如果用白光做光栅衍射实验，其衍射图样的特点是什么？

12-6 如何利用偏振片区分自然光、部分偏振光、线偏振光？

12-7 在双缝干涉实验中，两缝的间距为 0.6mm，照亮狭缝 S 的光源是汞弧灯加上绿色滤光片．在 2.5m 远处的屏幕上出现干涉条纹，测得相邻两明条纹中心距离为 2.27mm. 试计算入射光的波长．

12-8 用很薄的云母片($n=1.58$)覆盖在双缝实验中的一条缝上，这时屏幕上的零级明条纹移到原来的第七级明条纹的位置上，如果入射光波长为 550nm，试问此云母片的厚度是多少？

12-9 一平面单色光波垂直照射在厚度均匀的薄油膜上．油膜覆盖在玻璃板上，所用单色光的波长可以连续变化，观察到 500nm 与 700nm 这两个波长的光在反射中消失．油的折射率为 1.30，玻璃的折射率为 1.50，试求油膜的厚度．

12-10 白光垂直照射在空气中厚度为 0.40μm 的玻璃片上，玻璃的折射率为 1.50，试问在可见光范围内，哪些波长的光在反射中增强？哪些波长的光在透射中增强？

12-11 利用劈尖的等厚干涉条纹可以测量很小角度．今在很薄的劈尖玻璃板上，垂直地射入波长为 589.3nm 的钠光，相邻暗条纹间距离为 5.0nm，玻璃的折射率为 1.52，求此劈尖的夹角．

12-12 波长为 680nm 的平行光垂直地照射到 12cm 长的两块玻璃片上，两玻璃片一边相互接触，另一边被厚 0.048mm 的纸片隔开．试问在这 12cm 内呈现多少条明条纹？

12-13 使用单色光观察牛顿环，测得某一明环的直径为 3.00mm，在它外面第五个明环的直径为 4.60mm，所用平凸透镜的曲率半径为 1.03m，求此单色光的波长．

12-14 一实验装置如图所示，一块平玻璃片上放一油滴．当油滴展开成油膜时，在单色光波长为 600nm 的光垂直照射下，从反射光中观察油膜所形成的干涉条纹(用读数显微镜观察)，已知玻璃的折射率$n_1=1.50$，油膜的折射率 $n_2=1.20$.

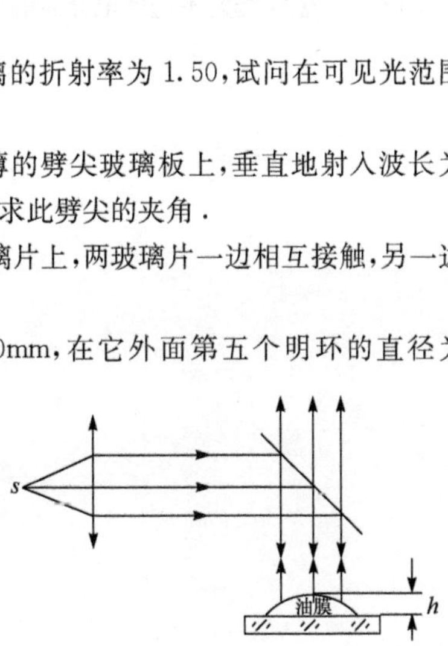

题 12-14 图

(1) 当油膜中心最高点与玻璃片的上表面相距 $h=1.2\mu m$ 时，描述所看到的条纹情况．可以看到几条明条纹？明条纹所在处的油膜的厚度是多少？中心点的明暗如何？

(2) 当油膜继续摊展时，所看到的条纹情况将如何变化？中心点的情况如何变化？

12-15 有一单缝，宽 a=0.10mm，在缝后放一焦距为 50cm 的会聚透镜．用平行绿光($\lambda=546.0$nm)垂直照射单缝，试求位于透镜焦面处的屏幕上的中央明条纹及第二级明纹宽度．

12-16 一单色平行光束垂直照射在宽为 1.0mm 的单缝上，在缝后放一焦距为 2.0m 的会聚透镜．已知位于透镜焦面处的屏幕上的中央明条纹宽度为2.5mm. 求入射光波长.

12-17　用波长 $\lambda_1=400$nm 和 $\lambda_2=700$nm 的混合光垂直照射单缝. 在衍射图样中，λ_1 的第 k_1 级明纹中心位置恰与 λ_2 的第 k_2 级暗纹中心位置重合. 求

(1)k_1 和 k_2；

(2)λ_1 的暗纹中心位置能否与 λ_2 的暗纹中心位置重合？

12-18　波长600nm的单色光垂直入射在一光栅上，第二级明条纹分别出现在 $\sin\theta=0.20$ 处. 第四级缺级. 试问

(1) 光栅上相邻两缝的间距 $(a+b)$ 有多大？

(2)光栅上狭缝可能的最小宽度 a 有多大？

(3)按上述选定的 a、b 值，则在光屏上可能观察到的全部级数是多少？

12-19　在迎面驶来的汽车上，两盏前灯相距1.2m. 试问汽车离人多远的地方，眼睛才可能分辨这两盏前灯？假设夜间人眼瞳孔直径为5.0mm，而入射光波长 $\lambda=550.0$nm.

12-20　已知天空中两颗星相对于一望远镜的角距离为 4.84×10^{-6} rad，由它们发出的光波波长 $\lambda=550$nm. 望远镜物镜的口径至少要多大，才能分辨出这两颗星？

12-21　用方解石分析X射线谱，已知方解石的晶格常量为 3.029×10^{-10} m，今在 $43°20'$ 和 $40°42'$ 的掠射方向上观察到两条主最大谱线，求这两条谱线的波长.

12-22　使自然光通过两个偏振化方向成60°角的偏振片，透射光强为 I_1. 今在这两个偏振片之间再插入另一偏振片，它的偏振化方向与前两个偏振片均成30°角，则透射光强为多少？

12-23　自然光和线偏振光的混合光束，通过一偏振片时，随着偏振片以光的传播方向为轴的转动，透射光的强度也跟着改变. 如最强和最弱的光强之比为6∶1，那么入射光中自然光和线偏振光的强度之比为多大？

12-24　水的折射率为1.33，玻璃的折射率为1.50. 当光由水中射向玻璃而反射时，起偏振角为多少？当光由玻璃射向水而反射时，起偏振角又为多少？

12-25　怎样测定不透明电介质的折射率？今测得釉质的起偏振角为58.0°，试求它的折射率.

第 13 章　狭义相对论

由质点运动学可知，一切运动都是相对的，确切地说，不同的参照系描述同一运动是不同的，在地面上的人认为火车是动的，火车上的人也可以认为地面上的人是运动的．因此，考察一个物体的运动都是相对于观察者所选择的特定参考系而言的．本章主要内容是洛伦兹变换，狭义相对论的基本原理及质量、动量和能量，介绍同时的相对性，时间膨胀效应、长度收缩效应．

13.1　伽利略变换　经典力学的相对性原理

13.1.1　经典力学的时空观　伽利略变换

经典力学认为空间只是物质运动的"场所"，是与其中的物质完全无关而独立存在的，并且是永恒不变、绝对静止的．因此，空间的量度(如两点间的距离)就应当与惯性系无关，是绝对不变的．此外，在经典力学中，时间被认为是绝对的，与物质运动无关，是永恒地、均匀地流逝的．因此，对于不同的惯性系，就可以用同一的时间($t=t'$)来讨论问题．这就是经典力学的时空观，是牛顿提出的时空观．

如图 13-1 所示，设两个惯性参考系 $S(Oxyz)$ 和 $S'(O'x'y'z')$，它们的对应坐标轴相互平行，且 S'系相对 S 系以速度 v 沿 Ox 轴的正方向运动．开始时，两惯性参考系重合．由经典力学可知，在时刻 t，质点 P 在这两个惯性参考系中的位置坐标有如下对应关系

$$\begin{cases}x'=x-vt\\y'=y\\z'=z\\t'=t\end{cases}\quad 或 \quad\begin{cases}x=x'+vt\\y=y'\\z=z'\\t=t'\end{cases}\qquad(13\text{-}1)$$

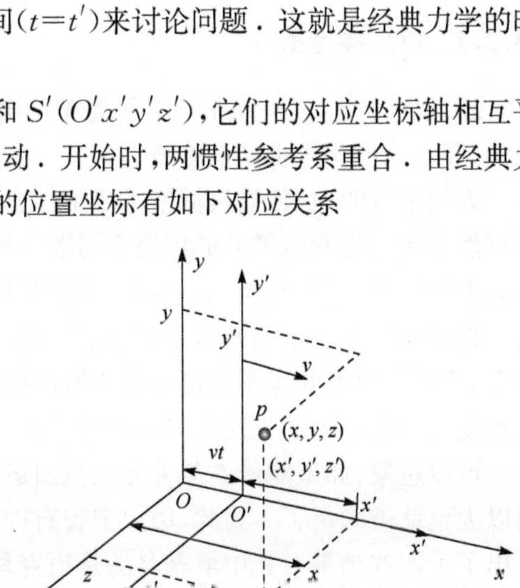

图 13-1　伽利略变换

这些变换式就叫做伽利略时空变换式．它是牛顿绝对时空观的数学表述．

13.1.2　经典力学的相对性原理

把式(13 1)中的前三式对时间求一阶导数，得经典力学中的速度变换式，即

$$\begin{cases}u_x'=u_x-v\\u_y'=u_y\\u_z'=u_z\end{cases}\qquad(13\text{-}2)$$

其中，u_x'、u_y'、u_z'、是质点 P 对于S' 系的速度分量；u_x、u_y、u_z 是点 P 对 S 系的速度分量．式(13-2)为质点 P 在 S 系和 S'中的速度变换关系，叫做伽利略速度变换式．其矢量形式为

$$\boldsymbol{u}=\boldsymbol{u}'+\boldsymbol{v}\qquad(13\text{-}3)$$

$\boldsymbol{v}$ 就是牵连速度，$\boldsymbol{u}$ 和 $\boldsymbol{u}'$分别为点 P 在 S 系和 S'系的速度．显然，上式表明，在不同的惯性系中质点的速度是不同的．

把式(13-2)对时间求导数，就得到经典力学中的加速度变换法则

$$\begin{cases} a_x'=a_x \\ a_y'=a_y \\ a_z'=a_z \end{cases} \tag{13-4}$$

其矢量形式为

$$\boldsymbol{a}'=\boldsymbol{a} \tag{13-5}$$

上式表明，在惯性系 S 和 S' 中，质点 P 的加速度是相同的，即在伽利略变换里对不同的惯性系而言，加速度是个不变量．由于经典力学认为质点的质量是与运动状态无关的常量，所以由式(13-4)可知，在两个相互做匀速直线运动的参考系中，牛顿运动定律的形式也应是相同的，即有如下形式

$$\boldsymbol{F}=m\boldsymbol{a}, \quad \boldsymbol{F}'=m\boldsymbol{a}'$$

这表明，当由惯性系 S 变换到惯性系 S' 时，牛顿运动方程的形式不变，即牛顿运动方程对伽利略变换式是不变式．由此不难推断，对所有的惯性系，牛顿力学的规律都应具有相同形式．这就是经典力学的相对性原理或伽利略相对性原理．这一原理在宏观、低速的范围内，是与实验结果相一致的．

13.2　迈克耳孙-莫雷实验

13.2.1　以太参考系

19 世纪中叶，麦克斯韦建立了完整的电磁理论．该理论关于存在电磁波的预言得到实验证实，同时还证明光也是电磁波．

人们早就明白，传播机械波需要弹性介质，如空气可以传播声波，而真空却不能．因此人们自然会想到光和电磁波的传播也需要一种弹性介质．19 世纪的物理学家们称这种介质为以太．他们认为，以太充满整个空间，即使是真空也不例外，并且可以渗透到一切物质的内部中去．在相对以太静止的参考系中，光的速度在各个方向都是相同的，这个参考系被称为以太参考系．于是，以太参考系就可以作为所谓的绝对参考系了．显然根据伽利略变换式，在相对以太运动的参考系中的光速是与方向有关的．

可以想象，如果能借助某种方法测出运动参考系相对于以太的速度，那么作为绝对参考系的以太也就被确定了．为此，历史上曾有许多物理学家做过很多实验来寻找绝对参考系，但都得出了否定的结果．其中最著名的是迈克耳孙和莫雷所做的实验．

13.2.2　迈克耳孙-莫雷实验

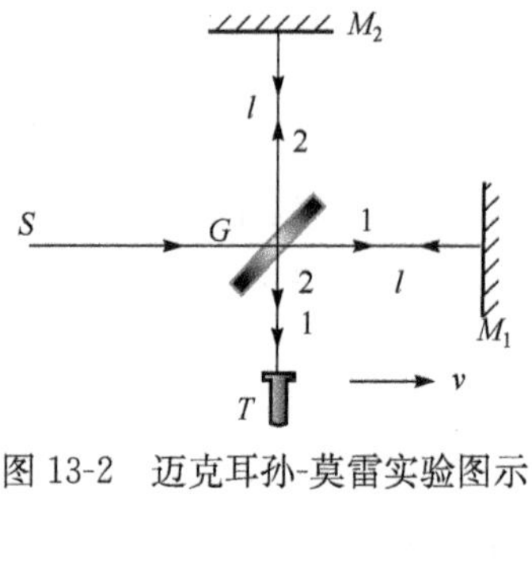

图 13-2　迈克耳孙-莫雷实验图示

迈克耳孙-莫雷实验装置的原理图，如图 13-2 所示，由光源 S 发出波长为 λ 的光，入射到半透半反镜 G 后，一部分反射到平面镜 M_2 上，再由 M_2 反射回来透过 G 到达望远镜 T；另一部分则透过 G 到达 M_1，再由 M_1 和 G 反射也到达 T. 假定 G 到 M_1 和 M_2 的距离为 l，且 M_1 和 M_2 间不严格垂直，那么，在望远镜迈克耳逊莫雷实验的目镜中将看到干涉条纹．

如果地球相对以太以速度 v 运动，则可以证明两光

束在望远镜处的光程差 Δ 约为$\frac{lv^2}{c^2}$，若把整个仪器旋转 90°，则前后两次的光程差为 2Δ. 在此过程中，望远镜的视场内应看到干涉条纹移动 ΔN 条，有

$$\Delta N=\frac{2\Delta}{\lambda}=\frac{2lv^2}{\lambda c^2} \tag{13-6}$$

式中，λ、c 和 l 均为已知，只要测出条纹移动的条数 ΔN，即可由上式算出地球相对于以太的绝对速度 v，从而就可以把以太作为绝对参考系了.

在迈克耳孙-莫雷实验中，l 约为 10m，光的波长 $\lambda=5.0\times10^3\ \mu\text{m}$，$v$ 取地球公转的速度 ($3\times10^4\text{m/s}$)，可由上式估算出干涉条纹移动的条数 ΔN 约为 0.4. 而迈克耳孙干涉仪的精度已达到条纹的 1/100，因此，实验可以毫不困难地观察到这 0.4 条条纹的移动. 但是，他们却始终没有观察到这个预期的条纹移动.

迈克耳孙-莫雷实验的零结果以及其他一些实验结果给人们带来了一些困惑，似乎相对性原理只适用于牛顿定律，而不能用于麦克斯韦的电磁场理论. 要解决这一难题必须在物理观念上来个变革. 在洛伦兹、彭加勒等人为探求新理论所做的先期工作的基础上，一位具有变革思想的青年学者——爱因斯坦于 1905 年创立了狭义相对论，为物理学的发展树立了新的里程碑.

13.3 狭义相对论的基本原理 洛伦兹变换

13.3.1 狭义相对论的基本原理

1905 年，爱因斯坦摒弃了绝对参考系的假设，提出了两条狭义相对论的基本原理：

(1) 爱因斯坦相对性原理. 物理学定律在所有的惯性系中都具有相同的表达形式，即所有的惯性参考系对物理学规律的描述都是等效的. 这就是说，不论在哪一个惯性系中封闭地进行实验都不能确定该惯性系的运动. 换言之，对运动的描述只有相对意义，绝对静止的参考系是不存在的.

(2) 光速不变原理. 真空中的光速是常量，它与光源或观测者的运动无关，即不依赖于惯性系的选择.

这两条原理非常简明，但它们的意义非常深远，是狭义相对论的基础. 当然，它们正确与否最终仍要以由它们所导致的结果与实验事实是否相符来判定.

13.3.2 洛伦兹变换

按伽利略变换，在相对速率为 v 的不同惯性系里，光速不是一个常量. 这显然与狭义相对论基本原理相矛盾. 因此需要寻找一个满足狭义相对论基本原理的变换式. 爱因斯坦发现了这个变换式，一般称它为洛伦兹变换式.

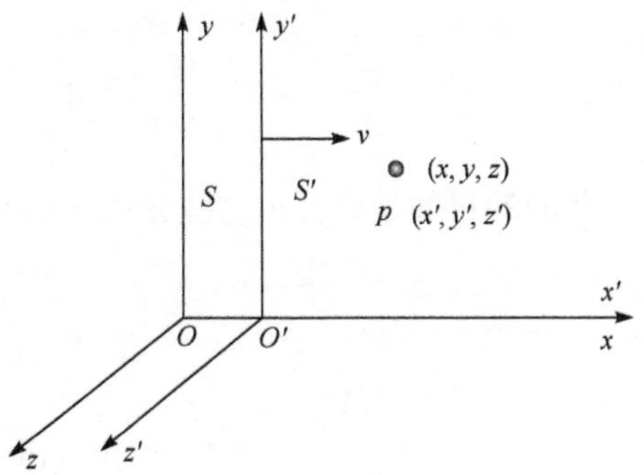

图 13-3 洛伦兹变换

如图 13-3 所示，设有两个惯性系 S 和 S'，其中惯性系 S'沿 xx'轴以速度 v 相对 S 系运动. 以两个惯性系的原点相重合的瞬间作为计时的起点. 若有一个事件发生在点 P，从惯性系 S 测得点 P 的坐标是 x、y、z，时间是 t；而从惯性系 S'测得点 P

的坐标是 x'、y'、z'，时间是 t'. 由狭义相对论的相对性原理和光速不变原理，可导出事件在两个惯性系 S 和 S' 中的时空坐标变换式如下

$$\begin{cases} x'=\dfrac{x-vt}{\sqrt{1-\beta^2}}=\gamma(x-vt) \\ y'=y \\ z'=z \\ t'=\dfrac{t-\dfrac{vx}{c^2}}{\sqrt{1-\beta^2}}=\gamma\left(t-\dfrac{vx}{c^2}\right) \end{cases} \tag{13-7}$$

式中，$\beta=\dfrac{v}{c}$，$\gamma=\dfrac{1}{\sqrt{1-\beta^2}}$，$c$ 为光速. 从式(13-7)可解得 x、y、z 和 t，即得逆变换为

$$\begin{cases} x=\dfrac{x'+vt'}{\sqrt{1-\beta^2}}=\gamma(x'+vt') \\ y=y' \\ z=z' \\ t=\dfrac{t'+\dfrac{vx'}{c^2}}{\sqrt{1-\beta^2}}=\gamma\left(t'+\dfrac{vx'}{c^2}\right) \end{cases} \tag{13-8}$$

由式(13-7)和式(13-8)可以发现洛伦兹变换式有以下性质：

(1) v 始终小于 c，否则 γ 变成虚数.

(2) 逆变换只需用 $-v$ 代替 v.

(3) $v\ll c$ 时，$\gamma\to 1$，洛伦兹变换转化为伽利略变换(式(13-1)).

13.3.3　洛伦兹速度变换

利用洛伦兹时空坐标变换可以得到洛伦兹速度变换.

设有惯性参考系 S' 和 S，S' 以速度 v 相对于 S 沿 xx' 轴运动. 考虑一质点 P 在空间运动. 从 S 系来看，质点 P 的速度为 $\boldsymbol{u}(u_x, u_y, u_z)$；从 S' 系来看，其速度为 $\boldsymbol{u}'(u'_x, u'_y, u'_z)$. 它们的速度分量分别为

$$u_x=\frac{dx}{dt},\quad u_y=\frac{dy}{dt},\quad u_z=\frac{dz}{dt}$$

及

$$u'_x=\frac{dx'}{dt'},\quad u'_y=\frac{dy'}{dt'},\quad u'_z=\frac{dz'}{dt'}$$

我们的目的是要找出这些分量之间的关系，为此对式(13-7)取微分，有

$$dx'=\gamma(dx-vdt)$$
$$dy'=dy$$
$$dz'=dz$$
$$dt'=\gamma\left(dt-\frac{v}{c^2}dx\right)$$

因此，$\boldsymbol{u}'$ 的各个分量为

$$u'_x=\frac{\mathrm{d}x'}{\mathrm{d}t'}=\frac{(\mathrm{d}x-v\mathrm{d}t)}{\left(\mathrm{d}t-\dfrac{v\mathrm{d}x}{c^2}\right)}=\frac{\dfrac{\mathrm{d}x}{\mathrm{d}t}-v}{1-\dfrac{v\mathrm{d}x}{c^2\mathrm{d}t}}=\frac{u_x-v}{1-\dfrac{v}{c^2}u_x}$$

与此相似可得

$$\begin{cases}u'_x=\dfrac{u_x-v}{1-\dfrac{v}{c^2}u_x}\\[2ex] u'_y=\dfrac{u_y}{\gamma\left(1-\dfrac{v}{c^2}u_x\right)}\\[2ex] u'_z=\dfrac{u'_z}{\gamma\left(1-\dfrac{v}{c^2}u_x\right)}\end{cases}\tag{13-9}$$

式(13-9)叫做洛伦兹速度变换式．同样，我们还可以得到上式的逆变换式(将 v 换成 $-v$)

$$\begin{cases}u_x=\dfrac{u'_x+v}{1+\dfrac{v}{c^2}u'_x}\\[2ex] u_y=\dfrac{u'_y}{\gamma\left(1+\dfrac{v}{c^2}u'_x\right)}\\[2ex] u_z=\dfrac{u'_z}{\gamma\left(1+\dfrac{v}{c^2}u'_x\right)}\end{cases}\tag{13-10}$$

将式(13-10)与式(13-2)相比较可以看出，相对论力学中的速度变换公式与经典力学中的速度变换公式不同，不仅速度的 x 分量要变换，而且 y 分量和 z 分量也要变换．但在 $v\ll c$ 的情况下，式(13-10)将转化为式(13-2)．所以式(13-2)仅适用于低速运动的物体．

例 13.1 一光束在惯性系 S 系中以速度 c 沿 x 轴传播，另一惯性系 S' 系以匀速率 v 相对 S 系沿 x 轴运动，求光对 S' 系的速度的大小．

解 根据洛伦兹变换式，有

$$u'_x=\frac{u_x-v}{1-\dfrac{u_xv}{c^2}}=\frac{c-v}{1-\dfrac{cv}{c^2}}=c$$

例 13.2 正负电子对撞机中，电子和正电子以速度 $0.90c$ 相向飞行，如图 13-4 所示，它们之间相对速度为多少？

解 取对撞机为 S 系，向右运动的电子为 S' 系，于是有

$$u_x=-0.9c,\quad v=0.9c$$

u_x 为正电子在 S 系中的速率，v 为 S' 系相对 S 系的速率，则正负电子相对速度为

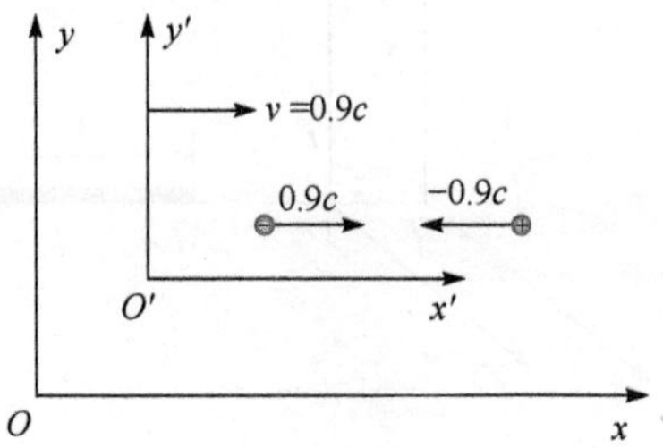

图 13-4

$$u'_x=\frac{u_x-v}{1-\frac{u_x v}{c^2}}=\frac{-0.9c-0.9c}{1-\frac{(-0.9c)0.9c}{c^2}}=-0.994c$$

13.4　狭义相对论的时空观

13.4.1　同时的相对性

在牛顿力学中，时间是绝对的．如两事件在惯性系 S 中是被同时观察到的，那么在另一惯性系 S'中也是同时观察到的．但狭义相对论则认为，这两个事件在惯性系 S 中观察时是同时的，但在惯性系 S'中观察，一般来说就不再是同时的了．这就是狭义相对论的同时相对性．

同时的相对性可由洛伦兹变换式求得．设在惯性系 S'中，不同地点 x_1'和 x_2'同时发生两个事件．由式(13-8)可得

$$\Delta t=\frac{\Delta t'+\frac{v}{c^2}\Delta x'}{\sqrt{1-\beta^2}}\tag{13-11}$$

现在 $\Delta t'=t_2'-t_1'=0$，$\Delta x'=x_2'-x_1'\neq0$，所以 $\Delta t\neq0$. 这表明不同地点发生的两个事件，对 S'系的观察者来说是同时发生的，而对 S 系的观察者来说并不是同时发生的．"同时"具有相对意义，它与惯性系有关．只有在 S'中同一地点($\Delta x'=0$) 同时($\Delta t'=0$)发生的两事件，S 系才会认为该两事件也是同时发生的．反过来在 S 系不同地点同时发生的两事件，S'系也认为不是同时发生的；只有 S 系同一地点同时发生的两事件，S'系才认为是同时发生的．可见，不同的惯性参考系各有自己的"同时性"；并且所有的惯性系都是"平等"的．这正是相对性原理所要求的．应当注意的是，同时的相对性并不改变事件发生的因果关系．

13.4.2　长度的收缩

在伽利略变换中，两点之间的距离或物体的长度是不随惯性系而变的．例如，长为 1m 的尺子，不论在运动的车厢里或者在车站上去测量它，其长度都是 1m. 那么，在洛伦兹变换中，情况又是怎样的呢?

设有两个观察者分别静止于惯性参考系 S 和 S'中，S'系以速度 v 相对 S 系沿 Ox 轴运动．一细棒静止于 S'系中并沿 Ox'轴放置，如图 13-5 所示．考虑到棒的长度应是在同一时刻测得棒两端点的距离，因此，S'系中观察者若同时测得棒两端点的坐标为 x_1'和 x_2'，则棒长为 $l'=x_2'-x_1'$. 通常把观察者相对棒静止时所测得的棒长度称为棒的**固有长度** l_o，在此处 $l'=l_o$. 当两观察者相对静止时(即 S'相对 S 系的速度 v 为零)，他们测得的棒长相等．但当 S'系(以及相对 S'系静止的棒)以速度 v 沿 xx'轴相对 S 系运动时，在 S'系中观察者测得棒长不变仍为 l'，而 S 系中的观察者则认为棒相对 S 系运动，并同时测得其两端点的坐标为 x_1 和 x_2，即棒的长度为 $l=x_2-x_1$. 利用洛伦兹变换式(13-7)，有

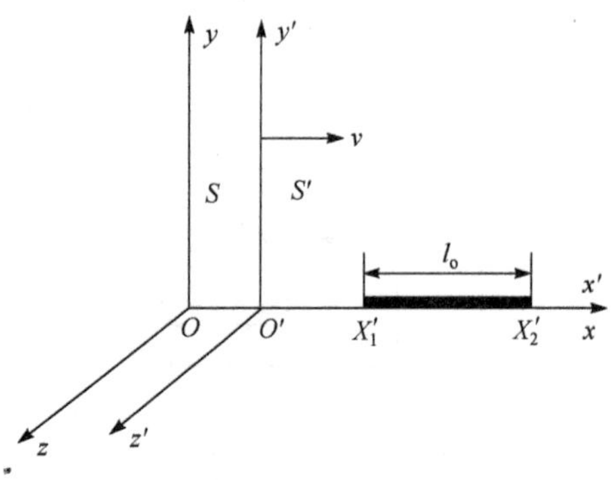

图 13-5　长度收缩

$$x_1'=\frac{x_1-vt_1}{\sqrt{1-\beta^2}}, \quad x_2'=\frac{x_2-vt_2}{\sqrt{1-\beta^2}}$$

式中 $t_1=t_2$. 将上式相减,得

$$x_2'-x_1'=\frac{x_2-x_1}{\sqrt{1-\beta^2}}$$

即

$$l=l'\sqrt{1-\beta^2}=l_0\sqrt{1-\beta^2} \tag{13-12}$$

由于 $\sqrt{1-\beta^2}<1$,故 $l<l'$. 这表明,从 S 系测得运动细棒的长度 l,要比从相对细棒静止的 S' 系中测得的长度 l' 缩短了 $\sqrt{1-\beta^2}$ 倍. 物体的这种沿运动方向发生的长度收缩称为**洛伦兹收缩**. 容易证明,若棒静止于 S 系中,则从 S' 系测得棒的长度,也只有其固有长度的 $\sqrt{1-\beta^2}$ 倍. 应当注意,当细棒垂直于运动方向时,其长度对于 S 系和 S' 系是相同的,即物体只沿运动方向收缩.

如果 $v\ll c$,则 $\beta\ll 1$,可简化为 $l'\approx l$.

这就是说,对于相对运动速度较小的惯性参考系来说,长度可以近似看成是一绝对量. 需要强调的是,洛伦兹收缩是相对运动的效应,是空间距离的量度具有相对性的反映,并非物体材料真的收缩了.

13.4.3 时间延缓

在狭义相对论中,如同长度不是绝对的那样,时间间隔也不是绝对的. 设在 S' 系中有一只静止的钟,有两个事件先后发生在同一地点 x',此钟记录的时刻分别为 t_1' 和 t_2',于是 S' 系中的钟所记录的时间间隔为 $\Delta t'=t_2'-t_1'$,常称为固有时间 Δt_0. 同样的钟在 S 系中记录的这两个事件的时刻分别为 t_1 和 t_2,即钟所记录的时间间隔为 $\Delta t=t_2-t_1$. 若 S' 系以速度 v 沿 xx' 轴运动,则根据洛伦兹变换式(13-8)可得

$$t_1=\gamma\left(t_1'+\frac{x'v}{c^2}\right)$$

$$t_2=\gamma\left(t_2'+\frac{x'v}{c^2}\right)$$

于是

$$\Delta t=t_2-t_1=\gamma(t_2'-t_1')=\gamma\Delta t'$$

$$\Delta t=\frac{\Delta t'}{\sqrt{1-\beta^2}}=\frac{\Delta t_0}{\sqrt{1-\beta^2}} \tag{13-13}$$

由式(13-13)可以看出,由于 $\sqrt{1-\beta^2}<1$,故 $\Delta t>\Delta t'$. 这就是说,在 S' 系中所记录的同一地点发生的两个事件的时间间隔,小于由 S 系所记录该两事件的时间间隔. 换句话说,S 系的钟记录 S' 系内某一点发生的两个事件的时间间隔,比 S' 系的钟所记录该两事件的时间间隔要长些,由于 S' 系是以速度 v 沿 xx' 轴方向相对 S 系运动,因此可以说,运动着的钟走慢了,这就称为时间延缓效应. 同样,从 S' 系看 S 系的钟,也认为运动着的 S 系的钟走慢了. 但如果 S、S' 之一经历加速过程时,像著名的"孪生子佯谬"中的情形,时间延缓效应就成为绝对效应. 时间延缓效应与光速不变原理是有着密切的联系,我们可以直接由光速不变原理推导出时间延缓公式(13-13). 时间延缓效应已为大量实验所证实.

当运动速度 $v \ll c$ 时，$\beta \ll 1$，式(13-13)简化为

$$\Delta t' \approx \Delta t$$

也就是说，对于缓慢运动的情形来说，两事件的时间间隔近似为一绝对量．

综上所述，狭义相对论指出了时间和空间的量度与参考系的选择有关．时间与空间是相互联系的，并与物质有着不可分割的联系．不存在孤立的时间，也不存在孤立的空间．时间、空间与运动三者之间的紧密联系，深刻地反映了时空的性质，这是正确认识自然界乃至人类社会所应持有的基本观点．所以说，狭义相对论的时空观为科学的、辩证的世界观提供了物理学上的论据．

例 13.3 设想有一光子火箭，相对地球以速率 $v=0.95c$ 做直线运动．若以火箭为参考系测得火箭长为 15m. 问以地球为参考系，测得此火箭有多长？

解 由式(13-12)有

$$l=15\sqrt{1-0.95^2}\text{m}=4.68\text{m}$$

即从地球测得光子火箭的长度只有 4.68m.

例 13.4 如图 13-6 所示，一长为 1m 的棒静止地放在 $O'x'y'$ 平面内，在 S' 系的观察者测得此棒与 $O'x'$ 轴成 45°角．试问从 S 系的观察者来看，此棒的长度以及棒与 Ox 轴的夹角是多少？设想 S' 以匀速率 $v=\frac{\sqrt{3}}{2}c$ 沿 Ox 轴相对 S 系运动．

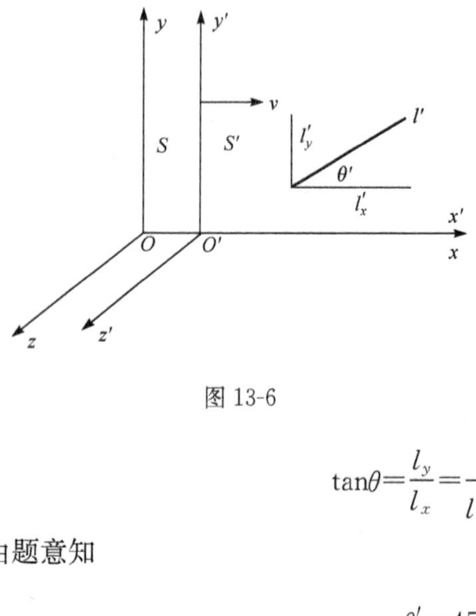

图 13-6

解 设棒静止于 S' 系的长度为 l'，它与 $O'x'$ 轴的夹角为 θ'. 此棒长在轴上的分量 l_y 与 l_y' 相等，保持不变，即

$$l_y=l_y'=l\sin\theta'$$

而棒长在 Ox 轴上的分量(即与速率 v 的方向平行的分量)，由式(13-12)，有

$$l_x=l_x'\sqrt{1-\beta^2}=l^2\sqrt{1-\beta^2}\cos\theta'$$

因此，从 S 系中的观察者看来，棒的长度为

$$l=\sqrt{l_x^2+l_y^2}=l'\sqrt{1-\beta^2\cos^2\theta'}$$

而棒与 Ox 轴的夹角，则由下式确定

$$\tan\theta=\frac{l_y}{l_x}=\frac{l'\sin\theta'}{l'\sqrt{1-\beta^2\cos\theta'}}=\frac{\tan\theta'}{\sqrt{1-\beta^2}}$$

由题意知

$$\theta'=45°, l'=1\text{m}, v=\frac{\sqrt{3}}{2}c$$

所以有

$$l=l'\sqrt{1-\beta^2\cos^2\theta'}=0.79\text{m}$$

$$\tan\theta=\frac{\tan\theta'}{\sqrt{1-\beta^2}}=2, \theta=63.43°$$

可见，从 S 系的观察者来看，运动着的棒不仅长度要收缩，而且还要转向．

例 13.5 设想有一光子火箭以 $v=0.95c$ 的速率相对地球做直线运动．若火箭上的计时器记录宇航员做实验用去 10min. 则地球上的观察者测得他做实验用去了多少时间？

解　显然，宇航员测得的时间为固有时 Δt_0，由式(13-13)可得

$$\Delta t=\frac{\Delta t_0}{\sqrt{1-\beta^2}}=\frac{10}{\sqrt{1-0.95^2}}\text{min}=32.01\text{min}$$

即地球上的计时器记录宇航员做实验用去了 32.01min，似乎是运动的钟走慢了．

13.5　相对论动量和能量

13.5.1　相对论动量与质量

在牛顿力学中，速度为 $\boldsymbol{v}$，质量为 m 的质点的动量表达式为

$$\boldsymbol{p}=m\boldsymbol{v} \tag{13-14}$$

质点的质量是不依赖于速度的常量，而且在不同惯性系中质点速度变换遵循伽利略变换．

在狭义相对论中，动量定义仍然采用式(13-14)，同时认为动量守恒定律仍然适用，不过速度变换遵循洛伦兹速度变换，这时质量就不再是与速度无关的量了．按照狭义相对性原理和洛伦兹速度变换式可以证明，当动量守恒表达式在任意惯性系中都保持不变时，质点质量 m 应满足

$$m=\gamma m_0=\frac{m_0}{\sqrt{1-\left(\frac{v}{c}\right)^2}} \tag{13-15}$$

则质点的动量为

$$\boldsymbol{p}=m\boldsymbol{v}=\frac{m_0\boldsymbol{v}}{\sqrt{1-\left(\frac{v}{c}\right)^2}} \tag{13-16}$$

其中，m_0 是质点相对某惯性系静止($v=0$)时的质量，称为静质量；m 是与速度有关的质量，称做相对论性质量．由式(13-15)可以看出，当 $v\ll c$ 时，有 $m\approx m_0$，即物体的相对论质量近似等于其静质量，这时可以认为质点的质量为一常量．这表明在 $v\ll c$ 的情况下，牛顿力学仍然是适用的．图 13-7 反映了相对论质量与速度的关系．对于微观粒子，如电子、质子、介子等，其速度可以与光速很接近，这时其质量和静质量就有显著的不同．例如，在加速器中被加速的质子，当其速度达到 2.7×10^8m/s 时，其质量已达

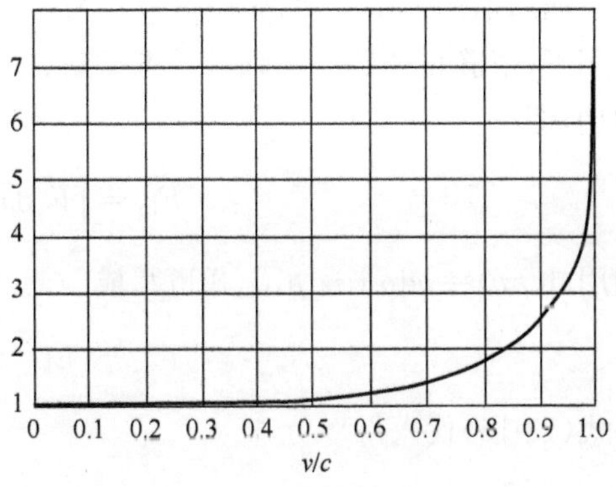

图 13-7　质量与速度关系图

$$m=\frac{m_0}{\sqrt{1-\left(\frac{2.7\times10^8}{3\times10^8}\right)^2}}=\frac{m_0}{\sqrt{1-0.81}}=2.3m_0$$

13.5.2 狭义相对论力学的基本方程

当有外力 $\boldsymbol{F}$ 作用于质点时，由相对论动量表达式，可得

$$\boldsymbol{F}=\frac{\mathrm{d}\boldsymbol{p}}{\mathrm{d}t}=\frac{\mathrm{d}}{\mathrm{d}t}(m\boldsymbol{v})=\frac{\mathrm{d}}{\mathrm{d}t}\left[\frac{m_0\boldsymbol{v}}{(1-\beta^2)^{1/2}}\right] \tag{13-17}$$

上式为相对论力学的基本方程．显然，若作用在质点系上的合外力为零，则系统的总动量应当不变，为一守恒量．由相对论性动量表达式可得系统的动量守恒定律为

$$\sum\boldsymbol{p}_i=\sum m_i\boldsymbol{v}_i=\sum\frac{m_{0i}}{(1-\beta^2)^{1/2}}\boldsymbol{v}_i=\text{常矢量} \tag{13-18}$$

当质点的运动速度远小于光速，即 $\beta=(v/c)\ll 1$ 时，式(13-17)可写成

$$\boldsymbol{F}=\frac{\mathrm{d}(m_0\boldsymbol{v})}{\mathrm{d}t}=m_0\frac{\mathrm{d}\boldsymbol{v}}{\mathrm{d}t}=m_0\boldsymbol{a}$$

这正是经典力学中的牛顿第二定律．同样在 $\beta=(v/c)\ll 1$ 的情形下，系统的总动量亦可由式(13-18)写成

$$\sum\boldsymbol{p}_i=\sum m_i\boldsymbol{v}_i=\sum\frac{m_{0i}}{(1-\beta^2)^{1/2}}\boldsymbol{v}_i=\sum m_{0i}\boldsymbol{v}_i=\text{常矢量}$$

这正是经典力学的动量守恒定律．

总之，相对论的动量概念、质量概念，以及相对论的力学方程式(13-17)和动量守恒定律式(13-18)具有普遍的意义，而牛顿力学则只是相对论力学在物体低速运动条件下的很好的近似．

13.5.3 相对论动能

现在由相对论力学的基本方程式(13-17)出发，计算运动物体的动能．

如同牛顿力学那样，元功仍定义为 $\mathrm{d}W=\boldsymbol{F}\cdot\mathrm{d}\boldsymbol{r}$．为使讨论简单起见，设一质点在变力的作用下，由静止开始沿 x 轴做一维运动．当质点的速率为 v 时，它所具有的动能等于外力所做的功，即

$$E_{\mathrm{k}}=\int F_x\mathrm{d}x=\int\frac{\mathrm{d}p}{\mathrm{d}t}\mathrm{d}x=\int v\mathrm{d}p$$

利用 $\mathrm{d}(pv)=p\mathrm{d}v+v\mathrm{d}p$，上式可写成

$$E_{\mathrm{k}}=pv-\int_0^v p\mathrm{d}v$$

将式(13-16)代入得

$$E_{\mathrm{k}}=\frac{m_0v^2}{\sqrt{1-v^2/c^2}}-\int_0^v\frac{m_0v}{\sqrt{1-v^2/c^2}}\mathrm{d}v$$

积分后，得

$$E_{\mathrm{k}}=\frac{m_0v^2}{\sqrt{1-v^2/c^2}}+m_0c^2\sqrt{1-v^2/c^2}-m_0c^2$$

由式(13-15)可得

$$E_{\mathrm{k}}=mv^2+mc^2(1-v^2/c^2)-m_0c^2=mc^2-m_0c^2 \tag{13-19}$$

上式是相对论动能的表达式，它与经典力学中的动能表达式毫无相似之处．然而，在 $v\ll$

c 的极限情况下，有 $\left(1-\frac{v^2}{c^2}\right)^{\frac{-1}{2}} \approx \left(1+\frac{1}{2}\frac{v^2}{c^2}\right)$. 把它代入式(13-19)得

$$E_k = m_0\left(1-\frac{v^2}{c^2}\right)^{-1/2}c^2 = m_0c^2 = m_0\left(1+\frac{1}{2}\frac{v^2}{c^2}\right)c^2 - m_0c^2 = \frac{1}{2}m_0v^2$$

这正是经典力学的动能表达式．这表明，经典力学的动能表达式是相对论力学动能表达式在物体的运动速度远小于光速的情形下的近似．

13.5.4 质量和能量的关系

由式(13-19)可得

$$mc^2 = E_k + m_0c^2 \tag{13-20}$$

爱因斯坦对此作出了具有深刻意义的说明：他认为 mc^2 是质点运动时具有的总能量，而 m_0c^2 为质点静止时具有的静能量．表 13-1 给出了一些微观粒子和轻核的静能量．这样，式(13-20)表明质点的总能量等于质点的动能和其静能量之和，或者说，质点的动能是其总能量与静能量之差[即式(13-19)]. 如以符号 E 代表质点的总能量，则有

$$E = mc^2 \tag{13-21}$$

这就是质能关系式，它表明质量和能量之间有着密切的联系．如果一个物体系统能量改变了 ΔE，则无论能量的形式如何，其质量必有相应的改变 Δm，反之亦然，由式(13-21)可得 ΔE，Δm 之间的关系为

$$\Delta E = (\Delta m)c^2 \tag{13-22}$$

表 13-1 一些基本粒子和轻核的静能量

粒子	符号	静能量/MeV
光子	γ	0
电子(或正电子)	e (或+e)	0.510
μ 子	μ^2	105.7
π 介子	π^0	139.6
质子	p	938.280
中子	n	939.573
氘	^{2}H	1 875.628
氚	^{3}H	2 808.944
氦(α 粒子)	^{4}He	3 727.409

在日常现象中，系统能量变化容易测量，但相应的质量变化却极微小，难以测量．例如，1kg 水由 0℃被加热到 100℃时所增加的能量为

$$\Delta E = 4.18\times10^3\times100\text{J} = 4.18\times10^5\text{J}$$

而质量相应地只增加了

$$\Delta m\,\frac{\Delta E}{c^2} = \frac{4.18\times10^5}{(3\times10^8)^2}\text{kg} = 4.6\times10^{-12}\text{kg}$$

在经典力学中，能量和质量是分别守恒的，而在相对论中，质能关系 $E=mc^2$ 及其增量关系 $\Delta E=\Delta mc^2$ 说明了质能的统一性．对于孤立系统，总能量守恒就代表了总质量守恒，反之亦然．也可以说相对论把经典力学中两条孤立的守恒定律结合成统一的质能守恒定律了．目

前，质能关系已得到大量的应用．

13.5.5 动量与能量的关系

在相对论中，静质量为 m_0、运动速率为 v 的质点的总能量和动量，可由下列公式表示

$$E=mc^2=\frac{m_0c^2}{\sqrt{1-v^2/c^2}},\quad p=mv=\frac{m_0v}{\sqrt{1-v^2/c^2}}$$

由这两个公式中消去速率 v 后，我们将得到动量和能量之间的关系为

$$(mc^2)^2=(m_0c^2)^2+m^2v^2c^2$$

由于 $p=mv, E_0=m_0c^2$ 和 $E=mc^2$，所以上式可写成

$$E^2=E_0^2+p^2c^2 \tag{13-23}$$

这就是相对论动量和能量关系式．为便于记忆，它们间的关系可用如图 13-8 所示的三角形表示出来．

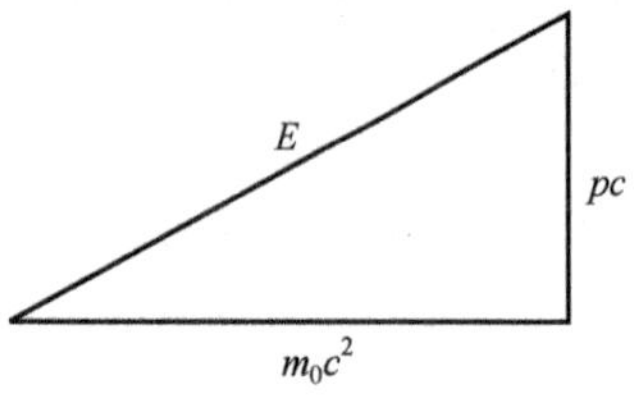

图 13-8 动量与能量图示

如果 $E\gg E_0$ 则式(13-23)可近似为

$$E\approx pc \tag{13-24}$$

对于光子，静质量为零，则有

$$E=pc \tag{13-25}$$

对于频率为 ν 的光子其能量 $E=h\nu$，由式(13-25)可得

$$p=\frac{E}{c}=\frac{h\nu}{c}=\frac{h}{\lambda} \tag{13-26}$$

式中，λ 为光子波长，上式表明光子动量与波长成反比．由式(13-21)得光子质量为

$$m=\frac{E}{c^2}=\frac{h\nu}{c^2} \tag{13-27}$$

上面我们叙述了狭义相对论的时空观和相对论力学的一些重要结论．狭义相对论的建立是物理学发展史上的一个里程碑，具有深远的意义．它揭示了空间和时间之间，以及时空和运动物质之间的深刻联系．这种相互联系，把牛顿力学中认为互不相关的绝对空间和绝对时间，结合成为一种统一的运动物质的存在形式．

与经典物理相比较，狭义相对论更客观、更真实地反映了自然的规律．目前，狭义相对论不但已经被大量的实验事实所证实，而且已经成为研究宇宙星体、粒子物理以及一系列工程物理(如反应堆中能量的释放、带电粒子加速器的设计)等问题的基础．当然，随着科学技术的不断发展，一定还会有新的、目前尚不知道的事实被发现，甚至还会有新的理论出现．然而，以大量实验事实为依据的狭义相对论在科学中地位是无法否定的．这就像在低速、宏观物体的运动中，牛顿力学仍然是十分精确的理论那样．

例 13.6 设一质子以速度 $v=0.80c$ 运动．求其总能量、动能和动量．

解 从表 13-1 知道，质子的静能量为 $E_0=m_0c^2=938\text{MeV}$，所以，质子的总能量为

$$E=mc^2=\frac{m_0c^2}{(1-v^2/c^2)^{1/2}}=\frac{938}{(1-0.8^2)^{1/2}}\text{MeV}=1563\text{MeV}$$

质子的动能为

$$E_k=E-m_0c^2=1563\text{MeV}-938\text{MeV}=625\text{MeV}$$

质子的动量

$$p = mv = \frac{m_0 v}{(1-v^2/c^2)^{1/2}} = \frac{1.67\times10^{-27}\times0.8\times3\times10^8}{(1-0.8^2)^{1/2}}(\text{kg}\cdot\text{m})/\text{s}$$

$$= 6.68\times10^{-19}\text{kg}\cdot\text{m}\cdot\text{s}^{-1}$$

质子的动量也可这样求得

$$cp = \sqrt{E^2-(m_0c^2)^2} = \sqrt{1563^2-938^2}\text{MeV} = 1250\text{MeV}$$

$$p = 1250\text{MeV}/c$$

注意，在 MeV/c 中“c”是作为光速的符号而不是数值，在核物理中常用“MeV/c”作为动量的单位．

例 13.7 已知一个氚核(${}^3_1\text{H}$)和一个氘核(${}^2_1\text{H}$)可聚变成一氦核(${}^4_2\text{He}$)，并产生一个中子(${}^1_0\text{n}$)．试问在这个核聚变中有多少能量被释放出来．

解 上述核聚变的反应式为

$${}^2_1\text{H} = {}^3_1\text{H} \longrightarrow {}^4_2\text{He} = {}^1_0\text{n}$$

从表 13-1 可以知道氘核和氚核的静能量之和为

$$(1875.628+2808.944)\text{MeV} = 4684.572\text{MeV}$$

而氦核和中子的静能量之和则为

$$(3727.409+939.573)\text{MeV} = 4666.982\text{MeV}$$

可见，在氘核和氚核聚变为氦核的过程中，静能量减少了

$$\Delta E = (4684.572-4666.982)\text{MeV} = 17.59\text{MeV}$$

上述核反应发生在太阳内部聚变过程中，由此可见，太阳因不断辐射能量而使其质量不断减小．

习 题 13

13-1 你能说明经典力学的相对性原理和狭义相对论相对性原理之间的异同吗?

13-2 边长为 L 的立方体以速度 u 沿与其一边平行的方向相对地面运动时，地面上的观察者测量它的形状是什么样? 它的体积发生变化吗?

13-3 为什么长度测量会和参考系有关? 长度收缩效应是否是因为棒的长度受到了实际的压缩?

13-4 一观察者测得运动着的米尺长 0.5m，问此尺以多大的速度接近观察者?

13-5 一张宣传画面积 5m^2，平行地贴于铁路旁边的墙上，一高速列车以 2×10^8m/s 速度接近此宣传画，这张画由司机测量将成什么样子?

13-6 远方的一颗星以 0.8c 的速度离开我们，接受到它辐射出来的闪光按 5 昼夜的周期变化，求固定在此星上的参考系测得的闪光周期．

13-7 在 K 系中观察到两个事件同时发生在 x 轴上，其间距离是 1m，在 K' 系中观察这两个事件之间的空间距离是 2m，求在 K' 系中这两个事件的时间间隔．

13-8 π^+ 介子是一不稳定粒子，平均寿命是 2.6×10^{-8}s(在它自己参考系中测得)．(1)如果此粒子相对于实验室以 0.8c 的速度运动，那么实验室坐标系中测量的 π^+ 介子寿命为多长? (2)π^+ 介子在衰变前运动了多长距离?

13-9 设电子的速度为(1)1.0×10^8m/s；(2)2.0×10^8m/s，试计算电子的动能各是多少? 如用经典力学公式计算电子动能又各为多少?

13-10　太阳由于向四面空间辐射能量，每秒损失了质量 4×10^{9} kg. 求太阳的辐射功率 .

13-11　一个电子从静止开始加速到 $0.1c$ 的速度，需要对它做多少功？速度从 $0.9c$ 加速到 $0.99c$ 又要做多少功？

13-12　在北京正负电子对撞机中，电子可以被加速到动能为 $E_k=2.8\times10^{9}$ eV.

(1) 这种电子的速率和光速相差多少？

(2) 这种电子的动量多大？

(3) 这种电子在周长为 240m 的储存环内绕行时，它受到的向心力多大？需要多大的偏转磁场？

第14章　量子理论

19世纪末，经过多年探索研究，人们认为当时的物理学已经发展到极致：

力学——从牛顿力学发展出一套分析力学．不仅形式完美，而且更便于深刻分析和解决实际问题，预言了海王星的存在并证实．

电磁学——总结了一套完备的麦克斯韦方程组，根据这组方程预言了电磁波的存在并经由赫兹的实验证实．

热力学与统计物理也建立了系统理论，奠定了热现象宏观与微观理论基础．

声学统一于力学，光学统一于电磁学．另外，还有能量守恒、动量守恒定律．

当时很多人都认为物理学今后的发展不过是使实验更精密一些，实验数据小数点的后面再增加几位而已．

当然也存在一些不和谐的"小问题"．例如迈克耳孙、莫雷做的"以太漂移"实验的零结果；瑞利根据能量均分定理推导出的黑体辐射公式所谓的"紫外灾难"．开尔文把这两个问题比做19世纪最后时期物理学晴朗天空的两朵小乌云．但正是这两朵小乌云导致了物理学两大支柱相对论、量子力学的建立．

德国物理学家普朗克正是通过对黑体辐射实验的大量研究，提出能量子假说；在此基础上，爱因斯坦为解释光电效应提出光量子假说，第一次提出光具有波粒二象性；接着玻尔根据原子的光谱线系提出了原子结构的量子论；后来德布罗意受到光的波粒二象性的启发，在他的博士论文中提出了所有微观粒子都具有波粒二象性．人们通过电子双缝衍射实验证实了电子具有波粒二象性．从此拉开了量子力学建立的序幕．

量子力学是研究微观粒子运动规律的科学．与相对论不同，它是很多天才，在总结大量实验事实的基础上建立起来的．它成功的解释了原子结构问题，最典型、也是最精确的例子是氢原子；阐明了物体为什么有导体、半导体和绝缘体之分；揭示了元素周期律以及原子与原子之间化学键的本质．

事实上所有涉及物质属性和微观结构的学科专业，都以量子力学作为其理论基础．

量子理论引发了非常广泛的科学技术的应用，如激光器、半导体芯片、计算机、电视、光通信、隧道扫描显微镜、核磁共振成像、核能发电等．量子理论取得了辉煌的成就，它博大精深、包罗万象．而且量子力学还在继续快速发展，目前正在对量子信息论、量子计算机、量子密匙等方面进行深入研究．此外，量子力学还逐步渗透到生命科学领域，其前景非常广阔．

14.1　黑体辐射和普朗克能量子假说

普法战争后，普鲁士——德国由于军事工业的需要大炼钢铁．炼钢的好坏取决于炼钢炉内的温度，而温度可以从炉中发出光的颜色得到反映．实际上，在任意温度下，所有物体不止发射一种波长的光，其中能量最强的光决定了发光物体的颜色．这样就必须对辐射能量按波长分布的函数曲线与温度的关系进行详尽的研究．

为此人们提出一个理想模型——黑体．什么是黑体呢？根据能量守恒有

$$\frac{\text{吸收能量}}{\text{入射能量}}+\frac{\text{反射能量}}{\text{入射能量}}=1$$

上式左边第一项称为吸收比，第二项称为反射比，所谓黑体就是在任何温度下，对任何波长辐射能量的反射比为零，吸收比等于 1 的物体．实际上自然界中最接近黑体的煤烟的吸收比才只达到 0.99.

为什么需要研究黑体问题呢？这里首先需要了解几个概念．

单色辐出度：在单位时间内，从物体表面单位面积上所发射的波长在 $\lambda\sim\lambda+\mathrm{d}\lambda$ 范围的辐射的能量 $\mathrm{d}M_\lambda$，与波长间隔成正比，$\mathrm{d}M_\lambda$ 与 $\mathrm{d}\lambda$ 的比值称为单色辐出度．用 M_λ 或者 $M(\lambda,T)$表示，即

$$M_\lambda=\frac{\mathrm{d}M_\lambda}{\mathrm{d}\lambda} \tag{14-1}$$

实验指出，M_λ 与辐射物体的温度和辐射的波长有关，反映了物体在不同温度下辐射能量按波长分布的情况，单位为 $\mathrm{W/m^3}$.

辐出度：单位时间内从物体表面单位面积上所发射的各种波长的总辐射能，称为物体的辐出度．辐出度只是温度的函数，常用 $M(T)$表示，单位为 $\mathrm{W/m^2}$.

当温度 T 一定时，辐出度与单色辐出度的关系为

$$M(T)=\int_0^\infty M_\lambda(T)\mathrm{d}\lambda \tag{14-2}$$

单色吸收比：在波长 $\lambda\sim\lambda+\mathrm{d}\lambda$ 范围内的吸收比称为单色吸收比，用 $\alpha_\lambda(T)$表示．因为 $\mathrm{d}\lambda$ 趋于 0，所以称为单色．吸收比和反射比只与温度和波长有关．

基尔霍夫定律：在同样温度下，各种不同物体对相同波长的“单色辐出度与单色吸收比的比值”相等，并等于黑体的单色辐出度与单色吸收比的比值．

$$\frac{M_{\lambda_1}(T)}{\alpha_{\lambda_1}(T)}=\frac{M_{\lambda_2}(T)}{\alpha_{\lambda_2}(T)}=\cdots=M_{\lambda_0}(T) \tag{14-3}$$

黑体的单色吸收比等于 1，根据基尔霍夫定律，只要研究清楚黑体的单色辐出度问题，就可以把其他物体的辐射问题认识清楚．于是人们提出空腔黑体模型，并从实验和理论两方面研究黑体的单色辐出度．

从实验角度，人们得到了空腔黑体单色辐出度按波长分布的曲线，如图 14-1 所示.

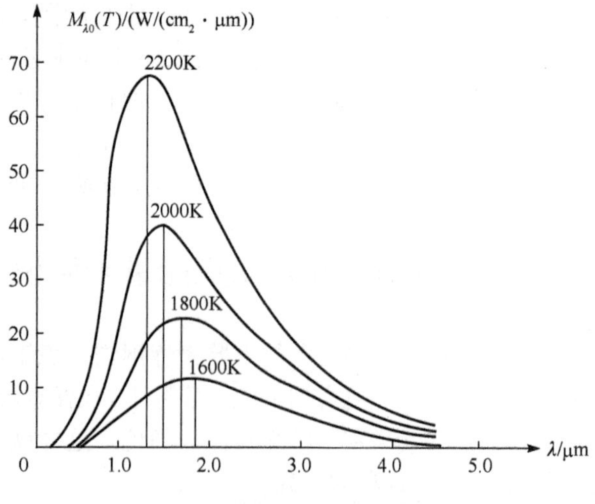

图 14-1 绝对黑体的辐出度按波长分布曲线

实验显示，黑体处在平衡态时，辐射能量密度分布与黑体的材料、形状无关，只与黑体的绝对温度有关．从图中可以看出曲线左右不对称，辐射能量最强的波长 λ_m 与温度成反比，最大能量随温度的升高向短波方向移动．

斯特藩-玻尔兹曼定律：1879 年，44 岁的德国物理学家 Stefan 从实验数据中导出黑体单位表面积在单位时间内发出的热辐射总能量与它的绝对温度的四次方成正比，即

$$M(T)=\sigma T^4 \tag{14-4}$$

上式只反映了总辐射能与温度的关系，未反映辐射能随波长的分布．

维恩位移定律：1893 年，25 岁的德国物理学家维恩从电磁理论和热力学理论出发，得到一个关于黑体热辐射的位移定律

$$\lambda_{\max}T=b \tag{14-5}$$

式中

$$b=2.897\times10^3\,\mathrm{M}\cdot\mathrm{K} \tag{14-6}$$

黑体的单色辐出度按波长的分布曲线是通过实验得来的，为了从理论上找出符合实验曲线的函数式，当时许多物理学家都做了相当大的努力，其中比较典型的有：

1896 年维恩提出的黑体辐射能量密度分布函数

$$M_{\lambda0}(T)=C_1\lambda^{-5}\mathrm{e}^{-\frac{C_2}{\lambda T}} \tag{14-7}$$

其中，C_1、C_2 为常数；λ 为波长．维恩公式只有在温度较低、波长较短时才与实验相符，而在长波处与实验曲线相差较大，如图 14-2 所示．

1900 年，英国人瑞利根据经典的能量均分定理提出的黑体辐射能量密度分布函数为

$$M_{\lambda_0}(T)=\frac{1}{4}\pi Kc\lambda^{-4}T \tag{14-8}$$

后来英国天文学家金斯把瑞利推导错了的因数纠正过来，瑞利公式变为

$$M_{\lambda_0}(T)=2\pi Kc\lambda^{-4}T \tag{14-9}$$

此公式称为瑞利-金斯公式．其中 K 为玻尔兹曼常量，$K=1.38\times10^{-23}\,\mathrm{J}\cdot\mathrm{K}^{-1}$．瑞利-金斯公式与实验曲线在低频(长波)部分相符，这与维恩的结果正好相反，在高频短波部分由于能量与频率平方成正比，所以在高频时出现辐射能量趋向无穷大，与实验结果完全不符，不仅表明辐射公式本身有严重缺陷，同时表明经典的能量均分定理的局限性．这个情况被荷兰物理学家埃伦菲斯特称为“紫外灾难”．

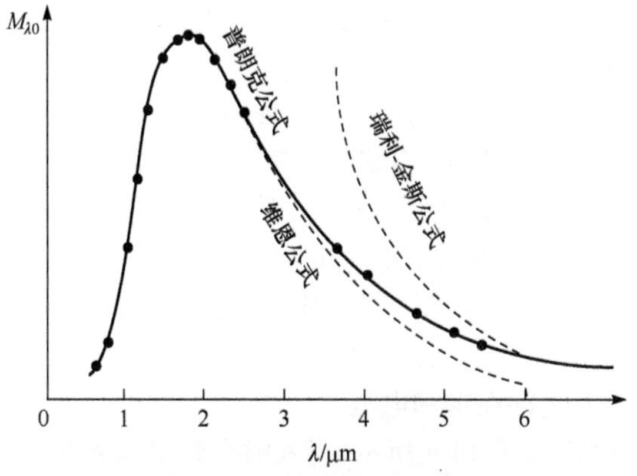

图 14-2 黑体辐射能量分布曲线

德国物理学家普朗克当时也在研究黑体辐射，开始时他并不知道瑞利的研究结果，他只研究了维恩的公式，并认为应修正维恩公式．但在 1900 年 10 月 7 日这一天，物理学家鲁本斯到普朗克家访问时，告诉了普朗克关于瑞利-金斯公式，普朗克受到启发，他立即尝试用内插法把两个公式变为了一个新的黑体辐射能量密度分布函数公式

$$M_{\lambda_0}(T)=2\pi hc^2\lambda^{-5}\frac{1}{\exp\left\{\dfrac{hc}{K\lambda T}\right\}-1} \tag{14-10}$$

不难看出，当 $\lambda\to0$ 时，也就是在高频区域，普朗克公式趋于维恩公式；而当 $\lambda\to\infty$时，也就

是在低频区域,趋于瑞利-金斯公式．普朗克公式提出后,鲁本斯立即用它去分析当时最新的实验数据,发现普朗克公式竟与实验曲线完全符合．但普朗克公式纯属侥幸猜出来的,并不具备明确的理论基础．有人鼓励普朗克找出他的公式的理论基础．普朗克于是又进行了1个多月的深入研究．他在试尽各种方法后发现,只有在假定"对于一定频率的电磁辐射,物体只能以 $h\nu$ 为单位吸收或发射它,换言之,物体吸收或发射电磁辐射只能以量子方式进行,每个量子的能量为 $h\nu$"条件时,才能合理地推导出他的公式．这个假定称为普朗克能量子假说．在此基础上,普朗克公式变为

$$M_{\nu_0}(T)=\frac{2\pi h}{c^2}\frac{\nu^3}{\exp\left\{\dfrac{h\nu}{KT}\right\}-1} \tag{14-11}$$

公式中 h 为普朗克常量,$h=6.0626\times10^{-34}\,\mathrm{J\cdot s}$

1900年12月14日,普朗克发表了他的能量子假说．经典电磁学认为电磁辐射的能量是连续的,从经典角度无法理解普朗克的能量子假说．所以他的工作几年内没人注意．事实上,他本人也并不理解能量子,他当时认为能量子的存在纯粹是一种形式上的假设,直到1905年才开始出现转机．

14.2　光电效应与爱因斯坦光量子假说

14.2.1　光电效应

19世纪末,人们发现当光照射在金属表面上时,电子会从金属表面逸出,这种现象称为光电效应．

如图14-3所示,在真空管内装有一个阳极A和一个阴极K,平时两极在真空管内绝缘,电路之中没有电流,当紫外光照到阴极K上时,将从阴极跑出电子,电子在电场作用下飞向阳极A,于是在电路中形成电流,称为光电流,从阴极跑的电子称为光电子．

光电效应的实验规律:

(1) 存在红限频率:当入射光低于某频率 ν_0 时,不论光强多大,不再发生光电效应,ν_0 称为截止频率或红限频率;

(2) 存在饱和电流:

① 如图14-4所示,当入射光频率和光强一定时,光电流随加速电压的增加而增加,当加速电压达到一定值时,光电流不再增加,达到饱和值．

②单位时间从阴极逸出的电子数和入射光强成正比．

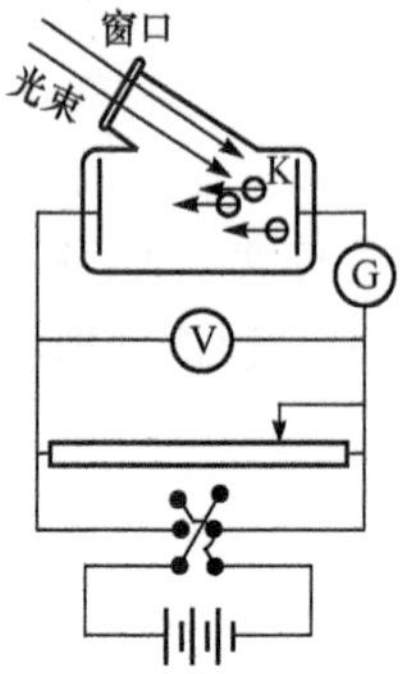

图14-3　光电效应的实验装置

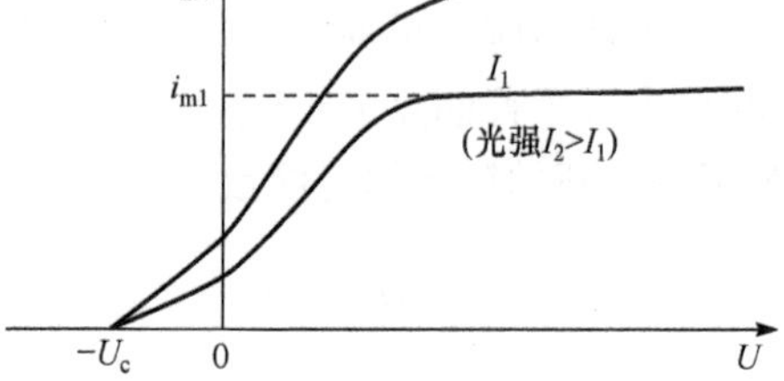

图14-4　光电流和电压的关系

(3) 存在截止电压：当加速电压减小到零并逐渐变负时，光电流并不为零，仅当反向电压等于 U_c 时，光电流才等于零，U_c 称为截止电压或遏止电势．

(4) 弛豫时间很短：光电子发射时间与光强无关，几乎光照射到金属表面时就发生，弛豫时间为 10^{-9}s；

经典理论认为光是一定频率范围的电磁波，光的能量决定于光的振幅，与光的频率无关，振幅越大，光强越大，能量越大，从而电子得到的能量应该越大．但实验表明光电子的初动能仅与光的频率有关，并随入射光的频率增加而增加，与入射光的强度无关，经典理论解释不了光电效应．

14.2.2 爱因斯坦光量子假说

为了解释光电效应，1905 年爱因斯坦将普朗克的"能量子"思想加以推广，提出光量子假说：

(1) 在空间传播的光(电磁辐射的一部分)，是由光量子构成的；

(2) 光量子能量为 $E=h\nu$，其中 ν 为光的频率；

(3) 光量子的动量为 $P=\dfrac{h}{\lambda}$，其中 λ 为光的波长；

(4) 光量子具有整体性，只能被电子整个的吸收或放出.

用光量子假说很容易解释光电效应．当频率为 ν 的单色光照射金属时，能量为 $h\nu$ 的光子被电子吸收．一部分能量电子用来做功，克服金属表面对它的阻力，这个功称为逸出功或脱出功．另一部分能量就是电子离开金属表面后的初动能．根据能量守恒定律有

$$\frac{1}{2}mV^2=h\nu-A$$

这个公式称为爱因斯坦光电效应方程，其中 A 是脱出功．方程表明了光电子的初动能与入射光的频率呈线性关系，与入射光强度无关，同时还表明了截止电压与入射光频率的关系，以及存在红限频率的原因，饱和电流和光强的关系、光电效应的弛豫时间等都可以解释．

光电效应表明光具有粒子性，干涉、衍射证明光具有波动性，即光具有波粒二象性．将粒子性与波动性统一起来的就是普朗克常量，光子能量和动量通常写为

$$E=\hbar\omega,\quad \boldsymbol{p}=\hbar\boldsymbol{k}$$

其中，$\hbar=\dfrac{h}{2\pi}$，$\omega=2\pi\nu$，而 $\boldsymbol{k}=\dfrac{2\pi}{\lambda}\boldsymbol{n}$ 称为波矢；$\boldsymbol{n}$ 为光传播方向的单位矢量．

1921 年爱因斯坦因为解释光电效应而获得诺贝尔奖．

14.3 康普顿效应(散射)

康普顿和吴有训研究 X-射线通过物质的散射实验．实验中发现，散射的 X 射线中，不仅有与入射线波长相同的成分，还有波长较长的成分，这种波长改变的散射称为康普顿散射．

这种散射也可用光子理论加以圆满解释．

如图 14-5 所示，设入射光子能量为 $h\nu_0$，动量为$\dfrac{h\nu_0}{c}$，与一个静止质量为 m_0 的静止电子做弹性碰撞，光子的散射方向与入射方向的夹角为 φ，散射光子的能量为 $h\nu$，动量为$\dfrac{h\nu}{c}$，电子沿 θ

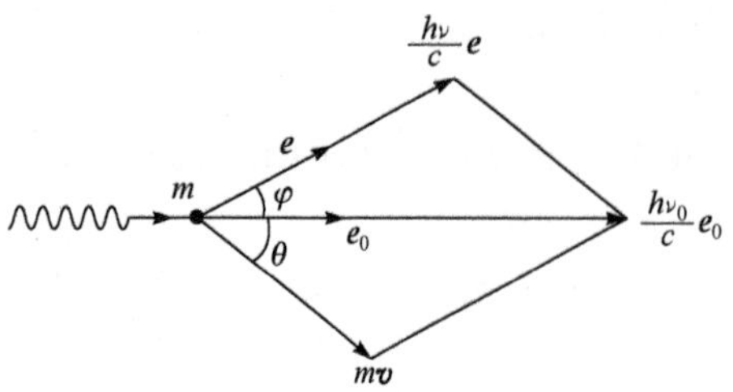

图 14-5　光子与静止的自由电子碰撞矢量图

角方向飞去，能量为 mc^2，动量为 mv.

证明 $\frac{c}{v}-\frac{c}{v_0}=\frac{h}{m_0c}(1-\cos\varphi)$

按照能量守恒、动量守恒应该有

$$h\nu_0+m_0c^2=h\nu+mc^2\Rightarrow mc^2=h(\nu_0-\nu)+m_0c^2 \tag{14-12}$$

$$\frac{h\nu_0}{c}\boldsymbol{e}_0=m\boldsymbol{v}+\frac{h\nu}{c}\boldsymbol{e}\Rightarrow m\boldsymbol{v}=\frac{h\nu_0}{c}\boldsymbol{e}-\frac{h\nu}{c}\boldsymbol{e} \tag{14-13}$$

对(14-13)式两边平方得

$$m^2v^2=\left(\frac{h\nu_0}{c}\right)^2+\left(\frac{h\nu}{c}\right)^2-2\frac{h^2\nu_0\nu}{c^2}\boldsymbol{e}_0\cdot\boldsymbol{e} \tag{14-14}$$

因为

$$\boldsymbol{e}_0\cdot\boldsymbol{e}=\cos\varphi$$

所以式(14-14) 变为

$$(mvc)^2=h^2\nu_0^2+h^2\nu^2-2h^2\nu_0\nu\cos\varphi \tag{14-15}$$

对(14-12)式两边平方得

$$m^2c^4=h^2(\nu_0^2-2\nu_0\nu+\nu^2)+m_0^2c^4+2m_0c^2h(\nu_0-\nu) \tag{14-16}$$

由(14-16)－(14-15)式得

$$m^2c^4-m^2v^2c^2=-2h^2\nu_0\nu(1-\cos\varphi)+m_0^2c^4+2m_0c^2h(\nu_0-\nu) \tag{14-17}$$

因为根据狭义相对论有

$$m=\frac{m_0}{\sqrt{1-\frac{v^2}{c^2}}}$$

所以式(14-17)左边等于

$$m^2c^4-m^2v^2c^2=m^2c^4\left(1-\frac{v^2}{c^2}\right)=\frac{m_0^2c^4}{1-\frac{v^2}{c^2}}\left(1-\frac{v^2}{c^2}\right)=m_0^2c^4 \tag{14-18}$$

因此由式(14-17)得到

$$h\nu_0\nu(1-\cos\varphi)=m_0c^2(\nu_0-\nu) \tag{14-19}$$

即

$$\frac{h}{m_0c}(1-\cos\varphi)=\frac{c(\nu_0-\nu)}{\nu_0\nu}=\frac{c}{\nu}-\frac{c}{\nu_0} \tag{14-20}$$

根据波速与波长、频率之间的关系，可以得到

$$\Delta\lambda=\lambda-\lambda_0=\frac{h}{m_0c}(1-\cos\varphi) \tag{14-21}$$

上式称为康普顿散射公式，其中$\frac{h}{m_0c}$具有波长的量纲，称为电子的康普顿波长，用 λ_c 表示

$$\lambda_c=2.43\times10^{-3}\,\text{nm}$$

从上面推导过程可以看出，入射光子和电子碰撞时，把一部分能量传给电子，因而光子的能量减少，频率降低．波长偏移 $\Delta\lambda$ 和散射物质以及入射波长 λ_0 无关，只与散射角有关．

康普顿散射实验有力地证明了光具有波粒二象性，还证明微观粒子也严格遵守动量、能量守恒．

14.4 玻尔氢原子理论

经典理论的另一类困难来自于原子结构问题，当时人们已经知道原子是有结构的，并提出几种模型，如汤姆孙的西瓜模型以及卢瑟福通过 α 粒子大角散射实验得出的有核模型．

卢瑟福的有核模型同经典电动力学存在尖锐矛盾．根据经典理论，电子绕核运动是有向心加速度的，会向外辐射电磁波，从而丧失能量，逐渐落向原子核，最后会跌落到原子核中．但这与实际不相符，事实上原子是稳定的，否则客观世界也就不存在了．在电子跌落原子核的过程中，绕核的转动频率连续改变，应该向外发射连续的光谱，但实际上测得的原子辐射光谱为线状离散的．

14.4.1 氢原子光谱

1885 年，瑞士女子学校的数学教师巴耳末发现由氢原子发出的光谱线的频率符合经验公式

$$\nu=R_{\mathrm{H}}\cdot c\left(\frac{1}{2^2}-\frac{1}{n^2}\right),\quad n=3,4,5,\cdots \tag{14-22}$$

这个公式称为巴耳末公式，其中 $R_{\mathrm{H}}=1.0968\times10^7\,\mathrm{m}^{-1}$ 为里德伯常量．事实上巴耳末公式还可以改写为更普遍的形式

$$\nu=R_{\mathrm{H}}\cdot c\left(\frac{1}{m^2}-\frac{1}{n^2}\right)=T(m)-T(n) \tag{14-23}$$

$T(n)$和 $T(m)$称为光谱项，其中 $m=1,2,3,\cdots,n=2,3,4,\cdots$，并且 $n>m$. 这样 ν 也可写成两个函数 T 之差．从这个公式中可以看出，如果光谱中有频率为

$$\nu_1=T(m_1)-T(n_1)\quad 和\quad \nu_2=T(m_2)-T(n_2) \tag{14-24}$$

的两条谱线，则常常还有频率为 $\nu_1+\nu_2$ 或$|\nu_1-\nu_2|$的谱线，这个现象称里兹并合原则．

按照经典理论，无论如何复杂的周期运动系统，其辐射的电磁波一定可分解为基频 ν_0 和谐频 ν，并且谐频 ν 为基频 ν_0 的整数倍．因此若某周期运动系统发射出频率为 ν_0 的波，它也可能发射出各种频率是 ν_0 的整数倍频率的谐波．但实验证明原子光谱的频率分布规律符合里兹并合原则．

14.4.2 玻尔氢原子理论

为了从理论上解释氢原子的原子结构模型，丹麦物理学家玻尔于 1913 年提出了有关原子结构的玻尔理论，包括两条假定：

(1) 定态假定：电子只能沿一组特殊的轨道运动，电子轨道角动量满足玻尔量子化条件，必须是 $\hbar$ 的整数倍，即

$$L=n\hbar,\quad n=1,2,3,\cdots \tag{14-25}$$

电子在轨道上运动时，不辐射也不吸收能量，电子的能量具有确定值，此时电子处于稳定态，简称定态．

(2) 跃迁假定：当电子从某一定态跃迁到另一定态时，才能吸收或发射单个光子，光子的

能量为

$$h\nu=E_n-E_m \quad 或 \quad \nu=\frac{E_n}{h}-\frac{E_m}{h} \tag{14-26}$$

其中,E_n/h 和 E_m/h 相当于光谱项,根据玻尔假定很容易推导出巴尔末公式.

玻尔理论的重大贡献在于把原子的辐射频率和原子的两个定态的能量联系起来,这样不但光谱项的物理意义清楚了,而且也说明了为什么原子的光谱遵守里兹合并原则,玻尔的理论还预言了新的光谱系.

然而玻尔理论也存在严重的不足,这个理论应用到简单程度仅次于氢原子的氦原子时,与实验不符.即使对氢原子,玻尔的理论也只能求出谱线的频率,而不能求出谱线的强度,并且只适用于束缚态.产生这些缺欠的原因是玻尔理论没有摆脱经典的电子轨道概念.

14.5 波函数假定

14.5.1 德布罗意物质波假说

德布罗意出生于法国的一个显赫世家,家中出过法国总理、部长、国会领袖、将军.他本人大学时学的是历史专业,大学毕业后改学物理,并在1913年获得物理学硕士学位.因为在一次世界大战中当了6年兵,所以1919年才念博士学位,并于1924年获得巴黎大学科学博士学位.在爱因斯坦光量子思想的影响下,德布罗意认为实物粒子也应该具有波动性.他在博士论文《量子理论的研究》中,把实物粒子的能量 E 和动量 $\boldsymbol{p}$ 与波的频率 ν 和波长 λ 之间的关系写为

$$E=h\nu=\hbar\omega \tag{14-27}$$

$$\boldsymbol{p}=\frac{h}{\lambda}\boldsymbol{n}=\hbar\boldsymbol{k} \tag{14-28}$$

其中,$\hbar=\frac{h}{2\pi}$;$\omega=2\pi\nu$;$\boldsymbol{n}$ 为波的传播方向.$\frac{1}{\lambda}$称为波数,表示单位长度上波长的数量,$\frac{2\pi}{\lambda}$称为角波数,表示在 2π 长度上波长的数量,$\boldsymbol{k}=\frac{2\pi}{\lambda}\boldsymbol{n}$ 称为波矢.上面两个公式称为德布罗意公式或者德布罗意关系.虽然德布罗意关系从表面上看与爱因斯坦公式完全一致,但区别是德布罗意认为这个公式对实物粒子也普遍成立.

1. 自由粒子可用平面波描写

根据德布罗意关系可知,对于自由粒子——不受任何作用的粒子,它的能量和动量都是常量,因此与自由粒子联系的波是频率和波矢(波长)都不变的平面波.我们已经知道,频率为 ν,波长为 λ,沿 x 轴方向传播的一维平面波方程为

$$\Psi=A\cos\left[2\pi\left(\frac{x}{\lambda}-\nu t\right)\right] \tag{14-29}$$

沿空间单位矢量 $\boldsymbol{n}$ 方向传播的三维平面波方程为

$$\Psi=A\cos\left[2\pi\left(\frac{\boldsymbol{r}\cdot\boldsymbol{n}}{\lambda}-\nu t\right)\right]=A\cos[\boldsymbol{k}\cdot\boldsymbol{r}-\omega t] \tag{14-30}$$

利用欧拉公式

$$e^{\pm ix}=\cos x\pm i\sin x \tag{14-31}$$

平面波可写成复数形式

$$\Psi=Ae^{i[\boldsymbol{k}\cdot\boldsymbol{r}-\omega\cdot t]} \tag{14-32}$$

代入德布罗意关系平面波方程变为

$$\Psi=Ae^{\frac{i}{\hbar}[\boldsymbol{p}\cdot\boldsymbol{r}-E\cdot t]} \tag{14-33}$$

这就是与德布罗意关系相联系的表达自由粒子的平面波——也称为德布罗意波的波动方程.

2. 自由粒子的波长

在非相对论的情况下,自由粒子的动能为

$$E=\frac{p^2}{2m} \tag{14-34}$$

根据德布罗意关系,自由粒子的动量为

$$p=\frac{h}{\lambda} \tag{14-35}$$

所以自由粒子的德布罗意波长为

$$\lambda=\frac{h}{p}=\frac{h}{\sqrt{2mE}} \tag{14-36}$$

从这个公式可以看出,自由粒子的动能和质量越大,波长 λ 越小. 我们知道可见光的波长一般为几千 Å,而能量为 100eV 的电子的波长为 1.23Å,所以电子的波长非常小,更不用说质量比电子大的中子、质子了.

3. 电子波动性试验

电子的波长被观察到完全是一个意外. 1925 年,美国物理学家戴维逊和革末做电子散射角分布规律的实验研究时,一次靶子由于温度高意外爆炸,镍靶被进去的空气氧化. 他们就把镍靶放在氢气中,长时间加高温还原氧化物,结果使靶材由多晶变成单晶,再做实验时竟然出现电子衍射图案. 经过计算,电子的波长恰好为

$$\lambda=\frac{h}{\sqrt{2mE}} \tag{14-37}$$

证明了德布罗意的假设. 后来又陆续通过实验发现其他粒子的波动性.

4. 玻尔角动量量子化条件的理论基础

从德布罗意关系可以自然地得出玻尔的角动量量子化条件.

将原子的定态与驻波相联系,根据驻波条件,波绕原子核传播一周后,应光滑地衔接,如图 14-6 和图 14-7所示,即电子的圆轨道的周长应该是波长的整数倍,如果电子的轨道半径为 R 的话,周长为 $2\pi R$,则电子的波长为

$$\lambda=\frac{2\pi R}{n} \tag{14-38}$$

这里 n 为整数,根据德布罗意关系

$$p=\frac{h}{\lambda}=\frac{nh}{2\pi R}=\frac{n\hbar}{R} \tag{14-39}$$

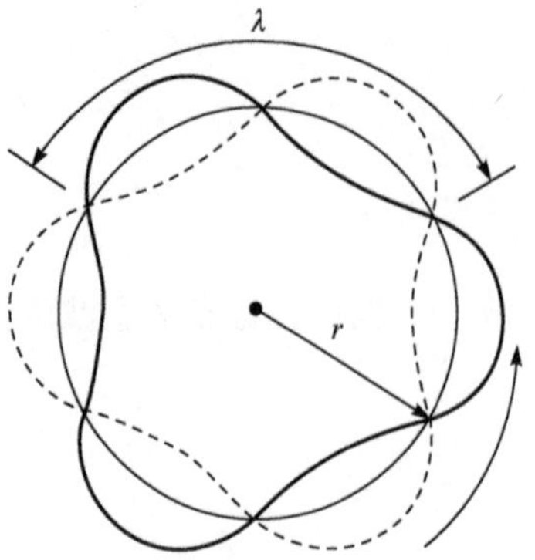

图 14-6　电子的德布罗意波

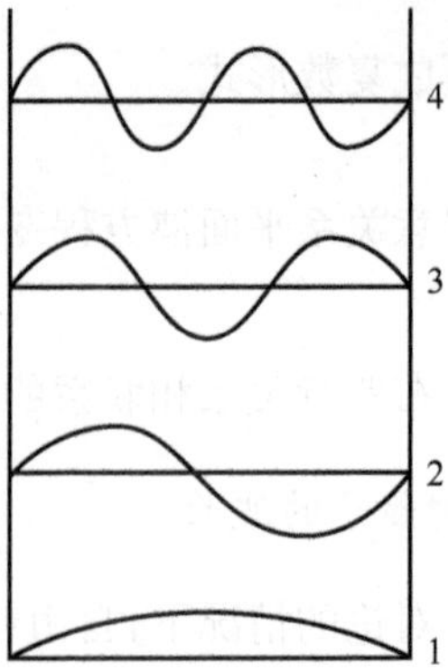

图 14-7　无限深势阱中的驻波

则电子的轨道角动量大小为

$$J = \boldsymbol{p} \cdot R = n\hbar \tag{14-40}$$

虽然这种解释还有一些不清楚的地方，但还是能够从理论上给玻尔理论一个令人信服的解释，给人们一些启示．

14.5.2　德布罗意波的统计解释

经典物理认为粒子就是粒子，波就是波，二者是相互矛盾的，无法统一．经典粒子占有有限大空间，有确定的大小、质量或电荷；而经典波是一种空间传播的周期性扰动，具有相干叠加性，空间的广沿性，可以充满整个空间．所以德布罗意的物质波到底是什么波，是实际物理量的波动吗？为了把实物粒子的粒子性与波动性二者统一起来，关于物质的波粒二象性曾经有多种解释，其中比较典型的是

(1) 有人主张"粒子是由波组成的"．这样就可以把粒子性与波动性统一起来，这样的粒子称为"波包"．但这种观点与实验不符，若把电子当成波包，则这个电子是不稳定的，会在很短的时间里扩散到无限的空间中．这种观点的错误在于夸大了粒子的波动性．

(2) 还有人主张"波是由粒子组成的"．认为大量电子分布于空间形成"疏密波"．但这种观点同样与实验不符，实验表明即使让粒子一个一个通过仪器，只要时间足够长，所得的衍射图案与大粒子流时一样，说明单个粒子也具有波动性．这种观点的错误在于夸大了粒子性．

(3) 人们普遍接受的观点是玻恩的统计解释．根据对实验资料的分析，玻恩于 1927 年提出"物质波在空间某一点的强度(振幅绝对值的平方)与在该点发现粒子的概率成正比"．也就是说电子所具有的波动性是"概率波"．在大量的事件中，电子的运动表现出了统计性的规律，电子打在屏上的位置分布就像具有适当波长的波的强度分布．在衍射极大的地方，波的强度大，每个电子投射到这里的概率也大，因而投射到这里的电子多；在衍射极小的地方，波的强度很小或等于 0，粒子投射到这里的概率很小或等于 0，因而投射到这里的粒子很少或没有．

14.5.3　状态及状态的描述

1. 状态

无论经典物理还是量子物理，状态是指表征一个体系物理性质的全部物理量．而描述体系的状态，二者不尽相同．经典物理用坐标及动量来描述体系的状态，当坐标及动量确定后，

其他力学量也就确定了．在任何时刻，经典体系的全部物理量取确定值．与经典物理不同，在量子力学中，由于粒子具有波粒二象性，粒子的坐标和动量不可能同时取确定值，它的力学量一般有许多可能值，这些可能值各自以一定的概率出现．所以在量子力学中想要知道粒子体系某一时刻的状态，只能也只需知道各力学量的取值概率分布及其平均值就可以了！当然力学量的取值概率分布及其平均值可能是随时间变化的．

2. 力学量取值概率

假定对某一力学量 F 进行 N 次测量，N 是一个大数．如果有 N_1 次取值为 F_1，有 N_2 次取值为 F_2，有 N_n 次取值为 F_n，并且

$$N_1+N_2+\cdots+N_n+\cdots=N \tag{14-41}$$

这里我们称 F_n 为力学量 F 的可能取值，而把

$$W(F_n)=\frac{N_n}{N} \tag{14-42}$$

称为力学量可能取值 F_n 的取值概率，显然

$$\sum_n W(F_n)=\frac{N_1}{N}+\frac{N_2}{N}+\cdots+\frac{N_n}{N}+\cdots=\frac{N}{N}=1 \tag{14-43}$$

根据数学期望值的定义，力学量 F 的平均值为

$$\bar{F}=F_1\frac{N_1}{N}+F_2\frac{N_2}{N}+\cdots+F_n\frac{N_n}{N}+\cdots=\sum_n F_nW(F_n) \tag{14-44}$$

3. 量子状态用波函数描写

与经典物理不同，在量子力学中用波函数来描述体系的量子状态．**什么是波函数呢**？前面我们看到可以用一个平面波来描写自由粒子，但如果粒子受到随时间或者位置变化的力场的作用，粒子的动量和能量不再是常量，就不能用平面波来描写，而必须用较复杂的波．一般情况下，**用一个函数表示描写粒子的波，并称这个函数为波函数**．

设波函数为 $\Phi(x,y,z,t)$ 或者 $\Phi(\boldsymbol{r},t)$，在 t 时刻，在 (x,y,z) 处波的强度定义为

$$|\Phi|^2=\Phi^*\cdot\Phi \tag{14-45}$$

其中，Φ^* 表示 Φ 的复数共轭．经典波的强度与振幅 A 的平方 $|A|^2$ 成比例，所以在量子力学中的波函数 Φ 相当于经典波的振幅 A，同时由于 $|\Phi|^2$ 在量子力学中与力学量的概率有关，所以我们也称波函数 Φ 为**概率振幅或概率幅**．

由波函数不仅可以得出粒子在空间任意一点出现的概率——也就是坐标力学量的取值概率，还可以得出其他力学量的取值概率．换句话说，由波函数可以得出体系的全部物理量并进而表征出一个体系的所有性质．因此我们说“量子体系的任意状态，总可以用相应的波函数加以描述”，这就是量子力学中的波函数假定．

体系的量子状态简称**状态**，或干脆简称为**态**．今后我们说量子体系处于 Φ 这个态，指的是 Φ 这个波函数所描写的粒子的状态，所以 Φ 也称为**态函数或态矢**．

4. 力学量取连续值时的取值概率

1) 位置坐标概率分布计算

以 $\mathrm{d}W(\boldsymbol{r},t)$ 表示 t 时刻在坐标 $x\to x+\mathrm{d}x$，$y\to y+\mathrm{d}y$，$z\to z+\mathrm{d}z$ 之间的一个体积元 $\mathrm{d}\tau=$

$dxdydz$ 内发现粒子的概率．$dW(\boldsymbol{r},t)$除了和体积元 $d\tau$ 的大小成比例外，也和这个区域每一点找到粒子的概率成比例，根据玻恩的概率解释，在空间每一点找到粒子的概率与$|\Phi|^2$ 成比例，所以

$$dW(\boldsymbol{r},t)=C|\Phi|^2d\tau \tag{14-46}$$

这里 C 为比例系数，显然

$$\frac{dW(\boldsymbol{r},t)}{d\tau}=C|\Phi|^2 \tag{14-47}$$

表示 t 时刻在单位体积内找到粒子的概率，我们把它称为**概率密度**，用 $W(\boldsymbol{r},t)$表示，则

$$W(\boldsymbol{r},t)=\frac{dW(\boldsymbol{r},t)}{d\tau}=C|\Phi|^2 \tag{14-48}$$

$W(\boldsymbol{r},t)$还可以理解为 t 时刻粒子位于 $\boldsymbol{r}$ 处的单位体积中的概率，当然这个概率是一个平均值；$W(\boldsymbol{r},t)$还可以理解为 t 时刻粒子坐标取 $\boldsymbol{r}$ 值的概率，所以 $W(\boldsymbol{r},t)$也称为粒子坐标的概率分布函数．根据概率加和原理，将 $dW(\boldsymbol{r},t)$对整个空间积分，对于非相对论量子力学来说，由于没有粒子的产生和湮灭，所以在整个空间发现粒子的概率为 1，即

$$\int_{-\infty}^{+\infty}dW(\boldsymbol{r},t)=\int_{-\infty}^{+\infty}C\mid\Phi\mid^2d\tau=1 \tag{14-49}$$

所以有

$$C=\frac{1}{\int_{-\infty}^{+\infty}\mid\Phi\mid^2d\tau} \tag{14-50}$$

这样概率密度 $W(\boldsymbol{r},t)$公式一般形式可以写为

$$W(\boldsymbol{r},\mathrm{t})=\frac{\mid\Phi\mid^2}{\int_{-\infty}^{+\infty}\mid\Phi\mid^2d\tau} \tag{14-51}$$

2）波函数的归一化

为了简化概率密度公式，可以将波函数进行归一化．在量子力学中，任意两个波函数之间相差一个常数因子时，由它们得出的位置坐标 $\boldsymbol{r}$ 的取值概率是相同的．例如，粒子处于波函数 $\psi_2(\boldsymbol{r},t)=A\psi_1(\boldsymbol{r},t)$描述的状态，其中 A 为任意的复常数，那么，按照概率密度公式有

$$W_2(\boldsymbol{r},t)=\frac{\mid\psi_2\mid^2}{\int_{-\infty}^{+\infty}\mid\psi_2\mid^2d\tau}=\frac{\mid A\mid^2\mid\psi_1\mid^2}{\int_{-\infty}^{+\infty}\mid A\mid^2\mid\psi_1\mid^2d\tau}=W_1(\boldsymbol{r},t) \tag{14-52}$$

这里波函数 ψ_2 与 ψ_1 相差一个常数因子 A，但由 ψ_2 与 ψ_1 得出的在 t 时刻、在空间位置坐标 $\boldsymbol{r}$ 处找到粒子的概率是相同的．这一点与经典物理有本质的不同，经典的波动当振幅 A 增加一倍时，则相应的波的强度将变为原来的 4 倍．而在量子力学中，相差一个常数因子的波函数事实上描述的粒子状态是相同的，换句话说，描述粒子相同状态的波函数具有常数因子的不确定性．根据波函数的这个性质，设 $f(\boldsymbol{r},t)$为描述粒子的波函数，$f(\boldsymbol{r},t)$没有归一化，我们将 $f(\boldsymbol{r},t)$归一化．首先，将 $f(\boldsymbol{r},t)$乘上一个常数因子 C，使得

$$\psi(\boldsymbol{r},t)=Cf(\boldsymbol{r},t) \tag{14-53}$$

这里 $\psi(\boldsymbol{r},t)$满足

$$\int_{-\infty}^{+\infty}\mid\psi(\boldsymbol{r},t)^2d\tau=1 \tag{14-54}$$

从上式可得

$$C=\frac{1}{\sqrt{\int_{-\infty}^{+\infty}|f(\boldsymbol{r},t)|^2\mathrm{d}\tau}}\mathrm{e}^{\mathrm{i}\delta} \tag{14-55}$$

这里 $\mathrm{e}^{\mathrm{i}\delta}$称为相因子,是开方后得出来的,因为

$$|\mathrm{e}^{\mathrm{i}\delta}|^2=\mathrm{e}^{-\mathrm{i}\delta}\cdot\mathrm{e}^{\mathrm{i}\delta}=1 \tag{14-56}$$

根据爱因斯坦约定,一般取 $\delta=0$,即 $\mathrm{e}^{\mathrm{i}\delta}=1$. 满足式(14-54)的波函数称为**归一化波函数**,式(14-54)也称为**归一化条件**,我们把 $f(\boldsymbol{r},t)$换成 $\psi(\boldsymbol{r},t)$的步骤称为**波函数的归一化**,而将 C 称为归一化常数. 波函数归一化后可以将概率密度公式简化,没有归一化时概率密度为

$$W(\boldsymbol{r},t)=\frac{|f(\boldsymbol{r},t)|^2}{\int_{-\infty}^{+\infty}|\mathrm{f}(\boldsymbol{r},t)|^2\mathrm{d}\tau} \tag{14-57}$$

归一化后概率密度为

$$W(\boldsymbol{r},t)=\frac{|f(\boldsymbol{r},t)|^2}{\int_{-\infty}^{+\infty}|f(\boldsymbol{r},t)^2\mathrm{d}\tau}=\frac{|Cf(\boldsymbol{r},t)|^2}{\int_{-\infty}^{+\infty}|Cf(\boldsymbol{r},t)|^2\mathrm{d}\tau}=\frac{|\psi(\boldsymbol{r},t)|^2}{\int_{-\infty}^{+\infty}|\psi(\boldsymbol{r},t)|^2\mathrm{d}\tau}=|\psi(\boldsymbol{r},t)|^2 \tag{14-58}$$

可以看出,归一化后的波函数的模的平方,就是 t 时刻在 $\boldsymbol{r}$ 处体积元 $\mathrm{d}\tau$ 中找到粒子的概率密度,形式简化了.

波函数归一化的实质是利用波函数具有的"常数因子不确定性"的性质,将需要归一化的波函数乘上一个归一化的常数因子,即简化了概率密度公式,同时又使归一化后的新的波函数的模的平方对全空间的积分等于1,直接满足了粒子在全空间的概率之和为1的要求. 事实上,波函数的归一化并不是量子力学的本质要求,对概率分布没有任何影响,量子力学中的概率分布实质是相对概率,就因为波函数具有"常数因子不确定性"的性质,而且我们还将看到并不是所有的波函数都可以进行归一化,如描写自由粒子的平面波就不能归一化.

很显然,波函数除了具有"常数因子不确定性"外,还有一个相因子的不确定性. 前面我们人为地令 $\delta=0$,即 $\mathrm{e}^{\mathrm{i}\delta}=1$,其实 $\delta\neq0$ 也满足开方条件. 虽然波函数相差一个相因子,但波函数的模的平方依旧相等. 与波函数的常数因子不确定性不同,波函数相差一个常数因子时描述的粒子全部信息相同,而相差一个相因子时却不同,相因子的物理意义十分丰富,它是所有干涉现象的根源. 在粒子散射实验中,相对于入射粒子,描述散射粒子的波函数的相因子发生变化. 通过分析相因子的变化(相移分析),可以得到入射粒子和靶粒子之间相互作用的信息.

14.5.4 状态叠加原理

量子力学中的态叠加原理与经典波的相干叠加类似,但比经典波动理论的叠加原理意义深刻得多. 什么是状态叠加原理呢?

若波函数 $\psi_1,\psi_2,\cdots\psi_n,\cdots$描述的是微观体系的可能状态,则由这些波函数的线性叠加

$$\Psi=C_1\psi_1+C_2\psi_2+\cdots+C_n\psi_n+\cdots=\sum_n C_n\psi_n \tag{14-59}$$

所描述的状态也是体系的一个可能的状态,其中 $C_1,C_2,\cdots C_n,\cdots$为一组任意的有限复常数.

例如,某个量子体系有两个可能的状态 ψ_1 和 ψ_2,当体系处于 ψ_1 态时,测得某一力学量 F 的值为 F_1,当体系处于 ψ_2 态时,测得该力学量的值为 F_2. 根据态叠加原理

$$\psi = C_1\psi_1 + C_2\psi_2 \tag{14-60}$$

也是体系可能的状态，在这个叠加态下测量力学量 F，或者是 F_1，或者是 F_2，(要么是 F_1，要么是 F_2；可能是 F_1，可能是 F_2.) 但 F_1 与 F_2 不会同时出现，更不会出现其他值．并且 F_1 与 F_2 出现的概率是确定的．如果 ψ 是归一化的，则测力学量 F 的值为 F_1 的概率为 $|C_1|^2$，出现 F_2 的概率为 $|C_2|^2$. 所以在这里可以这样理解，量子体系部分地处在 ψ_1 态，部分地处在 ψ_2 态，或者说粒子既处在 ψ_1 态，又处在 ψ_2 态．

(1) **态的叠加原理导致了观测结果的不确定性**．但在真实的实验中，当测出数值为 F_1 后，会出现态的坍缩，体系的状态变为 F_1 的本征态，再对力学量 F 进行测量，测得的结果依旧会是 F_1，除非把测量后的状态恢复为原来的状态．

(2) **由态叠加原理可知态矢量(波函数)具有封闭性**．用来描述体系状态的所有波函数 ψ_n 构成一个集合 $\{\psi_n\}$，该集合对于如下的线性运算 $\psi = \sum\limits_n C_n\psi_n$ 是封闭的，新的态 ψ 仍是这个集合中的一个状态．所有波函数加上"平方可积条件"以及"内积定义"，就构成希尔伯特空间．描述体系状态的全部波函数张开成一个希尔伯特空间，在这个空间中，一个波函数类似于几何学中的一个矢量，所以波函数也被称为态矢量或态矢．当然希尔伯特空间还可以扩充，比如平面波虽然不是平方可积的，但可以通过"箱归一化"转变为平方可积的．态叠加原理还可以表述为"物理体系的状态由希尔伯特空间的态矢量描述"，量子力学的所有活动都是在这个空间中进行的．

(3) **状态叠加原理是量子态的表象理论的基础**．因为式(14-59)也可以理解为 Ψ 向一组完备基做展开，这正是量子力学中展开假定的基础．这类似于几何学中一个任意矢量 $\boldsymbol{A}$ 可以对直角坐标系的三个坐标轴做展开(投影)．而在直角坐标系中，三个坐标轴方向的基矢具备正交、完备、归一的性质，展开系数 (x, y, z) 就是任意矢量 $\boldsymbol{A}$ 在直角坐标表象下的表示．任意矢量 $\boldsymbol{A}$ 也可以在极坐标中展开，也可以在球坐标中展开等．在什么坐标下展开，我们就说展开系数是任意矢量 $\boldsymbol{A}$ 在那个坐标表象下的表示．而后面我们就会看到，在量子力学中，所有力学量的本征函数都具备正交、完备、归一的性质，一个任意的波函数 Ψ 可以向一个任意力学量 F 的本征函数做展开，展开系数 C_n 的集合 $\{C_n\}$ 就是任意波函数 Ψ 在 F 力学量表象下的表示．

例如，电子在晶体表面的衍射，入射电子的动量一定，可以用平面波描述入射粒子．

$$\Psi_{\boldsymbol{p}}(\boldsymbol{r}, t) = A\mathrm{e}^{\frac{\mathrm{i}}{\hbar}[\boldsymbol{p}\cdot\boldsymbol{r} - E\cdot t]}$$

三维时 $A = \dfrac{1}{(2\pi\hbar)^{3/2}}$，一维时 $A = \dfrac{1}{(2\pi\hbar)^{1/2}}$，后面会讲怎么来的．如果令

$$\Psi_{\boldsymbol{p}}(\boldsymbol{r}) = \frac{1}{(2\pi\hbar)^{3/2}}\mathrm{e}^{\frac{\mathrm{i}}{\hbar}\boldsymbol{p}\cdot\boldsymbol{r}}$$

则

$$\Psi_{\boldsymbol{p}}(\boldsymbol{r}, t) = \Psi_{\boldsymbol{p}}(\boldsymbol{r})\mathrm{e}^{-\frac{\mathrm{i}}{\hbar}E\cdot t}$$

对于衍射后的电子，由于出射方向不同，具有各种动量，即所有 $\Psi_{\boldsymbol{p}}(\boldsymbol{r}, t)$ 都是可能的状态，根据态叠加原理，这些可能的态也是电子可能的态．所以出射电子波函数为

$$\Psi(\boldsymbol{r}, t) = \sum_{\boldsymbol{p}} C(\boldsymbol{p})\Psi_{\boldsymbol{p}}(\boldsymbol{r}, t)$$

由于动量是连续变化的，将求和号改为积分号，则

$$\Psi(\boldsymbol{r},t)=\int C(\boldsymbol{p})\Psi_{\boldsymbol{p}}(\boldsymbol{r},t)\mathrm{d}p_x\mathrm{d}p_y\mathrm{d}p_z=\int C(\boldsymbol{p})\Psi_{\boldsymbol{p}}(\boldsymbol{r})\mathrm{e}^{-\frac{\mathrm{i}}{\hbar}E\cdot t}\mathrm{d}p_x\mathrm{d}p_y\mathrm{d}p_z$$

令

$$C(\boldsymbol{p},t)=C(\boldsymbol{p})\mathrm{e}^{-\frac{\mathrm{i}}{\hbar}E\cdot t}$$

则

$$\Psi(\boldsymbol{r},t)=\int C(\boldsymbol{p},t)\Psi_{\boldsymbol{p}}(\boldsymbol{r})\mathrm{d}p_x\mathrm{d}p_y\mathrm{d}p_z=\frac{1}{(2\pi\hbar)^{\frac{3}{2}}}\int C(\boldsymbol{p},t)\mathrm{e}^{\frac{\mathrm{i}}{\hbar}\boldsymbol{p}\cdot\boldsymbol{r}}\mathrm{d}p_x\mathrm{d}p_y\mathrm{d}p_z$$

$$C(\boldsymbol{p},t)=\int\Psi(\boldsymbol{r},t)\Psi_{\boldsymbol{p}}^*(\boldsymbol{r})\mathrm{d}x\mathrm{d}y\mathrm{d}z=\frac{1}{(2\pi\hbar)^{\frac{3}{2}}}\int\Psi(\boldsymbol{r},t)\mathrm{e}^{\frac{\mathrm{i}}{\hbar}\boldsymbol{p}\cdot\boldsymbol{r}}\mathrm{d}x\mathrm{d}y\mathrm{d}z$$

$C(\boldsymbol{p},t)$与$\Psi(\boldsymbol{r},t)$互为傅里叶变换，好处就是当$C(\boldsymbol{p},t)$确定时，$\Psi(\boldsymbol{r},t)$就确定，反之也成立，数学上二者彼此等价，物理上描述的是同一状态，但$\Psi(\boldsymbol{r},t)$以坐标为变量，称为坐标表象，$C(\boldsymbol{p},t)$以动量为变量，称为动量表象．既然$|\Psi(\boldsymbol{r},t)|^2$表示的是在$t$时刻$\boldsymbol{r}$附近体积元$\mathrm{d}\tau$中找到粒子的概率密度——粒子坐标概率分布函数，$|C(\boldsymbol{p},t)|^2$就代表粒子动量分布的概率密度，在$\boldsymbol{p}\to\boldsymbol{p}+\mathrm{d}\boldsymbol{p}$中的概率为$|C(\boldsymbol{p},t)|^2\mathrm{d}^3p$.

课后练习，试证明：$\int_{-\infty}^{\infty}|C(p_x,t)|^2\mathrm{d}p_x=\int_{-\infty}^{\infty}|\Psi(x,t)|^2\mathrm{d}x=1$

14.5.5 内积

如果态矢量可以表示为坐标的函数，则态矢量Ψ和Φ的内积定义为

$$(\Psi,\Phi)=\int_{-\infty}^{+\infty}\Psi^*(x)\Phi(x)\mathrm{d}x \tag{14-61}$$

内积是希尔伯特空间中的两个态矢量的“点乘”或者说标积，相当于$\Phi(x)$在$\Psi^*(x)$上投影．内积满足以下运算规则：

(1) $(\Psi,\Psi)\geqslant 0$　正定、有限，如果Ψ是归一化的，则$(\Psi,\Psi)=1$

(2) $(\Psi,\Phi)=(\Phi,\Psi)^*=(\Phi^*,\Psi^*)$即内积不对称，$(\Psi,\Phi)\neq(\Phi,\Psi)$

(3) 若$(\Psi,\Phi)=0$，则称两个态矢量Ψ和Φ正交

(4) $(\Psi,C_1\Phi_1+C_2\Phi_2)=C_1(\Psi,\Phi_1)+C_2(\Psi,\Phi_2)$

$(C_1\Psi_1+C_2\Psi_2,\Phi)=C_1^*(\Psi_1,\Phi)+C_2^*(\Psi_2,\Phi)$

14.6 薛定谔方程假定

在经典力学中，质点的状态用坐标和速度描写，质点的状态随时间的变化规律遵循牛顿方程．当某一时刻质点的运动状态为已知时，由牛顿方程就可以求出以后任意时刻质点的运动状态．

而在量子力学中，粒子体系的状态用波函数来描写．当微观粒子在某一时刻的状态为已知时，此后任意时刻粒子所处的状态也要由一个方程来决定．描写粒子状态的波函数随时间变化要遵从薛定谔方程．

下面我们来建立薛定谔方程，由于我们要建立的是波函数随时间变化的方程，因此它必须是“含有波函数对时间微商”的微分方程，并且波函数要满足这个方程，或者说应是这个方程的解．此外这个方程还要满足两个条件：①方程是线性的．因为波函数满足态叠加原理，根据该

原理，如果 Ψ_1 和 Ψ_2 为体系可能的态（方程的解），则它们的线性叠加 $a\Psi_1+b\Psi_2$ 也是体系可能的态（方程的解），所以描写波函数随时间演化的方程必须是线性的．②方程的系数不应包含状态的参量，如动量 $\boldsymbol{p}$、能量 E 等．因为含有状态参量的方程只能被粒子部分状态（部分波函数）满足．

14.6.1　自由粒子波函数的薛定谔方程

我们先用已知的自由粒子波函数来建立这个方程，再把它推广到一般情况中去．自由粒子的波函数是平面波

$$\Psi(\boldsymbol{r},t)=A\mathrm{e}^{\frac{\mathrm{i}}{\hbar}(\boldsymbol{p}\cdot\boldsymbol{r}-E\cdot t)} \tag{14-62}$$

它应是所要建立方程的解．首先将 $\Psi(\boldsymbol{r},t)$ 对时间求偏微商，得到

$$\frac{\partial\Psi}{\partial t}=-\frac{\mathrm{i}}{\hbar}E\Psi \tag{14-63}$$

这是一个微分方程，但由于它含有一个状态参数 E 的系数，所以不是我们要的方程．我们再把 $\Psi(\boldsymbol{r},t)$ 对坐标求二次偏微商．由

$$\frac{\partial\Psi}{\partial x}=\frac{\mathrm{i}}{\hbar}p_x\Psi$$

得到

$$\frac{\partial^2\Psi}{\partial x^2}=-\frac{p_x^2}{\hbar^2}\Psi$$

同理有

$$\frac{\partial^2\Psi}{\partial y^2}=-\frac{p_y^2}{\hbar}\Psi,\qquad \frac{\partial^2\Psi}{\partial z^2}=-\frac{p_z^2}{\hbar^2}\Psi$$

将以上三式相加得

$$\frac{\partial^2\Psi}{\partial x^2}+\frac{\partial^2\Psi}{\partial y^2}+\frac{\partial^2\Psi}{\partial z^2}=\left(\frac{\partial^2}{\partial x^2}+\frac{\partial^2}{\partial y^2}+\frac{\partial^2}{\partial z^2}\right)\Psi=-\frac{p_x^2+p_y^2+p_z^2}{\hbar^2}\Psi \tag{14-64}$$

因为拉普拉斯算符

$$\nabla^2=\frac{\partial^2}{\partial x^2}+\frac{\partial^2}{\partial y^2}+\frac{\partial^2}{\partial z^2} \tag{14-65}$$

所以上式可以写为

$$\nabla^2\Psi=-\frac{p^2}{\hbar^2}\Psi \tag{14-66}$$

在非相对论的情况下，自由粒子只有动能，并且

$$E=\frac{p^2}{2m} \tag{14-67}$$

所以有

$$\frac{\partial\Psi}{\partial t}=-\frac{\mathrm{i}}{\hbar}E\Psi=-\frac{\mathrm{i}}{\hbar}\frac{p^2}{2m}\Psi \tag{14-68}$$

即

$$\mathrm{i}\hbar\frac{\partial\Psi}{\partial t}=-\frac{\hbar^2}{2m}\nabla^2\Psi \tag{14-69}$$

这就是自由粒子的波函数满足的微分方程，这个方程满足前面的条件．

14.6.2 算符化规则

式(14-63)和式(14-64)可改写为如下形式：

$$E\Psi = i\hbar\frac{\partial}{\partial t}\Psi \tag{14-70}$$

$$p^2\Psi = (\boldsymbol{p}\cdot\boldsymbol{p})\Psi = -\hbar^2\nabla^2\Psi = (-i\hbar\nabla)\cdot(-i\hbar\nabla)\Psi \tag{14-71}$$

其中，∇是梯度算符

$$\nabla = \boldsymbol{i}\frac{\partial}{\partial x} + \boldsymbol{j}\frac{\partial}{\partial y} + \boldsymbol{k}\frac{\partial}{\partial z} \tag{14-72}$$

由式(14-70)和式(14-71)可以看出，粒子的能量 E 和动量 $\boldsymbol{p}$ 各与下列作用在波函数上的算符相当

$$E \to i\hbar\frac{\partial}{\partial t},\qquad \boldsymbol{p} \to i\hbar\nabla \tag{14-73}$$

这两个算符依次称为能量算符和动量算符．把式(14-67)两边乘上 Ψ，再以式(14-73)代入，即得微分方程(14-69)．

实际上，在量子力学中表示所有力学量(如坐标、角动量等)都用算符来代替．方法就是将经典力学量中的动量 $\boldsymbol{p}$ 换为算符 $-i\hbar\nabla$，从而得出量子力学中相应力学量的算符表示，这就是量子力学中力学量的算符化规则．

例如：①经典力学中的力学量动能为

$$T = \frac{p^2}{2m}$$

而在量子力学中，动能力学量用动能算符代替．根据算符化规则，动能算符表示为

$$\hat{T} = \frac{(-i\hbar\nabla)\cdot(-i\hbar\nabla)}{2m} = -\frac{\hbar^2}{2m}\nabla^2$$

②经典力学中的能量 E，也称为哈密顿函数、哈密顿量，用 H 表示为

$$H = T + V$$

其中 V 为势能．而在量子力学中，哈密顿量变为

$$\hat{H} = \hat{T} + \hat{V} = -\frac{\hbar^2}{2m}\nabla^2 + \hat{V}$$

称为哈密顿算符．当然量子力学中也有一些没有经典对应的力学量，如自旋力学量，后面还会详细讲到．

应用算符化规则要注意两点：

(1) 由于微商算符不具有坐标变换下的协变性，所以算符化规则只在笛卡直角坐标系中适用．如果想在球坐标系中表示一个力学量算符，必须先在直角坐标系中用算符化规则将该力学量算符化后，再对算符进行坐标变换，过渡到球坐标系．

(2) 根据算符化规则，算符 $\hat{p}_x$ 对应 $i\hbar\dfrac{\partial}{\partial x}$，所以与经典情况不同，$\hat{p}_x x$ 与 $x\hat{p}_x$ 不再等价．如果经典力学量中含有交叉项 $p_x x$，换为量子力学中的力学量算符之前，要先根据对称化原则将 $p_x x$ 改写为$\dfrac{1}{2}(p_x x + x p_x)$，再应用算符化规则，以保证力学量算符的厄米性．

14.6.3　非自由粒子波函数方程

所谓“非自由”粒子，就是指粒子处在势场中．假设粒子在势场中的势能为$V(r)$，则非自由粒子的能量为

$$E=T+V=\frac{p^2}{2m}+V(\boldsymbol{r}) \tag{14-74}$$

在式(14-73)两边乘以非自由粒子的波函数$\psi(\boldsymbol{r},t)$，得到

$$E\psi(\boldsymbol{r},t)=\left[\frac{p^2}{2m}+V(\boldsymbol{r})\right]\psi(\boldsymbol{r},t) \tag{14-75}$$

对式(14-74)应用算符化规则，得到

$$i\hbar\frac{\partial}{\partial t}\psi(\boldsymbol{r},t)=\left[\frac{-\hbar^2}{2m}\nabla^2+V(\boldsymbol{r})\right]\psi(\boldsymbol{r},t) \tag{14-76}$$

这就是处于势场中的非自由粒子波函数随时间变化所遵循的微分方程．按照这个方程，如果已知$t=0$时刻的波函数$\psi(\boldsymbol{r},0)$，就可以求出任意t时刻的波函数$\psi(\boldsymbol{r},t)$．方程(14-76)称为薛定谔波动方程，简称薛定谔方程．由于在量子力学中，粒子的状态用波函数描写，薛定谔方程体现了波函数随时间变化的规律，也就体现了粒子状态随时间的变化规律．

需要注意的是，我们并不是从数学上将薛定谔方程推导出来，我们只是建立了它．事实上，薛定谔方程是量子力学中五个假定之一，虽然我们现在还不能从理论上推导出该方程，但到目前为止，从方程得出的各种结论与实验结果相比还没有错过．

14.6.4　波函数的标准条件

根据量子力学的假设，微观粒子的状态用波函数来描述．那么，满足什么条件的波函数才能用来表示粒子的状态呢？

(1) 单值性．由于$W=|\psi(\boldsymbol{r},t)|^2$表示的是$t$时刻粒子出现在$\boldsymbol{r}$处的概率密度，所以波函数$\psi(\boldsymbol{r},t)$应该是坐标和时间的单值函数，才能保证粒子在$t$时刻、出现在$\boldsymbol{r}$处的概率有唯一确定值．

(2) 连续性和有限性．从数学角度讲，由于薛定谔方程是含有二阶偏微分的方程，要使二阶导数有意义，要求一阶导数必须是有限和连续的，而一阶导数有限和连续，又要求波函数本身必须是有限和连续的．从物理角度讲，概率密度的变化——概率流密度应为连续，而这要求波函数要有限和连续．

(3) 原则上波函数要平方可积．即

$$\int_{-\infty}^{+\infty}|\psi(\boldsymbol{r},t)|^2\mathrm{d}\tau=A \tag{14-77}$$

其中，A为一个有限的常数．波函数满足平方可积的条件，实际上是非相对论量子力学要求的．在非相对论量子力学中，要求在全空间发现粒子的概率为1，而如果A为一个有限的常数，就可以通过对波函数进行归一化来实现这个要求．在量子力学中也经常用到“不平方可积”的波函数——平面波，这是因为平面波对于自由粒子可以得出许多有用的信息，同时还可回避引用“波包”所带来的数学问题，因此量子力学的理论构架中保留了平面波．

由于波函数必须满足标准条件，因此薛定谔方程的数学解并不都代表粒子的状态，只有同时满足方程和标准条件的波函数，才是表示粒子状态的解．在量子力学中，利用标准条件和归

一化条件可以确定方程的解的待定系数．

14.7　定态薛定谔方程

14.7.1　定态薛定谔方程的建立

所谓定态就粒子处于能量取确定值的状态．设体系的势能不随时间变化，即 $V(\boldsymbol{r})$ 不显含时间，只与相对位置有关，因此能量算符 $\hat{H}=\frac{-\hbar^2}{2m}\nabla^2+V(\boldsymbol{r})$ 也不显含时间．此时可以采用分离变量的方法解薛定谔方程．

设薛定谔方程的一个特解为

$$\Psi(\boldsymbol{r},t)=\psi(\boldsymbol{r})f(t) \tag{14-78}$$

代入薛定谔方程中得

$$\psi(\boldsymbol{r})\mathrm{i}\hbar\frac{\mathrm{d}f}{\mathrm{d}t}=\left[-\frac{\hbar^2}{2m}\nabla^2+V(\boldsymbol{r})\right]\psi(\boldsymbol{r})f(t) \tag{14-79}$$

两边除以 $\psi(\boldsymbol{r})f(t)$，得到

$$\frac{\mathrm{i}\hbar}{f}\frac{\mathrm{d}f}{\mathrm{d}t}=\frac{1}{\psi}\left[-\frac{\hbar^2}{2m}\nabla^2+V(\boldsymbol{r})\right]\psi \tag{14-80}$$

因为式(14-80)的左边只是时间 t 的函数，右边只是位置矢量 $\boldsymbol{r}$ 的函数，而时间 t 和位置矢量 $\boldsymbol{r}$ 是相互独立的变量，所以只有两边都等于同一个常量时，等式才能被满足，用 A 表示这个常量，则式(14-80)分为两个方程

$$\mathrm{i}\hbar\frac{\mathrm{d}f}{\mathrm{d}t}=Af \tag{14-81}$$

$$\left[-\frac{\hbar^2}{2m}\nabla^2+V(\boldsymbol{r})\right]\psi=A\psi \tag{14-82}$$

方程(14-81)解可以直接得出为

$$f(t)=C\mathrm{e}^{-\frac{\mathrm{i}}{\hbar}A\cdot t} \tag{14-83}$$

其中 C 为任意常数．将式(14-83)代入式(14-78)中，并把常数 C 放到 $\psi(\boldsymbol{r})$ 里面，于是薛定谔方程的特解可写为

$$\Psi(\boldsymbol{r},t)=\psi(\boldsymbol{r})\mathrm{e}^{-\frac{\mathrm{i}}{\hbar}A\cdot t} \tag{14-84}$$

由式(14-84)可知 $\Psi(\boldsymbol{r},t)$ 是时间的周期函数，它的频率为 $\omega=\frac{A}{\hbar}$，而按照德布罗意关系，粒子的能量为 $E=\hbar\omega$. 显而易见，我们先前设的常量 A 就是体系的能量 E. 当体系处于波函数 $\Psi(\boldsymbol{r},t)$ 描写的状态时，体系的能量 E 等于 A，为常量，即体系的能量为确定值．这种能量取确定值的状态称为定态，相应的 $\Psi(\boldsymbol{r},t)$ 称为定态波函数，而方程(14-82)中的常数 A 换为能量 E 后，称为定态薛定谔方程．

$$\left[-\frac{\hbar^2}{2m}\nabla^2+V(\boldsymbol{r})\right]\psi=E\psi \tag{14-85}$$

定态薛定谔方程(14-84)的解 $\psi(\boldsymbol{r})$ 也称为波函数．解定态问题就是求解 $\psi(\boldsymbol{r})$ 和能量 E 的可能值．求解定态薛定谔方程可采用分离变量法使求解过程简化，在求出 $\psi(\boldsymbol{r})$ 后，再乘以周期性时间因子 $\mathrm{e}^{-\frac{\mathrm{i}}{\hbar}Et}$ 得到定态波函数．

在定态薛定谔方程(14-84)两边乘以时间因子 $e^{-\frac{i}{\hbar}Et}$，得到定态波函数满足的方程

$$\left[-\frac{\hbar^2}{2m}\nabla^2+V(\boldsymbol{r})\right]\Psi(\boldsymbol{r},t)=E\Psi(\boldsymbol{r},t) \tag{14-86}$$

式(14-86)也可写为

$$\hat{H}\Psi(\boldsymbol{r},t)=E\Psi(\boldsymbol{r},t) \tag{14-87}$$

在量子力学中把“一个算符作用在一个波函数上等于一个常数再乘以该波函数”的方程，称为这个算符的本征值方程．方程(14-87)就是哈密顿算符 $\hat{H}$ 的本征值方程，E 称为算符 $\hat{H}$ 的本征值，而波函数 $\Psi(\boldsymbol{r},t)$ 称为算符 $\hat{H}$ 的本征函数．显然，定态薛定谔方程也是哈密顿算符 $\hat{H}$ 的本征值方程．当体系处于能量算符 $\hat{H}$ 的本征函数 $\Psi(\boldsymbol{r},t)$ 所描写的能量本征态时，体系的能量有确定值，这个确定值就是与这个本征函数相对应的算符 $\hat{H}$ 的本征值 E.

解定态薛定谔方程并应用波函数的标准条件，将得到一系列的能量值 E_n 以及相应的定态波函数 $\Psi_n(\boldsymbol{r},t)$，分别称为能量算符 $\hat{H}$ 的本征值谱和本征函数系．薛定谔方程的通解可以写为这些定态波函数的线性叠加

$$\Psi(\boldsymbol{r},t)=\sum_n C_n\Psi_n(\boldsymbol{r},t)=\sum_n C_n\psi_n(\boldsymbol{r})e^{-\frac{i}{\hbar}E_nt} \tag{14-88}$$

在式(14-88)中，C_n 为展开系数．需要注意的是定态波函数 $\Psi_n(\boldsymbol{r},t)$ 描述的是能量取确定值 E_n 的定态，而定态波函数的线性叠加 $\Psi(\boldsymbol{r},t)$ 描述的却不一定是定态．

14.7.2　定态的性质

(1) 粒子坐标的概率密度和概率流密度不随时间变化；

(2) 所有不显含时间的力学量在定态中的平均值不随时间改变；

(3) 任何不显含时间变量的力学量的取值概率分布不随时间改变．

14.7.3　定态的几个典型物理模型问题

1. 一维无限深方势阱

若粒子在保守力场的作用下，被限制在一定区域内运动．例如：电子在金属中运动．由于金属中的正电荷对电子有库仑吸引作用，因此电子在金属外的电势能高于金属内的电势能，其一维的势能如图 14-8 所示．其形状与陷阱相似，故称为势阱．质子在原子核中的势能曲线也是势阱，如图 14-9 所示．为了简化计算，提出一个理想的势阱模型——无限深势阱．

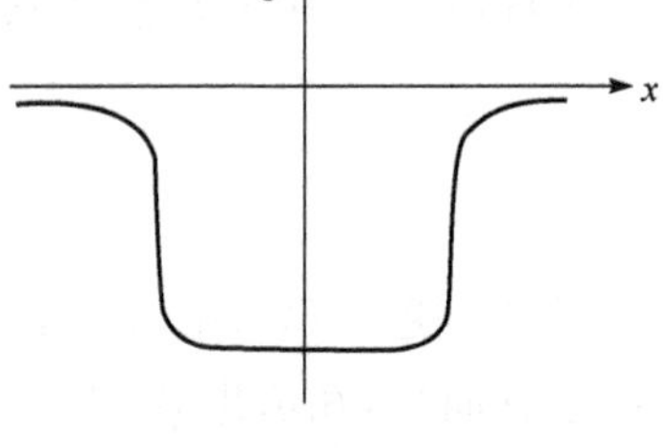

图 14-8　电子在金属中的势能曲线

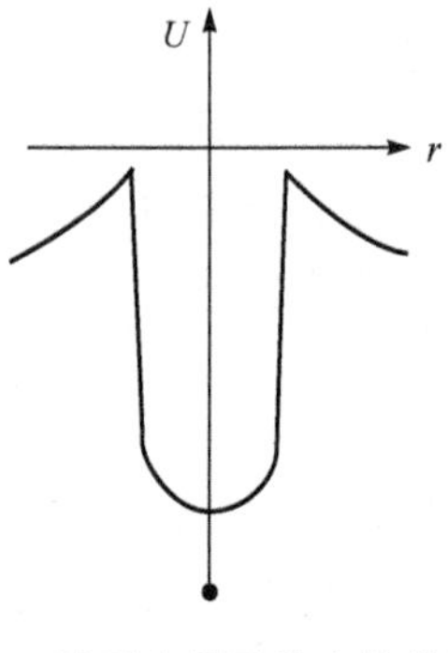

图 14-9　质子在原子核中的势能曲线

1）能量算符的本征方程

设一维无限深势阱的势能分布如下：

$$U(x)=0 \qquad -a<x<a \quad 阱内$$
$$U(x)=\infty \qquad |x|\geqslant a \quad 阱外$$

其势能曲线如图 14-10 所示．

由于势能与时间无关，并且是分段分布，所以要求解定态薛定谔方程，并且分阱内和阱外两个区间求解波函数和能量．

在阱外，体系所满足的定态薛定谔方程是

$$\left[-\frac{\hbar^2}{2m}\frac{\mathrm{d}^2}{\mathrm{d}x^2}+U(x)\right]\psi_e=E\psi_e \qquad |x|\geqslant a \tag{14-89}$$

根据已知，在阱外势能为无穷大．从物理角度考虑，粒子不能透过阱壁，按照波函数的统计诠释，阱壁外波函数为 0. 从数学角度讲，由于波函数必须满足标准条件连续性和有限性，只有当阱外的波函数等于 0 时，方程才能成立．所以在阱外

$$\psi_e(x)=0, \quad |x|\geqslant a \tag{14-90}$$

这也是阱内波函数要满足的边界条件．

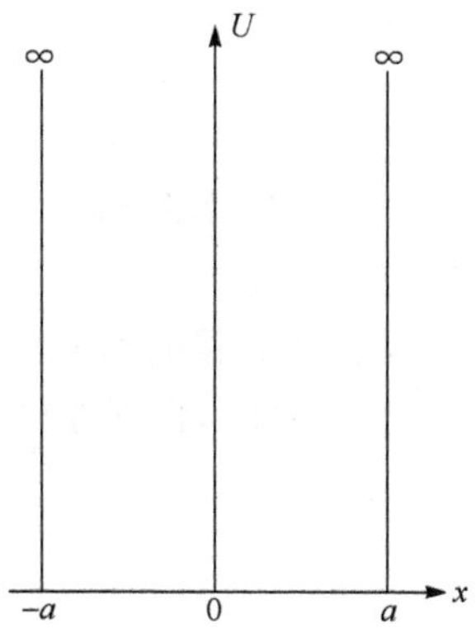

图 14-10 一维无限深势阱

在阱内，体系所满足的定态薛定谔方程是

$$-\frac{\hbar^2}{2m}\frac{\mathrm{d}^2}{\mathrm{d}x^2}\psi=E\psi, \quad -a<x<a \tag{14-91}$$

为简化方程(14-90)，方便求解，令

$$k^2=\frac{2mE}{\hbar^2} \tag{14-92}$$

则式(14-90)简写为

$$\frac{\mathrm{d}^2\psi}{\mathrm{d}x^2}+k^2\psi=0, \quad -a<x<a$$

它的解是

$$\psi(x)=A\sin kx+B\cos kx, \quad -a<x<a \tag{14-93}$$

事实上式(14-91)也可以利用欧拉公式改写为复数形式．但定态方程的解一般可以为实数形式，并且写成式(14-91)的形式为下面讨论波函数的宇称提供了方便．由于在阱壁上波函数也必须满足单值、连续的标准条件，所以根据式(14-90)及式(14-93)有

$$\psi(a)=\psi_e(a)=A\sin ka+B\cos ka=0, \quad x=a$$
$$\psi(-a)=\psi_e(-a)=-A\sin ka+B\cos ka=0, \quad x=-a$$

由此得到

$$A\sin ka=0$$
$$B\cos ka=0$$

由于 A 和 B 不能同时为零，否则方程式(14-91)的解 $\psi(x)$ 到处为零，这在物理上没有意义(按照波函数的统计诠释，表示阱内没有粒子)，因此我们得到两组解

(1) $\qquad A=0, \cos ka=0$

(2) $\qquad B=0, \sin ka=0$

由此可求得

$$ka=\frac{n}{2}\pi,\quad n=1,2,3\cdots \tag{14-94}$$

对于第一组解，n 为奇数；对于第二组解，n 为偶数．这里 $n\neq 0$，因为 $n=0$ 对应波函数 $\psi(x)$ 恒为零的解．n 为负数时不给出新的解．

2) 能量算符的本征值

由式(14-91)及式(14-93)可以得到体系的能量——能量本征方程的本征值为

$$E_n=\frac{\pi^2\hbar^2}{8ma^2}n^2,\quad n=\text{整数} \tag{14-95}$$

这里 n 称为能量量子数．从式(14-95)可以看出，无限深方势阱中的能量取分立值，并且有无限多的能量值．

3) 能量算符的本征函数

当 $B=0$ 时，得到方程的一组解为

$$\psi_n(x)=\begin{cases}A\sin\dfrac{n\pi}{2a}x, n\text{ 为偶数}, -a<x<a\\ 0, |x|\geqslant a\end{cases} \tag{14-96}$$

当 $A=0$ 时，得到方程的另一组解为

$$\psi_n(x)=\begin{cases}B\cos\dfrac{n\pi}{2a}x, n\text{ 为奇数}, -a<x<a\\ 0, |x|\geqslant a\end{cases} \tag{14-97}$$

式(14-94)和式(14-95)这两组解可以合并为一个

$$\psi_n(x)=\begin{cases}A'\sin\dfrac{n\pi}{2a}(x+a), -a<x<a\\ 0, |x|\geqslant a\end{cases} \tag{14-98}$$

常系数 A' 可由归一化条件

$$\int_{-\infty}^{+\infty}|\psi_n(x)|^2\mathrm{d}x=1$$

得出

$$A'=\frac{1}{\sqrt{a}}$$

一维无限深方势阱中粒子的定态波函数是

$$\psi_n(x,t)=\psi_n(x)\mathrm{e}^{-\frac{i}{\hbar}E_n\cdot t}=\frac{1}{\sqrt{a}}\sin\frac{n\pi}{2a}(x+a)\mathrm{e}^{-\frac{i}{\hbar}E_n\cdot t} \tag{14-99}$$

4) 一维无限深方势阱中粒子运动的特征

(1) 能量的特征．

① 能量取分立值．在一维无限深方势阱物理模型中，描述粒子的波函数在阱外为零，因此粒子只能出现在阱中．通常把无限远处为零的波函数所描写的状态称为束缚态，一般束缚态的能级是分立的，也就是说能量是量子化的，整数 n 称为能量量子数．

② 最小能量不等于零．因为整数 n 最小取 1，根据式(14-95)，粒子最小能量为

$$E_1=\frac{\pi^2\hbar^2}{8ma^2}$$

称为基态能，对应的状态称为基态．

③ 能级分布不均匀．如图 14-11 所示．根据式(14-95)可以看出，能级 E_n 与 n^2 成正比，能级愈高，密度愈小，相邻能级差变为

$$\Delta E_n = E_{n+1} - E_n = \frac{\pi^2\hbar^2}{8ma^2}(2n+1)$$

显然相邻能级差变大，当 $n\to\infty$时，ΔE_n 与 $2n$ 成正比．但由于能级 E_n 与 n^2 成正比，所以当 $n\to\infty$时相对能级间隔变小，为

$$\frac{\Delta E_n}{E_n} \approx \frac{2}{n} \to 0$$

所以随着能级升高，相对能级间隔变小，当能级 $n\to\infty$时，可以认为能级是连续的．也就是说当量子数很大时，量子效应减弱趋于经典物理——这就是玻尔的对应原理．

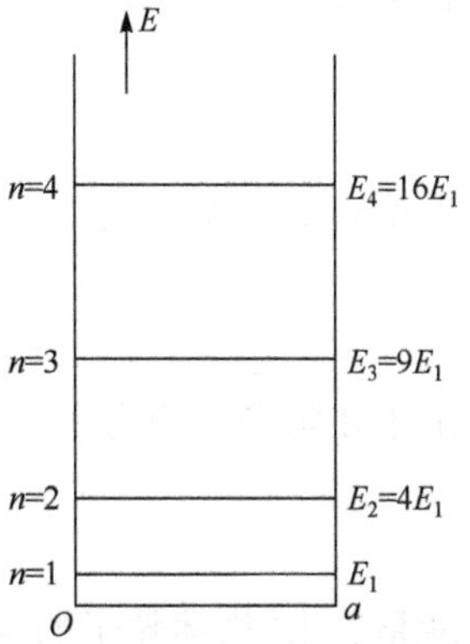

图 14-11 势阱中的能级分布

(2) 波函数的特征．

把一个函数的所有坐标宗量改变符号的运算称为空间反演，如 $x\to -x$. 用算符 $\hat{\pi}$ 表示这种运算，称 $\hat{\pi}$ 为宇称算符．根据宇称算符 $\hat{\pi}$ 的定义有

$$\hat{\pi}\Psi(x,t) = \Psi(-x,t) \tag{14-100}$$

进一步有

$$\hat{\pi}^2\Psi(x,t) = \hat{\pi}\Psi(-x,t) = \Psi(x,t) \tag{14-101}$$

即算符 $\hat{\pi}^2$ 的本征值是 1，因而算符 $\hat{\pi}$ 的本征值是 ± 1，由此有

$$\hat{\pi}\Psi_1 = \Psi_1 \quad \text{或者} \quad \hat{\pi}\Psi_2 = -\Psi_2 \tag{14-102}$$

这表示算符 $\hat{\pi}$ 作用在它自身的本征函数上所得的结果或者是这个函数本身，或者是使这个函数变号．由式(14-100)和式(14-102)有

$$\hat{\pi}\Psi_1(x,t) = \Psi_1(-x,t) = \Psi_1(x,t) \tag{14-103}$$

$$\hat{\pi}\Psi_2(x,t) = \Psi_2(-x,t) = -\Psi_2(x,t) \tag{14-104}$$

称算符 $\hat{\pi}$ 的属于本征值 1 的本征函数 Ψ_1 具有偶宇称；称算符 $\hat{\pi}$ 的属于本征值 -1 的本征函数 Ψ_2 具有奇宇称．

在一维无限深方势阱这个物理模型中，波函数有两组解．

$$\begin{cases} \text{当 } n=\text{偶数时}, \psi_n = \begin{cases} A\sin\dfrac{n\pi}{2a}x \\ 0 \end{cases}, \text{有 } \psi_n(-x) = -\psi_n(x) \\ \text{当 } n=\text{奇数时}, \psi_n = \begin{cases} B\cos\dfrac{n\pi}{2a}x \\ 0 \end{cases}, \text{有 } \psi_n(-x) = \psi_n(x) \end{cases} \tag{14-105}$$

由式(14-105)可知，当量子数 n 为偶数时，波函数 ψ_n 是 x 的奇函数，此时的波函数具有奇宇称，此时它所描写的态称为奇宇称态；当量子数 n 为奇数时，波函数 ψ_n 是 x 的偶函数，此时的波函数具有偶宇称，此时它所描写的态称为偶宇称态．

能量本征函数所具有的这种确定的奇偶性，是由于势能对原点的对称性造成的，如果势能相对于原点不对称，则波函数没有确定的宇称．

利用欧拉公式，可以将式(14-99)变为复数形式

$$\psi_n(x,t) = C_1 e^{\frac{i}{\hbar}\left(\frac{n\pi\hbar}{2a}x - E_n\cdot t\right)} + C_2 e^{-\frac{i}{\hbar}\left(\frac{n\pi\hbar}{2a}x + E_n\cdot t\right)} \tag{14-106}$$

其中，C_1 和 C_2 是两个常数，式(14-106)表示"两个沿相反方向传播的平面波叠加而成的驻波"．描述粒子的波在阱中形成驻波，根据驻波的形成条件，阱宽一定满足半波长的整数倍，当阱宽为确定值 $2a$ 时，必然有

$$2a=n\frac{\lambda}{2}\quad 即\quad \lambda=\frac{4a}{n}$$

根据德布罗意关系式

$$p=\frac{2\pi\hbar}{\lambda}\quad 得到\quad p=n\frac{\pi\hbar}{2a}$$

又由于在阱中势能为零，只有动能，所以有

$$E_n=\frac{p^2}{2m}=\frac{\pi^2\hbar^2}{8ma^2}n^2$$

也就是说由"描述粒子的波在阱中形成驻波"这个条件，不用解方程可以直接得到式(14-95)的结果，因为这个条件恰好满足索末菲量子化条件．

(3) 势阱中粒子的概率分布．

描述粒子的波在阱中形成驻波，不同能量的粒子对应的波在阱壁处均形成波节，所以粒子在阱壁处出现的概率为零，如图 14-12 所示．

按照波函数的统计诠释，在 $x\sim x+\mathrm{d}x$ 能量为 E_n 的粒子的概率是 $\mathrm{d}w=|\psi_n(x)|^2\mathrm{d}x$.

我们给出势阱中粒子前 5 个能级的本征函数(图 14-12 中实线)和相应的概率密度 $|\psi_n(x)|^2$ 的分布曲线(图 14-12 中虚线和阴影部分)．从图 14-12 可以看出，不同能量的粒子在势阱中各点出现的概率不同．

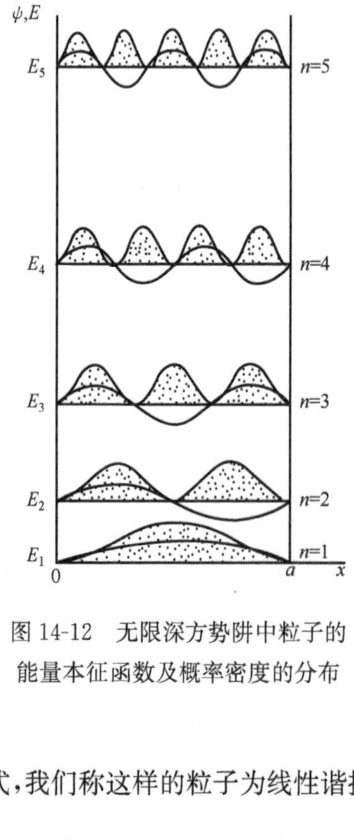

图 14-12　无限深方势阱中粒子的能量本征函数及概率密度的分布

例如，当 $n=1$ 时，在 $x=0$ 处粒子出现的概率最大；当 $n=2$ 时，在 $x=\pm\frac{a}{2}$ 处粒子出现的概率最大．

波函数 $\psi_n(x)$ 与 x 轴相交 $n-1$ 次(不算阱壁处的两个节点)，有 $n-1$ 个节点，节点处的概率密度为零．从图中还可以看到，概率密度的峰值个数和量子数 n 相等．

上面结果和经典的有很大不同．若是经典的情况，因为在势阱内不受力，粒子将在两个阱壁之间作匀速直线运动，粒子在阱内各处出现的概率应该处处相同，即概率密度分布曲线为一条直线．而在量子力学中，只有当 $n\to\infty$ 时，即大量子数时，由于概率密度 $|\psi_n(x)|^2$ 的起伏很密，从平均效果来看，粒子在阱内各处出现的概率是均匀的，此时量子力学过渡到经典力学，这就是玻尔的对应原理．

2. 线性谐振子

我们对经典力学中的弹簧谐振子非常熟悉．在量子力学中，在一维空间运动的粒子的势能如果为 $\frac{1}{2}m\omega^2x^2$ 的形式，我们称这样的粒子为线性谐振子．

为什么要研究线性谐振子呢？这是由于许多粒子体系都可以近似地看作是线性谐振子．例如，双原子分子中，两原子之间的势能 $V(x)$ 是两原子间的距离 x 的函数．如图 14-13所示．

在 $x=a$ 处，势能有一个极小值，这是一个稳定平衡点，在这点势能 $V(x)$ 可做泰勒级数展开．

$$V(x)=V_0+\frac{\partial V(a)}{\partial x}(x-a)+\frac{\partial^2 V(a)/\partial x^2}{2!}(x-a)^2+\cdots$$

在 $x=a$ 处，$\left.\frac{\partial V(x)}{\partial x}\right|_{x=a}=0$；并且由于势能曲线向上凹，所以 $\left.\frac{\partial^2 V(x)}{\partial x^2}\right|_{x=a}>0$. 在略去高次项的情况下，令 $k=\left.\frac{\partial^2 V(x)}{\partial x^2}\right|_{x=a}$，$k$ 为常数，其中 V_0 也为常数，则势能 $V(x)$ 可近似表示为

$$V(x)=V_0+\frac{1}{2}k\,(x-a)^2$$

选取适当的坐标系，使 $V_0=0$，并且在 x 方向平移 a，则势能 $V(x)$ 变为

$$V(x)=\frac{1}{2}kx^2$$

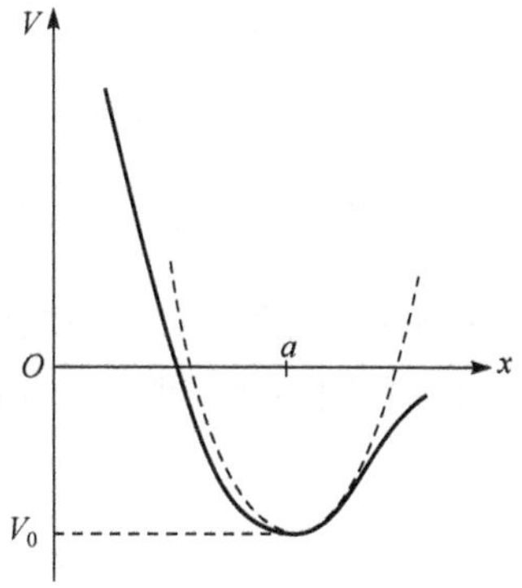

图 14-13　稳定平衡点附近的势能及其二次近似

这正是线性谐振子的势能．一般说来，任何一个体系在平衡点附近都可以近似地用线性谐振子来表示，所以研究线性谐振子问题具有非常重要的意义．

1）线性谐振子的定态薛定谔方程

定态薛定谔方程为

$$\left[-\frac{\hbar^2}{2m}\frac{\mathrm{d}^2}{\mathrm{d}x^2}+V(x)\right]\psi=E\psi \tag{14-107}$$

由于谐振子的势能为

$$V(x)=\frac{1}{2}m\omega^2x^2$$

所以谐振子的定态薛定谔方程为

$$\frac{\hbar^2}{2m}\frac{\mathrm{d}^2\psi}{\mathrm{d}x^2}+\left(E-\frac{1}{2}m\omega^2x^2\right)\psi=0 \tag{14-108}$$

为了简化式(14-108)以方便求解，我们引入无量纲的变量 ξ 代替 x，即令

$$\xi=\sqrt{\frac{m\omega}{\hbar}}x,\quad \alpha=\sqrt{\frac{m\omega}{\hbar}},\quad \xi=\alpha x \tag{14-109}$$

再令

$$\lambda=\frac{2E}{\hbar\omega} \tag{14-110}$$

代入方程(14-108)后，再用 $\frac{2}{\hbar\omega}$ 乘以方程(14-108)两边，则式(14-108)简化为

$$\frac{\mathrm{d}^2\psi}{\mathrm{d}\xi^2}+(\lambda-\xi^2)\psi=0 \tag{14-111}$$

2) 求解线性谐振子的定态薛定谔方程

为了求解这个方程，我们先看看波函数 ψ 在 $\xi\to\pm\infty$ 时的渐近行为．这里不要忘了 $\xi=\alpha x$，研究 $\xi\to\pm\infty$ 时的渐近行为，就是研究 $x\to\pm\infty$ 时的渐近行为．当 $|\xi|$ 很大时，λ 与 ξ 相比可以略去．因而在 $\xi\to\pm\infty$ 时方程(14-111)可写为

$$\frac{\mathrm{d}^2\psi}{\mathrm{d}\xi^2}=\xi^2\psi \tag{14-112}$$

方程(14-112)的解是 $\psi\sim \mathrm{e}^{\pm\frac{\xi^2}{2}}$，这就是方程(14-111)在 $\xi\to\pm\infty$ 时的渐近解．因为波函数的标准条件要求当 $\xi\to\pm\infty$ 时，波函数 ψ 应该为有限，所以我们只取 $\psi\sim \mathrm{e}^{-\frac{\xi^2}{2}}$ 作为方程(14-111)的渐近解，也就是说方程(14-111)最后的解当中一定要包含 $\psi\sim \mathrm{e}^{-\frac{\xi^2}{2}}$．

根据以上分析，我们设方程(14-111)具有如下形式的解：

$$\psi(\xi)=\mathrm{e}^{\frac{\xi^2}{2}}u(\xi) \tag{14-113}$$

其中，$u(\xi)$ 是待求的函数，$u(\xi)$ 应保证在“ξ 为有限大时”自身为有限，而在 $\xi\to\pm\infty$ 时，$u(\xi)$ 的行为也必须保证 $\psi(\xi)$ 为有限．事实上波函数的标准条件在求解方程时具有极其重要的作用．通过前面的讨论可知，只要求解出 $u(\xi)$，应用式(14-113)就可以求出方程的解．

将式(14-113)代入式(14-111)中得到待定函数 $u(\xi)$ 应满足的方程

$$\frac{\mathrm{d}^2u}{\mathrm{d}\xi^2}-2\xi\frac{\mathrm{d}u}{\mathrm{d}\xi}+(\lambda-1)u=0 \tag{14-114}$$

用级数解法，把 $u(\xi)$ 展开成 ξ 的幂级数，来求解方程(14-114)．这个级数必须只含有有限项，才能保证在 $\xi\to\pm\infty$ 时使 $\psi(\xi)$ 为有限．从数学物理方法课程中我们已经知道，用待定函数 $u(\xi)$ 展开成的无穷级数中断为有限项的条件是

$$\lambda=2n+1,\quad n=0,1,2\cdots \tag{14-115}$$

这样求解待定函数 $u(\xi)$ 的方程(14-114)就变为

$$\frac{\mathrm{d}^2u}{\mathrm{d}\xi^2}-2\xi\frac{\mathrm{d}u}{\mathrm{d}\xi}+2nu=0 \tag{14-116}$$

满足方程(14-116)的 $u(\xi)$ 为有限项多项式，称为厄米多项式，用 $H_n(\xi)$ 表示，方程(14-116)可以改写为

$$\frac{\mathrm{d}^2H}{\mathrm{d}\xi^2}-2\xi\frac{\mathrm{d}H}{\mathrm{d}\xi}+2nH=0 \tag{14-117}$$

其中，厄米多项式 $H_n(\xi)$ 的表达式为

$$H_n(\xi)=(-1)^n\mathrm{e}^{\xi^2}\frac{\mathrm{d}^n}{\mathrm{d}\xi^n}\mathrm{e}^{-\xi^2} \tag{14-118}$$

由式(14-118)可以得出 $H_n(\xi)$ 满足的递推关系

$$\frac{\mathrm{d}H_n}{\mathrm{d}\xi}=2nH_{n-1}(\xi) \tag{14-119}$$

$$H_{n+1}(\xi)-2\xi H_n(\xi)+2nH_{n-1}(\xi)=0 \tag{14-120}$$

下面列出前面几个厄米多项式

$$\left.\begin{aligned} &H_0=1\\ &H_1=2\xi\\ &H_2=4\xi^2-2\\ &H_3=8\xi^3-12\xi\\ &H_4=16\xi^4-48\xi^2+12\\ &H_5=32\xi^5-160\xi^3+120\xi \end{aligned}\right\} \tag{14-121}$$

从式(14-121)中可以看出，当 n 为奇数时，厄米多项式中只剩下 ξ 的奇次幂项；当 n 为偶数时，厄米多项式中只剩下 ξ 的偶次幂项．也就是说厄米多项式 $H_n(\xi)$ 具有确定的宇称．

(1) 一维线性谐振子定态薛定谔方程的解．

由式(14-113)可知，对应于能量 E_n 的波函数为

$$\psi_n(\xi)=N_n e^{-\frac{\xi^2}{2}}H_n(\xi) \tag{14-122}$$

或者写为

$$\psi_n(x)=N_n e^{-\frac{\alpha^2}{2}x^2}H_n(\alpha x) \tag{14-123}$$

其中，N_n 是归一化常数，由归一化条件

$$\int_{-\infty}^{+\infty}\psi_n^*(x)\psi_n(x)\mathrm{d}x=1$$

得出

$$N_n=\left(\frac{\alpha}{\pi^{\frac{1}{2}}2^n n!}\right)^{\frac{1}{2}} \tag{14-124}$$

(2) 一维线性谐振子的能谱．

由(14-110)及(14-115)两式可以得出一维线性谐振子的能谱为

$$E_n=\hbar\omega\left(n+\frac{1}{2}\right),\quad n=0,1,2,\cdots \tag{14-125}$$

3) 讨论

(1) 波函数的基本性质．

① 由于谐振子的势能 $V(x)$ 具有空间反演不变性，所以波函数 $\psi_n(x)$ 具有确定的宇称

$$\psi_n(-x)=(-1)^n\psi_n(x)$$

宇称由量子数 n 决定，n 为偶数时，波函数具有偶宇称，n 为奇数时，波函数具有奇宇称．如图 14-14所示．

② 由图 14-14 可以看出，波函数 $\psi_n(x)$ 在有限范围内与 x 轴相交 n 次，即 $\psi_n(x)=0$ 有 n 个根，或者说 $\psi_n(x)$ 有 n 个节点．这个结论由式(14-118)及式(14-112)两式也可以看出．

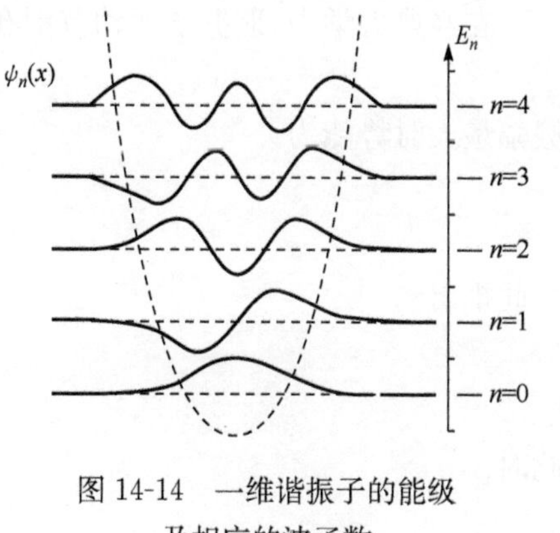

图 14-14 一维谐振子的能级及相应的波函数

(2) 谐振子能级的特点．

① 由式(14-125)可以知道，一维线性谐振子的能量取分立值，即能量是量子化的．如图 14-15 所示．

② 基态能量 $E_0=\frac{1}{2}\hbar\omega$，也称为零点能．为什么称为零点能呢？因为当温度趋于零时，做简谐振动的

电磁场和晶格点阵的离子处于基态，但仍然在做振动，并且能量为$\frac{1}{2}\hbar\omega$，称为零点能．零点能是量子力学中所特有的，经典理论和玻尔旧量子论中没有．零点能是测不准关系所要求的最小能量，从测不准关系也可以直接得出零点能．零点能也有很重要的实际应用．例如不同同位素组成的双原子分子的离解能都是V_0，化学上没办法区分它们，然而由于有零点能，分子能量抬高$\frac{1}{2}\hbar\omega$，离解能减为$V_0-\frac{1}{2}\hbar\omega$．对不同同位素$\omega=\sqrt{\frac{k}{m}}$，重同位素形成的分子$m$大，$\omega$小，分子能量低，离解能大；轻同位素形成的分子$m$小，$\omega$大，分子能量高，离解能小．正是这种差别使同位素的化学分离法成为可能．

③ 能级是等间距的，间隔都是$\hbar\omega$．这与普朗克假设是一致的．

④ 全部能级都是非简并的．

(3) 一维线性谐振子的坐标概率密度．

以谐振子的基态为例，坐标概率密度为

$$W_0(x)=|\psi_0(x)|^2=\frac{\alpha}{\sqrt{\pi}}e^{-\alpha^2x^2}$$

这是一个高斯型分布，在原点处概率密度最大，如图 14-16 所示．

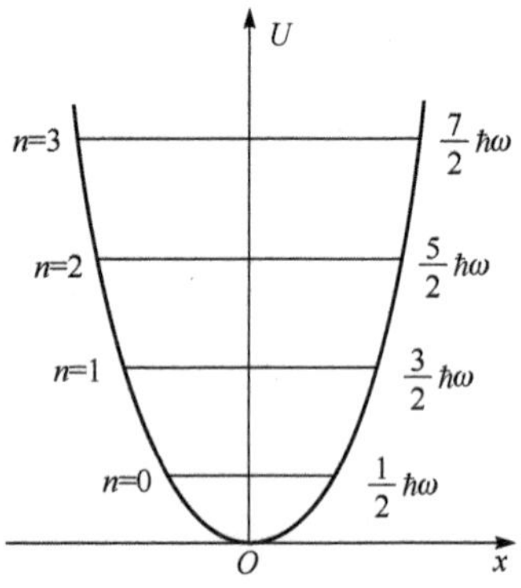

图 14-15 谐振子的能级

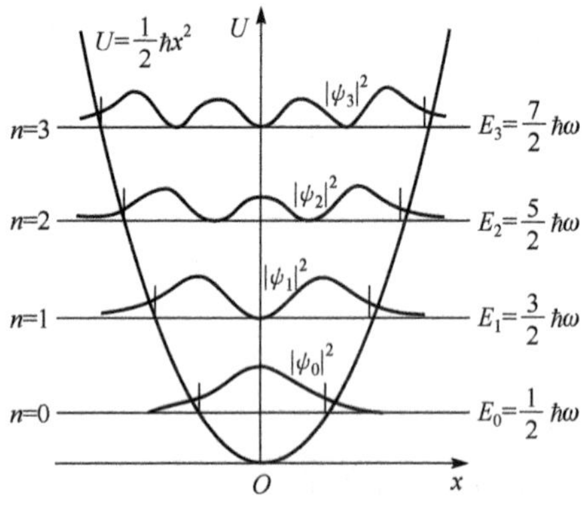

图 14-16 一维谐振子的能级和概率密度分布

在经典力学中，谐振子运动范围在$\xi=\pm1$之间．因为经典简谐振动方程为

$$x=A\cos\omega t$$

振幅最大时势能为

$$\frac{1}{2}m\omega^2A^2=\frac{1}{2}\hbar\omega$$

由此推出

$$A=\pm\frac{1}{\alpha},\quad \alpha=\sqrt{\frac{m\omega}{\hbar}}$$

此时

$$x=A=\frac{1}{\alpha}$$

所以

$$\xi=\alpha x=\pm 1$$

在经典力学中，在 $\xi\to\xi+\mathrm{d}\xi$ 之间的区域找到质点的概率 $W(\xi)\mathrm{d}\xi$ 与质点在此区域内逗留的时间 $\mathrm{d}t$ 成比例．如果质点的振动周期为 T 的话，则有

$$W(\xi)\mathrm{d}\xi=\frac{\mathrm{d}t}{T}$$

即

$$W(\xi)=\frac{1}{T\dfrac{\mathrm{d}\xi}{\mathrm{d}t}}=\frac{1}{Tv}$$

其中，v 为速度．也就是说概率密度 $W(\xi)$ 与速度 v 成反比．对于经典的线性谐振子，如果振动方程为

$$\xi=A\sin(\omega t+\delta)$$

则在 ξ 点的速度为

$$v=\frac{\mathrm{d}\xi}{\mathrm{d}t}=A\omega\cos(\omega t+\delta)=A\omega\left(1-\frac{\xi^2}{A^2}\right)^{\frac{1}{2}}$$

所以概率密度 $W(\xi)$ 与 $\left(1-\dfrac{\xi^2}{A^2}\right)^{-\frac{1}{2}}$ 成比例．可以看出在基态——量子数很小时，量子的概率密度与经典的概率密度毫不相同，但当量子数增大时，量子与经典两种情况从平均值上已相当符合，差别只在于量子的概率密度 $|\psi_n(\xi)|^2$ 迅速振荡而已．从图 14-16 及图 14-17 中可以看出，随着量子数 n 的增加，$|\psi_n(\xi)|^2$ 振荡次数相应地增加．

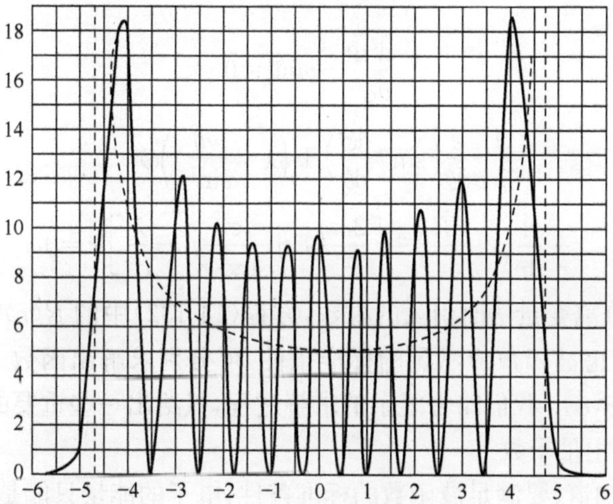

图 14-17 $n=10$ 时线性谐振子的概率密度

3. 氢原子

1) 氢原子的定态薛定谔方程

在氢原子中，电子在原子核的库仑场中运动，体系的势能函数为

$$V(r)=-\frac{\mathrm{e}^2}{4\pi\varepsilon_0 r} \tag{14-126}$$

式中，r 是电子与核之间的距离．氢原子问题本来是两体问题，但由于核的质量比电子的大很多，为了简化问题，设原子核是静止的，并取核所在位置为坐标原点．这样得到的结果与严格求解两体问题得到的结果非常近似．将式(14-126)代入到定态薛定谔方程式(14-84)中，得到

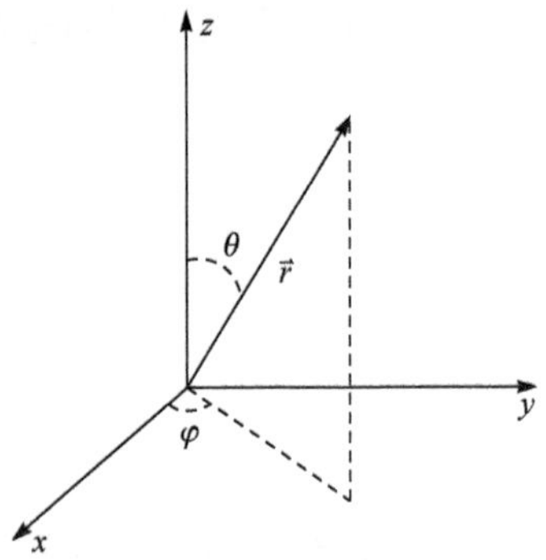

图 14-18　电子的球坐标

$$\nabla^2\psi+\frac{2m}{\hbar^2}\left(E+\frac{e^2}{4\pi\varepsilon_0 r}\right)\psi=0 \tag{14-127}$$

由于势能函数 $V(r)$ 是矢径 r 的函数，所以采用球坐标(r,θ,φ)代替直角坐标(x,y,z)，此时电子坐标如图 14-18 所示．从图中可以看出

$$\begin{aligned}x&=r\sin\theta\cos\varphi\\ y&=r\sin\theta\sin\varphi\\ z&=r\cos\theta\end{aligned} \tag{14-128}$$

根据算符化规则，应用式(14-128)，将式(14-127)变换到球坐标中，为

$$\frac{1}{r^2}\frac{\partial}{\partial r}\left(r^2\frac{\partial\psi}{\partial r}\right)+\frac{1}{r^2\sin\theta}\frac{\partial}{\partial\theta}\left(\sin\theta\frac{\partial\psi}{\partial\theta}\right)+\frac{1}{r^2\sin^2\theta}\frac{\partial^2\psi}{\partial\varphi^2}+\frac{2m}{\hbar^2}\left(E+\frac{e^2}{4\pi\varepsilon_0 r}\right)\psi=0 \tag{14-129}$$

上式就是氢原子的定态薛定谔方程在球坐标中的表示，一般采用分离变量法求解此方程，如果 r、θ、φ 三个变量相互独立，则波函数 $\psi(r,\theta,\varphi)$ 可以写为

$$\psi(r,\theta,\varphi)=R(r)\Theta(\theta)\Phi(\varphi) \tag{14-130}$$

将式(14-130)代入式(14-129)中，能够得到三个独立函数 $R(r)$、$\Theta(\theta)$、$\Phi(\varphi)$ 所满足的三个常微分方程

$$\frac{d^2\Phi}{d\varphi^2}+m_l^2\Phi=0 \tag{14-131}$$

$$\frac{1}{\sin\theta}\frac{d}{d\theta}\left(\sin\theta\frac{d\Theta}{d\theta}\right)+\left(\lambda-\frac{m_l^2}{\sin^2\theta}\right)\Theta=0 \tag{14-132}$$

$$\frac{1}{r^2}\frac{d}{dr}\left(r^2\frac{dR}{dr}\right)+\left[\frac{2m}{\hbar}\left(E+\frac{e^2}{4\pi\varepsilon_0 r}\right)-\frac{\lambda}{r^2}\right]R=0 \tag{14-133}$$

其中，m_l 和 λ 是采用分离变量法时引入的常数，方程(14-132)中的 $R(r)$ 称为径向波函数．求解上述三个方程，并考虑波函数应满足的标准条件，可分别求解出函数 $R(r)$、$\Theta(\theta)$、$\Phi(\varphi)$，最终可求出波函数 $\psi(r,\theta,\varphi)$．我们略去复杂的求解过程，只给出一些重要的结论．

2) 能量量子化和主量子数

由求解过程可以知道，要满足波函数的标准条件，电子的能量只能是

$$E_n=-\frac{me^4}{32\pi^2\varepsilon_0^2\hbar^2}\frac{1}{n^2} \tag{14-134}$$

其中，$n=1,2,3,\cdots$．由上式可以看出，氢原子的能量只能取分立值，即氢原子的能量是量子化的．其中 n 称为主量子数．

由于氢原子中的电子处于束缚态，因而能量为负值，并且随着主量子数 n 的增加而增加，直到 $n\to\infty$时，$E_\infty=0$．这个时候电子可以脱离原子核，我们称之为电离，而此时 E_∞ 与电子基态能量之差称为电离能．

氢原子的能级间隔是不均匀的，随着能级升高，能级间隔变小，当能级 $n\to\infty$时，可以认为

能级是连续的，如图 14-19 所示．

这个结果同玻尔的氢原子理论得出的结论相同，但玻尔的结论是在人为地引入"量子化条件"的假设基础上才得出来的，而在量子力学中，氢原子的能量是量子化的结论则是求解定态薛定谔方程的自然结果．

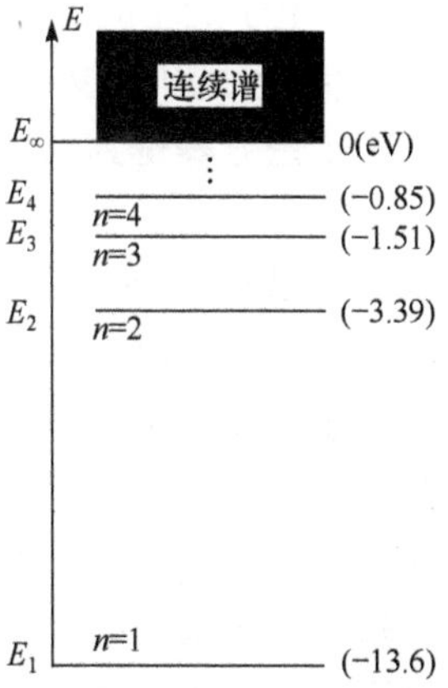

图 14-19　氢原子能级分布

3）轨道角动量量子化和角量子数

要使方程(14-131)及(14-132)两式有确定的解，电子绕原子核运动的轨道角动量必须是量子化的，为

$$L=\sqrt{l(l+1)}\hbar,\quad l=0,1,2,\cdots,n-1 \tag{14-135}$$

式中，l 称为角量子数或者副量子数，由于 l 只能取分立值，因此轨道角动量 L 的取值是量子化的．对于一定的主量子数 n，角量子数 l 共有 n 个可能的值．l 值不同表明电子绕原子核运动的状态不同，当然描述电子状态的波函数也不同，由此电子在空间各处的概率密度分布也不同．从式(14-135)可以看出，轨道角动量的最小值是零，而按照玻尔理论，轨道角动量的最小值是 $\hbar$，由量子力学得出的结果与玻尔理论不同，但实验证明量子力学的结果是正确的．

4）轨道角动量空间量子化和磁量子数

求解氢原子的定态薛定谔方程还可以得出结论，即"电子绕原子核运动的轨道角动量 $\boldsymbol{L}$ 的方向在空间的取向不能连续地变化，而只能取一些特定的方向"．换句话说，轨道角动量 $\boldsymbol{L}$ 在 z 轴上的投影 L_z 必须满足量子化条件

$$L_z=m_l\hbar,\quad m_l=0,\pm1,\pm2,\cdots,\pm l \tag{14-136}$$

其中，m_l 称为磁量子数．显然，对于一定的角量子数 l，磁量子数 m_l 有$(2l+1)$个值，这表明轨道角动量在空间的取向只有$(2l+1)$种可能，因而在 z 轴上有$(2l+1)$个投影值．图 14-20 表示 $l=1$，$l=2$ 和 $l=3$ 三种情况下，轨道角动量 $\boldsymbol{L}$ 的空间取向量子化以及 $\boldsymbol{L}$ 在 z 轴上的投影 L_z 的量子化情况．

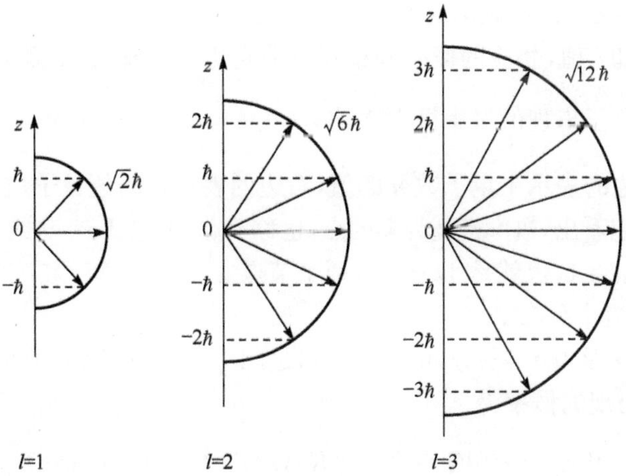

图 14-20　电子轨道角动量的空间量子化

5）氢原子中电子的概率分布

（1）电子的空间概率分布．

在量子力学中，没有轨道的概念，取而代之的是空间概率分布的概念．在氢原子中，求解定态薛定谔方程得到的波函数

$$\psi_{nlm_l}(r,\theta,\varphi)=R_{nl}(r)\Theta_{lm_l}(\theta)\Phi_{m_l}(\varphi) \tag{14-137}$$

从上式可以看出，对应一组量子数(n,l,m_l)，就有一个确定的波函数，这个波函数描写一个确定的状态，所以在量子力学中有时候就用量子数nl来表示电子的状态．

由于在光谱学中习惯用s，p，d，f，…依次代表$l=0,1,2,3,\cdots$的状态，所以在原子物理学、化学中，电子状态常被表示成如1s、2p、3d、3f等的形式，分别表示电子处在$n=1,l=0;n=2,l=1;n=3,l=2;n=3,l=4$的状态，并分别被称为1s态、2p态、3d态、3f态．

按照波函数的统计诠释，当氢原子处于波函数$\psi_{nlm_l}(r,\theta,\varphi)$描写的态时，电子出现在原子核周围的概率密度为

$$|\psi_{nlm_l}(r,\theta,\varphi)|^2=|R_{nl}(r)\Theta_{lm_l}(\theta)\Phi_{m_l}(\varphi)|^2$$

所以电子在(r,θ,φ)点周围体积元$\mathrm{d}\tau=r^2\sin\theta\mathrm{d}r\mathrm{d}\theta\mathrm{d}\varphi$内出现的概率为

$$|\psi_{nlm_l}(r,\theta,\varphi)|^2\mathrm{d}\tau=|R_{nl}(r)\Theta_{lm_l}(\theta)\Phi_{m_l}(\varphi)|^2r^2\sin\theta\mathrm{d}r\mathrm{d}\theta\mathrm{d}\varphi \tag{14-138}$$

上式就是电子的空间概率分布．

（2）电子的径向概率分布．

将式(14-137)对θ从$0\to\pi$，对φ从$0\to2\pi$积分，便得到在半径$r\to r+\mathrm{d}r$的球壳内发现电子的概率——电子的径向概率

$$\int_0^{2\pi}\int_0^{\pi}|R_{nl}(r)\Theta_{lm_l}(\theta)\Phi_{m_l}(\varphi)|^2r^2\sin\theta\mathrm{d}r\mathrm{d}\theta\mathrm{d}\varphi=R_{nl}^2(r)r^2\mathrm{d}r \tag{14-139}$$

其中

$$P_{nl}(r)=R_{nl}^2(r)r^2 \tag{14-140}$$

称为电子的径向概率密度．

将方程(14-132)解出的径向波函数$R_{nl}(r)$代入式(14-139)，便可得到$\rho_{\mathrm{B}}P_{nl}(r)$对$\dfrac{r}{\rho_{\mathrm{B}}}$的函数关系，这里$\rho_{\mathrm{B}}$为玻尔半径，我们画出前面几个函数关系，如图14-21所示．由图可见，对于不同的状态，即不同的n和l值，相应的概率分布有一个或几个峰值，表示概率达极大值，峰所对应的横坐标$\dfrac{r}{\rho_{\mathrm{B}}}$值，即为电子出现的概率极大之处．

图中的数字，左边的表示主量子数n的值，右边的表示角的值量子数l.

由图14-21还可以看出，概率密度为零的点，也称节点，不包括$r=0$或∞的点，共有$n-l-1$个．例如，对于$n=4,l=1$，也就是$4p$态，有两个节点．

（3）电子的角向概率分布．

将式(14-137)对r从$0\to\infty$积分，由于$R_{nl}(r)$是归一化的，所以电子在方向(θ,φ)附近立体角$\mathrm{d}\Omega=\sin\theta\mathrm{d}\theta\mathrm{d}\varphi$内出现的概率为

$$\begin{aligned}W_{lm_l}(\theta,\varphi)\mathrm{d}\Omega&=\int_{r=0}^{\infty}|R_{nl}(r)Y_l^{m_l}(\theta,\varphi)|^2r^2\mathrm{d}r\mathrm{d}\Omega\\&=|Y_l^{m_l}(\theta,\varphi)|^2\mathrm{d}\Omega\\&=N_{lm_l}^2[P_l^{|m_l|}(\cos\theta)]^2\mathrm{d}\Omega\end{aligned} \tag{14-141}$$

其中

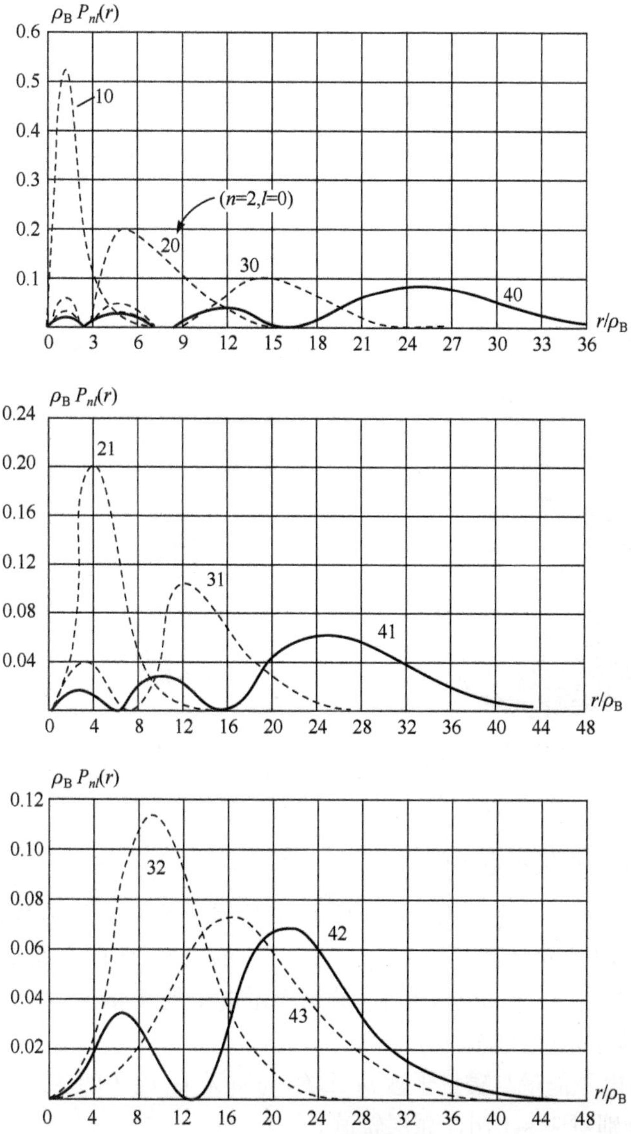

图 14-21 $\rho_B P_{nl}(r)$对$\frac{r}{\rho_B}$的函数关系

$$W_{lm_l}(\theta,\varphi)=|Y_l^{m_l}(\theta,\varphi)|^2=N_{lm_l}^2[P_l^{|m_l|}(\cos\theta)]^2 \tag{14-142}$$

称为电子沿角度的概率密度．而 $Y_l^{m_l}(\theta,\varphi)$称为球谐函数，它是式(14-131)和式(14-132)的解 $\Phi(\varphi)$和 $\Theta(\theta)$两个函数的乘积，再归一化后的表示．由于(14-131)式的解 $\Phi(\varphi)$的模的平方 $|\Phi(\varphi)|^2$为常数，所以电子沿角度的概率密度与 φ 角无关，只与 θ 角有关，具有绕 z 轴的旋转对称性，绕 z 轴旋转形成立体图，如图 14-22 所示．分别是 s，p，d，f 态电子的角向概率分布 $W_{lm_l}(\theta,\varphi)$.

例如，对于 s 态电子，在 $l=0,m_l=0$ 时，电子的角向概率分布为

$$W_{0,0}=\frac{1}{4\pi}$$

它与 θ 和 φ 均无关，所以在图中是一个球面．又如当 $l=1,m_l=\pm1$ 时，电子的角向概率分

布为

$$W_{1,\pm1}(\theta)=\frac{3}{8\pi}\sin^2\theta$$

不论 φ 取何值，在 $\theta=\frac{\pi}{2}$ 时有最大值，在 $\theta=0$ 的极轴方向的值为零．而在 $l=1,m_l=0$ 时，电子的角向概率分布为

$$W_{1,0}(\theta)=\frac{3}{4\pi}\cos^2\theta$$

情况则恰好相反，在 $\theta=0$ 的极轴方向有最大值，在 $\theta=\frac{\pi}{2}$ 处概率为零．

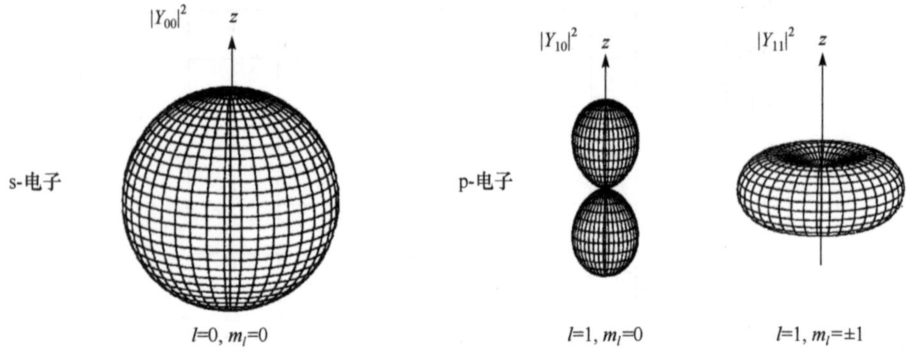

图 14-22 氢原子中电子的角分布概率

(4) 用量子数 nlm 来表示电子的状态．

用一组力学量 $\hat{H}$、$\hat{L}^2$、$\hat{L}_z$ 完全集表征氢原子，相应量子数为 n、l、m，称为好量子数．

光谱学中用 s,p,d,f,…依次代表 $l=0,1,2,3,\cdots$ 的状态，所以在原子物理学、化学中，电子状态常被表示成诸如 1s、2p、3d、4f 形式，分别表示电子处在 $n=1,l=0;n=2,l=1;n=3,l=2;n=4,l=3$ 的状态，并分别被称为 1s 态、2p 态、3d 态、4f 态．

没有外磁场时，电子能量与磁量子数 m 无关，与 φ 无关，电子的状态可以用 n、l 表示．这里 $l=0,1,2,3,\cdots$ 分别对应 s,p,d,f 壳层轨道．

氢原子主壳层与支壳层填充的电子数

	l=0s	l=1p	l=2d	l=3f	l=4g	$2n^2$
K $n=1$	1s					2
L $n=2$	2s	2p				8
M $n=3$	3s	3p	3d			18
N $n=4$	4s	4p	4d	4f		32
O $n=5$	5s	5p	5d	5f	5g	50
P $n=6$	6s	6p	6d	6f	6g	72
最多电子数	2	6	10	14	18	

考虑电子自旋和泡利不相容原理(同一个原子中不可能有两个电子具有完全相同的量子数)，所以 $\boldsymbol{S}$ 轨道最多容纳 2 个电子，p 轨道最多容纳 6 个电子，等等．

14.8 电 子 自 旋

14.8.1 电子自旋实验

1921 年,斯特恩和格拉赫两个人通过实验来验证电子角动量空间取向量子化. 实验装置如图 14-23 所示.

最初用银原子做射线源,1927 年用氢原子做射线源. S_1、S_2 为狭缝,N 和 S 为产生不均匀磁场的两个磁极,P 为照相底板,全部仪器安装在高真空容器中.

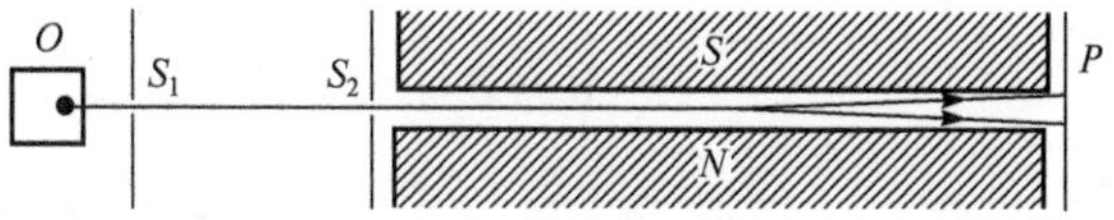

(a) 侧视图

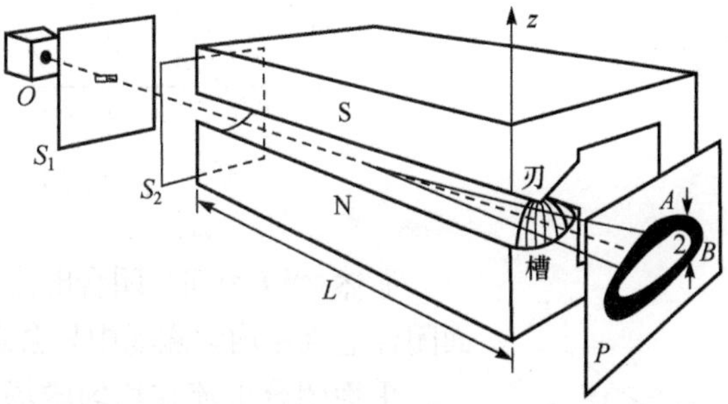

(b) 立体图

图 14-23 斯特恩和格拉赫实验装置

实验发现,有非均匀磁场作用时,照相底片上出现两条分立的谱线. 说明氢原子具有磁矩,所以氢原子束通过非均匀磁场时受到磁力的作用,轨迹发生偏转;由只分成两条谱线的结果可以知道,氢原子的磁矩在磁场中有两种取向,即磁矩的空间取向是量子化的.

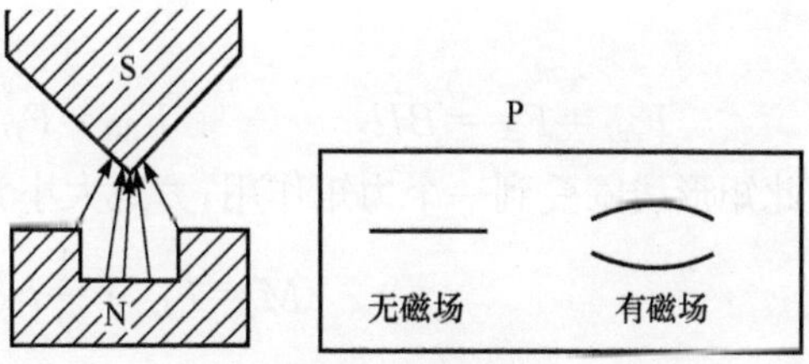

图 14-24 斯特恩和格拉赫实验结果

经典物理中,如图 14-24 所示,如果一个平面闭合电流大小为 I,所围面积为 S,则该电流形成的磁矩为

$$\boldsymbol{\mu}=I\cdot S\cdot \boldsymbol{e}_n$$

其中,$\boldsymbol{e}_n$ 为面积 S 的正法线方向,与电流 I 的方向符合右手螺旋法则. 电子绕原子核运动,也具有磁矩,这个磁矩称为轨道磁矩. 下面说明电子轨道磁矩和轨道角动量之间的关系.

设电子每秒绕原子核 n 圈,则电子角速度为

$$\omega=2n\pi$$

电子轨道磁矩大小为

$$\mu=ne\pi r^2$$

其中

$$I=ne$$

电子轨道角动量大小为

$$L=mvr=m\omega r^2$$

采用右手螺旋法则容易判断电子轨道磁矩和轨道角动量的方向正好相反，所以有

$$\frac{\boldsymbol{\mu}}{\boldsymbol{L}}=-\frac{e}{2m}$$

如图 14-26 所示，平面闭合电流在均匀磁场中只受到力矩作用，所受合外力为 0. 根据安培定律

$$\mathrm{d}\boldsymbol{F}=I\mathrm{d}\boldsymbol{l}\times\boldsymbol{B}$$

$$\boldsymbol{F}=I\int\mathrm{d}\boldsymbol{l}\times\boldsymbol{B}$$

$$=\mathrm{I}\boldsymbol{l}\times\boldsymbol{B}$$

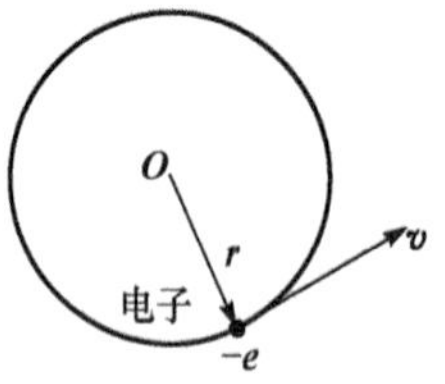

图 14-25

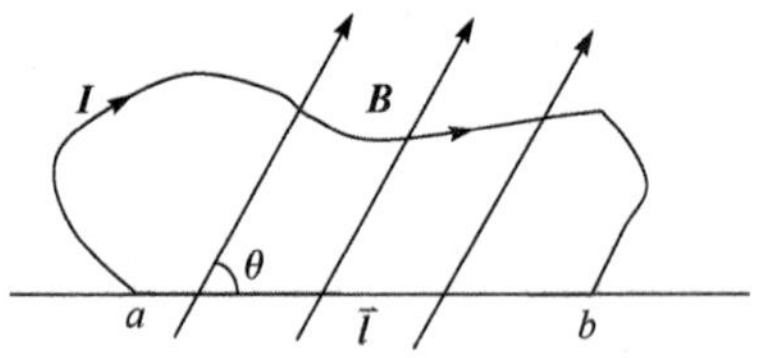

图 14-26

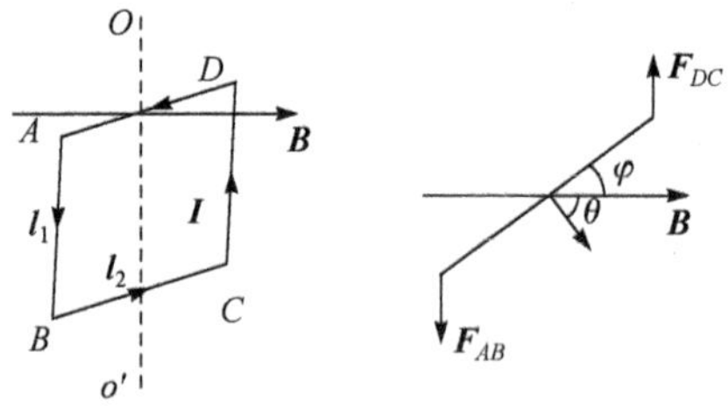

图 14-27

显然，当 $\boldsymbol{l}=0$ 时，闭合电流所受合力 $\boldsymbol{F}=0$，所以平面闭合电流在均匀磁场中只会发生转动，不会平移.

平面闭合电流在均匀磁场中所受的力矩为

$$\boldsymbol{M}=\boldsymbol{\mu}\times\boldsymbol{B}$$

如图 14-27 所示，以矩形线圈为例说明. 从图中我们能够看出

F_{AD} 与 F_{BC}：大小相等，方向相反，一条直线上；F_{AB} 与 F_{DC}：大小相等，方向相反，不一条直线上

$$F_{AD}=F_{BC}=BIl_2 \qquad F_{AB}=F_{DC}=BIl_1$$

因此矩形线圈受到一个力矩作用，力矩大小为

$$M=F_{DC}\cdot\frac{1}{2}l_2\cos\varphi+F_{AB}\cdot\frac{1}{2}l_2\cos\varphi$$

$$=F_{DC}\cdot l_2\cdot\cos\varphi$$

$$=BIl_1\cdot l_2\cdot\sin\theta$$

$$=BIS\sin\theta$$

因为

$$\boldsymbol{\mu}=IS\boldsymbol{e}_n$$

所以矩形线圈受到的力矩为

$$\boldsymbol{M}=\boldsymbol{\mu}\times\boldsymbol{B}$$

磁矩为 $\boldsymbol{\mu}$ 的原子在均匀磁场 $\boldsymbol{B}$ 中受到的力矩

$$\boldsymbol{M}=\boldsymbol{\mu}\times\boldsymbol{B}$$

在力矩 $\boldsymbol{M}$ 作用下，原子从角$\frac{\pi}{2}$转动到任意角 θ，则磁场对原子所做的功为

$$W=\int_{\frac{\pi}{2}}^{\theta} M\mathrm{d}\theta=\int_{\frac{\pi}{2}}^{\theta}\mu B\sin\theta\mathrm{d}\theta=-\mu B\cos\theta$$

定义势能零点在 $\theta=\frac{\pi}{2}$处，则磁矩为 $\boldsymbol{\mu}$ 的原子在均匀的外磁场 $\boldsymbol{B}$ 中具有的势能为

$$U=-\mu B\cos\theta=-\boldsymbol{\mu}\cdot\boldsymbol{B}=-(\mu_x B_x+\mu_y B_y+\mu_z B_z)$$

在非均匀磁场中，将受到磁力的作用，原子在磁场中所受磁力为(保守力都可以写为势能梯度负值)

$$\boldsymbol{F}=-\nabla U=-\left(\frac{\partial U}{\partial x}\boldsymbol{i}+\frac{\partial U}{\partial y}\boldsymbol{j}+\frac{\partial U}{\partial z}\boldsymbol{k}\right)$$

在斯特恩和格拉赫实验中，竖直方向上的磁场是非均匀的，所以氢原子会受到沿 z 轴方向的磁力，为

$$F_z=-\frac{\partial U}{\partial z}=\frac{\partial(\mu_x B_x+\mu_y B_y+\mu_z B_z)}{\partial z}$$

因为$\frac{\partial B_x}{\partial z}=\frac{\partial B_y}{\partial z}=0$，如果记磁矩与 z 轴夹角为β，则

$$F_z=\mu_z\frac{\partial B_z}{\partial z}=\mu\cos\beta\frac{\partial B_z}{\partial z}$$

同理可得到

$$F_x=\mu_x\frac{\partial B_x}{\partial x},\quad F_y=\mu_y\frac{\partial B_y}{\partial y}$$

因为实验中，磁场在水平方向上是均匀的所以

$$\frac{\partial B_x}{\partial x}=\frac{\partial B_y}{\partial y}=0$$

故

$$F_x=F_y=0$$

这样，氢原子在磁场中水平方向受力为零，只受到沿 z 轴方向的力

$$F_z=\mu\cos\beta\frac{\partial B_z}{\partial z}$$

这个力使得氢原子在磁场中的运动相当于平抛运动，所以在磁场中做抛物线运动，在磁场外为直线运动．

按照上式，如图 14-28 所示，如果原子磁矩在空间可以取任何方向的话，则 $\cos\beta$ 的取值应当可以从$+1$ 连续变化到-1，这样在照相底片上应该得到一个连续的带，但实验结果只有两条分立的线，说明氢原子具有磁矩，证明了原子在磁场中角动量的空间量子化，并且磁矩的空间取向只有两个．

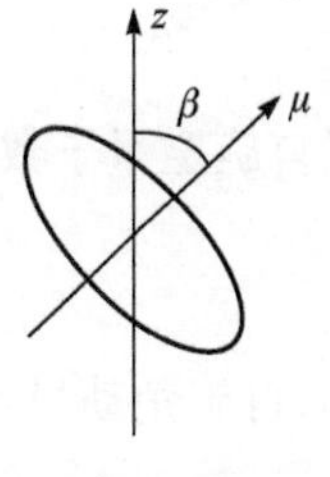

图 14-28

在斯特恩-盖拉赫实验中，射线源用的是处于基态——s 态的氢原子，角量子数 $l=0$，没有轨道角动量，因而也就没有轨道磁矩．

平均平动动能$\frac{1}{2}mV^2=\frac{3}{2}kT$，当 $T=70000\text{K}$ 时，原子的动能才 9eV，而氢的第一激发态与基态相差 10.2eV，一般实验远低于 10000K，所以为基态s 态.

按照角动量空间取向量子化理论，对应一个角量子数 l 值，磁量子数 m_l 有 $2l+1$ 个取值，即轨道角动量 $\vec{L}$ 的空间取向为 $2l+1$ 个，在 z 轴上投影 L_z 有 $2l+1$ 个．由于角量子数 l 为整数，$2l+1$ 就一定是奇数．

根据经典物理我们已经知道，轨道角动量 $\boldsymbol{L}$ 的方向与轨道磁矩 $\boldsymbol{\mu}_l$ 的方向是相反的，有多少个轨道角动量 $\boldsymbol{L}$ 方向，轨道磁矩 $\boldsymbol{\mu}_l$ 就有多少个方向，所以轨道磁矩 $\boldsymbol{\mu}_l$ 也应该有 $2l+1$ 个取向，即轨道磁矩 $\boldsymbol{\mu}_l$ 的取向应该是奇数个，这与实验结果不符．

要想与实验相符，只有角量子数 l 是半整数，而轨道角动量是不可能给出半整数 l 值的．所以实验中基态氢原子具有的磁矩一定不是轨道磁矩，那么，氢原子的磁矩是从哪里来的呢？

14.8.2 电子自旋假设

1925 年，年龄还不到 25 岁的两位荷兰学生乌仑贝克和古兹米特，根据实验提出大胆假设：电子不是点电荷，除轨道运动外，还有自旋运动，并具有自旋角动量 $\boldsymbol{S}$ 和自旋磁矩 $\boldsymbol{\mu}_s$

按照轨道角动量	提出电子自旋假设
$\begin{cases} L^2=l(l+1)\hbar^2 \\ L_z=m_l\hbar \\ m_l=-l\cdots+l,\text{共 } 2l+1 \end{cases}$	$\begin{cases} S^2=s(s+1)\hbar^2 \\ S_z=m_s\hbar \\ m_s=-s\cdots+s,\text{共 } 2s+1 \end{cases}$

其中，s 称为自旋量子数，m_s 称为自旋磁量子数．

同样按照轨道角动量与轨道磁矩之间的关系

$$\boldsymbol{\mu}_l=-\frac{e}{2m}\boldsymbol{L}$$

提出自旋角动量 $\boldsymbol{S}$ 和自旋磁矩 $\boldsymbol{\mu}_s$ 之间的关系为

$$\boldsymbol{\mu}_s=-\frac{e}{m}\boldsymbol{S}$$

其中，$-e$ 是电子电荷；m 是电子的质量．

与轨道角动量相对应，自旋角动量也应有相同的关系

$$S^2=s(s+1)\hbar^2$$

并且自旋角动量在 z 轴上的投影也应与轨道角动量在 z 轴上的投影具有相同的形式

$$S_z=m_s\hbar$$

式中，m_s 称为自旋磁量子数，且 $m_s=-s,\cdots,+s$，共有 $2s+1$ 个值．

氢原子的磁矩来自于电子的自旋磁矩，根据斯特恩-格拉赫实验知道，自旋磁矩 $\boldsymbol{\mu}_s$ 只有两个方向，所以自旋角动量 $\boldsymbol{S}$ 在 z 轴上的投影只能取两个值，所以

$$2s+1=2 \quad \text{即} \quad s=\frac{1}{2}$$

所以自旋磁量子数 m_s 也只能取两个值

$$m_s=-\frac{1}{2} \quad \text{或} \quad m_s=+\frac{1}{2}$$

这样，自旋角动量 $\boldsymbol{S}$ 在 z 轴上的投影

$$S=\sqrt{s(s+1)}\hbar=\frac{\sqrt{3}}{2}, \quad S_z=m_s\hbar=\pm\frac{1}{2}\hbar$$

任何电子都具有相同的自旋角动量$\frac{\sqrt{3}}{2}\hbar$，并且在 z 轴上的投影只取$\pm\frac{1}{2}\hbar$两个值(图 14-29)，这在经典上是无法接受的．

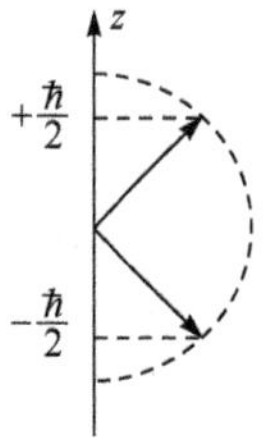

图 14-29

如果把电子看成一个带$-e$电量，半径为10^{-16}m 的刚性小球，像陀螺一样自转，可以证明，当自旋角动量为$\frac{1}{2}\hbar$时，电子表面的切向速度大约为137倍光速．

因此，关于电子自旋的假设，一开始就遭到很多人的反对，当时泡利就强烈反对，致使乌仑贝克和古兹米特两个人想将写好的文章收回，但他们的导师埃伦·菲斯特此时已把稿子寄出去发表，他告诉他的学生"你们还年轻，有些荒唐没有关系．"

事实上，在相对论量子力学中，电子自旋作为狄拉克方程的自然结果出现，不再是假设．

习 题 14

14-1 什么是黑体？为什么从远处看窗玻璃总是黑的？

14-2 在我们的日常生活中，为什么观察不到子弹的波动性和电磁辐射的粒子性呢？

14-3 试说明$\int_{-\infty}^{+\infty}|\boldsymbol{\Psi}(x)|^2\mathrm{d}x=1$的物理意义.

14-4 什么是定态薛定谔方程？为什么说是定态的？

14-5 估测星球表面温度的方法之一是：将星球看成黑体，测量它的辐射峰值波长λ_m，利用维恩位移定律便可估计其表面温度．如果测得北极星和天狼星的λ_m分别为0.35μm和0.29μm，试计算它们的表面温度．

14-6 假设太阳表面温度为5800K，太阳半径为6.96×10^8m. 如果认为太阳的辐射是稳定的，求太阳在1年内由于辐射，它的质量减小了多少？

14-7 假定太阳和地球都可以看成黑体，如太阳表面温度$T_s=6000$K，地球表面各处温度相同，试求地球的表面温度(已知太阳的半径$R_s=6.96\times10^5$km，太阳到地球的距离$r=1.496\times10^8$km).

14-8 钾的光电效应红线波长为$\lambda_0=0.62\mu$m. 求：

(1) 钾的逸出功；

(2) 在波长$\lambda=330$nm的紫外光照射下，钾的遏止电势差．

14-9 能引起人眼视觉的最小光强约为10^{-12}W/m^2，如瞳孔的面积约为0.5×10^{-4}m^2，计算每秒平均有几个光子进入瞳孔到达视网膜上(设光子的平均波长为550nm).

14-10 波长$\lambda_0=0.0708$nm的X射线在石蜡上受到康普顿散射，在$\pi/2$和π方向上所散射的X射线的波长以及反冲电子所获得的能量各是多少？

14-11 已知X射线的光子能量为0.60MeV，在康普顿散射后波长改变了20%，求反冲电子获得的能量和动量.

14-12 在康普顿散射中，入射X射线的波长为3×10^{-3}nm，反冲电子的速率为$0.6c$，求散射光子的波长和散射方向．

14-13 在基态氢原子被外来单色光激发后发出的巴耳末系中，仅观察到三条谱线，试求：

(1) 外来光的波长；

(2) 这三条谱线的波长．

14-14 在气体放电管中，高速电子撞击原子发光．如高速电子的能量为12.2eV，轰击处于基态的氢原子，试求氢原子被激发后所能发射的光谱线波长．

14-15 设电子与光子的波长均为0.50nm. 试求两者的动量之比和动能之比．

14-16　若一个电子的动能等于它的静能，试求该电子的速率和德布意波长．

14-17　设一电子被电势差 U 加速后打在靶上，若电子的动能全部转为一个光子的能量，求当这光子相应的光波波长为500nm(可见光)、0.1nm(X射线)、和0.0001nm(γ射线)时，加速电子的电势差各是多少？

14-18　在戴维孙-革末实验中，已知晶格常量 $d=0.3\text{nm}$，电子经100V电压加速，求各极大值所在的方向．

14-19　设粒子在沿 x 轴运动时，速率的不确定量为 $\Delta v=1\text{cm/s}$，试估算下列情况下坐标的不确定量 Δx：

(1) 电子；

(2) 质量为 10^{-13}kg的布朗粒子；

(3) 质量为 10^{-4}kg的小弹丸．

14-20　做一维运动的电子，其动量不确定量是 $\Delta p_x=10^{-25}\text{kg}\cdot\text{m/s}$，能将这个电子约束在内的最小容器的大概尺寸是多少？

14-21　如果钠原子所发出的黄色光谱线(λ=589nm)的自然宽度为 $\dfrac{\Delta v}{v}=1.6\times10^{-8}$，计算钠原子相应的波长态的平均寿命．

14-22　一维无限深势阱中粒子的定态波函数为 $\varphi_n=\sqrt{\dfrac{2}{a}}\sin\dfrac{n\pi x}{a}$．试求：粒子处于基态时、粒子处于 $n=2$ 的状态时，在 $x=0$ 到 $x=a/3$ 之间找到粒子的概率．

14-23　一维运动的粒子处于如下波函数所描述的状态：

$$\varphi(x)=\begin{cases}Ax\mathrm{e}^{-\lambda x}\,(x\geqslant 0)\\ 0\,(x<0)\end{cases},\qquad \text{式中 }\lambda>0.$$

(1) 求波函数 $\varphi(x)$ 的归一化常数A；

(2) 求粒子的概率分布函数；

(3) 在何处发现粒子的概率最大？

习题参考答案

习题 1

1-1 至 1-3　略.

1-4　$v=\frac{\sqrt{s^2+h^2}}{s}v_0, a=\frac{v_0^2}{s^3}h^2$.

1-5　$x=\frac{n-1}{n}\frac{v_0}{R}$.

1-6　乙船看来甲的速度为 11.2km/h,方向东偏北 26.6°;甲船看来乙的速度为 11.2km/h,方向西偏南 26.6°.

1-7　(1)$\vec{v}=2t\vec{i}+2\vec{j}, \vec{a}=2\vec{i}$;　(2)$\frac{2t}{\sqrt{t^2+1}}, \frac{2}{\sqrt{t^2+1}}$.

1-8　4m/s,17.9m/s^2.

1-9　H/2.

习题 2

2-1 至 2-4　略.

2-5　(2)$t=3\times10^{-3}$s;　(3)$I=0.6$N′s ;　(4)$m=2\times10^{-3}$kg.

2-6　2.22×10^3N.

2-7　151s.

2-8　$y_{\max}=\frac{m}{\lambda}\left[\sqrt{\frac{3\lambda v_0^2}{2mg+1}}-1\right]$.

2-9　略.

2-10　$x=\frac{\mu mg}{k}\left(\sqrt{1+\frac{kv_0^2}{\mu^2 mg^2}}-1\right)$.

2-11　$-\frac{kA}{\omega}$.

2-12　(1) 1.59km/s; (2) 10.6 小时.

习题 3

3-1 至 3-3　略.

3-4　(1) $a=\frac{(m_1-\mu m_2)g}{m_1+m_2+J/r^2}$,　$T_1=\frac{m_1(m_2+\mu m_2+J/r^2)}{m_1+m_2+J/r^2}g$,

$$T_2=\frac{m_2(m_1+\mu m_1+\mu J/r^2)}{m_1+m_2+J/r^2}g;$$

(2)$a=\frac{m_1}{m_1+m_2+J/r^2}g$,　$T_1=\frac{m_1(m_2+J/r^2)}{m_1+m_2+J/r^2}g$,

$$T_2=\frac{m_1 m_2}{m_1+m_2+J/r^2}g.$$

3-5　1256.64N·m.

3-6　1.75×10^4 J.

3-7　$v=\frac{J}{J+mR^2}\omega_0$.

3-8　(1)8.89rad/s；(2)94.17°.

3-9　(1)$126 rad/s^2$,2.5转；(2)47N；(3)188.5m/s,$2.37\times10^5 m/s^2$.

3-10　314N.

3-11　$\frac{J\ln 2}{k}$.

3-12　(1)$\frac{3g}{2l}$,0；(2)$\sqrt{\frac{3g\sin\theta}{l}}$.

3-13　$-\frac{mR_2^2}{mR_2^2+\frac{1}{2}MR_1^2}\cdot 2\pi$，$\frac{\frac{1}{2}MR_1^2}{mR_2^2+\frac{1}{2}MR_1^2}\cdot 2\pi$.

习题 4

4-1至4-3　略.

4-4　(1)$8\pi s^{-1}$,0.25s,0.5×10^{-2}m,$\pi/3$,0.126m/s,$3.16m/s^2$；

(2)$25\pi/3$,$49\pi/3$,$241\pi/3$.

4-5　(1)16.97cm；(2)-4.19×10^{-3}N；(3)0.67s；

(4)−0.326m/s；5.33×10^{-4}J；1.78×10^{-4}J；7.1×10^{-4}J

4-6　$T=2\pi\sqrt{\frac{d}{g\mu}}$.

4-7　$x=\frac{mg}{k}\sqrt{1+\frac{2kh}{(M+m)g}}\cos\left[\sqrt{\frac{k}{M+m}}t+tg^{-1}\sqrt{\frac{2kj}{(M+m)g}}+\pi\right]$.

4-8　(1)$A=\frac{mg}{k}\sqrt{1+\frac{kv_0^2}{(M+m)g}}$,$T=2\pi\sqrt{\frac{M+m}{k}}$；

(2)$t=\sqrt{\frac{M+m}{k}}\tan^{-1}\left(\frac{v_0}{g}\sqrt{\frac{k}{M+m}}\right)$.

4-9　(1)84°.48′；(2)225°.

4-10　84°.16′.

4-11　略.

4-12　(1)证明略；(2) $2\pi\sqrt{\frac{m+\frac{J}{R^2}}{k}}$；(3)$x=\frac{mg}{k}\cos\left(\sqrt{\frac{k}{m+\frac{J}{R^2}}}t\pm\pi\right)$.

4-13　(1)±0.141；(2)0.39s,1.2s,2.0s,2.7s.

习题 5

5-1至5-3　略.

5-4　(1)1.02×10^3m/s,1.32×10^3m/s,347m/s；

(2)1.4；

(3)$2.03\times10^{11} N/m^2$.

5-5　(1)空气中17m,17×10^{-3}m,水中72.5m,72.5×10^{-3}m；

(2)7.5×10^{14}Hz至3.95×10^{14}Hz.

5-6　$y=0.03\cos\left[5\pi\left(t-\frac{5x}{3}\right)-\frac{\pi}{2}\right]m$.

5-7　(1)$y_p=0.1\cos(\pi t-\frac{5\pi}{6})m$；(2)$y=0.1\cos\left[\pi(t-5x)+\frac{\pi}{3}\right]m$；(3)0.23m.

5-8　(1)$y=3\cos4\pi(t+\frac{x}{20})$m；

(2) $y=3\cos[4\pi(t+\frac{x}{20})-\pi]$m

5-9 6.37×10^{-6} J/m, 2.16×10^{-3} W/m^2.

5-10 3.45×10^{4} m.

5-11 0， 2A.

5-12 (1)靠近时 539.7Hz,远离时 465.8Hz； (2)563 Hz.

5-13 $y=3\cos\left(40\pi t-\frac{\pi}{4}x-\frac{\pi}{2}\right)$m.

5-14 6.0×10^{-5} J/m^3, 4.62×10^{-7} J.

习题 6

6-1 至 6-4 略.

6-5 (1)2.4×10^{8} C ； (2)1.4×10^{-3} m/s.

6-6 略.

6-7 $x=\pm\frac{\sqrt{2}d}{4}$.

6-8 (1)6.75×10^{2} v/m ； (2)1.5×10^{3} v/m.

6-9 $E=\frac{\sigma}{4\varepsilon_0}$.

6-10 $\frac{q}{2\varepsilon_0},\frac{\sqrt{R^2+d^2}-d}{\sqrt{R^2+d^2}}$.

6-11 (1)9.02×10^{5}C ； (2)1.14×10^{-12}C/m^3.

6-12 $E=\frac{1}{3}\rho\frac{r^3}{r_2^2}\varepsilon_0, E=\frac{1}{3\varepsilon_0}\rho\frac{r^3}{r_3^2}, E=\frac{\rho r_5}{3\varepsilon_0}, E=\frac{\rho r_5}{3\varepsilon_0}$.

6-13 (1)6.7×10^{-11}C； (2)467V.

6-14 (1)$\frac{\sigma}{2\varepsilon_0}(\sqrt{x^2+R^2}-x)$； (2)$\frac{\sigma}{2\varepsilon_0}\left(1-\frac{x}{\sqrt{x^2+R^2}}\right)$； (3)$4.52\times10^{4}$V, 4.52×10^{5} V/m.

习题 7

7-1 至 7-3 略.

7-4 900V ； 450V.

7-5 5×10^{-5} C′m； 8.66×10^{-2} J.

7-6 2.5×10^{-9} C/m^2.

7-7 (1)270V ；(2)270V ； (3)60V.

7-8 (1)$\sigma_2=-\sigma_3=\frac{q_1+q_2}{2s}$； (2)$\sigma_1=\sigma_4=\frac{q_1+q_2}{2s}$.

7-9 (1)$3.75\mu F$； (2)1.25×10^{-4}C ,75V ； (3)5.0×10^{-4}C ;100V.

7-10 $c=\frac{2\varepsilon_1\varepsilon_2 s}{(\varepsilon_1+\varepsilon_2)d}$.

7-11 (1)$D=\frac{Q}{4\pi r^2}, E=\frac{Q}{4\pi\varepsilon_0\varepsilon_r R^3}r, E=\frac{Q}{4\pi\varepsilon_0 r^2}$；

(2)$p=\frac{(\varepsilon_r-1)Q}{4\pi\varepsilon_r r^3}r, p=0, \sigma'_{R_1}=-\frac{(\varepsilon_r-1)Q}{4\pi\varepsilon_r R_1^2}, \sigma'_{R_2}=\frac{(\varepsilon_r-1)Q}{4\pi\varepsilon_r R_2^2}$.

7-12 (1)$E=\frac{\lambda_0}{2\pi\varepsilon_0\varepsilon_r r}, D=\frac{\lambda_0}{2\pi r}, E=\frac{(\varepsilon_r-1)\lambda_0}{2\pi\varepsilon_r r}$. (2)$\sigma_{R_2}=\frac{(\varepsilon_r-1)\lambda_0}{2\pi\varepsilon_r R_2}, \sigma_{R_1}=\frac{(1-\varepsilon_r)\lambda_0}{2\pi\varepsilon_r R_1}$.

7-13 (1)$W_e=\frac{1}{2}\frac{\varepsilon Q^2}{4\pi^2\varepsilon_0^2 l^2}$ ； (2)$W=\frac{Q^2}{4\pi\varepsilon l}\frac{dr}{r}$ ； (3)$W=\frac{Q^2}{4\pi\varepsilon l}\ln\frac{R_2}{R_1}$； (4)$C=\frac{2\pi\varepsilon l}{\ln\frac{R_2}{R_1}}$.

习题 8

8-1 至 8-3 略.

8-4 0.

8-5 7.02×10^{-4} T.

8-6 6.37×10^{-5} T.

8-7 1.0×10^{-6} Wb.

8-8 8.3×10^{-3} m.

8-9 (1) 6.7×10^{-4} m/s ; (2) 2.8×10^{29} m^{-3} ; (3)略.

8-10 9.35×10^{-3} T.

8-11 7.2×10^{-4} N.

8-12 (1) $4\times10^{-5}T$; (2) $1.1\times10^{-6}Wb$.

8-13 证明略.

习题 9

9-1 至 9-3 略.

9-4 7.0×10^{-3} V,电动势 A 高 C 低.

9-5 $\varepsilon=\frac{\mu_0 l_1}{2\pi}\ln\frac{(d_1+d_2)d_2}{(d_2+l_2)d_1}\frac{dI}{dt}$.

9-6 4V.

9-7 3.1×10^{-2} V.

9-8 (1) $\Phi=\frac{\pi\mu_0 Ir^2R^2}{2y^3}$; (2) $\varepsilon=\frac{3\pi\mu_0 Ir^2v}{2N^4R^2}$. (3)略.

9-9 5.0×10^{-4} V/m ; 6.25×10^{-4} V/m ; 3.125×10^{-4} V/m.

9-10 (1) $v=v_0 e^{-\frac{B^2l^2}{mR}t}$; (2) $W=\frac{1}{2}mv_0^2$.

9-11 (1) $I=\frac{U_0}{R}\sin\omega t$; (2) $I_d=\frac{\varepsilon_0 SU_0\omega}{d}\cos\omega t$;

(3) $I_{全}=I_d+I=\frac{\varepsilon_0 SU_0\omega}{d}\cos\omega t+\frac{U_0}{R}\sin\omega t$;

(4) $H=\frac{\varepsilon_0 SU_0\omega}{2d}\cos\omega t+\frac{U_0}{2\pi rR}\sin\omega t$.

习题 10

10-1 至 10-3 略.

10-4 7.55×10^4 Pa.

10-5 (1) $0.697v_p$; (2) $1.45v_p$.

10-6 $k=\frac{N}{v'}$; $\bar{v}=\frac{1}{2}v'$; $\sqrt{\overline{v^2}}=\frac{1}{\sqrt{3}}v'$.

10-7 3.74×10^3 J; 2.49×10^3 J.

10-8 6.22×10^{-21} J.

10-9 (1)3 倍; (2)1.5、1.22.

10-10 (1) 2.07×10^{-15} J; (2) 1.957×10^6 m/s.

10-11 (1) 2.45×10^{25} m^{-3}; (2) 1.30gL^{-1};

(3) 5.3×10^{-23} g; (4) 6.21×10^{-21} J.

10-12 略.

10-13 3.22×10^{17} m^{-3}, 7.8m, 60s^{-1}.

习题 11

11-1 至 11-3 略.

11-4 (1)623J; (2)1039J,623J,416J.

11-5 -3.45×10^3 J.

11-6 (1)3279J,2033J,1246J; (2)2933J,1687J,1246J.

11-7 (1)2.09×10^3 J; (2)3.34×10^2 J.

11-8 至 11-9 略.

11-10 (1)70%; (2)80%.

11-11 7.78%.

11-12 2.43J/K.

11-13 $\Delta s=\dfrac{2M_1R}{M_{mol}}\ln2$.

习题 12

12-1 至 12-6 略.

12-7 544.8nm.

12-8 6.64×10^{-3} mm.

12-9 673.1nm.

12-10 480nm ;600nm ;400nm.

12-11 8″.

12-12 141 条.

12-13 590nm.

12-14 共有 5 条明条纹,250nm ;500nm ;750nm ;1000nm.

12-15 5.46mm;2.73mm.

12-16 625nm.

12-17 可得最小的 $k_1=3$;$k_2=2$;若两级暗重合 $k_1=7$;$k_2=4$.

12-18 (1)6.00×10^{-4} cm ; (2)1.5×10^{-4} cm ; (3)$k=0,\pm1,\pm2,\pm3,\pm5,\pm6,\pm7,\pm9$.

12-19 8.94km.

12-20 13.9cm.

12-21 0.416nm ;0.395nm.

12-22 $2.25I_1$

12-23 2/5.

12-24 48°26′;41°34′.

12-25 1.60.

习题 13

13-1 至 13-3 略.

13-4 2.6×10^8 m/s.

13-5 略.

13-6 $\tau_0=\dfrac{5}{3}$昼夜.

13-7 5.77×10^{-9} s.

13-8 (1)4.33×10^{-8} s; (2)10.4m.

13-9 相对论动能 4.96×10^{-15} J;27.9×10^{-15} J;经典动能 4.55×10^{-15} J;18.2×10^{-15} J.

13-10 3.6×10^{26} w.

13-11 4.1×10^{-16} J;3.9×10^{-13} J.

13-12 (1)5.0m/s; (2)1.48×10^{-18}kg·m/s; (3)0.25T.

习题 14

14-1 至 14-4 略.

14-5 8.28×10^{3}K;9.99×10^{3}K.

14-6 1.37×10^{17}kg.

14-7 289.4K.

14-8 (1)2.0eV; (2)1.76V.

14-9 138 个.

14-10 0.0732nm, 9.2×10^{-17}J, 0.0756nm, 1.78×10^{-6}J.

14-11 0.10MeV; 1.79×10^{-22}kg·m/s.

14-12 4.34×10^{-3}nm; 63°20′.

14-13 (1)95.2nm; (2)656.3nm, 489.1nm, 434.0nm.

14-14 102.5nm; 121.5nm; 656.1nm.

14-15 2.43×10^{-3}.

14-16 1.4×10^{-3}nm.

14-17 2.48V; 1.24×10^{4}V; 1.24×10^{7}V.

14-18 0°; ±24.1°; ±54.8°.

14-19 (1)5.8×10^{-3}m; (2)5.3×10^{-20}m; (3)5.3×10^{-29}m.

14-20 5.28×10^{-10}m.

14-21 9.77×10^{-9}s.

14-22 0.196; 0.402.

14-23 (1)$A=2\lambda^{\frac{3}{2}}$; (2)$|\varphi(x)|^2=\begin{cases}4\lambda^3x^2e^{-2\lambda x}\ (x\geqslant0),\\0\ (x<0);\end{cases}$ (3)$x=\dfrac{1}{\lambda}$.